피부미용학 개론

피부미용학 개론

초판 인쇄 2018년 9월 21일
초판 발행 2018년 9월 28일
초판2쇄발행 2020년 8월 31일
초판3쇄발행 2022년 5월 31일

지 은 이 김은주 · 손소희 공저
발 행 인 조규백
발 행 처 도서출판 구민사
(07293) 서울특별시 영등포구 문래북로 116, 604호(문래동3가 46, 트리플렉스)

전 화 (02)701-7421(~2)
팩 스 (02)3273-9642
홈 페 이 지 www.kuhminsa.co.kr

신 고 번 호 제 2012-000055호(1980년 2월 4일)
I S B N 979-11-5813-594-2 (93590)

정가 26,000원

피부미용학 개론

김은주 — 손소희 공저

구민사

머리말

"아름다움"은 남녀 불문 전 세계인의 공통적 관심사로, 소득의 증가와 문화 수준의 향상으로 그 관심은 나날이 증가하는 추세이다. 이에 본서는 문화적 · 사회적 변화에 부응하여 고객이 건강한 아름다움을 유지할 수 있도록 돕는 전문 미용인들이 피부관리의 전반적인 부분을 체계적으로 습득할 수 있도록 피부미용에 대한 개론적인 내용을 전문적이고 체계적으로 수록하였다.

〈피부미용학 개론〉의 이론 및 실무 테크닉을 토대로 현장에서 근무하는 전문미용인들이 현장에서 실무적인 테크닉을 활용할 수 있도록 집필에 노력을 아끼지 않았으며, 미용분야를 전공하는 학생들에게는 새로운 테크닉으로 실무적인 피부관리에 도움이 되고자 한다. 또한 피부미용인으로서 갖추어야 할 전문지식과 기본 자세를 비교적 쉽고 자세하게 설명하여 이해를 돕고자 하였다.

본서의 구성은 다음과 같다.

Ⅰ. 현장실무를 위한 에스테틱 이론에서는 에스테틱 개론, 피부미용의 역사, 피부미용의 정의 및 자격기준 업무 내용, 피부학 순서로 상세하고 체계적으로 수록하였으며 특히 피부학 부분에서는 요즘 현대인들의 문제점으로 대두되고 있는 피부장벽에 대한 내용을 수록하여 이해를 돕고자 하였다. 또한 피부미용관리의 준비, 피부관리를 위한 위생과 준비, 클렌징과 눈썹 정리, 딥클렌징, 기본 매뉴얼테크닉, 팩과 마스크, 림프드레나지, 마무리, 안면 관리를 위한 피부 미용기기, 제모, 전신 관리로 구성하여 피부미용의 다양한 내용들을 알차게 담아냈다.

Ⅱ. 현장 실무를 위한 매뉴얼 테라피에서는 기초 실무 매뉴얼테라피, 살롱 실무 매뉴얼 테라피로 구성하여 기초 실무 매뉴얼테라피를 습득한 후 좀 더 수준 높은 살롱 실무 매뉴얼 테라피를 습득하여 미용인들의 자질 향상에 도움을 주고자 하였으며, 독자들의 이해를 돕기 위해 동영상 큐알코드를 수록하여 언제든지 쉽게 보고 따라할 수 있게 하였다.

본서는 현장에 근무하는 전문미용인들에게는 보다 경쟁력 있는 전문가가 되는 데 도움을 주고 향후 관련 분야로의 취업 및 창업을 목표로 하는 학생들에게는 적절한 지침서가 되기를 바라며 현장 실무에 필요한 이론과 테크닉에 중점을 두고 구성하였다.

최대한 다양하고 많은 부분을 담아내고자 하였으나 부족한 부분은 앞으로 수정 및 보완하고 계속해서 연구해 나갈 것을 약속드린다.

끝으로 본서의 출판을 위해 지원을 아끼지 않으신 도서출판 구민사 조규백 사장님께 진심으로 감사의 마음을 전한다.

저자 일동

목차

I

현장 실무를 위한 에스테틱 이론

1.
에스테틱의 정의

에스테틱(Esthetic)은 '심미적인, 미학적인'이라는 사전적 의미를 지니고 있으며 모발을 제외한 인체를 이루고 있는 모든 피부와 근육에 화장품이나 피부미용기기, 수기(手技)술 등을 통해 영양공급을 하여 피부의 생리기능을 높여 건강한 피부를 유지하는 데 도움을 주는 전신미용술을 의미한다.

피부노화를 지연시키고, 아름답고 건강한 탄력적인 피부를 유지하기 위해서는 다양한 과학적 이론과 피부미용을 통해 유해한 외부환경으로부터 피부를 보호해야 한다.

약 200년 전 독일의 미학자인 바움가르텐(Baumgarten)은 "미(美)는 인간에게 만족과 쾌감을 주는 대상이며 보는 사람의 마음에 달려있다"라고 하였다. 에스테틱은 이처럼 인간이 궁극적으로 지향하는 아름다움을 추구하고 심리적 · 정신적으로 오는 콤플렉스를 긍정적으로 전환시켜 자신감을 갖게 한다.

피부는 건강한 몸을 유지하기 위한 생리기능을 가지고 있으며 계절, 환경, 라이프스타일 등에 의해 변화된다. 아름답고 건강한 탄력적인 피부를 유지하기 위해서는 보다 다양한 방법의 과학적인 이론과 피부미용을 통해 유해한 외부환경으로부터 피부를 보호하고 피부노화를 지연시킬 수 있다.

2015년 국가직무능력표준(NCS ; National Competency Standards)에서 피부미용 직무에 대해 "피부미용은 고객의 상담과 피부 분석을 통하여 안정감 있고 위생적인 환경에서 얼굴과 몸매의 피부를 피부미용기기와 화장품 등을 이용하여 서비스를 제공하고 피부미용에 대한 업무수행을 기획 · 관리하는 일이다" 라고 정의하였다.

2. 에스테틱의 용어

'에스테틱'이라는 단어는 '정돈하다, 장식하다'라는 뜻을 가진 그리스어 'Kosmos'에서 파생되었으며, 'Kosmetike'를 어원으로 본다. Kosmetike는 칸트의 감성론이라는 학문의 이름이기도 하다. 이후 에스테틱이라는 말은 독일에서 미학(美學)이라는 뜻으로 사용되고 있으며 미학적 측면에서는 '미용'이라는 단어가 에스테틱으로 시작하는 범주가 된다. 현재 에스테틱은 피부미용 전문가에게 마사지, 마스크 등 피부 관리를 받아 아름다운 피부를 가꾸는 것이라는 의미로 사용되고 있다.

코스메틱(Cosmetic)이란 용어는 피부관리와 화장품을 구별하기 위해 사용되었으며 크리스틴 발미(Chiristine Valmy) 여사는 "에스테틱은 과학이며 예술이다"라고 했다. 물리적 · 화학적 방법은 과학적으로 관리하는 학문이며, 화장품 등을 이용한 조형미 있는 아름다움을 표현하는 예술이다. 현재 국내에서는 피부미용, 피부관리, 에스테틱, 코스메틱, 스킨케어 등 다양한 용어가 사용되고 있다.

나라별 에스테틱의 용어

영국	Cosmetic
일본	エステ(에스테)
독일	Kosmetik
미국	Skin Care
프랑스	Esthetique
한국	피부미용

3.
에스테틱의 목적

피부는 환경오염, 스트레스, 운동 부족, 불규칙한 식생활 등과 같은 내·외적인 요인으로 인해 변화하거나 손상된다. 에스테틱은 고객과의 상담과 피부 분석을 통해 변화된 피부에 영양을 공급하고 생리기능을 높여 건강하고 탄력 있는 피부를 유지하도록 돕는 것이 목적이다. 특히 문제성 피부는 문제가 있는 피부생리의 기능을 정상적인 상태로 회복시켜 고유의 특성과 상태를 되찾도록 도와주어 정상적인 피부 상태로 개선시킨다.

또한 기초화장품을 사용하여 피부 표면을 아름답게 가꾸고, 문제성 피부 및 전신의 피부를 가꾸어 외모를 한층 더 아름답게 변화시켜 고객의 외모를 돋보이게 할뿐만 아니라 심리적·정신적 만족감으로 콤플렉스를 극복하는 데 그 목적이 있다.

4.
에스테티션의 조건과 자세

에스테티션의 역할

한국 표준 직업분류에서 규정하고 있는 피부미용사란 "손님에게 여러 가지 피부미용을 처리 해 주는 자"이며 화장전문가 등이 포함되어 있다.

현 제도권 내에서 일반적으로 사용하고 있는 현실적 개념의 피부미용사는 피부미용을 행하여 미의 형태 및 본질을 다루는 실용학문을 하는 전문인을 의미한다. 인체의 피부 본래의 기능을 유지하고 노화를 지연시키기 위해 과학적 이론을 토대로 손의 테크닉과 기기를 이용하여 피부기능상의 문제점을 보완하고 탄력 있고 아름다운 피부를 보존할 뿐만 아니라 건강한 정신을 함께 추구하는 피부미용업을 하는 전문가로서의 직업의식을 가진 사람을 말한다.

에스테티션의 조건

(1) 외적인 조건

1. 피부미용사는 위생적인 복장 및 편안하고 안정적인 신발을 착용하여야 한다.
2. 단정한 헤어스타일과 청결한 손 그리고 구취, 몸 냄새 등이 나지 않도록 청결에 주의하여야 한다.
3. 자연스러운 메이크업을 하며 고객에게 거부감을 줄 수 있는 향수는 사용에 주의해야 한다.
4. 밝은 표정을 유지하고 겸손하고 예의 바른 자세로 행동하여야 한다.
5. 고객의 말을 경청하며, 사적인 대화에 주의하고 대화를 할 때 실수하지 않도록 주의하여야 한다.

(2) 내적인 조건

1. 피부미용사는 전문지식을 갖추어야 한다.
2. 위생에 필요한 조치를 행하고 정신적 · 심리적인 피부관리를 수행하여야 한다.
3. 피부미용사는 피부관리 수행능력을 갖추어야 한다.
4. 직업에 대한 자긍심과 열정이 있어야 한다.
5. 고객에 대한 친절함과 서비스 정신을 가져야 한다.

(3) 환경 조건

1. 피부관리, 바디관리실의 분위기는 차분하고 아늑해야 한다.
2. 고객이 편안히 휴식을 취할 수 있는 공간이어야 한다.
3. 기구는 소독되어야 하며 제품은 위생적으로 관리 · 보관되어야 한다.
4. 실내 조명은 간접조명과 직접조명을 적절히 사용하고 소음 방지, 습도 등의 적절한 실내 환경을 갖추어야 한다.
5. 피부관리실, 바디관리실 및 탈의실이 따로 분리되어 있어야 한다.

(4) 에스테티션의 자세

1. 관리 시 앉은 자세는 의자를 당겨 허리를 똑바로 펴서 앉도록 하며, 베드와 주먹 하나 정도의 거리를 둔다.
2. 서 있을 때는 체중의 무게를 양다리에 균일하게 둔다.

1. 서양의 피부미용 역사

피부미용의 역사

2장

이집트

고대 이집트 문화의 대부분은 종교의식에 의해 발달하였다. 신전이나 제단에 바치는 용도로 향유를 사용하였으며 대관식에서 제사장이 왕에게 향유를 뿌리는 행위 등을 통해 그들이 숭배하던 신의 형상에 적절한 채색 즉, 화장을 함으로써 여러 주술적인 효과를 기원하였다. 향유에 나무 진이나 송진을 섞어 태우는 관습이 있었다.

염료는 사막의 먼지나 햇빛, 모래, 벌레 등으로부터 신체를 보호하는 상징적 의미를 지녔다. 이집트인들은 올리브오일, 우유, 양모왁스, 동물성 기름, 염료, 흙 등의 향유와 천연재료를 혼합하여 신체관리를 하였으며 클레오파트라의 나귀우유 목욕법과 아이라인이 시초라고 할 수 있다. 몸을 단장하고 눈을 보호하는 동시에 화장품과 헤나, 염료 및 향유를 사용하여 성스러운 얼굴에 화려한 광채를 표현하였다. 또한 이집트인들은 청결하여 세탁을 자주하고 목욕을 자주 함으로써 청결함을 유지하였다.

그리스 시대

서양 문화와 기독교의 정신적 기둥이 된 그리스 문화는 건강한 정신에서 출발하여 인간적이고 합리적이며 인간의 능력, 특히 인간의 이성을 중시하는 문화로 그리스인들의 생활에서 발전되었다는 데 중요한 의의가 있다. 인간 육체의 자연스러운 아름다움을 중시했으며 신체를 관리하고 복식에 있어서도 봉제와 재단 없이 그대로 걸치거나 두름으로써 자연스럽게 표현하는 것을 선호하였다.

화장하는 모습을 그린 벽화

포도 꽃에서 얻은 향료와 향기가 강한 마조람(marjoram)의 꽃을 전신에 뿌리고 제조하여 액체 상태로 만든 기름을 몸에 발랐다. 화장품은 직접 만들어 종교와 미용적 목적으로 사용하였으며 자연주의 사상으로 여성들은 깨끗한 피부를 가꾸는 것과 팔, 가슴 등에 불필요한 체모를 뽑고 얼굴 손질과 화장에 많은 시간을 들였다. 입술과 볼의 피부표현을 위해 백연을 사용하였으며 이는 납 중독을 유발하기도 하였다. 자연 그대로의 꾸밈없는 인간을 표현하기를 선호한 상류계급 여성들의 화장술은 이집트 여성들보다 훨씬 정교했으나, 자연 그대로의 꾸밈없는 모습을 중시하여 화려한 화장을 하지 않았다. 이와 반대로 창녀들은 식물성 기름과 장미연고를 섞어 피부관리를 하였으며 화려한 화장을 하였다.

그리스 시대 임상생리학자인 갈렌(Galen)은 이집트 화장품의 기록을 체계화하며 광선으로부터 피부를 보호하고 수분 증발을 막아주는 콜드크림(cold cream)을 만들었다.

로마 시대

그리스 관습을 모방했으며 향료와 화장품을 많이 사용하였다. 의학, 과학기술, 법률 등을 발달시켜 실질적인 로마만의 문화를 재현하였고 그리스 및 고전문명을 서방으로 전파하여 유럽화를 달성하였다. 오일과 향료, 화장이 생활의 한 부분으로 등장하고 이러한 시대적 흐름은 피부미용 관리법과 사용 재료에 대한 다양화를 가져왔다. 로마 또한 흰 피부를 선호하여 백납을 사용하였고 거대한 공중목욕탕과 냉수욕, 약물욕 등이 발달하였으며, 아몬드 및 오일류 등의 성분을 함유한 다양한 향수가 등장하였다. 네로 황제의 두 번째 황후 포페아는 당나귀 500마리의 젖을 모아 목욕을 하여 아름다움을 가꾸었으며 옥수수, 우유, 신선한 버터 등을 혼합하여 피부관리를 하였다. 로마 여성들은 미용차원으로 아로마 방향제, 최음 음료 등을 사용하였다. 또한 콩을 원료로 사용하거나 양털에서 추출한 라놀린 성분을 이용해 미용관리를 한 이외에 파슬리를 이용하여 입 냄새를 제거하였다.

중세시대

중세 봉건사회는 기독교의 강력한 금욕주의로 인한 제약을 받던 시기로, 여성들은 순결과 정숙을 강요당해 얼굴과 신체에 미를 표현하고 가꾸는 것이 금지되었으며 깨끗한 피부 관리에 중점을 두었다.

중세 초기에는 집에 목욕통을 만들어 뜨거운 물을 부어 피부미용관리를 하였으며 후에는 공중목욕탕을 이용하다 십자군원정 이후 전염병의 확산으로 목욕탕이 폐쇄되었다. 이후 중세인들은 물이 병을 전염시킨다고 생각해 씻는 것을 기피하여 향수를 뿌리기 시작했다. 이때 동양에서 들여온 향수, 향유, 등의 화장 재료들이 중세 여자들 사이에 유행하였다.

끓는 물에 보리수 꽃, 사르비아(salbei), 로즈마린(rosemarin) 등의 약초를 넣어 얼굴에 스팀을 쐬는 방법을 시작하였으며, 이러한 약초미용법

1

2

1. 로마의 목욕 문화
2. 엘리자베스 1세

은 화장품 제조를 비롯하여 약초 에센스를 만드는 데 중요한 역할을 하였다. 알코올도 이 시기에 발명되었다.

르네상스

이 시기 남녀 모두 외모에 관심이 많았으나 위생관념이 없어 세수나 목욕하는 습관이 없었으며, 신체에서 나는 악취를 제거하기 위해 향이 강한 향수를 사용하였다. 깨끗하고 맑은 피부를 위해 화장수에 알코올을 넣어 사용하였고 향수, 꽃 색소 등을 혼합하여 만들어 사용하였으며 피부미용의 다양한 변화가 일어났다. 즉, 이 시대에는 화장 전반에 대한 이론과 화장품에 대한 이론이 확립 되었다.

엘리자베스 1세는 천연두를 앓아 생긴 흉터를 감추기 위해 점토, 마스크 팩, 백납분 등을 사용하여 새로운 화장법을 유행시켰다. 이마는 흰 피부를 표현하기 위해 정맥을 그려 넣어 깨끗하고 흰 피부를 상징화 하였고, 눈썹과 헤어라인을 깎아낸 미용법으로 눈썹이 전혀 없는 얼굴이 지성미를 표현한 얼굴이라고 생각하였으며, 사치스럽고 화려한 의복과 과도한 치장을 즐겼다.

근대

19세기에는 자연스러운 화장이 주조를 이루었으며 화학기술의 발달로 화장품 성분과 제조술이 발달하면서 화장이 여성의 전유물이 되었다. 위생과 청결을 중요하게 생각하였으며 비누의 사용이 보편화되었고 왕족이나 귀족의 전유물이었던 화장품이 대중화되었다. 특히 1866년 산화아연이 개발되어 백납분에 대한 안전한 성분으로 대체되어 전 유럽과 미국으로 퍼져나갔다.

현대

현대는 다양한 종류의 화장품이 대량생산되어 대중화된 시기이다. 1901년 마사지 크림이 개발되었고 1911년에는 폴란드 화학자 C. 풍크(Casimir Funk)에 의해 비타민이 발견되었다. 또한 생화학, 생리학을 기초로 한 피부미용이 발전, 1930년 호르몬이 함유된 화장품이 개발되었으나 부작용으로 사용이 금지되었다. 1947년 프랑스 바렛트(Barrett) 교수가 영양물질을 피부 깊숙이 침투시켜서 신진대사에 영향을 미치는 것을 입증하면서 기기를 이용한 피부미용관리의 효과를 증명하여 기기를 사용한 피부미용의 토대가 되었다.

2.
한국의 피부미용 역사

고조선

단군신화를 보면 곰은 100일 동안 동굴 속에서 마늘과 쑥을 먹어 인간이 되었지만, 범은 햇빛을 보아 사람이 되지 못했다는 내용이 있다. 피부의 보습과 윤기에 효과가 있는 마늘과 피부 청결 및 트러블에 효과적인 쑥이 등장한 것을 보면 당시에 하얗고 고운 피부를 선호했다는 추측을 할 수 있다.

백색 피부를 소유하기 위해서 읍루 사람들은 돼지기름을 얼굴과 눈 밑에 발라 햇빛 차단을 하고 겨울에는 돼지기름을 몸에 두껍게 발라 동상 등을 예방하고 몸을 부드럽게 하였다. 한반도의 동북방에서는 돼지의 가죽으로 옷을 만들어 입었으며, 말갈인들은 하얀 피부를 위해 인뇨(人尿)을 받아 세수를 하였다. 가락국기(駕洛國記)에 나오는 아유타국의 공주가 수로왕을 처음 만날 때 '진수(珍秀)로 외람되게 용안을 가까이 하게 되었다'는 기록이 있다. 이는 네모진 이마를 의미하며 조선시대에 후덕한 여성을 아름다움으로 표현하는 상징적 의미로, 머리카락을 뽑아 만든 네모진 이마는 제모의 시초가 된다.

삼국시대

삼국시대에는 불교가 내려오면서 다양한 미용법이 발달하였다. 불교문화가 발달하면서 스님들이 몸을 청결하게 씻고 부처님께 제사를 지내는 목욕재계(沐浴齋戒)의 관습이 일반인들에게로 전파되어 전신목욕과 함께 온천욕으로 발달하였다. 불교와 함께 향료(香料)의 사용이 급격히 확산되면서 종교의식에서 개인적으로 향을 몸에 지니고 다니거나 향을 피우는 법 등이 새롭게 등장하였다.

5~6세기경의 수산리 고분벽화의 주인공 귀부인 및 쌍영총 벽화 주인공과 시녀로 보이는 여인네의 볼과 입술에 연지 화장을 하였다. 고구려의 여인들에게 볼과 입술에 연지를 찍는 것이 유행하였고 연지 제조법은 일본에 전파되었다.

신라에서는 향을 주머니에 넣어 차는 향낭을 남녀노소 신분에 관계없이 몸에 지니고 다녔다. 신라인들은 의식을 위한 필수품으로 향료와 향을 만들어 사용하였고 알코올에 용해시켜 만든 향은 향내 나는 물질을 압착시켜 얻었다. 또한 향기가 짙은 꽃의 줄기나 잎 뿌리 따위를 그늘에 말려 가루를 빻아 낸 것을 분말 형태로 제조한 향료

수산리 고분벽화

는 향수보다 광범위하게 이용되었다. 일반적으로 많이 사용한 방법은 향로에 향료를 피워 연기를 내는 것이었다. 피부는 백색미인이 유행하여 백분에 납을 첨가하여 남녀 모두 화장을 하였다. 제조기술이 뛰어났으며 백분의 사용과 함께 일본에 전파하였다.

백제인은 연지를 바르지 않았으며 전체적으로 엷고 은은하며 자연스런 화장을 하였다. 일본의 기록을 보면 "백제의 화장품 제조기술과 화장법을 배웠다"라고 실려 있을 정도로 진보된 화장 기술을 가졌다. 백제와 신라는 신분에 따라 화장과 옷을 달리하고 화장보다는 머리 미용에 더욱 아름다움을 표현하고 헤어스타일에 관련된 장신구들을 발달시켰다.

고려시대

분을 바르고 눈썹을 그리는 분대화장법이 발달한 시대로 중국과의 교류가 활발하였다.

원나라 공주의 복식과 미용 및 고려의 공녀(貢女) 처자들의 미용풍속은 고려양(高麗樣)으로 원나라에 알려졌다. 연분(鉛粉)이라고 하는 납분은 분첩과 분을 넣어 보관하는 기술이 제작되었으며, 눈 화장은 미묵(眉墨)으로 눈썹을 그리고 색 가루로 색조화장을 하였으며, 이는 조선시대에 아주 다양하게 발전하게 된다. 말기에는 원나라의 영향을 받아 분대화장법이 기술적인 면에서 더욱 발전하였으며 이는 기녀의 미용과 복식에 영향을 주었다. 삼국시대에 이어 불교를 숭상하였으며 향료와 향을 이용한 여러 방법 등을 고안해 내고 신라의 풍습이 그대로 계승되어 청결의 개념이 더욱 강조되었으며 목욕법 또한 성행하였다.

조선시대

유교사상의 영향을 받아 도덕관념으로 내적인 아름다움을 강조하여 여성들의 외부 활동이 적어지면서 여유가 생겨나고 자신을 돌보는 일에 세심해져 피부미용법과 세밀한 미용도구 및 화려한 장식품 등의 발달과 함께 손의 손질에 이르기까지 외모를 아름답게 가꾸는 노력이 엿보였다.

규합총서(閨閤叢書)의 면지법에는 머리카락을 검고 윤기 나게 하는 방법 및 겨울철 피부미용 관리법 등의 내용이 소개되어 있으며 미용도구, 미용법 등이 수록되어 있다.

청결 관념의 확산으로 목욕이 중시되고 사대부 집안에서는 난탕(난초를 삶은 물), 삼탕, 마늘탕, 창포탕 등을 이용하여 피부를 희고 부드럽게 하는 동시에 몸에서 향내가 나도록 하였다. 어린 아이의 피부를 희게 하기 위해 복숭아 꽃물로 세수시켰다. 맑은 피부를 선호하여 미안수를 바르고 참기름을 사용하였으며, 오이나 꿀 등을 이용하여 미안법을 행하기도 하였다.

기초화장부터 색채화장까지 급격한 발달을 이룬 시기로 미를 파는 직업적인 여성인 기생이 등장하여 눈 화장 및 볼, 입술의 색채미와 얼굴형에 따라 눈썹을 그리는 미용법이 크게 발전되었다.

근대

19세기에는 화장이 여성의 상징이 되었다. 위생과 청결을 중요시 여겨 비누의 사용이 보편화 되었다.

1916년 한국 최초로 제조 및 판매된 화장품 '박가분'이 등장하였으며 1918년 상표등록증이 교부되어 최초로 대중적인 화장품이 되었다. 또한 최초로 화장품 광고를 선보였다. 1920년 동아부인상회에서 미백 로션을 제조 · 판매하였고 조선부인약방에서 금강유액과 유백금강액 등 복합적인 미백제품이 나왔다. 1950년 화장수와 살구씨, 쌀겨 등으로 미백제를 개발하였으며, 글리세린의 기본적인 원료로 화장품 제조에 사용되었다. 신

1

2

1. 조선시대 여인
2. 박가분

여성 중심으로 신식 화장이 유행하며 1866년 산화아연이 개발되어 백납분을 대체할 수 있는 안전한 성분으로 인정받아 유럽으로 퍼져나갔다. 또한 신식 화장품을 알지 못하는 여성들이 올바른 인식을 가질 수 있도록 해 주었다.

현대

1990년대 초반부터 중반까지 피부관리의 전격적 보급시기이다. 국내 전문교육기관이 확대되어 미용중심 학원에서 피부관리 과정이 운영되었으며, 복지관 교육, 전문대학의 피부미용과 개설 등 전문교육과정이 활성화되었다. 특히 "전문피부학원"의 전문과정이 생기게 되었다.

1995년 이후 1999년까지 교육적 체계가 가속화(전문피부학원을 중심으로 한 관련업계 간 협조체제)되면서 전문학원 및 전문대학 간 산학협동이 확대되었다. 전문교육기관을 중심으로 제품 업체, 관련기기 업체, 정보매체 간의 교류를 위한 노력이 가속화되며 1998년 이후 피부미용위원회 주관의 피부미용 민간자격시험 실시를 통해 국가자격시험 제도를 창설하기 위해 노력하던 시기이다.

2000년도 이후에는 세계적인 피부관리 흐름과 추세에 맞춰 적극적인 노력이 수반되고 국내 시장 기반이 성숙해진 시기로 피부관리 각 분야 운영시스템의 조직화, 고객 만족, 교육적 욕구 상승 등 전반적으로 체계화되며 전문화된 시기이다. 이러한 노력에 힘입어 현재 4년제 피부미용 학사 제도와 대학원 석·박사 과정이 개설되고 또한 다양한 스파와 에스테틱 전문 샵들이 등장하여 발전하게 되었다.

최근 들어 한국의 미용산업이 해외에서 각광받게 되면서 'K뷰티'라는 신조어가 탄생하게 되었다.

3.
피부미용관리의 도입 과정

구 분	내 용
19세기	산업혁명 이후 여성의 전문 직종으로 자리잡기 시작하였다.
1946년	국제 CIDESCO가 결성되었다.
1971년	최운학이 일본 유학 후 국내에 '미가람 피부관리실'을 오픈하였다.
1981년	YWCA 근로여성회관 여성직업개발부에서 피부미용 커리큘럼(900~1200시간 이수 피부미용 교육이 시행)을 개발하였다.
1982년	모아 미용학원과 한독 피부미용학원에서 피부미용인을 양성하였다.
1986년	CIDESCO 협회에 한국 등재 1989년 사)대한미용사중앙회 산하 피부분과위원회가 결성되었다.
1991년	대학에서 피부미용학 교육이 시작되었다.
2007년	미용사(일반=헤어), 미용사(피부)로 업무 범위를 구분하였다.
2008년	미용사(피부) 국가기술자격시험이 실시되었다.

국가기술자격증

* 2014년 산업현장 일 중심으로 직업교육·훈련과 자격의 유기적 연계 강화로 현장 맞춤형 우수 기술인재 배출을 위해 과정평가형 자격제도를 도입하였다.

3장

피부미용의 정의 및 자격 기준 업무 내용

피부미용이란 사람의 얼굴과 전신의 피부를 대상으로 보다 더 아름답고 청결하게 만드는 일련의 과정이며 피부 상태 분석, 피부관리, 제모 및 눈썹 손질의 업무를 담당한다.

피부 상태 분석과 제모 및 눈썹 손질을 위해 사용하는 기구 및 일부 기기만을 사용할 수 있으며 의료기기나 의약품을 사용하지 않아야 한다. 피부미용사가 사용할 수 있는 일반기기로는 적외선조사기, 자외선 소독기, 확대경 및 피부측정기 등이다.

국가기술자격법 시행규칙의 일부 개정에 따라 2008년부터는 미용사(피부) 자격이 신설되었다.

미용사(피부)의 자격시험은 필기와 실기 시험으로 나누어지며, 필기 시험 과목은 피부미용학, 피부미용기기학, 화장품학, 피부학 및 해부생리학, 공중위생관리학이며 실기 시험 과목은 피부미용실무로 얼굴피부관리와 전신피부관리, 림프드레나지가 포함된다.

1. 피부미용관리의 방법

피부미용관리 방법은 수기(手技)법을 이용한 피부미용관리, 생체리듬을 이용한 피부미용관리, 미용기기를 이용한 피부미용관리 등이 있다.

1) 이론적 개념

인체와 피부에 대해 이론적 지식을 습득하여 피부관리 전문가로서 자질을 갖추어야 한다.

2) 수기술

손을 이용한 관리 방법으로 고객에게 심리적 안정감을 주고 혈액순환, 신진대사의 기능을 원활히 한다.

피부각질 세포를 활성화시키며 진피내 섬유아세포(fidroblast)를 자극하여 콜라겐(collagen)과 엘라스틴(elastin)을 활성화시킨다. 또한 인체의 기본조직이 원활하게 작용할 수 있도록 한다.

3) 미용기기를 이용한 피부미용관리

기기를 사용하는 관리 방법으로 스킨케어 등을 위한 전문적인 지식과 기기원리, 사용방법에 대해 숙지하여야 한다.

2. 피부미용관리사의 직무영역

피부관리사는 고객과의 상담과 피부 분석을 통하여 안정감 있고 위생적인 환경에서 질병 상태가 아닌 전신 및 얼굴의 피부를 아름답게 개선·보호·유지·관리하기 위하여 각 부위와 유형에 적절한 관리법과 기기 및 제품 등을 사용한다.

분석 결과에 따른 적합한 피부미용 서비스를 제공함으로써 고객의 피부를 건강하고 아름답게 유지시켜 개성을 창출하고 고객의 모습을 돋보이게 하여 자신감을 갖게 해준다.

대중적인 피부미용관리 서비스는 고객의 피부분석 후 클렌징을 하고 기기관리 및 매뉴얼테크닉과 팩을 하여 피부의 혈액순환을 돕고 노화를 예방하고 피부를 개선하며 고객에게 안정감과 만족감의 균형을 제공한다.

고객의 요구에 따라 피부의 털 및 눈썹을 정리 · 제거해주며 눈썹과 속눈썹의 모양을 얼굴형에 맞게 정리한다.

기초화장품은 고객의 피부유형에 맞게 선택하여 화장품의 종류 및 사용방법을 정확하게 설명하고 피부미용관리 방법을 조언한다.

안면관리

(1) 일반 안면관리

피부 상태를 분석한다. 피부 유형에 맞는 적절한 화장품, 기기, 매뉴얼테크닉 등을 시술한다. 건성, 정상, 지성 피부 유형에 맞는 일반적인 관리 프로그램으로 피부를 매력적인 상태로 유지 · 관리한다.

(2) 특수 안면관리

여드름 관리, 노화 관리, 색소 관리 등 문제성 피부에 특수한 프로그램을 통해서 집중관리 함으로써 문제점을 개선 또는 해결하여 아름다운 피부로 가꾸는 관리이다.

(3) 신체 각 부위 관리

안면피부를 제외한 모든 신체 부위에 미용기기, 화장품 등을 이용하여 대사기능을 정상화시켜 건강하고 매력적인 몸매로 가꾸게 한다.

(4) 바디 및 체형 관리

림프드레나지, 한국형 특수관리, 아로마테라피, 식이요법과 운동처방 등 다양한 요법으로 고객의 유형에 따라 적용한다.

다양한 요법을 통해 노폐물을 배출시키고 혈액순환을 통해 인체의 기능을 정상화하며 탄력관리와 셀룰라이트 제거 관리 등을 통해 고객의 건강과 매력적인 몸매를 가꾼다.

(5) 눈썹 정리 및 염색(Coloring)

고객이 원하거나 눈썹이 이미지와 완전 다른 모양일 경우 눈썹전용 면도기, 족집게, 눈썹전용 가위 등을 이용하여 고객의 얼굴형에 맞게 눈썹을 정리한다.

눈썹의 색깔에 따라 눈썹전용 염색약으로 눈썹과 속눈썹을 다양한 색상으로 연출하고 눈매를 더욱 매혹적으로 가꾸어 준다.

(6) 제모(Depilation & Eepilation)

신체에 불필요한 털을 제모시술을 통해 제거함으로써 미관상 저해 요인을 해결하여 자신감을 부여할 수 있다.

제모는 일시적 제모와 영구적 제모로 구분할 수 있으며 일시적 제모에는 면도기, 족집게 등을 사용하는 물리적 제모와 크림, 액체, 연고 등을 사용하는 화학적 제모가 해당된다. 영구적 제모에는 전기, 레이저 등이 사용된다.

(7) 두피 미용관리

두피 상태를 상담과 진단기를 통해 확인하고 적절한 두피케어 방법으로 생리기능을 정상화한다. 두피 세정과 두피 마사지, 영양 제품 침투를 통해 혈액순환을 촉진하고 적절한 유 · 수분을 공급하여 각종 트러블과 탈모를 예방하고 건강한 모발을 회복시킨다.

(8) 손 · 발 관리

손 · 발톱 관리 및 손과 발의 마사지를 포함한다. 매니큐어, 페디큐어 및 파라핀, 팩, 석고를 이용한 혈액순환 촉진 등을 통하여 손 · 발톱을 청결하고 아름답게 가꾸어 준다.

티눈, 발의 변형, 굳은살 등의 관리와 발반사요법을 통해 혈액순환을 촉진하여 신체 건강을 증진시킨다.

(9) 미용 기기를 이용한 관리

여러 가지 기기를 이용한 관리로 보다 합리적이고 관리의 시간적 효율성을 높인다.

(10) 메이크업

외형적인 미적 효과로서 중요한 의미를 지니며 얼굴형에 따른 화장은 자신의 장점을 살리고 단점을 보완하여 개성 있는 모습을 연출하는 표현 방법으로 중요한 부분이다.

(11) 가정에서의 피부관리 상담

피부 유형에 적합한 화장품의 선택과 사용법에 대해 인지시켜 잘못된 홈 케어를 개선하며 관리실에서 받는 전문적 관리와의 적절한 연계성을 지녀 관리 효과를 증대시킨다.

(12) 이미지 메이킹의 조언

밀레니엄 시대에 이미지 메이킹은 상대방에게 좋은 이미지를 보여줄 수 있고 대인관계 향상과 성공적인 사회생활을 위하여 중요하게 인식되어 왔다. 외적인 이미지 관리는 치열한 사회생활에 영향을 미치며, 내면의 세계가 가장 자연스럽게 표현되는 얼굴관리는 상대방과의 커뮤니케이션에 가장 중요한 부분을 차지하고 있다. 이미지는 자신의 첫인상을 상대방에게 각인시키며 좋은 이미지는 개인의 경쟁력을 갖추는 데 도움을 준다.

3.
피부미용관리사의 활동 분야

피부미용 업무는 공중위생분야로서 국민의 건강과 직결되어 있는 중요한 분야라고 할 수 있다. 피부미용학원 및 기타 교육기관 전문강사, 문화센터, 에스테틱 매니저, 화장품 회사, 뷰티살롱, 메이크업 회사, 미용기기 회사, 비만 클리닉, 한의원, 성형외과, 피부과 등 전문 에스테틱에 활동하며 유망직종의 한 분야로 자리 잡고 있다. 또한 피부미용관리사는 기초적인 이론과 기술적인 실기를 체계적으로 갖춘 전문가라고 말할 수 있다.

피부미용관리사의 업무 내용

❶ 고객의 얼굴, 팔, 다리 등에 마사지 화장품을 이용한 피부미용 서비스를 제공한다.

❷ 고객의 피부를 관찰하고 이에 적합한 미용 방법을 결정한다.

❸ 크림, 로션 등을 바르고 찜질하여 피부의 혈액 순환을 돕는다.

❹ 고객의 피부 성향에 알맞은 화장품의 종류를 설명한다.

❺ 화장 방법을 조언한다.

1) 피부관리사

피부관리사는 국가기술자격법에 의한 미용사(피부) 면허를 받은 자로 수기와 미용기기를 사용하여 화장품을 흡수시켜 피부를 보호하고 청결하게 가꾸어 줄뿐만 아니라 얼굴과 신체 미용상의 문제점을 개선해주는 전문인이다. 피부에 대한 이론 지식과 함께 인간의 해부생리와 피부 병리에 대한 임상적인 피부 미용 관리 기술이 필요하다. 피부전문 관리실, 피부과 병원, 성형외과 병원, 산부인과, 비만클리닉, 산모관리사, 한의원으로 확대되며 그 외에 프리랜서 등으로 활동할 수 있다.

2) 전문인력

건강과 피부에 대한 관심이 높아지면서 전문 화장품 회사, 미용기기 회사 등에서 전문교육 활동, 거래처 관리, 교육 등을 포함하는 영업 활동을 담당하는 추세이다.

전문 샵 창업을 통해 올바른 기기 사용과 판매, 맞춤형 마케팅을 바탕으로 최근 급부상하는 전문 인력이다.

3) 교육강사

국가기술자격 취득을 돕고 실용적인 기술을 익힐 수 있는 사립미용학교, 직업기술학교, 관청(시청, 구청 등), 문화센터, 전문대학(전국대학 개설 피부미용과) 등이 늘어나고 있고 최근 발전하는 한국의 미용 산업에 발맞춰 국내외에서 교육강사로 활동할 수 있다.

4) 정기 간행물(피부관리 전문 정보지) 발행업체

미용 산업 발전에 기여하는 미용전문잡지는 관련분야의 세분화, 전문화된 콘텐츠를 제공하고 기초 정보와 함께 많은 변화를 보이고 있다. 미용시장에서 큰 두각을 나타내지 못했던 미용잡지는 최근 독립적인 매체로 자리매김하면서 미용잡지 산업 발전에 기여하고 있다.

〈뷰티 투데이〉, 〈주간 코스메틱〉, 〈에스테틱 월드〉, 〈뉴에스테틱〉 등의 정보지, 업계 전문잡지 기자, 편집자(피부관련 전문 지식 필요)로 활동할 수 있다.

5) 자영업자

미용산업 규모의 발전으로 전문 에스테틱, 화장품 회사, 미용기기 회사 등을 직접 운영하는 업체가 늘어나고 있다.

고객의 욕구에 따른 고품질, 고차원의 다양한 서비스를 제공하고, 나아가 한류의 뷰티산업을 책임지는 고부가가치 산업을 책임지고 있다.

4.
피부미용관리 관련 학문

피부과학, 피부미용학, 화장품학, 영양학, 해부생리학, 비만관리학, 미용기기학, 공중위생학, 아로마테라피, 발관리, 경락관리학, 경영관련학, 고객상담학 등의 전문지식을 갖추어야 한다.

5.
외국의 피부미용관리사 제도

독 일

화장품센터와 피부미용을 하는 에스테틱이 대중화되어 있는 독일의 피부미용학교는 대체로 2년 과정으로 1년은 이론을 중심으로 가르치고 나머지 1년은 실습을 중심으로 교육한다. 평균 1,500시간 이상의 실습교육을 받고 1년 안에 필기시험에 합격해야 자격증을 취득할 수 있다. 시험 합격 후에는 1년 동안 현장실습을 한 후 다시 자격증 취득시험을 통과하여야 취업, 에스테틱을 오픈 또는 학원을 운영할 수 있다.

프랑스

6개월의 단기과정에서 3년 과정까지 다양한 교육과정이 있다. 대개 2년 과정을 마쳐야 수료증이 수여되고 국가기술자격 CAP(직업교육자격증) 시험에 응시할 수 있다. 필기 시험과 실기 시험으로 나누어 실시한다.

미 국

미국은 각 주마다 독립적으로 필기와 실기 시험을 통과하여야 면허증을 부여한다. 10개월 동안 1,600시간의 전문교육과정을 이수한 후 미용사자격증을 얻으면 피부관리와 헤어미용까지 할 수 있다. 피부관리만 별도로 원하는 경우에는 600시간의 교육을 받아야 한다. 특히 각 주에서 부여받은 면허증은 그 주에서만 인정된다.

영국

에스테틱에 헬스 장비와 센터를 갖추어 운영하며, 슬리밍 관리 프로그램 및 제품, 기기들을 독자적으로 개발하였다. 1,600시간의 교육 과정을 이수 후 헤어 이론, 실기, 바디테라피 이론, 실기, 영구제모 이론 및 실기 등 6과목의 시험을 보며 각 과목당 65점 이상을 받아야 한다. 한 과목이라도 낙제할 경우 재응시하여야 하고, 피부미용사 시험 응시 후 3번 탈락할 경우는 응시자격이 영구적으로 박탈된다.

일본

미용전문학교는 2년 정규과정, 3년제 또는 4년제 연구과정 기관이 있으며, 전문학교를 졸업한 미용인들에게 전문사(專門士)라고 하는 자격이 주어진다. 국가에서 인정하는 미용전문학교 졸업장이 있어야 자격증 취득 및 정식 면허를 발급 받을 수 있다. 기본에 충실한 반복 교육으로 현장과의 연계성에 중점을 두었다. 에스테틱협회에서 인정하는 학원에서 600~1,200시간(3~6개월)의 교육을 이수하면 수료증을 취득할 수 있다.

6.
한국의 피부미용관리사 제도

피부미용업무는 공중위생분과로 국민의 건강과 직결되어 있는 중요한 분야이다. 헤어, 피부미용, 메이크업 등 분야별로 세분화 및 전문화되어 있다. 피부미용사 자격을 제도화함으로써 이론과 실무를 갖춘 전문 인력을 양성하여 국민의 보건과 건강을 보호하기 위하여 2008년부터 피부미용 국가자격증을 신설하여 시험제도를 시행하고 있다. 피부미용사는 Basic(얼굴 피부관리, 손관리)과 Advanced(얼굴과 목, 상체의 관리, 기타 재료에 의한 얼굴관리 등)로 크게 세분화되어 있다. 피부미용 국가자격증은 한국산업인력공단에서 실시하는 피부미용사 필기 시험에 응시하여 합격한 후 실기시험 응시자격을 얻을 수 있다. 미용관련 고등학교 및 대학 졸업생의 경우 졸업과 동시에 무시험으로 미용사 면허증을 취득할 수도 있다.

피부미용사 국가자격 시험

미용사(피부) : 의료기기나 의약품을 사용하지 아니하는 피부 상태 분석, 손을 이용한 얼굴관리, 전신 관리, 제모, 특수관리(림프드레나지), 눈썹 정리를 포함한다.

1. 시행처 : 한국산업인력관리공단

2. 훈련기관 : 대학 및 전문대학 미용관련학과, 노동부 관할 직업훈련학교, 시 · 군 · 구 관할 여성발전(훈련)센터, 기타 학원 등

3. 시험과목

① 필기시험

피부관리학, 피부학, 해부생리학, 피부미용기기학, 화장품학, 공중위생관리학

② 실기시험

피부 분석표 작성, 손을 이용한 얼굴관리, 전신 관리와 제모, 림프드레나지

7. 향후 피부 미용업의 전망

고령화시대의 최대 화두는 '건강하고 아름답게 살자'이다. 미용에 대한 인식이 바뀌면서 미용업의 업무는 범위가 넓어지고 다양화되고 있다. 초고령화 사회로의 진입 속도가 빨라지면서 건강과 뷰티 헬스서비스에 대한 관심이 늘고 있으며 제대로 케어할 수 있는 미용서비스 산업이 절실히 필요하다.

안티에이징의 패러다임으로 새롭게 급부상한 미용서비스 산업은 노인의 삶의 질을 개선할 수 있고 건강하고 아름답게 늙어가는 자연적인 노화와 차별화를 둬야 한다. 피부미용 서비스업은 현재 사회적으로 큰 관심을 받으며 화장품 의료와 연계 가능한 제품 개발 등으로 활발히 이루어지고 있으며 여성 전문직으로 각광받을 것이다.

1. 피부의 구조 및 기능

1) 일반적 피부의 이해

피부는 신체의 전 표면을 덮고 있는 인체 기관 중 가장 넓은 부분을 차지하는 조직이며 외부 자극으로부터 신체를 보호하는 중요한 기관이다. 인체의 첫 번째 관문인 피부는 외피계통의 주요 부분으로 피부 표면적에 따라, 연령, 성별, 부위에 따라 조금씩 다르게 나타난다. 총면적은 약 1.6~2.0m^2이며, 중량은 체중의 약 8%에 달하여 신체 기관 중에 가장 크다. 피부의 두께는 부위별, 성별, 연령에 따라 차이가 있으며 일반적으로 남성의 피부가 여성 피부보다 두꺼우며 피하지방층의 두께는 남성보다 여성이 두껍다. 일반적으로 신체 부위 중 눈꺼풀이 가장 얇고 손바닥과 발바닥이 가장 두껍다.

피부의 구조는 형태학적 구조와 조직학적 구조로 나눌 수 있다. 형태학적 구조는 소구, 소릉, 모공, 한공, 피부 결 등으로 분류하고 조직학적 구조는 표피, 진피, 피하조직, 피부 부속기관으로 구별한다. 피부의 표면에 있는 표피는 각질층, 투명층, 과립층, 유극층, 기저층 총 5개의 층으로 구분하고, 진피는 표피의 바로 아래 위치하였으며, 지방층과 연결되는 결합조직으로 유두층과 망상층으로 구분한다. 피하지방층은 진피와 근막 사이에 위치하며 주로 지방 세포로 구성되어 있다. 이외에 피부 부속기관은 한선, 피지선, 모발, 손·발톱 등이 있다.

2) 피부의 구조

(1) 형태학적 구조

피부의 표면 형태에 따라 모공, 피부 결, 소릉, 소구, 한공 등으로 구분한다. 소릉과 소구는 지문을 통해 알 수 있으며 지문은 개인에 따라 고유하다.

(2) 조직학적 구조

피부조직과 피부의 부속기관, 혈관과 신경 분포 등으로 나뉜다. 피부조직은 신체의 표면을 덮고 있는 바깥 층으로부터 상피조직인 표피, 결합조직인 진피, 피하조직 3개의 층으로 구분하고 피부 부속기관은 피부조직과 연계된 기능을 수행하는데 필요한 부속기관으로 피지선, 한선, 입모근, 손·발톱 등이 있다.

❶ 표피(Epidermis)

표피의 특징

표피는 중층편평상피로 구성되어 있으며 두께는 가장 얇은 곳은 0.2~0.5mm이고, 가장 두꺼운 곳은 2~6mm이다. 표피는 확산작용으로 물질교환이 이루어진다. 각질형성세포(Keratinocyte), 멜라닌세포(Melanocyte), 머켈세포(Merkel cell), 랑게르한스세포(Langerhans cell) 등이 존재한다. 피부의 제일 바깥층으로 무핵층과 유핵층으로 이루어져 있다.

표피의 구성

표피는 모양에 따라 변형된 가장 아래로부터 기저층(Stratum basale), 유극층(Stratum spinosum), 과립층(Stratum granulosum), 투명층(Stratum lucidum), 각질층(Stratum corneum)으로 나누어진다.

피부의 표면

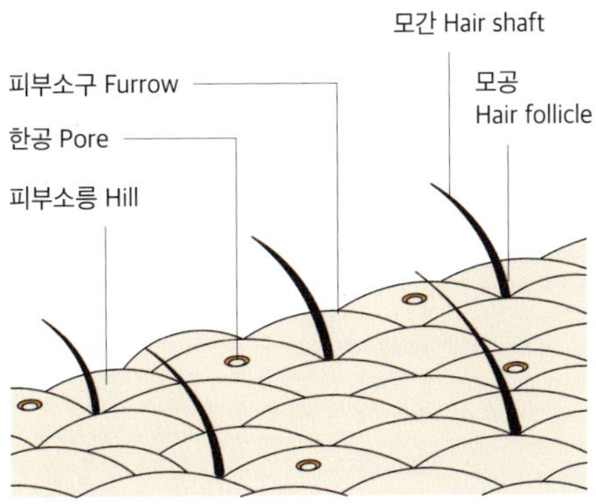

- **소릉** : 피부의 볼록하게 올라온 곳을 말한다.
- **소구** : 피부의 오목하게 안으로 들어간 곳을 말한다.
- **한공** : 땀이 나오는 구멍이다.
- **모공** : 피지 털(모발)이 45도 각도로 비스듬히 나오는 구멍이다.
- **피부 결** : 소구과 소구 사이의 간격을 말한다.

피부의 구조

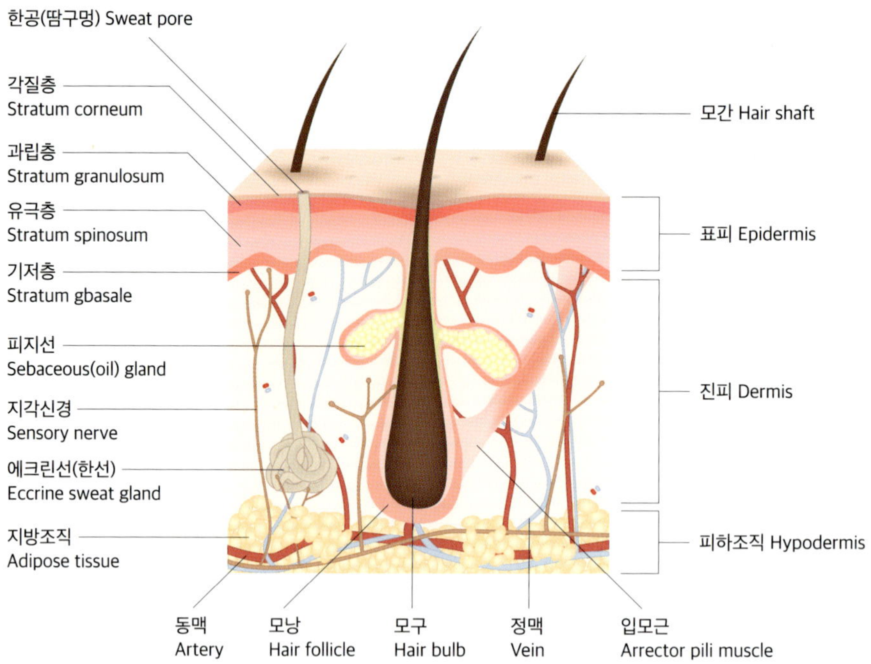
한공(땀구멍) Sweat pore
각질층
Stratum corneum
과립층
Stratum granulosum
유극층
Stratum spinosum
기저층
Stratum gbasale
피지선
Sebaceous(oil) gland
지각신경
Sensory nerve
에크린선(한선)
Eccrine sweat gland
지방조직
Adipose tissue
동맥
Artery
모낭
Hair follicle
모구
Hair bulb
정맥
Vein
입모근
Arrector pili muscle
모간 Hair shaft
표피 Epidermis
진피 Dermis
피하조직 Hypodermis

표피의 구조

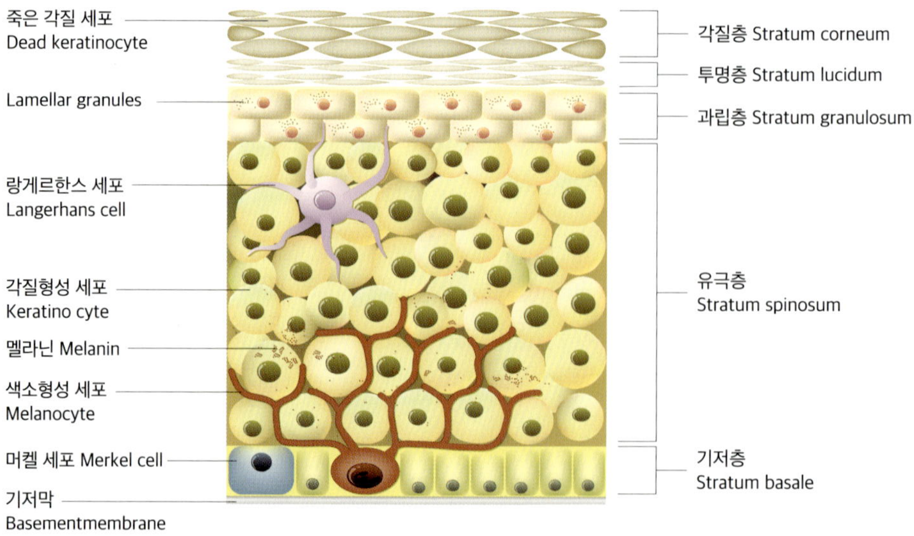
죽은 각질 세포
Dead keratinocyte
Lamellar granules
랑게르한스 세포
Langerhans cell
각질형성 세포
Keratino cyte
멜라닌 Melanin
색소형성 세포
Melanocyte
머켈 세포 Merkel cell
기저막
Basementmembrane
각질층 Stratum corneum
투명층 Stratum lucidum
과립층 Stratum granulosum
유극층
Stratum spinosum
기저층
Stratum basale

각질층

표피를 구성하는 세포층 중에서 가장 바깥 층으로 핵이 없으며 15~30층으로 겹겹이 쌓여 있고 우리 몸을 보호하는 장벽 역할을 한다. 각질세포 사이에는 연속적인 지질층(Lipid layer)이 있고, 각질층을 서로 '벽돌과 진흙'의 형태로 연결하고 있다. 구성성분은 케라틴(Keratin) 58%, 천연보습인자(Natural Moisturizing Factor) 31%, 세포간지질(Lipid) 11%로 구성되며, 각질층은 라멜라 구조로 세포와 세포 사이를 단단히 결합시켜 수분 증발을 억제하고 외부로부터 세균과 박테리아, 이물질, 물리적 충격 등을 방어하는 생체 방어 기능을 하기 때문에 피부의 장벽 기능을 수행하는데 가장 중요한 부분이 된다. 정상피부의 각질층 수분 함량은 10~20%이고, 10% 이하가 되면 건조해져 거칠어지고 예민해진다.

기저층에서 생성된 각질세포가 14일에 걸쳐 각질층에 도달한 후, 14일 동안 각질층에 머물다가 피부로부터 자연적으로 탈락하게 된다. 28일 주기를 턴오버(turn over)라 하며, 각질형성주기라고도 한다.

투명층

투명층은 생명이 없는 무핵 편평세포로 2~3층으로 작고 투명한 세포로 구성되어 있으며 손바닥과 발바닥에 존재한다. 엘라이딘(elaidin)을 함유하여 반유동적인 단백질 성분이 있어 수분 침투를 방지하고 지방 형태의 물질이 있어 물을 튕겨내며 물의 침입을 막는 역할을 한다. 또한 투명하게 보이며 빛을 굴절시켜 빛을 차단시키는 역할을 한다. 수분을 흡수하지 않고 수분침투 방지와 피부를 윤기 있게 해준다.

각질층의 라멜라 구조

- **라멜라 구조 :** 인체를 보호하는 1차 방어선이다.
- **피부장벽 주요 성분 :** 세라마이드(41.1%), 콜레스테롤(26.9%), 콜레스테롤에스터(10.0%), 지방산(9.1%), 콜레스테롤 셀페이트(1.9%), 기타(11.0%)

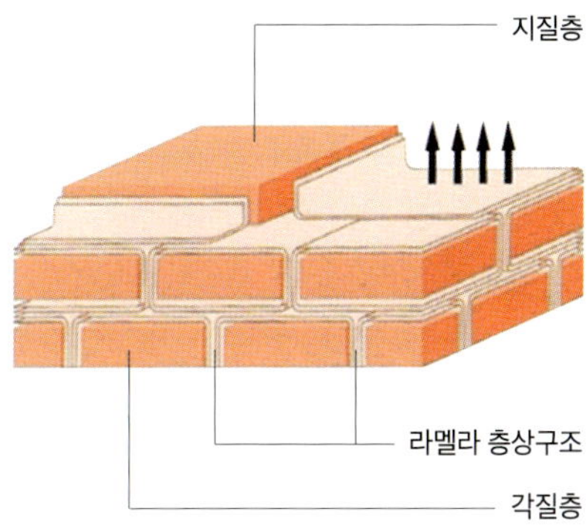

과립층

과립층은 각질층의 중간으로 3~5개 층으로 구성되어 있으며 각질화가 시작되는 층으로 유핵과 무핵이 공존한다. 과립 모양의 세포로 이루어져 있으며 방추형의 세포들로 이루어져 있다. 황을 많이 함유한 케라토히알린(keratohyalin)은 케라틴의 전구물질로 각질유리과립과 층판과립이 형성된다. 빛을 산란시켜 자외선을 흡수하고 외부 물질에 대한 방어 역할과 수분 유출을 막아주는 기능을 한다. 특히, 외부로부터 수분이 침투하거나 내부로부터 수분이 나가는 것을 막아주는 역할을 한다.

유극층

세포와 세포 사이가 가시 모양 돌기로 연결되어 가시층이라고 하며 세포 모양은 다각형으로 핵을 가지고 있다. 다각형 세포들의 짧은 극돌기를 가지고 있는 표면은 가까운 인접세포와 다리 모양으로 연결되어 있어 세포간교를 형성한다. 5~10층으로 가장 두꺼운 층으로 구성되어 있고 핵을 가진 살아있는 세포층으로 활발하지는 않지만 세포 분열이 가능하다. 세포와 세포 사이에는 림프액이 흐르고 랑게르한스세포가 존재하여 피부알레르기, 접촉성피부염과 관련이 있으며 가시층의 세포들은 데스모좀(desmosome)에 의해 세포와 세포를 연접하는 역할을 한다. 세포간 연접구조로 세포간교를 형성한다.

기저층

기저층은 가장 아래의 단층의 원추형 유핵세포로 구성되어 있으며, 수분 함량은 70%이다. 진피와 접하고 있는 단층으로 원추형 형태의 유핵세포로 구성되어 있다. 진피의 유두층과 물결 모양으로 접하고 있으며, 진피에서 혈액을 통해 영양을 공급받고 세포 분열을 촉진하여 새로운 세포를 생성한다. 물결 모양으로 요철이 깊고 많으면 탄력 있는 젊은 피부라고 할 수 있으며, 요철이 편평해지면 노화피부라고 말할 수 있다. 기저층에 존재하는 멜라닌형성세포(melanocyte)는 멜라닌(melanin)을 생성하여 자외선으로부터 피부를 보호하며 각질형성세포(keratinocyte)와 멜라닌세포(melanocyte)가 4:1~10:1의 비율로 존재한다. 기저층의 세포분열은 낮보다는 밤에 이루어진다.

표피층 구성 세포의 역할

- **머켈세포(Merkel cell)** : 촉각세포, 지각세포, 기저층에 존재한다.
- **멜라닌형성세포(Melanocyte)** : 멜라닌(melanin) 생성, 자외선으로부터 피부를 보호한다.
- **랑게르한스세포(Langerhans cell)** : 면역기능, 유극층에 존재한다.
- **각질형성세포(Keratinocyte)** : 각질 형성, 면역 조절 및 염증 조절 물질을 분비한다.

표피의 구성

구 분	내 용
각질층	• 피부의 최외층으로 핵이 없다. • 15~30층의 납작한 무핵세포로 얇은 비늘 모양으로 떨어져 나간다. • 10~20%의 수분이 함유되어 수분에 의한 팽윤성이 있다. • 각질층의 구조는 Bricks & mortar 형태이다. • 케라틴(Keratin) 58%, 천연보습인자(Natural Moisturizing Factor) 31%, 세포간지질(Lipid) 11%로 구성되어 있다.
투명층	• 2~3층으로 얇고 투명한 무핵 편평세포로 구성되어 있다. • 빛을 굴절시켜 빛을 차단시킨다. • 손바닥, 발바닥에 존재한다. • 엘라이딘을 함유하여 수분에 의한 팽윤성이 적다.
과립층	• 방추형의 세포로 또렷한 작은 낱알과 같은 세포로 구성되어 있으며 방어막이 있다. • 케라틴 단백질이 뭉쳐져 만들어진 케라토히알린(Keratohyalin)이 과립 모양으로 존재한다. • 세포핵이 붕괴된다. 세포는 딱딱하고 조밀해지며 납작해지고 각화되기 시작한다.
유극층	• 5~10층으로 가장 두꺼운 층으로 구성되어 있다. • 세포와 세포 사이가 가시 모양 돌기로 연결되어 가시층이라고도 한다. • 세포와 세포 사이에는 림프액이 흐르고 있다. • 랑게르한스세포가 존재한다. • 데스모좀(desmosome)에 의해 세포간 연접구조로 세포간교를 형성한다.
기저층	• 단층으로 된 원추상 유핵세포로 구성되어 있다. • 모세혈관으로부터 산소, 영양을 공급받아 새로운 세포들을 세포분열을 통해 생성한다. • 진피와 물결 모양으로 경계를 이루고 있다. • 수분 함량은 70%이다.

각화(Keratinization)

기저층에서 생성된 유핵세포인 각질세포가 연속적으로 변화해 피부 표면의 가장 위층인 각질층으로 밀려 올라감에 따라 형태와 작용이 단계적으로 바뀌어 마지막 단계에서 여러 층의 각질층으로 겹겹이 쌓여 그 사이에 결합력이 약해져 딱딱한 각질로 변해 피부로부터 들뜬 얇은 조각 상태로 되어 떨어져 나가는 과정을 말한다. 세포의 모양이 편평해지는 과정으로 제1분화 과정에서 기저층에서 세포분열로 제2분화의 유극층에서 유극세포의 단백질 합성 및 효소 생성에 의해 변화 과정이 14일 정도 소요되며 제3분화의 과립층에서 케라토히알린의 합성 및 단백질 분해효소에 의한 제4분화의 각질층에서 각질세포로 떨어져 나가는데까지 걸리는 시간이 약 14일 정도의 변화 과정이다. 이러한 과정들이 진행된 후 나타나는 피부 표면에서의 박리현상을 각화(Keratinization)라고 한다. 각화주기(Keratinized cycle)는 약 28일 정도이며, 턴오버(Turnover) 주기라고도 불린다.

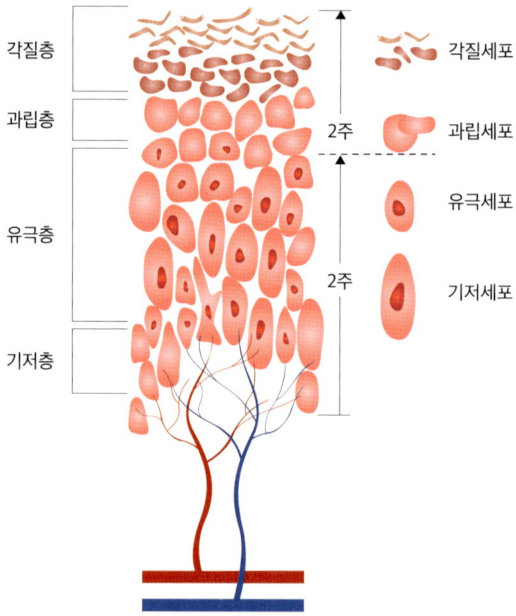

멜라닌세포

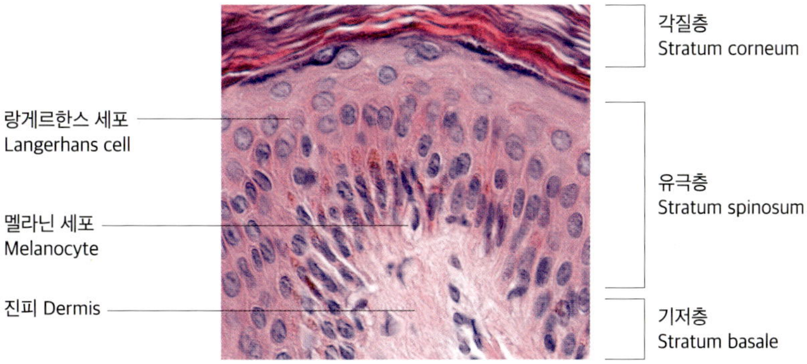

티로신 → 도파 → 도파퀴논 → 도파크놈 → 멜라닌 → 유멜라닌

↑ 티로시나아제 (티로신 → 도파)

↑ 도파퀴나아제 (도파 → 도파퀴논)

→ 페오멜라닌

- 표피의 기저층에 위치해 있으며, 피부색을 결정하는데 중요한 역할을 한다.
- 멜라닌세포 1개는 36개의 각질 세포와 연결되어 존재한다.(세포의 5%)
- 멜라닌세포에서 만들어진 멜라닌은 세포돌기를 통해 각질세포로 전달된다.
- 멜라닌은 세포 속의 리보좀(ribosom)에서 효소 티로시나아제(tyrosinase)의 작용에 의해 합성되기 시작한다.
- 표피층의 불균형적인 각화 현상은 색소침착을 초래할 수 있다.
- 유멜라닌(eumelanin)과 페오멜라닌(pheomelanin) 두 종류가 있다.
- 멜라닌세포(melanocyte)는 자외선의 영향을 받게 되면 더 많은 멜라닌을 생성한다.

피부색

- 피부색은 기저층에 있는 멜라닌세포로 인해 결정되며, 사람에 따라 각각 다르게 분포한다.
- 피부의 색을 결정짓는 3가지 색소 : 멜라닌(흑색), 카로틴(황색), 헤모글로빈(적색)

❷ 표피와 진피의 경계부

진피와 표피의 경계부는 기저막으로 이루어져 있으며 표피와 진피를 서로 부착시키는 기능을 한다. 진피와 표피의 경계부는 옥시탈란 섬유(oxytalan fiber)에 의해서 굴곡이 있는 돌기 형태로 되어 있다. 표피세포의 신진대사에 영향을 준다.

❸ 진피(Dermis)

진피의 특징

진피는 표피와 피하지방층 사이에 위치하고 있으며, 표피의 10~40배가량 두꺼운 실질적인 피부이다. 진피의 구성세포로는 섬유아세포, 비만세포, 식세포 등이 있다.

진피층의 경계는 확실하지 않으나 유두층과 아랫부분의 망상층으로 나눌 수 있고, 교원섬유, 탄력섬유, 점 다당류인 세포간기질로 구성되어 있다. 진피는 표피의 영양 공급과 산소 공급을 돕고 상호 작용을 하며, 피부의 재생을 돕는다. 콜라겐은 진피의 85 ~ 90%를 차지하는 피부결합조직의 중요한 성분이다.

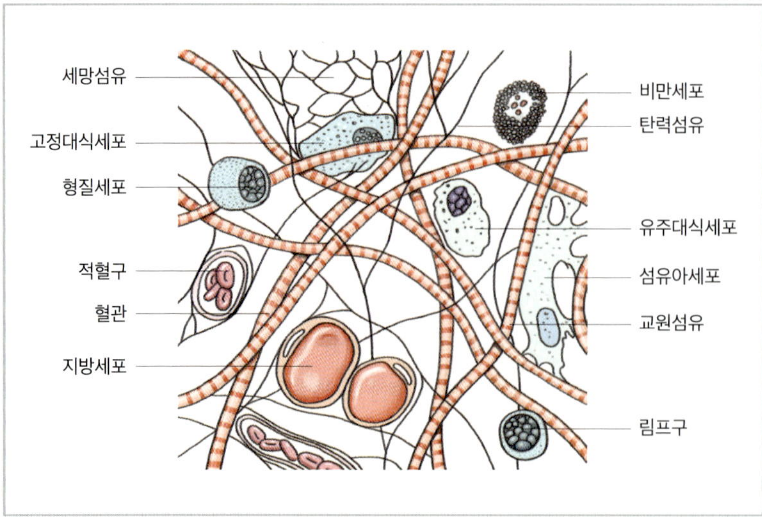

진피의 구성세포와 섬유

진피의 구성

진피는 유두층과 망상층으로 구성되어 있으며 진피의 혈관은 유두층과 망상층의 경계부에 위치한 혈관과 망상층의 하부에 존재한다.

유두층

유두층은 진피층 상부의 기저층 밑에 위치한다. 작은 원추형 돌기로서 유두 모양의 돌기로 표피의 기저층 밑에 위치하고 물결 모양을 하며, 단순하지만 아주 불규칙하게 이루어져 있다. 진피의 20%를 차지하고 감각소체를 형성하고 촉각과 통각의 감각기능을 전달하는 역할을 한다. 유두층과 표피의 기저층 사이에 모세혈관이 있어 이를 통해 표피의 기저층에 영양분과 산소를 공급하는 역할을 하며 피부 유연에 관여한다.

망상층

망상층은 유두층 아래에 위치하는 층으로 그물 모양의 단단하고 불규칙한 결합조직으로 진피층의 대부분인 80%를 차지한다. 혈관, 림프관, 피지선, 한선, 신경, 털세움근 등이 복잡하게 분포되어 있고 감각기관으로 압각, 온각, 냉각이 있다. 일정한 방향을 가진 교원섬유와 탄력섬유가 치밀하게 결합되어 있으며 두 섬유질 사이에 무코다당류가 젤 상태로 분포되어 있다. 피부의 탄력은 바로 이 망상층의 팽창성과 탄력성 때문이며 노화의 원인은 콜라겐, 엘라스틴, 무코다당류 등의 저하로 주름이 형성된다.

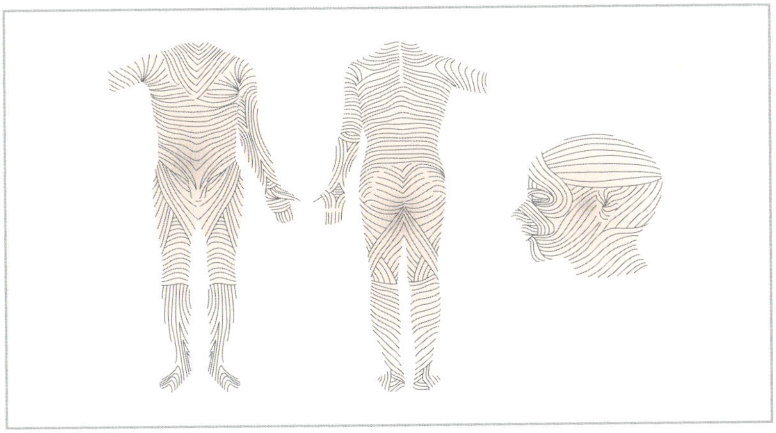

피부의 랑거선

진피의 구성 물질

구 분	특 징
콜라겐 섬유 **(Collagen fiber)**	• 백색(白色)섬유라고도 한다. • 세포질의 소포체와 골지체에서 합성이 시작되어 세포 밖으로 분비된다. • 콜라겐은 3종류의 아미노산(Glycin, proline, hydroxyproline)이 반복 결합 되어 있다. • 피부를 잡아 당겼을 때 변형되지 않게 작용하는 것이 콜라겐이다. • 피부의 수분 유지를 돕고 탄력을 결정한다.
엘라스틴 섬유 **(Elastin fiber)**	• 진피의 건조 중량의 3%를 차지하는 두꺼운 섬유이다. • 황색 섬유이다. • 교원섬유들이 서로 가교되어 붙게 하며 교원섬유보다 가늘고 탄성에 의한 것이다. • 길이의 1.5배까지 늘어난다. • 피부를 당겼을 때 원래의 피부로 돌아가는 것은 엘라스틴의 탄성에 의해 결정된다. • 혈관, 호흡기계 그리고 인대 등에서 그물망 또는 다발을 형성하고 있다.
무코다당류	• 결합섬유 사이를 채우고 있는 물질이며 점다당질(무코다당류)이 주성분이다. • 히알루론산, 콘드로이틴, 황산, 헤파린 황산염 등으로 이루어져 있다. • 황산기를 가지고 있어 1,000배까지 수분을 흡수할 수 있는 능력을 가지고 있다.

진피 구성 세포

구 분	내 용
섬유아세포	• 결합조직 내에 널리 분포되어 있는 세포로 진피층의 물질을 만들어 낸다. • 모양은 방추형이고, 넓은 날개를 펼친 새 모양이다. • 프로콜라겐 분자를 만들어 낸다. • 콜라겐섬유, 탄력섬유, 세포기질을 생성하는 역할을 한다. • 섬유아세포가 증가하면 콜라겐 생성이 5배 증가한다. • 엘라스틴, 무코다당류를 증가시키며 피부가 탱탱해지고 피부색이 개선되며, 주름이 펴진다. • 혈액순환이 잘 되어야 혈액세포인 섬유아세포를 자극시켜 콜라겐과 엘라스틴을 활성화시킨다.
식세포	• 백혈구에는 호염기성, 호중성, 호산성, 단핵구, 림프구가 있다. • 백혈구의 일종인 단핵구로부터 분화된 세포이다. • 조직에 있는 병원체를 제거한다. • 림프절로 들어오는 세균을 제거한다.
비만세포	• 진피 내 호염기성 백혈구의 일종인 비만세포이다. • 피부, 기관지 점막 등 외부 이물질인 먼지, 세균 등이 침입하기 쉬운 곳에 있다. • 히스타민을 분비하여 혈관을 확장시킨다. • 식세포 작용을 하는 백혈구를 유도하는 신호물질을 분비한다.

④ 피하지방층

피하조직은 지방세포들이 축적되어 있는 느슨한 결합조직으로 진피와 근막 사이에 위치하며 주로 지방세포로 구성되어 있다. 신체 부위나 성별, 나이, 영양 상태에 따라 피하조직의 두께도 달라진다. 일반적으로 피하조직은 여성호르몬의 영향을 받아 피하지방을 증가시켜 여성이 남성보다 피하지방층이 두꺼우면서 곡선미를 나타낸다. 체온조절기능, 수분조절기능, 소모되고 남은 영양소의 저장기능, 외부로부터의 충격을 흡수하여 완화시키는 역할을 한다.

셀룰라이트 형성 부위

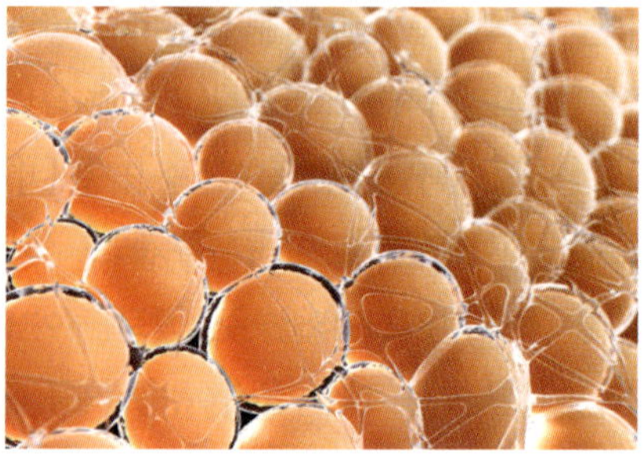

지방세포

2.
피부의 기능

1) 피부의 기능

(1) 보호작용

외부의 충격과 자극으로부터 장기를 보호하는 쿠션 역할을 한다. 화학적 물질인 물, 오일, 산, 알칼리 등의 침투를 막으며 자외선으로부터 피부를 보호하고 땀 분비를 통해 열과 광선으로 높아진 체온을 내려가게 한다. 약산성을 유지하는 피지막은 세균의 번식, 병원균의 침입을 억제하고 멜라닌 색소는 해로운 자외선으로부터 피부를 보호하기 위한 보호작용을 한다.

❶ 기계적 자극으로부터 보호

피부는 혈액, 결합섬유, 피하지방 등을 보호하는 쿠션 역할을 하며 외부자극으로 인한 충격을 완화시켜준다.

❷ 화학적 자극으로부터 보호

피부는 수소이온농도(hydrogen ion concentration)를 중화시키는 능력이 있다.

❸ 세균 침입으로부터 보호

약산성을 유지하는 피지막은 피부 표면의 세균 번식과 병원균으로부터 피부를 보호한다.

❹ 광선으로부터 보호

각질층에서 자외선을 흡수하고 투명층에서 자외선을 분산시키며 기저층까지 흡수된 자외선은 멜라닌생성세포에 의해 진피층까지 흡수되지 못하게 피부보호 작용을 한다.

(2) 분비 및 배설작용

피지선에서 피지를 분비하고 피지막을 만들고 땀샘에서 땀을 외부로 배설하며 체내의 노폐물을 배설한다.

(3) 중화작용

피지막은 외부의 알칼리성 물질을 중화시키는 작용을 하여 피부를 약산성 상태로 유지한다.

(4) 체온 조절 작용

우리 몸의 체온은 36.5℃로 다양한 환경변화에서 일정한 체온을 유지하는 것은 외피가 중요한 역할을 한다. 진피에 있는 혈관은 수축과 확장으로 외부 온도의 영향을 최소화 하고 체온을 일정하게 유지한다. 체열 생산은 혈액 중의 수분과 함께 실려 이동하고 대사의 소화기관은 화학적 반응을 하는 동안 생산하며 골격근의 움직임으로 조절한다. 체열 발산은 신체의 열 소모로 피부를 통해 대부분 일어나며 전도, 복사, 대류 세 가지 방법에 의해 조절된다.

(5) 호흡작용

땀구멍을 통하여 산소를 받아들이고 이산화탄소를 배출하는데 피부의 호흡 기능의 양은 폐호흡의 약 1%에 해당된다.

(6) 표현작용

안면에 있는 표정근은 여러 움직임을 통해 감정 상태를 표현한다.

(7) 지각작용

신경조직을 갖고 있어 외부로부터 자극을 받으면 피부의 각 감각점에서 이를 받아들여 대뇌로 전달하여 피부감각을 느끼게 한다. 가장 많은 감각점은 통각점으로 몸 표면 1cm²에 평균 90~150

감각점의 분포

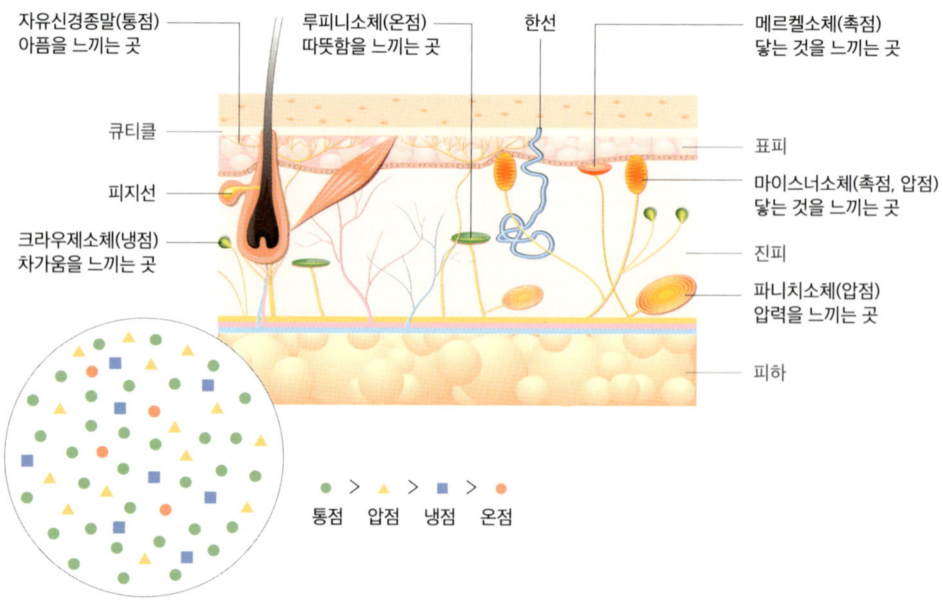

개가 분포하고 압각점은 25개, 냉각점은 6~23개, 온각점은 0~3개로 가장 적다.

(8) 비타민 D 형성작용

표피의 과립층에서 7-디하이드로콜레스테롤(7-dehydrocholesterol)로부터 자외선에 의해 비타민 D를 합성한다. 성인의 경우, 비타민 D의 합성을 위해 영양분과 UVB의 조사가 필요하다.

비타민 D는 칼슘과 인이 뼈에 축적되고 체내에서 이동하는 것을 도와주며 칼슘과 인이 체내에서 재흡수되는 것을 돕는다. 비타민 D의 부족 시에는 소아의 경우 뼈의 발육 상태가 나빠져 구루병에 걸리기 쉽고 성인의 경우 골연화증 또는 골다공증에 걸리기 쉽다.

(9) 영양소 저장작용

대사에 필요한 에너지원인 지방을 피하에 간직하는 창고 역할을 하며 영양분이 과잉일 때는 피하에 저장하고 영양분의 소모가 많아질 때는 피하에서 지방을 방출하며 표피와 진피는 수분을 함유하여 피부의 외관을 건강하고 윤택하게 유지하는 기능을 한다.

2) 흡수기능

특정한 물질을 선택적으로 피부로 흡수하는 것으로 피부세포를 통한 흡수, 한선과 모공을 통한 흡수, 각질층을 통한 흡수가 있다. 방어막 기능을 하는 투명층과 모낭은 피지에 녹은 물질을 혈관이나 진피 안으로 흡수한다. 지용성은 흡수가 용이하며 수용성은 흡수가 쉽지 않다. 흡수가 용이한 물질은 지용성 비타민(A, D, E, K), 수은, 비소, 납, 유기물 등이 있으며 흡수가 어려운 물질은 수용성 비타민인 B(피리독신), B_1(티아민), B_2(리보플라빈), 비타민 C(아스코르빈산), 엽산, 판토텐산 등이 있다.

(1) 피부 흡수

침투는 피부에 사용된 물질이 피부 표면을 통하여 피부 내부로 물리적으로 침입하는 자체를 의미하고 투과는 표피를 통과한 어떤 물질의 과정을 의미한다. 또한 세포간, 한선, 모낭 등을 통해 진피로 유입된다. 흡수는 투과과정 속에서 들어온 물질이 생화학적으로 신체의 물질과 결합한후 에너지 변화와 물질 변화에 관여하는 과정이다.

(2) 경피 흡수

피부 표면을 통하여 침투된 물질이 여러 경로를 거쳐 진피까지 도달하여 확산되는 현상을 경피 흡수라고 한다.

3.
피부의 장벽요소

피부의 가장 중요한 기능 중 하나는 피부장벽 역할이다. 외부 환경과 접하고 있는 피부는 체액의 손실을 막고 인체를 보호하는 가장 중요한 일차 방어선이다. 피부의 장벽은 15~30겹으로 구성된 각질층과 각질 사이를 연결하는 지질 성분을 통칭하는 것으로 피부의 가장 바깥쪽인 표피에 위치한다. 각질세포들끼리 잘 쌓여 촘촘하게 붙어 있어야 외부 환경으로부터 진피층을 보호할 수 있으며 수분 증발을 막아 촉촉한 피부를 유지할 수 있다. 피부 장벽에서 가장 중요한 역할을 하는 것은 지질로 세라마이드 45%, 콜레스테롤 25%, 지방산 15% 등으로 구성되어 있다. 물리적 · 화학적인 원인에 의한 손상으로 세포간 지질이 부족해지고 각질층이 들뜨면 피부 결이 거칠어지고 피부 장벽이 깨지게 된다.

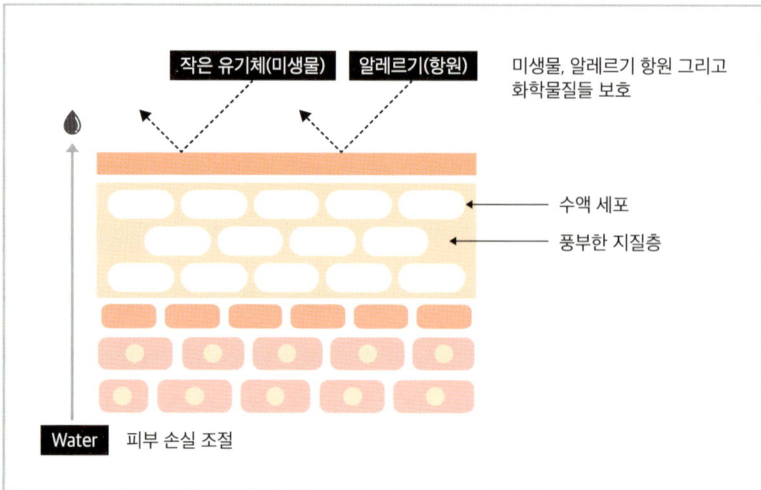

피부 장벽의 요소

1) 피지막

나이, 성별, 피부 온도 등에 따라 피지량의 변화가 있지만 일반적으로 성 호르몬인 테스토스테론에 의해 피지선이 자극을 받으면 하루 평균 1~2g의 피지가 분비되는데, 피지선에서 분비되는 피지와 한선에서 분비되는 땀이 혼합되어 얇은 보호막을 형성한다.

적당한 피지는 피부를 보호해준다. 피부 표면의 피지막은 pH 5.5로 세균 발육을 억제하며, 외부 유해물질 및 미생물의 침입으로부터 피부를 보호한다. 또한 피지막은 피부와 모발에 촉촉함과 윤기를 부여하고 수분 증발을 조절하며, 체온의 저하도 막아준다.

(1) 피지

❶ 피지의 성분 : 중성지방 및 불검화물

❷ 피지의 기능

- 수분 손실을 억제한다.
- 표피에 얇은 피지막을 형성하여 피부에 유연 작용을 한다.
- 모발이 부스러지는 것을 방지한다.
- 외부의 이물질 침투를 방지한다.
- 피부를 약산성 상태로 유지하며 알칼리를 중화하는 피부 중화작용을 한다.

피지의 구성성분

- 트리글리세라이드(triglyceride) 43%
- 왁스에스테르(wax ester) 25%
- 지방산(fatty acid) 16%
- 스쿠알렌(squalene) 12%
- 콜레스테롤에스테르(cholesterol) 2%
- 콜레스테롤(cholesterol) 1%

(2) 독립 피지선

털과 관계없이 피지선이 존재하는 것으로 입과 입술, 구강점막, 눈과 눈꺼풀, 유두 등에 있다.

2) 천연보습인자(NMF ; Natural Moisturizing Factor)

NMF는 'Natural Moisturizing Factor'의 약자로 각질층에 존재하는 수용성 성분 등을 총칭하여 NMF라 한다. NMF는 각질세포의 내부에 함유되어 있어 피지의 친수성 부분으로 수분 보유량을 조절하여 각질층의 건조를 방지하여 적절한 수분을 유지할 수 있도록 한다. 천연보습인자는 땀에서 약 20% 정도 생성되며 수분 함량이 10% 이하면 피부가 건조함을 느끼게 되고, 외부적 환경에 의해 천연보습인자가 부족해지면 어린선, 건선, 약건성피부로 악화된다. 천연보습인자가 소실되면 수분의 결합능력이 상실되고 각질층은 물에 잠겨있을 경우 부피는 5~6배까지 부풀어 오르며 노화에 의해 NMF는 감소된다. 천연보습인자의 구성성분은 아미노산(40%), 피롤리돈카르복시산(12%), 젖산(12%) 등으로 수분을 흡수한다.

3) 레인막(Rein membrane, 수분증발 저지막)

화학적 성질을 지닌 특수막으로 주로 표피의 과립층에 위치한다. 외부 수분 흡수와 내부 수분 증발을 저지하고 이물질의 침입을 방지하며 체내에서 체외로 필요한 물질이 나가는 것을 억제한다. 또한 피부가 건조해지는 것을 방지하여 피부에 윤기를 부여하고 물리적 압력이나 화학적 물질의 흡수를 저지하여 피부염의 유발을 억제한다. 반유동적인 단백질 성분으로 빛을 굴절시켜 빛을 차단하고 전기적 공간을 형성하여 미세 물질의 통과를 방지한다. 레인막의 윗부분은 약산성을 띠며 10~20% 정도의 수분을 함유하고 있으며 아랫부분은 약 알칼리성을 띠며 70~80% 정도의 수분을 함유하고 있다.

천연보습인자의 화학적 구성

- 아미노산(amino acid) - 40%
- 피롤리돈카르본산(carboxyl pyrrolidonic acid) - 12%
- 젖산염(lactates) - 12.0%
- 요소(urea) - 7%
- 암모니아(ammonia) - 1.5%
- 나트륨(sodium) - 5%
- 인산염(pHospHate) - 0 .5%
- 칼슘(calcium) - 1.5%
- 칼륨(potassium) - 4.0%
- 마그네슘(magnesium) - 1%
- 염소(chlorine) - 6%
- 시트르산염(citrates), 포름산염(formiates) - 05%
- 기타 - 0.9%

4) 세포막(Cell membrane)

세포를 둘러싸고 있는 얇은 막으로 인지질 이중층으로 되어 있으며 외부 환경과 경계를 이루며 세포를 둘러싸서 세포의 형태를 유지시키고 세포 안팎의 물질 출입을 조절하여 삼투막 통과에 적합한 물질만 세포막을 통과시킨다. 세포막의 주성분은 인지질과 단백질로 이루어져 있으며 수용성은 통과 불가능하고 지용성 물질만 통과 가능하다.

세포막(Cell membrane)의 구조

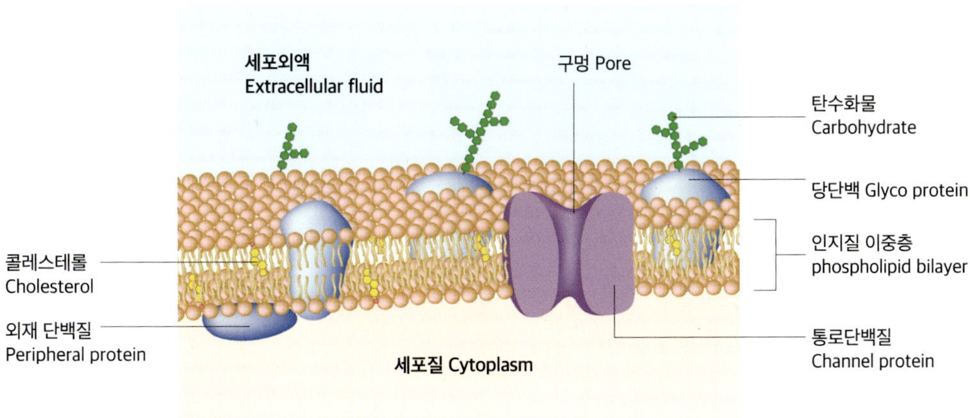

4.
피부의 부속기관

피부 부속기관은 한선, 피지선, 모발, 손톱, 발톱 등이 있다.

피부 부속기관의 구조

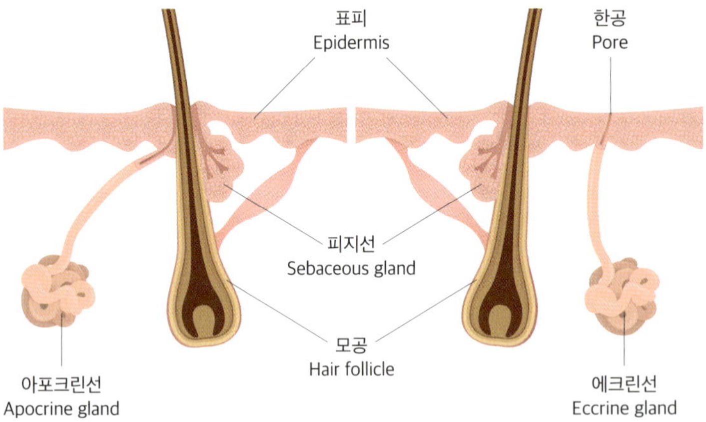

1) 한선

진피와 피하지방의 경계부에 위치한 한선은 땀을 만들어서 체온 조절을 하며 피부 표면에 분비하는 기능을 한다. 피지막을 형성하는데 사용된다. 크기와 기능에 따라 소한선(에크린한선, eccrine sweat gland)과 대한선(아포크린한선, apocrine sweat gland)으로 나눌 수 있다.

(1) 소한선(에크린한선, Eccrine sweat gland)

- 진피층에 위치한다.
- 입술, 음부를 제외한 전신에 분포한다.
- 손바닥과 발바닥에 가장 많이 분포되어 있다.
- pH 3.8~5.6의 약산성이며, 무색무취의 체액을 배출한다.
- 체온 조절과 노폐물 배출에 중요한 역할을 한다.

(2) 대한선(아포크린한선, Apocrine sweat gland)

- 모낭과 연결되어 있다.
- 겨드랑이, 배꼽 주위, 젖꼭지, 항문 등 특정부위에 분포되어 있다.
- pH 5.5~6.5의 산도를 가지고 있다.
- 주위 세균에 의해 액취증 또는 암내를 만들어 낸다.
- 여성이 남성보다 많으며, 흑인이 백인보다 많다.

2) 피지선

피지선은 진피층의 모낭에 부속되어 '모낭샘'이고 불리기도 한다. 얼굴의 T존 부위 및 두피, 가슴에 집중되어 있으며 발바닥과 손바닥을 제외한 전신에 존재한다.

피지(Sebum) 분비 조절

- 피지 분비량은 피지선의 수와 밀접한 관계가 있다.
- 성호르몬은 피지 분비에 가장 큰 영향을 미친다.
- 월경 주기와 피지분비량 : 황체기 > 배란일 > 낭포기
- 계절과 피지 분비량 : 여름 > 가을 > 봄 > 겨울
- 피지의 과다 분비는 여드름의 원인이 된다.
- 피지 분비량이 많으면 지성피부, 적으면 건성피부가 된다.

3) 모발(Hair)

모발은 포유동물만이 가지고 있으며 손바닥, 발바닥, 점막의 경계부, 귀두부, 손·발가락의 말단부위를 제외한 몸 전체에 분포되어 있다.

전신에 약 130~140만 개, 이 중 머리카락은 약 10~20만 개 정도이며 하루 평균 0.35mm 정도 자란다. 모발은 외부 환경으로부터 두개골을 보호함으로써 뇌를 보호하며, 입모근의 일부분에 지각신경이 분포되어 작은 자극에도 반응하므로 촉각으로 인체를 보호하고 개인의 장식 기능에 중요한 역할을 한다.

(1) 모발의 구조

모발은 표피를 경계로 표피 외부에 위치한 모간부(hair shaft)와 표피 내부에 위치한 모근부(hair root)로 나눈다. 모근부는 피부 내부에 위치하는 부분으로 모낭(hair follicle), 모구(hair bulb), 모유두(hair papilla), 입모근(arrector pili muscle), 피지선(sebaceous gland) 등이 있다. 모간부는 피부 외부에 위치하는 부분으로 모수질(medulla), 모피질(cortex), 모표피(cuticle)의 3개 층으로 되어 있으며 이것은 모근까지 연속되어 있다.

모발의 구조

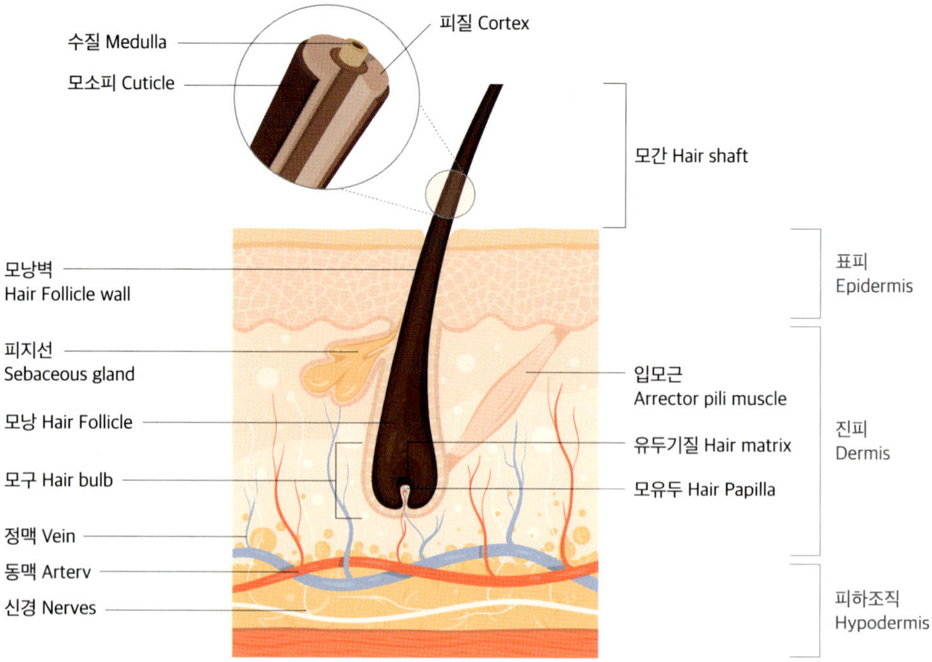

모발의 구성 요소

구 분	특 징
모간 (毛幹)	모발의 가장 바깥부분인 모표피, 모발의 대부분을 차지하는 모피질, 모발의 중심부에 있는 모수질이 있다.
모근 (毛根)	피부 내부에 있는 모발부분이다.
모낭	모근을 싸고 있는 부분이다.
모구	둥근 모양으로 모낭의 뿌리부분이다
모유두	모구의 중심부의 오목하게 들어간 부분이다 혈관과 신경이 있으며 모모세포가 모여 있는 부분이다.
모모세포	모세혈관으로 영양공급을 받아 모발을 성장시킨다.
기모근	털 세움근이라고 하며, 자율신경에 영향을 받으며 춥거나 무서울 때 수축이 되어 모발을 서게 한다.

❶ 모소피, 모표피(Cuticle)

모소피는 모발의 가장 바깥 층을 둘러싸고 있는 얇은 층으로 모발의 10~15%를 차지하고 있으며 모표피 또는 큐티클이라고도 부른다. 개인에 따라 경질의 케라틴이 5~15층으로 생선 비늘 모양으로 조밀하게 쌓여 일정한 모양을 하고 있다. 이 모발의 무늬를 모발 손상도 측정에 이용한다.

모소피는 케라틴 단백질로 만들어져 부서지기 쉽고, 마찰에 약하기 때문에 무리한 브러싱이나 샴푸의 강한 화학적 작용에 의해 손상되거나 박리되기 쉽다. 모소피는 엔도큐티클, 엑소큐티클, 에피큐티클의 3개 층으로 이루어져 있으며 두께는 0.1~0.2mm 정도이다. 엔도큐티클은 단백질 침식성의 약품인 친수성·알칼리성 용액에서 약하고, 엑소큐티클은 중간적 성질의 불안정 층이며 에피큐티클은 화학적 작용에는 강하나 물리적 손상에 약하여 스스로 재생하지 못하기 때문에 모소피가 손상되면 모발 전체에 악영향을 미친다.

❷ 모피질 (Cortex)

모피질은 모발의 85~90%를 차지하면서 수분 유지와 탄력에 영향을 미치며, 멜라닌을 함유하고 그 양에 의해 모발의 색이 결정된다. 딱딱한 케라틴으로 이루어져 긴 축 방향에 가늘고 길게 늘어진 섬유세포가 다발로 형성되어 있다. 섬유 간에는 비교적 연한 케라틴으로 된 단백질의 세포 간 결합물질인 간충 물질로 채워져 있으며 염결합이 많아 부드럽고 손상받기 쉬운 주요 원인이 된다. 이 구조가 모발의 강도, 탄력성, 흡수성, 약품 저항성 등의 특성을 나타내며, 퍼머넌트 웨이브제와 염모제가 작용하는 부분이다.

❸ 모수질 (Medulla)

모수질은 모발의 중심 부위로 구멍이 많고 속이 비어 있는 동공 상태의 다각형 세포로 이루어져 있으며, 퍼머넌트 웨이브에 강하게 작용한다. 시스틴 함량은 모피질보다 적다. 0.09mm 이상의 굵은 모발에만 있고, 시스틴 함량이 모피질에 비해 적다.

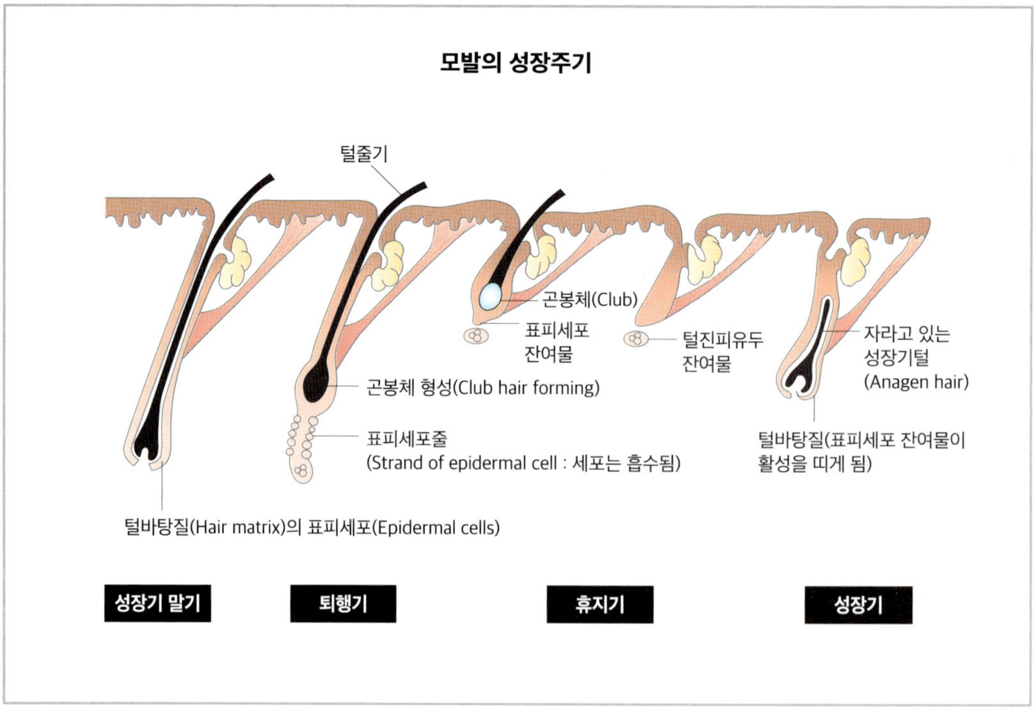

(2) 모발의 성장주기(Hair cycle)

모발은 약 100만 개에 이르며, 두피에 약 10만 개가 있다. 머리카락은 하루 평균 0.35~4mm씩 자라나고, 모발의 숫자는 태어나면서부터 정해져 있다.

모발은 성장과 퇴행, 신생을 반복하고 있다. 이것을 모발의 성장주기라고 한다. 모발의 성장주기는 성장기, 퇴행기, 휴지기의 세 단계로 진행되고 더 나아가 각각의 주기는 비율적으로 달라 탈모의 진행을 결정한다.

❶ 성장기(Anagen)

모발 성장기의 초기 단계에서 모모세포의 활동이 활발하며 모세혈관으로부터 영양분을 받아 성장한다. 모발이 성장하는 시기로 전체 모발의 80~90%가 이 시기에 있으며 수명은 2~7년이고, 하루 평균 0.35~4mm, 한 달평균 1~1.5cm 정도 자라는데 이때 섭취하는 음식물이나 연령, 질병, 호르몬 분비 등에 따라 모발의 성장에 차이가 생길 수 있다. 모발이 피부 표면으로 나오기 전에는 대체로 여성이 남성보다 성장속도가 빠르지만, 표면 위에서는 여성이 남성보다 모발의 성장 속도가 빠르다. 성장이 빠른 시기는 6~7월이고, 낮보다 밤에 훨씬 성장 속도가 빠르다.

❷ 퇴행기(Catagen)

성장기가 끝난 후 모발의 대사과정이 늦어지는 시기로 2~3주 정도이며 모구부의 수축 현상이 일어나며 세포분열이 점차적으로 약해진 후 정지한다. 전체 모발의 1%가 이 시기에 속한다. 모유두가 위축하기 시작하여 모낭에 둘러싸여 위로 올라가면 모모세포의 분열이 정지 상태로 멈추게 된다.

③ 휴지기(Telogen)

퇴행기 후에 모유두가 위축하여 모낭과 모유두가 완전히 분리되어 성장이 멈추며, 모근이 위로 밀려 올라와 탈모가 시작되는 시기이다. 전체 모발의 약 15%가 휴지기 상태이며, 수명은 3~4개월 정도이다. 이때 모발을 빗질하면 쉽게 탈락된다. 또한 여성의 경우 출산 후에 일시적으로 휴지기 상태의 모발이 늘어난다.(30~40%) 모발의 수명은 남자는 약 3~5년이고 여자는 약 4~6년이다.

(3) 모발의 기능

① 보호기능

모발은 전체 두피를 감싸고 있으며 두개골에 오는 외부적인 영향에 방어를 하여 충격을 완화시키고 두개골을 보호하며, 태양광선과 추위 등으로부터 뇌를 보호한다.

② 감각기능

모근의 입모근과 피지선의 일부분에 감각신경이 방사상으로 분포되어 작은 자극에도 촉각으로 반응을 보이며 인체를 보호한다.

③ 장식기능

모발은 자신의 미모를 아름답고 개성적으로 표현하는 방법 중 하나이므로 헤어스타일과 컬러만 다르게 표현하여도 전혀 다른 느낌을 줄 수 있으며, 개인적인 장식의 기능에 중요한 역할을 한다.

4) 손톱과 발톱

조갑은 표피에서 유래되며 주로 케라틴이라는 경단백질로 이루어진 피부 부속기관으로, 발가락과 손가락의 끝을 보호한다. 경단백질을 조성하는 아미노산으로 구성되어 있으며, 이외에도 기질, 칼슘, 마그네슘, 구리, 망간, 아연, 황 등 미네랄과 미량원소들로 구성되어 있고, 수분은 7~10%로 피부에 비해 적다.

손·발톱의 수분량에 따라 수분이 적당하면 부드럽고 잘 깎이며 손톱이 매끈하고 수분이 부족하면 부스러지기 쉽다.

손톱 중 중지 손톱의 성장이 가장 빠르고 약지와 엄지 손톱은 성장이 느리다. 개인 차이는 있지만 하루 평균 0.1mm, 한 달 평균 3mm 정도 자란다. 손톱과 발톱은 손·발가락 끝을 보호함과 동시에 걷거나 물건을 집어드는 것과 같은 손·발의 기능 수행에 도움을 준다.

(1) 조갑의 구조

① 조근(네일루트, Nail root)

피부 밑에 묻혀있는 손 ·발톱이 성장하는 부분으로 새로운 세포 조직이 형성된다. 이 부위에 부상을 입으면 손 ·발톱에 장애가 발생한다.

② 반월(루눌라, Lunula)

완전히 각질화가 되지 않은 조판의 베이스 부분으로 흰색을 띤 반달 모양을 하고 있다.

❸ 조판(네일 플레이트, Nail plate)

조체(nail body)라고도 하며 큐티클에서부터 손톱 끝까지 연장되는 혈관이나 신경조직이 없는 손톱 본체를 말한다.

❹ 조상(네일바디, Nail body)

조판의 아랫부분으로 신경조직과 모세혈관이 존재하며 모세혈관은 손톱이 핑크 빛을 띠게 하는 역할을 한다.

❺ 자유연(프리에지, Free edge)

조상이 끝난 지점부터 손톱 끝부분까지를 지칭하며 우리가 손·발톱을 정리하는 부위이다.

❻ 조소피(큐티클, Cuticle)

손톱 주위를 덮고 있는 피부로 미생물 등 세균의 침입으로부터 손·발톱을 보호한다.

❼ 조구(네일그루브, Nail grooves)

조상 양쪽 측면의 움푹 파인 홈을 의미한다.

❽ 조벽(네일 월, Nail wall)

조구를 덮고 있는 양측 피부를 의미하며, 외적 충격이나 압박으로부터 손·발톱을 보호한다.

❾ 조하막(하이포니키움, Hyponychium)

손톱 끝 밑에 있는 얇은 피부로서 박테리아의 침입을 막아 손톱과 발톱을 보호한다.

손톱의 구조

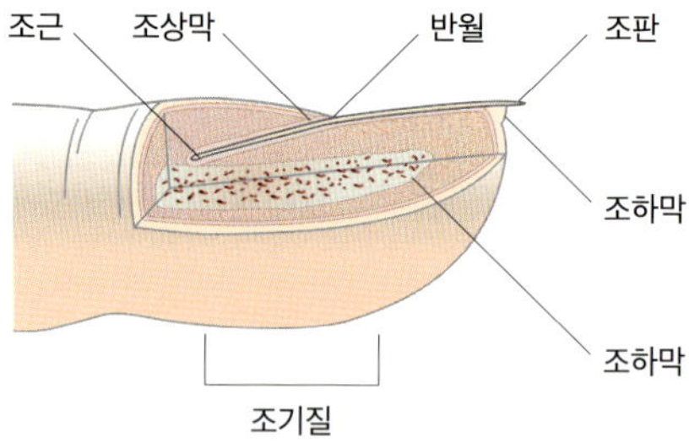

건강한 손 · 발톱

- 조상(nail body)에 강하게 부착되어 있다.
- 단단하고 탄력이 있으며 둥근 아치를 형성한다.
- 매끄럽고 광택이 나며 반투명한 핑크색을 띤다.
- 수분을 약 7~10% 정도 함유한다.

(2) 조갑의 기능

손·발톱 내의 진피층에 있는 신경조직과 모세혈관을 보호하고 지각신경조직에 의해 촉각을 느낄 수 있는 기능과 장식적 역할을 한다. 물건을 집고 걸음을 걸을 때 중요한 역할을 하기에 손끝 부위와 발끝 부위를 보호하는 기능을 한다.

(3) 조갑의 건강

조갑의 상태는 연령, 계절, 영양에 따라 다르게 나타난다. 손·발가락 끝을 보호해 주는 기관으로서 색과 모양으로 건강 상태를 판단할 수 있다.

손톱이 부러지는 것은 신진대사 장애, 내부기관장애, 단백질이나 칼슘, 수분이 부족하기 때문이며 수분의 함유량이 적당할 경우에는 손톱이 유연하여 쉽게 부러지지 않는다. 유전 등의 원인에 의한 발의 이상 형태, 폭이 좁은 신발 착용, 손·발톱을 지나치게 짧게 자르는 경우에는 손·발톱이 손톱집을 파고드는 현상이 생긴다.

5. 피부장애

피부장애 증상은 피부 질환의 종류에 따라 비슷한 증상을 보이기도 하고 개인과 환경에 의해 다른 증상을 나타내기도 한다. 피부의 증상은 객관적 증상과 주관적 증상 징후로 분류할 수 있으며 각 증상들이 복합적으로 일어나기도 한다.

1) 주관적 증상

주관적인 증상은 반응이 유발된 소양감(itching), 물어뜯는감(biting), 작열감(burning), 아린감(tingling), 찌르는감(prickling), 통(pain) 등으로 표현되며 얼굴 부위 중 주로 뺨이나 코 주변이 가장 민감하게 반응한다. 이런 민감하게 반응하는 증상이 수분 내에 이루어지나 때때로 수 시간 이후에 증상이 나타나기도 한다. 최근 주관적 증상 중의 하나인 따가움에 대한 대표적인 증상으로 화장품 사용자의 약 10%가 Cosmetic Intolerence Syndrome과 같은 불쾌감을 호소하고 있다. 염증반응은 피부질환의 여러 기전에 의해 유발되는 염증반응의 결과에 의해 피부의 객관적 징후로 나타난다.

주관적 증상으로 인해 외모에 대한 불만족, 우울증, 불안, 자신감 결여 등 다양한 심리적 영향을 줄 수 있다. 또한 이러한 내적 문제들이 외적으로 노출되어 일상생활에서 삶의 질이 저하될 수도 있다.

2) 객관적 증상

염증반응은 피부질환의 여러 기전에 의해 유발되는 염증반응의 결과에 의해 피부의 객관적 징후로 나타난다.

피부에 나타나는 여러 종류의 피부 장애는 사회 생활에서 부정적인 영향을 미친다.

특히 남성보다 외모를 더욱 중요시하는 여성의 경우, 피부 장애는 삶의 질 저하에 더욱 큰 영향을 미친다.

사회적 관계에서 외모(피부)에 따라 본능적으로 상대방에 대한 호감을 표시한다. 이때 상대방에 대한 인상은 중요하게 작용하는데 외모를 통해서 타인의 의중을 파악하고 상호간의 인상을 형성한다고 한다. 외모가 중요시 되는 사회적 분위기에서 깨끗한 피부는 아름다움의 요소가 되고 있다. 남성들의 외모에 대한 관심과 피부관리에 대한 선호도 또한 높아지고 있는데 이는 사회적 평가가 외모로 표출되는 것이라 하겠다.

6.
피부병변

일반적인 피부질환의 모습을 발진이라고 한다. 피부질환의 초기 병변을 원발진이라 하고 2차적으로 외적 요인에 의해 나타나는 피부 병변을 속발진이라고 한다.

원발진

구 분	특 징
반점(macule)	• 피부 표면이 함몰, 융기가 없다. • 원형, 타원형의 크기로 피부색조의 변화가 있다. • 기미, 주근깨, 오타모반, 몽고반점 등이 이에 속한다. 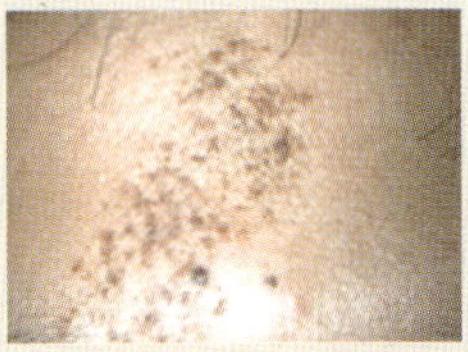
홍반(erythema)	• 모세혈관의 염증성 충혈로 인한 피부 발적 상태를 말한다. • 가볍게 압력을 가하면 붉은 색이 사라졌다가 시간의 경과에 따라 다시 생겨난다. • 시간이 경과하면 크기가 변화한다. 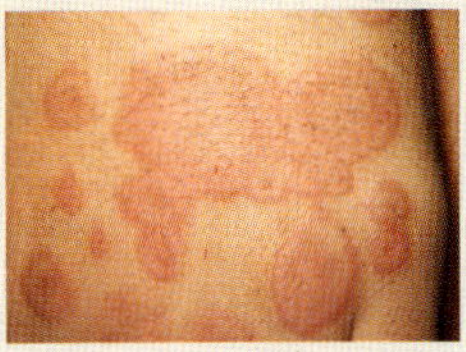
구진(papule)	• 피부 표면의 융기로 주위가 붉고 단단하다. • 1cm 미만의 크기이다. • 표피에 흔적을 남기지 않는다. • 여드름의 초기 증상이다. • 편평한 사마귀 형태를 띤다. • 비결정성 물질이 진피에 속에 생기는 경우 발생한다. 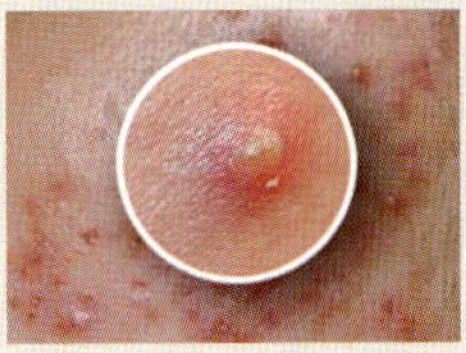
농포(pustule)	• 화농이 동반된 황백색으로 보이는 수포성 병변이다. • 터지지 않기 때문에 외부에서 절개하여 내용물을 빼낸다. • 화농현상이 진피조직까지 침투되어 농을 제거하면 완치 후에도 흔적이 남게 된다. 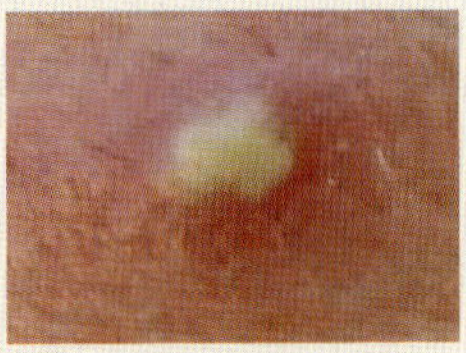
팽진(wheals)	• 두드러기, 담마진이라 한다. • 크기가 다양하고 편평한 융기로 부풀어 올랐다가 수 시간 내에 소실한다. • 표피의 혈관 상태에 따라 붉거나 창백하다. 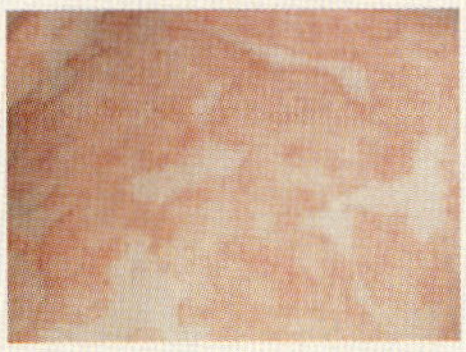

원발진

구 분	특 징	
소수포(vesicle)	• 피부 표면에 직경 1cm 미만의 맑은 액체가 포함된 물집이다. • 화상, 바이러스성 피부 질환, 접촉성 피부염 등에서 볼 수 있다.	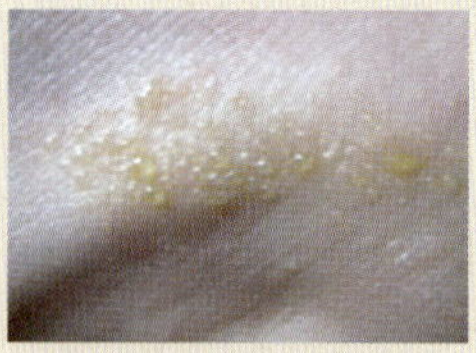
대수포(bulla)	• 직경 1cm 이상의 소수포보다 큰 병변이다. • 혈액성 내용물을 가지고 있어 터지면 위험하다. • 천포창, 포르피린증 등에서 볼 수 있다.	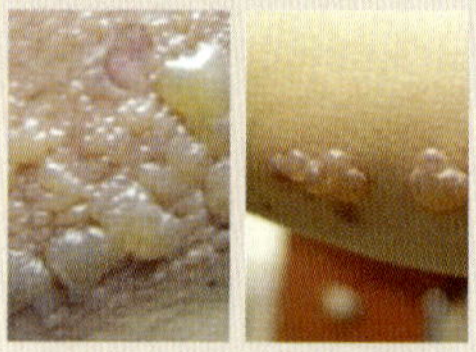
결절(nodule)	• 1~2cm 정도의 크기로 구진과 같은 형태이다. • 구진과 같은 형태이나 더 크고 깊으며 구진과 종양 사이의 중간 형태로 단단하게 만져지는 원형 또는 타원형의 융기로 소결절, 소절이라고도 한다. • 일반적으로 지속되는 경향이 있으며 통증이 없고 손등, 손목에서 주로 관찰된다.	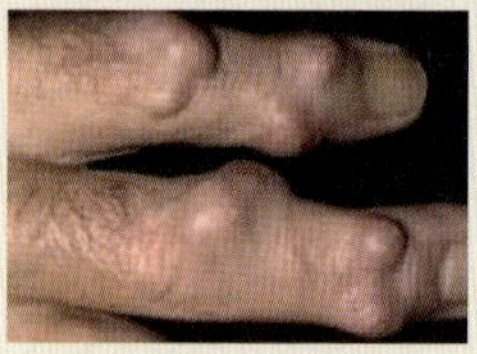
낭종(cysts)	• 피부 표면과 피부 심부까지 침범하여 심한 통증을 유발한다. • 표면이 융기되어 있으며 액체나 반 고형물질이 차 있다.	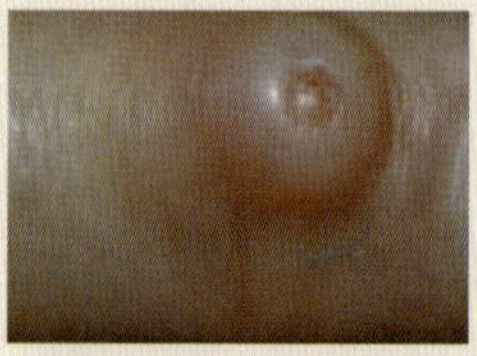
종양(tumor)	• 피부의 큰 결절을 의미하며 직경 2cm 정도의 크기로 양성과 악성이 있다. • 여러 가지 모양과 크기가 있다.	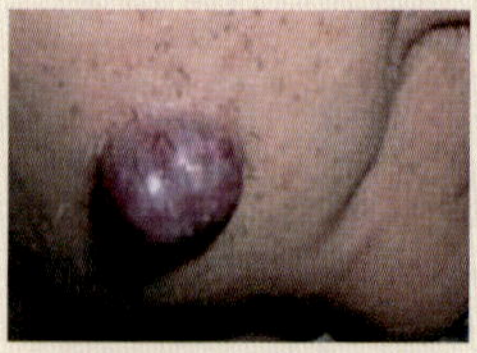

속발진

구 분	특 징
인설(scale)	• 피부 표면으로부터 사멸한 표피세포로 가볍게 긁으면 하얀 얇은 껍질로 일어난다. • 정상적 각화과정의 이상으로 각질층의 국소적 증가가 원인이다.
찰상(excoriation)	• 기계적인 외상, 지속적인 마찰, 특히 소양증 등으로 생긴다. • 표피의 유극층의 손상으로 세균 감염에 의해 농포가 형성되기도 한다.
가피(crust)	• 액체 또는 염증이 피부 표면에서 건조된 덩어리 또는 딱지를 말한다. • 병적 기전에 의해 피부 표면에서 세균과 표피 부스러기가 섞여 있다.
미란(erosion)	• 수포가 터진 후 조직 결손을 나타내며, 치유 후 흉터가 남지 않는다. • 표면은 습윤한 선홍색을 띠며 출혈은 없다.
균열 또는 열창(fissure)	• 장기간 피부 질환 또는 염증으로 인해 피부가 건조해져 탄력이 떨어져 생기는 가늘고 긴 줄의 틈을 말한다.
궤양(ulcer)	• 진피 또는 피하지방층에 이르는 분비물과 고름, 출혈 등이 있다. • 염증성 괴사에 의해 표피와 진피에 결손이 온 것으로 둥글거나 불규칙적으로 형성되며 색을 남긴 채 치유되는데, 완치된 후에는 반흔이 된다.
위축(atropHia)	• 피부가 탄력을 잃어 혈관이 투시되기도 한다. • 피부의 기능이 저하되어 피부가 얇게 되는 상태이다.
반흔(scar)	• 심부층까지 피부손상에 의해 조직결손이 새로운 결체 조직으로 대치된다. • 손상된 피부조직의 정상적 치유 과정으로 켈로이드가 대표적이다.
태선화(lichenification)	• 피부가 가죽처럼 두꺼워지며 딱딱해지는 현상이다. • 양성 질환에서 볼 수 있다.
비후성반흔(hypertrophic scar)과 켈로이드(keloid)	• 상처가 치유되면서 진피의 교원질이 과다 생성되어 흉터가 굵고 크게 표면 위로 융기한 흔적이다.
과각화증(hyperkeratosis)	• 각질증식증을 말하며 피부의 각질층이 비대해지는 증상이다.

7.
피부질환

1) 열 또는 온도에 의한 피부질환

(1) 화상(Burn)

신체가 흡수하는 양보다 많은 에너지 양에 노출될 때 신체 접촉면에 온도가 증가하여 발생하며 1도 화상(홍반성 화상), 2도 화상(수포성 화상), 3도 화상(괴사성 화상)으로 구분된다.

(2) 한진(Miliaria)

흔히 '땀띠'라고도 부른다. 한선이 폐쇄되어 땀의 배출이 제대로 이루어지지 못하고 축적되어 발생하며, 습한 여름에 발생한다.

(3) 동상(Frostbite)

피부조직이 얼어 국소 혈액 공급이 없어져 질식 상태에 빠진 현상으로 귀, 코, 손·발가락 등 노출되는 부위에 잘 발생하며 영하 2~10도의 한랭에 피부가 노출되면 발생한다.

2) 기계적 손상에 의한 피부 질환

(1) 굳은살(Hardened Skin)

체중의 압력에 의해서 발생되고 피부 표면이 부분적으로 두꺼워져 생기며 이를 과각화증이라 한다.

(2) 티눈(Corn)

압력에 의해 그 부위가 두껍고 딱딱해지는 현상으로 중심핵을 가지고 있으며 중심핵이 피부 밑의 신경을 자극하여 미세하게 피부 표면이 갈라지면서 찌르는 듯한 통증을 동반한다.

(3) 욕창(Decubitus Ulcer)

지속적으로 압력을 받는 부위에 발생하는 궤양으로 세균, 진균의 2차적 감염이 발생하므로 몸의 위치를 자주 바꾸어 주고 피부를 항상 건조하게 유지해주는 것이 중요하다.

3) 피부염

접촉 피부염(Contact Dermatitis)

외부 접촉에 의하여 발생되는 피부염을 말한다.

❶ 원발형 접촉피부염 (Primary contact dermatitis)

접촉피부염의 약 80%를 차지하며 일정한 농도 이상의 자극으로 발생하는 피부염으로 직업, 특수한 환경, 화학적 물질, 금속제, 용제 등 광범위한 물질에 의해 나타난다.

❷ 알레르겐 접촉피부염 (Allergic contact dermatitis)

특정 알레르겐에 대한 직접적인 접촉으로 인해 유발되는 피부염증이다.

매우 가렵고 특정 부위에 한정되어 분포하며 보통 테두리가 분명하게 구분된다.

❸ 광독성 접촉피부염 (phototoxic contact dermatitis)

광선에 노출 시 일정 농도 이상의 유해물질과의 접촉으로 모든 사람에게서 발생하는 피부염이다.

❹ 광 알레르기성 접촉피부염 (Photoallergic contact dermatitis)

원인물질과 광선이 만나서 발생되는 질환으로 사람에게만 발생하는 피부염이며, 평소에는 아무런 문제가 없으나 햇볕에 노출되면 피부염 증상을 일으키는 것이다.

❺ 아토피 피부염(Atopic dermatitis)

만성 염증성 피부질환으로 어린아이에게 주로 발생하며 태열 및 가려움을 동반한다. 만성습진의 일종으로 나이가 듦에 따라 약화된다.

❻ 지루 피부염(Seborrheic dermatitis)

피지 분비가 왕성한 두피, 안면, 눈썹, 등 또는 앞가슴 등의 중앙 부위에 잘 발생하며, 두피에 가려움증을 동반하고 탈모의 원인이 된다. 20~40대에 발생 확률이 높고, 내분비계질환 및 면역결핍 등 다양한 인자가 관여한다.

❼ 신경 피부염(Neurodermatitis)

만성 단순 태선으로 불리며, 가려움으로 인해 피부를 만성적으로 긁어서 발생한다.

❽ 화폐상 습진(Nummular eczema)

만성 피부염으로 동전 모양의 습진이 나타난다. 급성과 만성의 중간으로 건조하기 쉬운 다리와 팔에 나타난다. 특히 젊은 여자들에게 호발한다.

❾ 건성 습진(Xerotic eczema)

차갑고 건조한 기후에 노출될 때 발병하는 질환으로 다리와 팔, 몸통에 주로 발생한다. 각질, 가려움증 등을 동반하며 증상이 수 주에서 수 개월까지 지속될 수 있다.

4) 세균성 피부질환(Bacterial skin diseases)

❶ 농가진(Impetigo)

주 원인균이 화농성 연쇄상구균으로 쉽게 전염되며 주로 유·소아에게서 나타난다.

❷ 종기(Furuncle)

모낭에 황색포도상구균이 침입해서 발생되는 질환으로 주변 조직과 모낭에 걸쳐 괴사를 일으킨다.

❸ 봉소염(Cellulitis)

피하조직에 용혈성 연쇄구균이 침투하여 발생하며 홍반, 소수포로 시작되어 점차로 큰 판을 형성한다.

5) 바이러스성 피부질환 (Virus skin disease)

❶ 단순포진(Herpes simplex)

급성 수포성질환으로 제1형은 입 주위의 단순포진, 제2형은 성기 부위에 음부포진으로 나타난다.

❷ 대상포진(Herpes zoster)

수두바이러스가 원인이 되어 나타난다. 수두바이러스가 신경절에 잠복하고 있다가 면역력이 떨어지면 재활성화되어 피부신경에 침입해 통증을 유발한다. 주로 유·소아에게서 나타나며 띠 모양으로 한쪽 방향으로 돌아가는 형태를 보인다. 또한 모양과 크기는 거의 같다.

❸ 전염성연속종(Molluscum contagiosum)

아토피 피부염을 가진 영아에게서 흔히 볼 수 있다. 물사마귀라고도 불리며 재발 가능성이 높다.

❹ 사마귀(Wart, Verruca vulgaris)

파필로마 바이러스(papilloma virus)에 의해 발생하며 발병 부위나 생긴 모양 등에 따라 구분된다. 미용상 보기 좋지 않을 뿐 아픈 증상이 없고, 과각화성의 둥근 결절로 나타나며 이를 인유두종 바이러스의 원인이라 한다. 주로 아이들에게 흔히 발생하고 성인에게는 발생 빈도가 높지 않다.

전기 소작법, 냉동요법, 화학요법, 포도릴린, 레이저, 그 외 방사선 조사 등의 제거 방법이 있다.

❺ 수두(Varicella, Chicken pox)

비교적 가벼운 질환으로 영아기에 호발하며, 수두바이러스는 호흡기나 타액을 통해 전염된다.

전염력이 아주 강하며 신경절에 잠복해 대상포진의 원인이 된다.

6) 진균성 피부질환(Dermatomycosis)

피부 진균증은 진균류(곰팡이균)에 의해 발생하는 피부질환이다. 피부의 각질층에서 번식하는 '표재성 진균증'과 피하지방층 및 내부 장기를 침범하는 '심재성 진균증'으로 구분한다. 피부사상균은 손톱 및 모발에 살고 있으며 다른 부위의 손상된 조직을 통해 침입한다. 원인인 곰팡이는 습하고 따뜻한 곳에서 자라기 때문에 수영장, 공공 샤워장, 체육관, 기숙사 온천 등 공공장소 또는 함께 쓰는 타월 등에서 발생한다. 임상증상은 원인균에 관계없이 침범 부위에 따라 조갑, 수부, 체부, 두부, 족부 및 완선 등으로 분류한다.

❶ 족부백선(Tinea pedis)

발가락과 발바닥 사이에 발생하는 백선으로 무좀이라고도 한다. 통풍이 안 되는 습한 환경에 자주 노출되면 곰팡이균이나 피부사상균에 의해 발생한다.

사마귀의 종류와 증상

사마귀의 종류	증 상
일반 사마귀	다양한 크기의 표면이 울퉁불퉁한 구진 모양의 사마귀가 입술, 귀 등에 발생하며 갈라져 피가 맺히기도 한다.
손발바닥 사마귀	손·발바닥에 발생하는 사마귀로 체중의 압력을 받아 걸을 때 통증을 느낀다.
편평 사마귀	어린이와 청소년에게 호발하며 이마, 턱, 코 주위와 손등에 잘 발생한다.
음부사마귀	성인성 질환의 하나이며 표면이 작은 구진으로 시작하고 이후 시간이 지나 닭 볏 모양이 된다.

❷ 조갑백선(Tinea unguium)

피부사상균이 손톱이나 발톱에 침입하여 일으키는 병으로 발에 있던 무좀균이 발톱으로 들어가 발톱 백선이 생기며, 장기적으로 진행이 된 후에는 손톱까지 올라가게 되며 이를 조갑진균증이라 한다.

❸ 수발백선(Tinea barbae)

심상성 모창, 낭포성 좌창, 홍반성 루프스와 감별진단이 필요하다. 성인 남자의 턱수염 혹은 콧수염에 발생한다.

❹ 수부백선(Tinea manus)

한쪽 손이나 양손의 손바닥과 손가락 사이에 발생하는 백선으로 여자에게 더 잘 생긴다.

❺ 체부백선(Tinea corporis)

광선의 뜨거운 열기와 습기가 많은 여름철에 자주 발생한다. 병변의 경계부는 구진, 수포, 농포, 인설과 함께 약간 둥근 링 형태를 보이고 중앙부는 약간 붉거나 정상 피부색을 나타낸다.

❻ 완선(Tinea cruris)

주로 남자의 사타구니에 생긴다. 비만한 사람들에게서 흔히 발견되며 여름철에 흔히 발생된다. 원인균은 수족 및 조갑으로부터 옮겨오는 경우가 많다고 알려져 있다. 열, 마찰로 인하여 발생하며 특히 열대지역에서 가장 흔하게 발생한다. 이 질환은 가려움증을 동반하고 음부, 서혜부, 대퇴부 내측 및 항문 주위 또는 하복부 등에 나타난다.

❼ 두부백선
(TrichopHytia superficialis capillitii)

피부사상균이 두피의 모낭과 그 주위의 피부에 감염되어 발생하는 백선증이며 붉은색의 인설이 일어나고 염증이 심하면 탈모로 진행된다.

❽ 칸디다증(Candidiasis)

진균의 일종으로 칸디다 알비칸스균(candida albicans)에 의해 발생한다. 피부, 손·발톱 등에 생기며 표재성 진균증을 일으킨다. 또한 가려움증과 붉은 반점이 생기며 염증이 심해지는 경우에는 치료를 빨리 하여야 한다.

❾ 어루러기(Tinea versicolor), 전풍(癜風)

진균의 종류인 말라세지아 푸르푸르(Malassezia Furfur)에 의한 것으로 인체의 상부인 가슴, 등, 겨드랑이 등 피지가 많은 곳에 나타난다.

7) 피부암

피부 종양은 인종 · 지역 등에 따라 차이가 있으나 백인에 한해서 빈번하게 나타난다.

상피종양과 표피의 멜라닌세포에서 유래된 흑색종 두 종류로 나눈다.

(1) 상피종양(Epithelioma)

자외선 B가 상피종양을 일으킨다. 강한 태양에 노출된 지역에 사는 백인 또는 농부, 선원 등 지속적으로 태양에 노출되는 사람들이 고위험군이다. 상피종양은 기저세포암과 편평세포암으로 나눈다.

❶ 기저세포암(Basal cell epithelioma)

처음에는 반투명한 붉은색의 구진 형태를 띠며 부스럼이 생기고 가피가 형성되면 궤양으로 진행될 수 있다. 햇빛, 방사선, 만성자극, 궤양, 화학물질(비소) 등이 원인요소로 작용한다.

증상

- 결절 궤양성 병변
- 중심부 궤양, 가피 출혈 동반

❷ 편평세포암(Squamous cell carcinoma)

상피세포에 발생하는 암세포를 의미한다. 편평세포암은 노출 부위에 잘 발생하고 아주 빠른 진행 속도를 보이며, 병변 위에서 발생하고 자외선, 외상, 화학물질, 방사선 등이 원인이다.

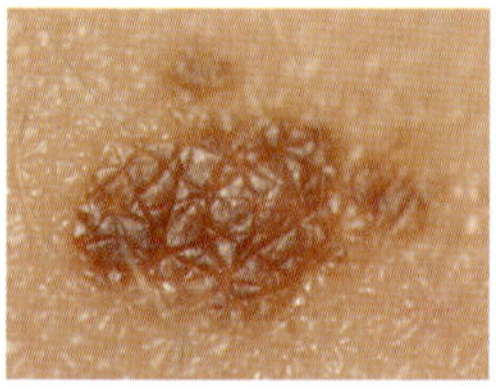

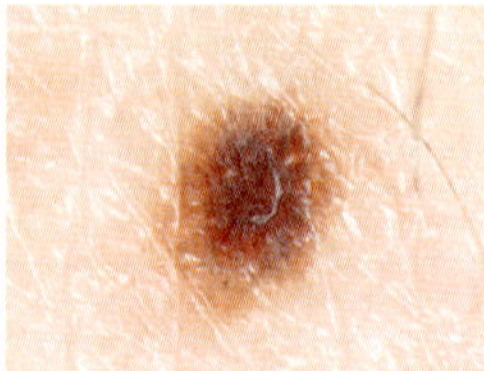

임상 양상

- 궤양과 융기된 결절성 병변
- 인근 조직으로 침윤과 전이가 발생

(2) 흑색종(Melanoma)

흑색종은 지속적으로 강한 태양에 노출되는 사람이나 태양이 강한 지역에 살고 있는 백인이 고위험군이다. 전이가 잘 되며, 일반 점이나 결절이 1cm 이상의 크기로 보이는 경우도 있다. 또한 자외선 B가 피부에 많이 축적되어 흑색종이 생기며, 태양과 관계없이 발바닥, 발톱 밑과 같이 말단 부위에 생기기도 한다.

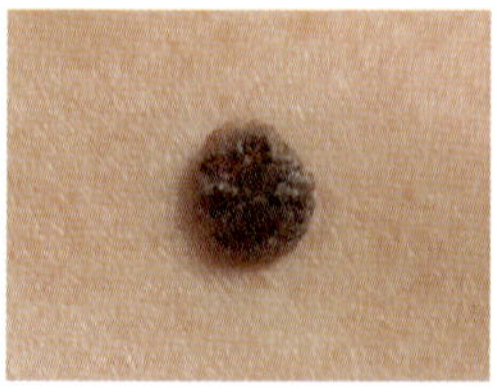

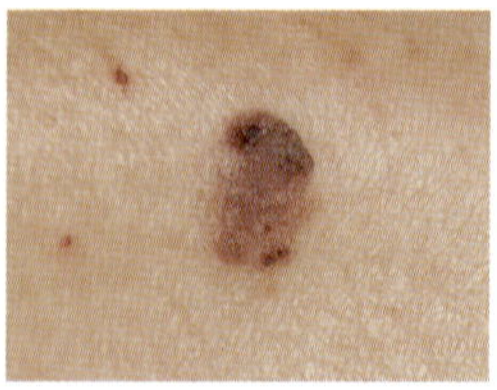

❶ 표재 확장성 흑색종
(Superficial spreading melanoma)

- 색깔은 동일하지 않으며, 밤색, 검은색, 붉은색 및 파란색을 띠기도 한다.
- 경계와 표면이 불규칙하다.
- 수평적 진행 단계로 나눈다. 몇 주부터 몇 개월까지 걸리며 유두, 진피, 망상진피까지 침범된다.

❷ 급성 결절성 흑색종
(Acute nodular melanoma)

- 빈도가 낮으며 흑색종의 10%를 차지한다.
- 돔 모양이며 수직적 진행으로 신속하게 이루어진다.
- 손·발바닥 및 마찰되는 부분(허리, 브래지어 라인)에 나타난다.
- 사소한 외상에도 색깔이 변하고 크기가 커지며 피가 나오는 등의 변화를 통해서 악성으로 변화한다.

❸ 악성 흑색종(Malignant melanoma)

20대부터 증가하여 40대 이상에서는 아주 급속히 증가하며 피부, 안구, 점막 등 멜라닌색소를 만들어 내는 멜라닌세포의 악성화로 생긴 종양이다. 멜라닌세포가 존재하는 어디에서나 발생하는 악성 흑색종으로 자외선, 인종, 전구질환(이형선 모반, 악성흑자 등), 유전 및 가족력 등에 의해 발생한다.

임상 양상

- 악성흑자형 흑색종(얼굴에 모반)
- 결절형 흑색종(체간, 다리에 모반)
- 표재확장형 흑색종(서양인에게 가장 흔하며 하지에 모반)
- 말단흑자형 흑색종(한국인을 비롯한 동양인에게 가장 흔하며 말단부위에 모반)

❹ 악성 혈관내피 세포종
(Malignant hemangioendothelioma)

혈관의 악성종양인 혈관내피 세포종은 주로 노인의 머리나 얼굴에 발생하며 외상이 원인으로 생각된다.

임상 양상

- 초기에는 흑색의 작은 결절이 다발성으로 나타나며 주변에는 암적색의 부종성 종창이 나타난다.
- 결절의 발육은 매우 느리며 진행 중 단계별로 혈관이 신생되어 병소가 커지기도 한다.
- 폐와 간뿐만 아니라 골수에까지 전이가 되면 예후는 나쁘다.
- 초기에 광범위한 절제가 필요하며 지속적인 약물치료가 필요하다.

(3) 지루성 각화증(Seborrheic keratosis)

주로 노화에 의한 각화증으로 양성이며 암의 유형이 아니다. 신체 어느 부분에서나 발생할 수 있다. 특히 가슴에 나타나며 크기는 3cm 정도로 일반적으로 노인성 사마귀라고도 부른다.

증상

초기에는 주로 얼굴이나 어깨, 몸통에 평편한 반점이 다발성으로 나타나며 그 중에서 몇 개는 융기 형태로 나타난다. 황갈색에서 가려움증과 자극을 받아 붉게 부풀어 올라와 빨간색으로 변할 수 있다.

(4) 광선각화증(Actinic keratosis)

햇빛에 과다하게 노출되어 생기는 질환으로 인설이 동반된 적색반점 등이 나타나며, 약 20% 정도 암으로 진행될 수 있다.

증상

햇빛에 노출된 부위인 얼굴, 귀, 목, 손등 등에 잘 발생한다. 홍반성 각화성 구진과 인설이 존재한다. 다발성 병변으로 피부색은 적갈색을 띠며 0.5mm 정도로 다양한 크기이다. 또한 광선각화증은 아랫입술에 만성적으로 가피, 미란과 함께 출혈을 동반하는 각질 형태로 나타나기도 하기도 한다.

(5) 각화극세포종(Keratoacanthoma)

임상적으로 유극세포암과 유사한 질환으로 자연적으로 퇴축하는 경향이 있는 양성 종양이다. 고령자에게 호발하며 유두종 바이러스가 주된 원인으로 일광 노출, 바이러스, 외상, 면역 억제 등에 의해 나타난다.

증상

단발성의 분화구 모양의 결절(중심부에는 각화물질 함유)

8) 기타 피부장애

❶ 기미(Melasma)

피부 안면부에 다양한 크기의 갈색 또는 검은색 계열의 색소가 침착하여 생기는 과색소침착성피부질환의 하나로 정확한 병인은 아직 밝혀지지 않고 있다. 기미는 보통 좌우 대칭으로 생기며 남성보다는 여성에서 흔히 발생하고 특히 임산부에게서 많이 나타나는 질환이다. 기미의 대표적인 원인은 자외선의 과다 노출이며 그 밖에 유전적 요인인 여성호르몬, 화장품이나 약물에 의한 트러블, 스트레스, 신진대사 문제 등과 밀접한 관계가 있다.

❷ 주근깨(Freckle, EpHelide)

얼굴이나 목, 어깨, 손, 뺨 또는 눈 둘레에 좁쌀알 크기에서 쌀알 크기 정도의 담갈색 색소반으로 무리 지어 생긴다. 유전성이며 5~6세부터 시작하여 사춘기에는 눈에 띄게 많아진다. 특히 여름철에 색깔이 더 짙어지는 경향이 있다. 직경은 약 5~6mm 이하이며 불규칙적인 형태로 노란색, 갈색 또는 회색을 띤다.

치료 방법으로 색소 레이저, 태반주사요법, 화학 박피술, IPL(intense pulsed light), 바이탈 이온트(vitaliont) 치료 등이 있다.

❸ 점(Lentigo, spot)

점은 출생 시부터 있는 것도 있고 성장기 동안 생기기도 하며 신체의 어느 부위에서나 발생할 수 있는 경계가 명확한 과색소침착성 질환이다. 점은 색깔, 모양, 크기가 다양하고 지름은 보통 3~8mm 정도로 편평하며, 융기된 상태로 흑갈색을 띤다. 점은 미관상의 문제를 제외하면 인체에 아무런 해가 없다.

❹ 비립종(Miliums)

눈가, 뺨, 이마 등에 발생하며 황백색의 낭포이다. 신진대사의 저하로 인하여 생성되는 지방조직의 작은 낭종을 말하고 지방의 신진대사가 저하되면 안면 상반부에 위치한 모공과 한공에 주로 생성된다.

❺ 한관종(Syringoma)

표피에서 약간 솟아오른 반투명성의 황색 또는 분홍색의 구진으로 에크린 한관에서 유래하였으며 내용물이 없는 작은 구진이다.

땀샘관의 개출부에 이상이 생겨 피지의 분비가 막혀 생성되며 눈 주위, 이마, 흉부, 복부 등에 잘 발생한다. 레이저, 전기소각 등으로 다발성 병변을 제거한다.

❻ 섬유종

연한 섬유종과 단단한 섬유종으로 나눈다. 일명 쥐젖이라고도 하며 진피의 유두층에 자리잡고 있는 연한 섬유종은 색소의 침착으로 인해 진한 피부색을 띠고 주름이 있다. 제거가 간단하고 신경관과 혈관이 없으며 단단한 섬유종은 진피 내 망상층의 결합조직 안에 생긴다.

8.
피부와 광선

1) 태양광선

태양광선은 인간의 생명과 자연계를 유지하는데 필수적인 역할을 한다. 즉, 생물의 신진대사를 가능하게 하고 세균을 살균하는데 필수적인 역할을 한다.

또한 자율신경의 활동에 영향을 미치게 하고 프로비타민 D를 비타민 D로 활성화시킨다. 그러나 태양광선에 피부가 과도하게 노출되면 피부질환 등이 생길 수 있다.

2) 피부색

피부색은 멜라닌의 양과 세포의 활성도에서 비롯된다. 멜라닌의 양과 종류 및 분포 상태에 따라 피부색이 달라지는데, 피부가 검은 사람은 멜라닌의 양이 많으며 자외선 손상도 적다. 예를 들어 흑인 피부는 백인 피부보다 광 차단지수를 15% 정도 더 가지고 있다.

3) 자외선

피부를 선탠하는 데 사용되며 종류에 따라 살균작용을 하므로 우리 몸을 이롭게 하고 건강을 표현하며 미적 견해에서 보면 결점을 보완해주는 역할을 한다. 그러나 과한 자외선 노출은 피부층에 피부질환을 일으켜 질병을 유발하도 한다.

자외선은 파장의 길이에 따라 단파장(UVC), 중파장(UVB), 장파장(UVA)으로 구별된다. 또한 피부에 각각 다른 영향을 준다.

(1) 자외선의 종류

❶ 단파장(자외선 C : UV - C) : 200~290nm

오존층에 대부분 흡수된다. 표피의 각질층까지 도달하며 바이러스 및 박테리아 살균소독 작용, DNA 손상과 피부암으로 발생된다.

❷ 중파장(자외선 B : UV - B) : 290~320nm

피부에 미치는 영향이 아주 크며 표피와 진피 상부까지 도달한다. 홍반 일광화상 및 피부암의 전구물질에 의해 유발될 수 있으며, 자연색소침착, 세포막 손상이 발생한다. 외피가 얇아지고, 모세혈관확장증 피부 또는 조기 노화가 나타난다.

❸ 장파장(자외선 A : UV - A) : 320~400nm

생활자외선으로 불리며 창문으로 투과한다. 피부의 진피층까지 침투하여 피부가 전체적으로

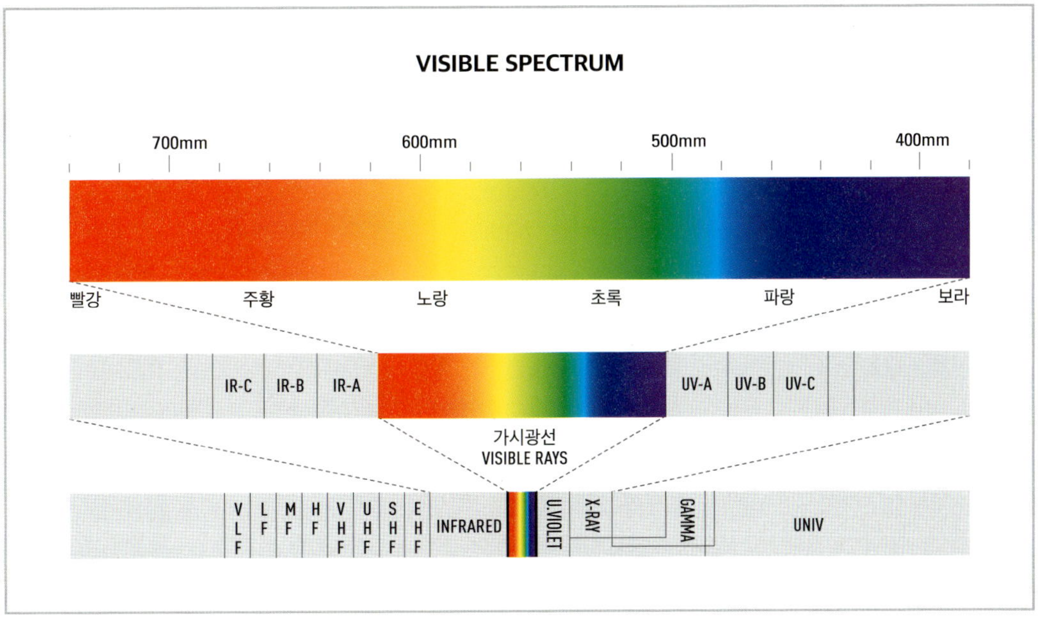

얇아지고, 색소침착, 잔주름 발생, 피부위축현상, 즉각색소침착(약 30분 후), free radical 생성을 일으키며, 과다한 조사 시 광노화, 침착성 반점이 생긴다. 선탠 시에 작용한다.

자외선 차단지수(SPF : Sun Protection Factor)

$$SPF = \frac{\text{자외선 차단 제품 사용 시 최소 홍반량}}{\text{자외선 차단 제품 비사용 시 최소 홍반량}}$$

(2) 자외선이 미치는 영향

장점

ⓐ 비타민 D 합성

자외선 B는 피부에서 비타민 D 합성에 필수적이고 비타민 D는 칼슘이나 인의 대사에 필수적인 요소이다.

ⓑ 살균효과

자외선은 바이러스, 진균, 박테리아에 대한 살균효과가 있다. 또한 피부 상처 및 감염 치료에 효과적이다.

ⓒ 강장효과

신경성 · 자극성, 수면의 증진 등의 효과가 있다.

단점

ⓐ 홍반(Erythema)

홍반 반응은 피부가 붉어지는 현상으로 일시적으로 생겼다가 없어지는 즉시홍반과 자외선 조사 4~6시간이 지나면서 붉게 나타나서 1~2일 정도 지속되는 지연홍반 현상으로 분류할 수 있다.

자외선에 오래 노출되면 혈관 확장물질인 히스타민(Histamine), 인터루킨(Interleukin) 등에 의해서 혈관이 확장되어 혈관벽의 투과력이 증가된다. 이에 피부가 붉어지고 홍반을 초래하며 심한 홍반 시에는 열, 통증, 물집, 부종 등을 동반한다.

피츠페트릭의 분류 (피부 색깔에 따른 분류)

피부형	특징
제 Ⅰ 형	색소침착 없음, 언제나 일광화상 유발, 백인
제 Ⅱ 형	색소침착 없음, 이따금 일광화상 유발, 백인
제 Ⅲ 형	이따금 색소침착, 일광화상 유발, 황인
제 Ⅳ 형	언제나 색소침착, 일광화상 유발 약함, 황인
제 Ⅴ 형	중간 정도의 색소침착, 흑인
제 Ⅵ 형	일광화상 유발 없음, 흑인

ⓑ 색소침착(Pigmentation)

색소침착은 자외선에 피부가 노출되어 색깔이 검어지는 현상이다. 홍반의 강도에 따라 색소침착의 정도가 다르며 멜라닌이 산화되고, 멜라노좀이 멜라닌세포 내에서 수지상돌기를 통해 이동하여 멜라닌 색소가 각질층의 전 층에 퍼져 생기게 된다. 일반적으로 자외선 노출 후 2~3일부터 색소침착이 시작되어 18~20일까지 나타난다. 흔히 나타나는 증상은 기미와 주근깨이다.

ⓒ 광노화(Photoaging)

광노화는 멜라닌세포가 증가하여 색소침착에 의해 피부의 노화가 촉진되는 것이다.

피부 내 세포가 장시간 자외선에 노출되어 손상되면 표피 기저층의 각질형성세포의 주기가 빨라져 표피가 두꺼워진다. 랑게르한스 세포의 수는 감소하여 활성도도 떨어져 피부의 면역성이 감소된다.

ⓓ 일광화상(Sunburn)

선번이라고도 부르며 피부가 자외선에 과도하게 노출되었을 때 피부가 빨갛게 보이는 홍반 증상이 나타난다. 아프지만 물집은 생기지 않으며 시간이 경과하면서 흔적 없이 낫게 된다. 일광화상은 넓은 의미로 열에 의해 피부세포가 파괴 또는 괴사되는 것을 말한다. 심하면 오한과 발열 증상이 나타난다.

ⓔ 광독성 피부염(Phototoxic dermatitis)

광독성 피부염은 약물이나 화장품 및 주사제 등 여러 경로로 들어온 광독성 물질이 태양광선에 노출되었을 때 발생된다. 대체로 얼굴과 가슴, 팔 등에 나타나며 수 시간 내에 즉각적으로 활성화된다.

ⓕ 일광 알레르기(Photoallergic dermatitis)

일광 알레르기 증상은 햇빛에 노출되었을 때만 나타났다가 보통 시간이 경과하면 없어진다. 붉은 발진, 습진, 소수포들이 생기는 피부염이다. 태양광선에 노출되는 가슴, 목, 얼굴 또는 팔, 다리 등에 발생한다. 일광 알레르기는 자외선 중에 긴 UVA(장파장)에 의해 발생하는 것이 특징이다. 긴 옷을 입어 태양광선을 막거나 자외선차단제를 바르고 피부 노출을 삼가야 한다.

4) 적외선

적외선은 에너지를 가진 파장이며 열선(熱線)이라고도 한다. 자외선, 가시광선에 비해 파장이 길어 피부 안쪽까지 도달한다. 따라서 피부 표면에 자극을 전혀 주지 않으며 높은 열의 형태로 피부조직에 깊숙이 침투하여 이로운 영향을 주는 광선이다. 하지만 눈에는 자극을 줄 수 있다.

(1) 적외선의 종류

적외선의 종류	파장 범위	특 징
근적외선	0.8㎛~2㎛	적외선 중 가시광선에 가장 근접한 파장 범위의 적외선. 인체에 온열 효과를 느끼게 하는 파장 영역
중간 적외선	2㎛~4㎛	적외선 파장 중 중간 범위의 영역
원적외선	4㎛~1000㎛	적외선 파장 중 Microwave와 가장 근접한 파장

(2) 적외선의 효과

- 혈관을 팽창시켜 혈액량의 증가로 혈액순환을 촉진시킨다.
- 신진대사를 촉진시켜 피부세포의 활성화를 증진시킨다.
- 근육조직의 이완으로 수축과 이완을 원활하게 한다.
- 혈액순환을 원활하게 하여 류머티즘, 요통의 통증 조절에 용이하다.
- 영양성분이 열에 의해 피부 속 깊숙이 침투할 수 있게 돕는다.

9.
피부의 면역

1) 피부면역의 정의

면역(immunity)이란 단어의 어원은 라틴어의 'immunitas'로 '무거운 짐 혹은 무거운 세금으로부터의 해방'이라는 뜻이며, '세균 또는 바이러스'의 감염으로부터 면한다는 의미로 사용되었다. 즉, 면역이란 바이러스, 스트레스 등 신체의 저항능력을 감퇴시키는 요인 등에 대해 저항할 수 있는 신체의 능력을 말한다.

인체는 외부로부터 침입하는 미생물이나 이물(non-self, 비자기)을 특이적(specific)으로 인식한 후 또다시 침입한 미생물을 인식하고 항체를 만들어 방어하는 기능이 있다. 미생물이나 화학물질 등을 자기가 아니라고 인식하여 이들을 제거함으로써 인체를 방어하는 기능 즉 방어체계를 말하며, 항체를 만들어 항원(antigen)을 방어하는 일련의 생명현상이라고 할 수 있다. 또한 자율신경계에 영향을 주며, 질병을 앓고 난 후에는 그 질병에 대해 저항력이 생겨나는 현상이다. 따라서 인체의 모든 병원체나 독소에 저항할 수 있는 인체의 능력을 면역이라고 한다. 면역(immunity)은 선천면역(innate immunity)과 후천적으로 생활 등에 적응되어 얻어지는 획득면역(acquired immunity)으로 구분된다.

면역

① 자연(선천)면역(innate & natural immunity)
피부, 점막, 보체, 식세포, 염증반응, 씨족 특이성, 개체특이성

② 획득면역(acquired immunity)

<구분>

• 체액면역과 세포면역

- 체액성 면역
세포 외부조직에서 들어가거나 혈액에 존재하는 항원에 대한 항체를 기억세포가 생산하여 항원을 제거하는 방식이다. 항원이 침입하면 B세포가 분열 · 분화하여 형질세포와 기억세포가 된다.
기억세포는 동일한 항원이 재침입 시 형질세포로 분열 분화되어 침입한 항원에 대한 항체를 분비한다. 침입한 항원은 형질세포에서 분비된 항체가 항원과 결합하여 제거된다.
- 세포성 면역
세포독성 T세포가 병원체에 감염된 세포나 유전자 변화가 일어나 손상된 세포를 직접 파괴한다.

• 능동면역과 수동면역

- 능동면역(active immunity) : 예방접종, 감염
- 수동면역(passive immunity) : 모체의 항체, 면역혈청

2) 면역의 작용

(1) 선천면역(Innate immunity)

인체 내에서 선천적으로 갖고 태어난 자연방어 체제로 세균이나 바이러스 등으로 인한 질환이나 스트레스, 질병으로부터 저항할 수 있는 인체의 기능을 말한다. 넓은 의미로 면역이라 하며 선천면역은 자연면역, 수동면역, 비특이성면역이라고 한다.

일차적으로 방어하는 작용을 하는데 피부와 식균작용과 염증반응 등을 자연면역이라고 하며, 항원을 구분하여 저항하지는 못하며 모든 유해물질에 대해 기억세포의 작용이 없다.

(2) 신체 방어벽

건강한 사람의 피부는 여러 기능의 장치를 통하여 스스로 인체를 보호한다. 피부는 강하고 두꺼우며 신체를 둘러싸고 있어서 세균의 상해, 침입으로부터 인체 내부를 보호하기 위한 기능을 한다.

(3) 화학적 방어벽

피부는 여러 기능의 장치를 통하여 스스로 인체를 보호하지만 세균, 바이러스는 입, 목구멍 등위의 점액질을 통해서 몸속으로 들어온 뒤에 이때 화학적인 장벽을 만나게 된다. 인체는 파손된 곳을 회복하고 감염에 대항하기 위하여 면역 시스템을 가동한다. 면역시스템으로는 히스타민, 인터페론, 보체, 자연살해세포 등이 있다.

(4) 방어시스템

❶ 히스타민(Histamine)

비만세포(Mast cell)에 과립 상태로 저장되어 있다가 자극을 받게 되면 과립의 일부를 방출한다. 또한 혈관을 확장시키고 혈류량을 증가시킴으로써 자극을 받은 손상 부위로 방어인자들이 빨리 도달할 수 있도록 한다. 이로 인해 부종 및 가려움증, 발진, 두드러기, 팽진 등이 나타난다.

❷ 인터페론(Interferon)

인체 내 바이러스가 증식할 때 핵산 형성 과정을 차단하는 작용을 하는 단백질의 일종이다.

❸ 보체(Complement)

우리 몸의 혈액 · 림프액 속에 함유된 효소 모양의 단백질의 일종이며, 백혈구나 면역세포가 식작용을 잘할 수 있도록 돕는다. 항원 · 항체의 결합물과 결합해 세포에 직접 침투하여 분해하고 죽인다.

❹ 대식세포(Macrophage)

인체 내로 들어온 세균과 바이러스 등을 잡아 포식 및 소화하는 식균작용을 하는 면역담당 세포이다.

❺ 자연살해세포(Natural killer cell, NK cell)

림프구의 15%를 차지하고 있다. 스스로 판단하여 암세포와 바이러스의 감염세포를 살해하며 항원 생성을 제거시키는 세포이다.

❻ 사이토카인(Cytokine)

면역 세포가 분비하는 단백질을 말한다. 체내의 면역에 관여하는 백혈구나 대식세포 등은 증식을 유도하고 조정하는데 이와 같은 조정은 주로 사이토카인이라는 단백질의 액성 인자에 의해 이루어진다.

❼ 혈소판

혈액을 굳게 하는 작용 및 상처가 났을 때 지혈 작용을 한다.

❽ 과립구

세포질에 과립이 있는 백혈구로서 전체 백혈구의 60%를 차지하며, 세포질 내에 대량으로 많은 과립성 입자를 가지고 있다.

과립의 색소에 대한 염색성에 따라 호중구, 호염구, 호산구로 나누어지며 식균작용과 탐식작용을 하며, 염증 반응이나 알레르기 반응에 관여한다.

(5) 획득면역(Acquired immunity)

인체는 외부로부터 침입하는 미생물 즉 병원체에 한 번 노출된 후 그 병원체를 인식하고 동일한 항체를 만들어 방어하는 저항성 기전을 만드는 기능이 있다. 획득면역은 후천적 면역, 특이성면역 또는 능동면역이라고도 한다.

선천면역과는 달리 이전에 침입한 적이 있던 항원을 기억해 두었다가 특정 항원의 재침입 시 그 병원체에 대해서만 반응을 일으키는 특이성을 가지고 있다. 즉 일반적으로 평생 동안 지속될 수 있으며, 면역이 수 주 또는 수일에 걸쳐서 서서히 발현된다. 출생 시에는 없던 면역반응이 살아가면서 획득되는 것을 말한다.

❶ 림프구

일반적으로 림프구는 백혈구이며, 림프구는 크게 T-세포, B-세포, 그리고 NK-세포로 나눌 수 있다. 전체 백혈구의 25%를 차지하고 면역반응을 담당하며 혈액 내에 존재하는 세포이다. 여러 림프구는 대개의 경우 몸 속에서 면역 작용을 담당하고 있다. 골수(bone marrow) 안에 있는 줄기세포(stem cell)에서 분화되며 이러한 과정을 조혈(hematopoiesis)이라고 한다. 림프구 또한 이러한 과정을 통하여 생성된다. 조혈줄기세포에서 B-세포는 성숙할 때까지 골수에 남아 있게 되고 T-세포는 흉선(thymus)으로 이동하여 성숙되고 만들어진다. 성숙이 끝난 후 림프구는 림프 기관을 순환하며 외부 병원균이나 종양세포를 공격하게 된다.

❷ 림프구의 종류

ⓐ B림프구(B cell, B-Lymphocyte)

사람에게서 감염성 질환을 일으키는 대부분의 바이러스와 세균들은 생체의 세포 외 공간에서 증식하고 전파된다. B림프구는 약 30%를 차지하며 골수에서 생성되고 항원과 반응하여 면역글

로불린이라는 단백질을 분비하며 간접적으로 항원을 공격한다. 또한 항체는 혈액이나 다른 조직액에 의해 운반되기 때문에 체액성 면역이라고 한다.

ⓑ T림프구(T lymphocytes)

T림프구는 흉선에서 성숙되어 면역에 기억 능력을 가지며 세포의 면역에 주된 역할을 한다. 림프구 중 약 75%를 차지하며 백혈구 중에도 약 30%를 차지한다. 3종류의 림프구로 분화하는데, T림프구는 알레르기 반응, 인식면역, 목표가 되는 세포를 공격하는 작용을 하며 동시에 B림프구의 조절 기능도 가진다. 항원 물질에 직접적으로 공격을 하는데 이때 림프구는 분열하여 수를 늘려 T림프구와 B림프구는 협력하게 된다. 항원이 림프구에 침입했을 때 알려 보조 림프구는 체액성 및 세포성 면역 반응 촉진에 중요한 역할을 하지만 직접 반응에 참여하지는 않고 보조 T림프구에서 나오는 화학적 신호가 세포 독성 T림프구에 의한 항체 생산을 유도하며, 기억 T림프구의 일부는 림프절에 남아 항원 침범 시에 B림프구가 즉시 면역 반응이 일어날 수 있도록 하며, 살해 T림프구는 직접 항원에 대항하도록 림포카인을 분비하여 감염된 세포를 살해한다.

3) 피부의 면역반응

피부의 유극층에 존재하는 랑게르한스 세포는 면역을 담당하는 세포로서 외부의 세균이나 바이러스를 림프구로 전달해서 세포성 면역을 유도한다. 피부는 이물질이 침입하기 어려운 구조로 여러 층으로 이루어져 있다. 피지는 약산성 상태를 유지시켜 세균의 번식을 억제한다.

피부의 표면에서는 각질형성세포의 항원제가 자극을 받은 보조T세포에 의해 시토카인(cytokine)을 방출하고, 이어 B세포가 항체 생산 등의 다음 동작으로 이행하여 반응조절 물질을 생성·분비한다.

면역글로블린의 종류와 특징

종 류	특 징
IgA	눈물, 장액, 기관지액, 초유 등에 함유
IgD	B림프구에 존재
IgG	세포외액에 존재
IgE	혈청에 존재
IgM	혈관 내에 존재

10. 피부 노화

노화는 신체적 · 정신적 · 생리적 기능이 저하되어 외부환경에 대한 반응 능력이 떨어지는 현상을 말한다. 피부의 구조적 · 기능적 변화를 초래하는 요인에 따라 내인성 노화와 외인성 노화로 구분할 수 있다. 내인성 노화는 삶의 과정에서 자연스럽게 나타나는 노화 현상으로, 유전적 프로그램에 의해 일어나는 현상이다. 결합조직의 밀도가 높은 상태에서 나이가 들어감에 따라 피부의 위축, 주름, 늘어짐 등이 나타난다. 내인성 노화는 20대 초반에도 시작될 수 있으며 30대에는 표정에 따른 주름 발생 및 피부 탄력이 저하되고, 40대에는 피부색과 피부 두께의 변화가 오게 된다. 외인성 노화는 자외선, 흡연, 바람, 화학물질 등 여러 가지 환경적 자극에 의한 손상의 결과로 발생하는 노화를 말한다.

특성

각화주기가 길어지고 각질층은 두꺼워지며 피부 두께는 얇아지고 피부 결이 거칠며 윤기가 없다. 무코다당류의 수분 보유력이 저하되고 탄력의 저하로 인해 주름이 발달하며 교원섬유 및 탄력섬유의 변성으로 깊은 주름이 발생한다. 또한 과색소침착이나 저색소침착으로 안색이 칙칙해지고 소양증이 나타난다.

1) 피부 노화의 원인

표피층과 진피층이 얇아지며 탄력섬유 및 콜라겐섬유도 감소하여 피부 결합조직이 약화되어 탄력이 저하된다. 활성산소(free radical)와 불포화지방산의 결합을 통해 형성된 과산화지질에 의해 피부노화가 촉진된다. 자외선의 과도한 노출로 과산화지질이 형성되며 세포의 노화를 촉진시켜 생체의 혈액순환의 저하로 인해 세포의 함수량의 저하 및 혈관의 수축 능력이 떨어진다.

1. 유전적 원인(DNA)
2. 활성산소로 인한 산화 반응
3. 햇빛에 의한 광노화(Photo-aging)
4. 피지선 및 한선의 기능 감소
5. 혈액순환 저하로 인한 피부세포의 산소와 영양 결핍
6. 잘못된 생활 습관
7. 내장장애
8. 정신적 스트레스

2) 피부 노화의 현상

(1) 생리적 노화

25세 이후 나이가 들어감에 따라 세포의 여러 기능적인 저하와 형태적 변화로 세포 노화가 온다. 인체를 구성하는 여러 기능이 저하되는 현상으로 골격계, 심혈관계, 호흡기계, 순환계, 신경계, 내분비계 등의 기능이 대부분이 저하된다.

자연적 노화에 따라 조직학적 피부의 표피가 10~50% 정도 얇아지고 기저층의 기저세포는 유사분열이 감소하며 진피와 표피의 경계부가 편평해진다. 멜라닌세포와 랑게르한스 세포의 수가 점진적으로 감소한다. 진피에서는 두께가 얇아지고 섬유모세포의 감소 및 세포 외 바탕질 위축이 나타난다. 따라서 콜라겐과 탄력섬유의 감소를 보인다. 생리적 기능의 저하로 나타나는 자연적인 노화현상으로 피부 건조, 피부 처짐, 주름 형성 또는 예민성 동반, 건조 및 표피가 얇아지는 현상이 일어난다.

생리적 조건 하에서 교원섬유, 탄력섬유의 감소와 변성이 생겨 진피의 두께가 두꺼워지며, 혈관의 기능이 감소하고 피지의 생성 기능 또한 감소하며 한선의 수도 감소한다. 멜라닌세포와 랑게르한스 세포 수의 감소가 원인이 되어 상처 회복과 피부 온도, 감각 기능이 저하되며, 손·발톱의 성장 속도도 저하된다.

(2) 환경적 노화

일광, 추위, 더위, 바람 등 주변 환경과 나쁜 생활습관 등 부적절한 영양 공급에 따른 노화를 의미한다.

자외선에 의해 손상을 받은 피부는 표피층의 두께가 두꺼워지며 정상적인 콜라겐의 구조는 파괴되고 콜라겐 섬유의 무질서한 배열이 나타난다. 파괴된 자리에는 글라이코스아미노글라이칸, 프로테오글라이칸 등으로 대체되며 비정상적인 탄력섬유의 덩어리들이 증가하며, 피부의 주름이 늘어난다. 외인성 외적요인에 의해 내인성 노화를 더욱 가속화시킬 수 있는 피부 변화의 형태이다. 스트레스, 흡연, 알코올 섭취 등에 의해 영향을 받으며, 내인성 노화로 오는 주름이 아닌 광선으로 인한 굵고 깊은 주름이 생긴다. 피부가 건조해지고 거칠어지며 목덜미에 깊은 주름이 발생하는 것이 특징이다.

햇빛, 바람 등에 의한 색소침착과 혈관 확장으로 인해 피부가 예민해지고 멜라닌이 형성되고 각질층은 두꺼워지고 탄력성이 소실된다. 지속적인 자외선 노출에 의한 피부 노화를 광노화라 한다.

3) 관리 방법

❶ 자외선, 찬바람 등 외부의 자극에 대처하여 피부를 적절히 보호한다.

❷ 심신의 스트레스를 해소하고 편안한 마음을 갖는 생활을 한다.

❸ 균형 있는 식생활을 하며 음주, 흡연 등을 피하고 적당한 운동을 한다.

❹ 활성성분이 농축되어 있는 흡수가 빠른 영양 농축액, 앰플류의 제품을 사용한다.

❺ 유분과 수분이 충분히 함유되어 있는 화장품을 선택하여 사용한다. 또한 유분은 필수지방산 함유 제품, 수분은 콜라겐, 무코다당류, NMF, 보습제 등 보습성분 함유 제품을 통하여 흡수시키며 비타민 A, 비타민 C, 비타민 E 등 잔주름 개선, 항산화 및 노화방지 성분 등이 함유된 화장품을 사용한다.

❻ 손을 이용한 마사지 또는 피부미용기기를 이용한 마사지와 마스크, 팩을 정기적으로 실시하여 혈액순환과 신진대사를 촉진시킨다.

❼ 피부전문관리실에서 전문관리를 정기적으로 받는다.

11. 피부와 여드름

1) 여드름의 정의

여드름은 전문용어로 '심상성좌창'이라 한다. 모낭에 생기는 만성 염증성 질환의 가장 일반적 표준형을 말한다. 22세 이하는 청소년 여드름, 25세 이상부터는 성인 여드름으로 구분한다.

청소년기에는 남성호르몬인 테스토스테론의 영향으로 활성화된 피지선에 피지 분비가 많아지고 모낭의 표피에 이상각화가 일어난다. 그 결과 모낭 입구를 막아 피지가 피부 표면으로 배출되지 못하고 과다하게 모이게 된다. 여드름은 피지선의 만성질환이라 하며, 피지 분비가 많은 부위인 얼굴, 목, 가슴과 등에 주로 발생하는 비염증성 또는 염증성 피부질환이다.

다양한 원인에 의한 스트레스 정도에 따라 여드름이 악화된다. 스트레스에 의해 피지 분비가 많아지고 각질이 탈락되지 못하고 모공 입구에 쌓이면 피지가 제대로 배출되지 못해 발생된다. 성인여드름의 악화 원인은 호르몬의 변화로 인한 피지 분비의 증가, 비정상적인 표피층의 각화 증가, 모낭 내부의 균인 P.acne의 증식 및 염증반응이다.

여드름 발생 기전

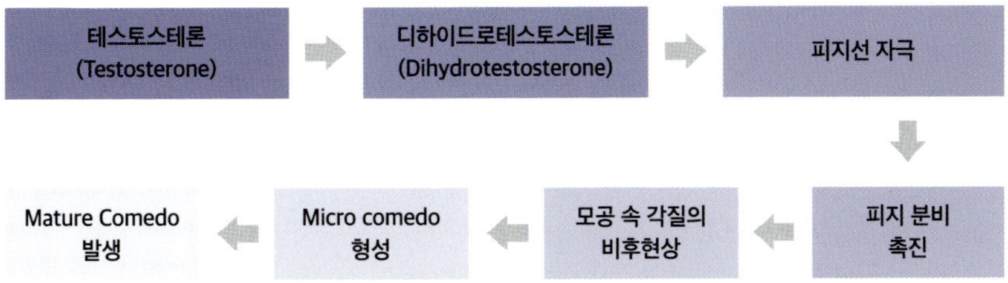

특징

지성피부에서 파생된 염증성 질환으로 피부 결이 거칠고 피부 표면이 울퉁불퉁하고 피지 분비가 왕성하여 피부가 지저분하므로 세균의 번식이 쉽다.

2) 여드름의 발생 원인

❶ 피지 분비 증가
❷ 비정상적인 각질 탈락
❸ 유전적인 요인
❹ 여드름균
❺ 내과적인 문제(스트레스, 우울증)

3) 여드름의 종류

(1) 비화농성 여드름

염증이 생기기 전 단계로 여드름의 가장 초기적인 증상이며 모낭 내의 피지가 각질층의 세포와 함께 모낭벽에 축적되고 덩어리를 형성한 것을 면포(comedo)라고 한다.

❶ 열린 여드름(Black head)

얼굴의 T존 부위, 코 주변에 까맣게 보이는 여드름으로 안면 부위에도 발생할 수 있으며, 액상에서 단단한 고형으로 굳어진 피지의 끝부분이 모공 밖으로 돌출되어 있다. 검은 면포라고도 하며 산화되어 검게 변화된 상태의 여드름으로 죽은 피부 세포, 건조된 피지 등이 모여 모낭을 막아 차단하게 된 후 여드름이 발생한다.

❷ 닫힌 여드름(White head)

완전히 차단된 패립종(닫힌 면포)이다. 적은 수(20개 미만)의 패립종 또는 많지 않은 수의 작고 경미한 뾰루지가 보일 수 있다.

모공 입구가 닫힌 형태로 피지가 모낭 속에 가득 채워져 있으며 피부 표면 위로 돌기가 솟아올라와 있는 좁쌀 형태로 발생한다.

(2) 염증성 여드름

❶ 구진(Papule)

표피 표면에 약간 융기되어 있고 단단하고 끝이 뾰족하거나 둥근 형태를 가지며 혈액이 몰려 선홍색의 염증 증상을 보인다. 크기는 1mm 미만으로 습진 등 피부질환의 일종으로 발진현상이 나타나고 혈액이 몰려 부종이 있으며 자극을 주면 더욱 아프고 증상이 악화되므로 자극을 피해야한다. 소양증, 알레르기 등이 야기될 수 있으며 표피에 형성되므로 깨끗이 치유된다.

❷ 농포(Pustule)

표피 내부 또는 표피 아래의 가시적인 고름의 집합체로 모낭이나 한선에 자주 발생한다. 표피 내에 백색, 황색, 녹황색의 화농성 삼출물을 가지고 있어 황색이나 회백색으로 보인다. 진피, 피하조직에 나타나는 농양과 구별된다. 화농이 동반된 융기 속에 수포성 병변으로 농포의 수명은 짧다. 염증이 진행되어 화농현상이 진피조직까지 침투되면 완치 후에도 흔적이 남는다.

❸ 결절(Nodule)

1~2cm 정도의 크기이며 구진과 같은 형태이나 결절은 종양 사이의 중간 형태로 구진성 여드름이 발전하여 크고 단단한 덩어리가 피부 깊숙이 형성된다. 피부 표면에 돌출되어 솟아올라 있거나 피부 내에 딱딱한 응어리를 형성하고 있으며 여드름의 색깔이 검붉은 색을 띠며, 진피 내 손상으로 흉터가 생길 수 있다.

❹ 낭포(Cyst)

액체나 반 고형물질로 인해 표면이 솟아올라 있으며 여드름의 형태 중에서 가장 화농 상태가 크고 깊으며 피하지방층까지 침범하여 심한 통증을 유발한다. 피부의 정상조직이 파괴되며 여드름 중에서 염증의 형태가 크고, 만지면 말랑말랑한 느낌을 준다. 정상피부 조직이 파괴되어 흉터 발생의 가능성이 가장 높다.

(3) 여드름의 악화요인

❶ 스트레스(Stress)

❷ 햇빛

- 발생 원인 : 태양광선을 받으면 표피 각질층의 재생력이 6~7배 빨라짐으로써 모공 내 비후현상을 촉진시킨다.
- 형태 : 예민성을 동반한 화농성 여드름

❸ 습기와 열

- 발생 원인 : 습기와 열에 의해서 각질층이 부풀어 외부의 압력과 같은 역할을 하고, 모세혈관을 확장시켜 여드름 부위에 부종 및 염증 반응을 촉진시킨다.
- 형태 : 예민성을 동반한 화농성 여드름

❹ 압력과 마찰

- 발생 원인 : 습관적이거나 직업적인 압력과 마찰이 자극을 주어 여드름을 악화시킨다.
- 형태 : 더욱 심화된 여드름, 예민성을 동반한 화농성 여드름

❺ 음식

- 발생 원인 : 요오드의 섭취는 그것의 배출이 신장이나 대장을 통해서 배출되는 것이 아니라 피지선을 자극하며 배출되므로, 이때 자극 받은 피지선에서 피지 분비가 증가한다.
- 형태 : 예민성을 동반한 화농성 여드름

❻ 중독성 약

- 발생 원인 : 연고제재 또는 내복약의 원인으로 스테로이드 제제와 근육 강화제, 경구용 피임약이 원인이다.
- 형태 : 예민성을 동반한 화농성 여드름

❼ 생리주기

- 발생 원인 : 일반적으로 생리 전부터 분비가 증가되는 프로게스테론 호르몬 때문이다.
- 형태 : 예민성을 동반한 화농성 여드름

❽ 임신

- 발생 원인 : 배란 후 증가되는 프로게스테론 호르몬
- 형태 : 심한 지루성을 동반한 여드름

❾ 화장품

- 발생 원인 : 코메도제닉(comedogenic)에 의해 발생
- 형태 : 닫힌 여드름

4) 여드름의 관리

여드름이 생기면 손으로 만지거나 짜는 자가 행위는 삼가하고 각질 제거 및 피지 흡착을 통해 피지 조절, 박테리아 성장을 억제한다. 올바르지 못한 세안 방법은 여드름을 더욱 악화시키므로 올바른 세안 방법과 수분 공급을 통해 피부의 건조함을 보완한다. 피부는 항상 청결해야 하며 피지 분비가 많은 지성피부는 이중 세안을 통해 여드름의 발생에 주의하며 주기적인 딥 클렌징을 하여 모공 속의 노폐물을 제거하도록 한다.

그 밖에 스크럽이 함유된 딥클렌징 또는 고마쥐 타입은 피부에 자극을 주기 때문에 피해야 한다. 여드름 피부는 한국형배농테라피를 통해 피부를 진정시키는 관리방법을 사용하는 것이 좋다. 기계 적용에는 고주파 직접법을 사용하면 효과적이다.

화장품은 여드름을 더욱 악화시킬 수 있으며 수분 전문 화장품을 사용하도록 한다. 논 코메도제닉(non-comedogenic) 오일프리 타입을 사용하는 것이 좋고 자외선차단제는 피부의 알레르기가 발생할 수 있으므로 부작용이 적은 제품을 사용하여야 한다.

여드름의 등급

여드름의 등급	내 용
제1기 여드름 (grade Ⅰ)	화이트헤드(white head)와 블랙헤드(black head)만 있는 경우로 10대 전반기에 이마나 볼 등에 발생한다. • 증상 : 블랙헤드, 화이트헤드 • 관리방법 및 주의 : 피지 흡착 및 각질 제거
제2기 여드름 (grade Ⅱ)	화이트헤드(white head)가 블랙헤드(black head)보다 많아져 화이트 헤드가 얼굴 전체적으로 번지게 되는 경우를 말한다. 짜거나 건드리면 모낭벽이 약해져 모낭의 주머니가 터져 화농성의 여드름이 될 수 있다. • 증상 : 블랙헤드, 화이트헤드 • 관리방법 및 주의 : 피지 흡착 및 각질 제거
제3기 여드름 (grade Ⅲ)	화이트헤드(white head)와 블랙헤드(black head), 10개 이상의 화농성 여드름이 혼재하는 상태 • 증상 : 구진, 농포, 블랙헤드, 화이트헤드 • 관리방법 및 주의 : 피지 흡착, 각질 제거, 박테리아 성장 억제, 진정
제4기 여드름 (grade Ⅳ)	흰색 면포, 검은 면포, 구진, 농포, 결절, 낭포가 혼재하며, 자주빛을 띤 붉은색의 심한 염증을 일으키고 흉터가 남을 수 있는 가장 심한 등급의 여드름이다. 화농된 상태이므로 치유하면 가장 빠른 효과를 볼 수 있다. • 증상 : 구진, 결절, 농포, 낭포, 블랙헤드, 화이트헤드 • 관리방법 및 주의: 피지 흡착, 각질 제거, 박테리아 성장 억제, 진정, 재생

스트레스(Stress)로 인한 여드름의 발생기전

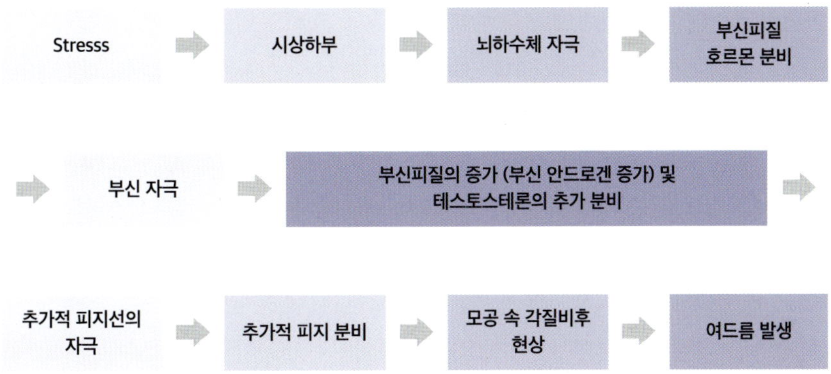

※ 인체는 외부의 자극을 견디기 위해서 몇 가지 호르몬을 분비한다. 이것들을 흔히 스트레스 호르몬이라고 부르는데, 테스토스테론은 이 스트레스 호르몬의 대표적 예이다. 그러므로 과로나 정신적 스트레스를 많이 받으면 스트레스 호르몬이 많이 분비되고 그로 인하여 피지 분비가 증가되는 것이다.

여드름 예방을 위한 주의사항

- 세안을 자주하여 피부 청결을 유지할 것
- 충분한 수면
- 폭식, 폭음, 야식으로 위에 부담을 주지 말 것
- 피부에 직접 닿는 화장도구나 침구류를 청결히 할 것
- 적당한 운동으로 변비 예방
- 여드름을 불결한 손으로 만지거나 짜지 말 것
- 앞머리나 옆머리가 얼굴에 닿지 않게 할 것
- 메이크업 시간을 되도록 짧게 하고, 클렌징을 꼼꼼히 할 것

12.
색소이상 피부 (Pigment disorder skin)

색소이상 피부는 진피 내에 들어 있는 멜라닌이 피부 내에서 비정상적으로 증가 혹은 감소하여 생기는 과색소침착 또는 저색소침착 현상을 말한다. 멜라닌은 기저층의 멜라닌세포에서 만들어지는데, 선천적인 자연적 피부색과 멜라닌의 변화 후 나타나는 피부색이 있다.

주요 원인에는 스트레스, 햇빛, 물리·화학적 원인, 내분비 계통의 장애 등이 있다. 과색소침착증에는 기미, 주근깨, 점, 지루성 각화증이 있고 저색소침착증에는 백반증과 백색증이 있다.

1) 과색소침착증

❶ 기미(Chloasma)

자외선에 노출되었을 때 특히 얼굴에 좌우 대칭형으로 발생하는 연한 갈색 또는 암갈색의 과색소침착증이다. 주로 이마, 윗입술, 턱, 코, 목 부위 등 일광 노출 부위와 여성에게 월등히 많이 나타나며, 내분비 이상에 따른 발생이 대부분이다. 임신, 경구 피임약 복용 등의 원인으로 발생하기도 한다.

❷ 주근깨(Freckle)

노란색, 갈색 또는 회색을 띠는 반점으로 뚜렷한 경계를 지니지 않은 둥근 모양이며, 크기가 깨알 같다. 발생 부위는 얼굴, 목, 어깨 등 일광 노출 부위에 나타나며 백인, 10~20대 여성에게 현저하게 많이 나타나는 질환이다.

요인으로는 유전적인 요인이 크며 자외선에 의해 짙어져 눈에 띄게 된 것이다.

❸ 갈색반점(Brown spot)

혈액순환과 신진대사의 저하로 인해 발생한다. 국소적으로 발생하고, 30대 이후에 주로 발생한다.

❹ 검버섯(Senescence spot)

노인성 반점, 일광흑자라고도 한다. 노화 현상에 의해 생기는 반점이며 주근깨에 비해 색소가 크고 진피 상부에 깊이 존재한다. 혈액순환과 신진대사의 저하로 인해 안면, 팔, 다리, 목 등에 반점 형태로 발생된다. 흑자의 병변으로 일광흑자와 단순흑자가 있으며 이외에 지루각화증이 있다.

ⓐ **일광흑자**

일광흑자는 오랜 시간 햇빛에 노출된 노출 부위에 생기는 양성 병변을 말한다. 주로 50대 이후 어깨, 얼굴, 손 등 햇빛이 노출된 부위에 아주 불규칙적으로 일광흑자가 생긴다.

ⓑ **단순흑자**

단순흑자는 경계가 아주 뚜렷하다. 갈색 및 검은색을 보이며 둥근 반점이 신체 표면이나 점막 등에 생기며 크기는 2~3mm이다. 연령에 따라 자연치유는 어려우며 만성적인 경향이 뚜렷한 증상이다.

2) 저색소침착증

❶ 백색증(Albinism)

백색증은 유전질환의 한 종류이다. 모든 인종에 나타날 수 있으며 백색증을 가진 사람들은 눈, 피부, 머리카락에 소량의 색소를 가진다. 멜라닌 색소를 가지고 있지 않아서 성장기 때 시력이 손상되고 피부도 일광에 노출되면 피부 손상을 입고 피부암으로 진행된다. 원인으로는 티로신(tyrosine)이라는 아미노산의 물질대사 이상으로 멜라닌색소가 인체에 생산되지 못해 생겨난다.

❷ 백반증(Vitiligo)

후천적으로 발생하는 저색소침착증 중 가장 흔한 질환이다. 멜라닌세포의 결핍은 백색 반점, 크기 및 형태들이 피부에 나타나 있는 것이다. 유전적 요인(30%) 또는 후천적인 자극(스트레스, 화상, 동상, 반복적인 외상)에 의해 멜라닌세포가 파괴되어 그 수가 결핍 또는 소실되어 백색으로 된다.

ⓐ **심상성 백반증**

자가면역의 이상 또는 자율신경의 이상으로 자각증상이 없이 전신에 불규칙적으로 작고 크게 생긴다.

ⓑ **노인성 백반증**

40세 이후 노화가 시작되며 피부의 탈색이 전신에 불규칙적으로 나타난다.

ⓒ **화학성 백반증**

외적인 원인으로 산화방지제 등에 의해 백반이 생긴다.

3) 관리 방법

햇빛에 장시간 노출되는 것을 피하고, 자외선차단제 사용을 생활화한다. 화학적인 박피술이나 레이저 치료 등을 통해 잡티를 제거하고,. 미백효과가 있는 비타민 C를 이온 영동법을 이용하여 피부에 투입하고 지속적으로 묵은 각질을 제거한다. 각질층의 멜라닌의 배출을 돕는다. 또한 피부가 건조해지지 않게 수분관리를 하며 미백 기능성화장품을 사용한다.

1.
피부 분석의 목적과 정의

실제적인 피부미용의 출발점은 고객의 피부 상태를 정확하게 파악하고 분석하는 것으로부터 시작한다. 효율적이고 정확한 피부상태 분석을 위해서는 고객의 피부를 보고 그 상태를 정확하게 파악하고 문제점과 그 원인을 정확하게 찾아야 한다. 또한 피부분석 결과에 따른 효율적인 관리를 통해 정상적인 피부로 유도해야 한다.

고객의 피부유형 및 피부 상태를 파악하는 방법과 민감도 여부를 파악하는 방법, 보습 상태를 파악하는 방법, 피부의 탄력도를 파악하는 방법 등 정확한 계획을 세우고 피부관리를 하는 과정이다.

1) 피부 상태 분석의 정의

일반적으로 피부유형은 피부조직, 피지 분비량, 피부 보습, 혈액순환, 색소침착, 안색, 모공, 탄력성 그리고 전반적인 피부 외관 등으로 결정된다.

피부의 유형은 각질층의 수분과 유분 함유 상태와 기름샘에서 분비되는 피지의 양에 따라 구분하는데, 피지 분비량은 호르몬에 따라 달라지며 호르몬은 나이에 따라 증가 또는 감소한다. 기름샘에서 분비되는 피지량이 많으면 지성피부,

정상적으로 분비되는 피부를 정상피부라고 하며, 피지 분비량이 정상보다 적으면 건성피부라 한다.

피부 유형에 따른 피부 상태의 분석을 통해 피부 상태를 진단하고 판독하여 피부미용 관리의 효율성을 높이고 문제 해결을 하기 위한 방법이다. 피부 상태의 원인과 생활습관, 정신적 스트레스 등을 파악한다. 또한 피부조직의 상태와 손으로 만져지는 촉감으로 탄력도, 민감도, 피부의 유수분도, 모공 상태 등을 알아본다.

피부분석은 보다 정확한 피부관리를 위하여 꼭 필요한 단계이다. 피부분석은 다양한 미용측정기기와 피부 유형에 맞는 화장품 선택 및 고객의 피부 상태에 따른 프로그램으로 진행한다.

2) 피부 상태 분석의 효과

피부 상태는 피부 결과 유・수분, 탄력성, 멜라닌 색소 등에 따라 평가되고 적용되며, 피부기능을 정상피부 상태로 지향한다. 효과적인 피부관리를 하기 위한 기초자료로서 관리 전 고객의 피부 문제점의 원인을 파악할 수 있다. 피부 수분보유능력과 피지선에서 분비되는 피지의 양도 인체마다 다르므로 고객의 피부 상태와 유형을 분석하여 판단하고 적절한 피부관리 계획을 수립할 수 있다. 고객에게 적용하지 말아야 할 관리를 주의 사항으로 체크하여 예방하고, 방문 목적을 충분히 파악하여 관리의 효율성을 높일 수 있다.

피부의 상태에 적용하는 올바른 제품을 선택할 수 있도록 도와 피부기능을 정상적으로 유지시키는 효과를 얻을 수 있다. 또한 고객에게 피부에 따른 정확한 홈케어를 조언할 수 있으며 고객에게 맞는 올바른 제품을 사용하게 하는 계획을 수립할 수 있다.

3) 피부 상태 분석의 방법

(1) 문진법

질의 응답을 통해 고객에게 정보를 얻는 방법으로 고객에게 몇몇 질문을 함으로써 고객의 연령, 성별, 직업, 병력, 가족관계, 성격, 식습관, 운동 여부와 정도, 식품에 대한 기호도 등에 관한 내용을 파악하고 상세하게 고객카드에 기록한다. 질문 시에는 고객의 입장에서 쉽게 대답할 수 있도록 체계적이고 구체적으로 질문하며, 생활습관과 식습관에 관한 질문을 통하여 알레르기 유무, 연령, 직업 등을 상세하게 기록한다. 또한 고객에게 설문지를 작성하게 하여 개인의 생각을 체크한다.

(2) 촉진법

촉감을 통해서 피부를 판별하는 것으로 고객의 피부를 손으로 눌러보거나 만져봄으로써 피부를 판별하는 방법이다. 피부의 탄력도, 피부 결, 조직의 두께, 수분 보유량, 각질화 상태, 매끄러움과 거칠음, 자극에 대한 민감도, 유분의 함량 등을 살펴본다.

(3) 견진법

눈으로 피부 투명도, 피부의 유분 및 수분 함유 정도, 피부질환의 유·무와 종류를 파악할 수 있다. 얼굴색을 살펴보고 모공의 크기, 피부의 투명도, 트러블 상태, 피지 분비 상태, 건조한 상태, 붉음증의 상태, 예민한 상태, 색소침착, 그리고 여드름 종류 등을 관찰한다. 고객의 피부를 직접 육안으로 관찰하거나 확대경, 우드램프 등의 기기를 이용하여 분석하고 적용하여 피부를 자세히 판별한다.

4) 기기를 이용한 피부 상태 분석방법

피부미용기기는 피부미용을 위하여 사용되는 각종 기기로 에스테티션은 기기의 정확한 사용 방법, 적용 원리, 미용적 효과, 기기 사용 시 주의사항 등에 대한 이해가 필요하다.

(1) 확대경(Magnifying lamp)

독일어로 루페(Lupe)라고도 한다. 볼록렌즈를 통해 피부를 3.5~7배가량 확대하여 관찰할 수 있는 기기로 육안으로 세밀히 보이지 않는 부분을 관찰하고 분석하는데 사용한다. 대부분의 관리실에서 문제성 피부를 판별하고 여드름 압출 시 효과적으로 활용하는 기기이다.

(2) 우드램프(Wood lamp)

인공자외선 램프인 우드 램프는 특수 인공자외선 A를 피부에 쏘아서 반사될 때 면포, 각질, 여드름, 민감도, 색소침착 등 피부 질환에 따라 특정한 색이 나타나 색상 관찰을 통해 피부의 유형을 분석할 수 있다.

우드램프 사용 시 주의사항

- 정확한 피부분석을 위해 반드시 클렌징 후에 사용한다.
- 우드램프는 얼굴에서 5~6cm 떨어진 위치에서 본다.
- 관리실의 조명을 어둡게 하고, 고객의 눈을 보호하기 위하여 반드시 아이패드로 눈을 덮거나 눈을 감게 한 후 램프를 켠다.
- 우드램프의 측정기 반응을 통해 컬러에 따라 피부 상태를 판단한다.

우드램프의 측정기 반응 색에 따른 피부 판별법

피부 상태	반 응
정상피부	청백색
건성피부	밝은 보라색
민감성피부	짙은 보라색
색소침착피부	암갈색
각질	백색
면포, 지성피부	오렌지색
화농성여드름	담황색
비립종	노란색

(3) pH 측정기(pH meter)

피부의 산성도와 알칼리도를 측정하는 기기이다. 전기 및 화학을 기반으로 만들어졌다. 이는 원통형 초자봉을 피부에 접촉시켜 피부 표면의 수소이온 농도를 측정한다. pH를 분석하는 방법으로 pH 4.5~pH 5.5 범위를 이상적인 범위로 본다. 피부 상태는 기후나 계절에 따라 항상 변하므로 장기간의 평가를 통해 결과를 판단할 수 있다.

(4) 수분 측정기(Corneometer)

수분 측정기는 피부 표면에 접착하는 전극 간격을 통해 전류가 전도되는 정전 부하 용량을 측정하는 원리를 이용한 기기이다. 수분의 함량과 전류량은 서로 비례하는 성질이 있어 보습도가 높을수록 측정수치가 높아지며 단위는 AU(Arbitrary Unit)이다. 수분을 측정할 때는 세안 후 2시간이 경과한 다음 실내온도 23~25°C, 실내습도 45~60%에서 안정을 취한 후 측정하여야 한다.

정상범위의 수치는 신체부위에 따라 차이를 보인다. 얼굴은 30~49AU는 매우 건조, 50~59AU는 보통, 60AU 이상은 습윤으로 해석된다.

(5) 유분 측정기

세버미터(Sebumeter)에 장착된 유분 카세트를 이용하여 피부의 피지량을 측정하는 기기로서 반투명 지질 흡수 테이프를 피부에 15초 이상 부착한 후 묻어 나오는 분비된 피지량을 통해 광학적 반사원리로 유분량의 측정값을 얻을 수 있다.

(6) 뷰티스코프(Beauty scope)

뷰티스코프(Beauty scope)는 디지털 현미경(Digital microscope)의 일종으로 LED 광원을 가지고 있으며, 물체를 백만 배 이상까지 확대하여 볼 수 있다. 모발의 큐티클의 상태는 800배율, 두피의 모공 및 모발의 큐티클 상태는 300배율, 두피와 피부의 상태는 50배율을 사용하여 확대 분석한다.

피부 측정 진단기로 1cm³의 피부 상태를 50배 확대하여 피부를 분석하고 고객과 함께 컴퓨터 모니터를 통해 피부 상태를 확인할 수 있다. 또한 컴퓨터 모니터로 확인한 피부 측정 상태를 프린터를 통해 출력해서 확인할 수 있으며, 관리 전후 상태를 프린터로 비교 분석하여 고객이 변화된 모습을 신속하게 확인할 수 있는 장점이 있다.

5) 피부 상태 분석 시 유의사항

피부의 상태는 내적인 요인인 건강 인자, 정신적 인자, 식품 섭취 경향 그리고 외적인 요인인 환경적 인자, 화장품의 사용법 및 피부손질 방식에 따라 결정되므로 같은 피부유형이라도 유의해서 살펴보아야 한다.

피부는 계절 변화나 건강 상태에 따라 변화가 있으며 항상 주의 깊게 지켜보아야 한다. 피부 세안 단계가 끝난 후 실시하고 확대경이나 우드램프를 사용할 때는 얼굴을 깨끗이 세안한 후 아이패드로 눈을 덮어 보호한다. 외관 관찰 시 피부 타입이 비슷한 경우에도 개인차를 감안하여 항상 세부적인 부분까지 신경을 쓴다.

2.
피부미용을 위한 고객 상담

존스(Jones, 1966)는 상담을 현명한 선택과 적응을 위한 전문적 활동이라고 하였으며, 테일러(Tayler, 1969)는 현명한 선택이 이루어지도록 촉진하는 것이라고 하였다. 피부미용 상담은 가장 효율적이며 직접적인 고객의 요구 사항에 응하며 시술자가 더 나은 기술과 서비스를 제공하도록 하기 위해 방문 고객의 상황을 파악, 탐색하는 시술과정의 한 단계이다. 동시에 피부미용 방법과 절차 등에 관해 설명함으로써 고객의 이해를 돕고, 피부 상태에 대한 총체적인 정보를 제공하는 과정으로 즉각적 결과가 나타나는 아주 적극적인 상담이라 할 수 있다. 상담자는 가이드 역할을 통해 문제를 잘 파악하고 피부 관리 계획을 수립하며 그에 대한 정확한 지식과 정보를 줄 수 있어야 한다.

피부관리사의 효율적인 상담 서비스는 고객의 피부 문제점을 해결하고 고객의 정신건강과 사회생활을 위한 격려를 제공함으로써 고객의 삶의 질을 증진시킬 수 있다.

1) 상담의 방법과 과정

상담 시 우선 고려해야 할 것은 고객의 욕구와 이를 해결할 수 있는 방법 제시이다. 다음과 같은 상담 방법과 과정을 통해 진행한다.

(1) 피부 관리 전 상담

피부 관리 전 상담은 피부관리사와 고객 자신의 피부에 대해서 서로 의견을 교환하는 과정을 의미한다. 고객이 방문한 경위를 설명하며, 피부관리사는 고객이 무엇을 원하는지 파악하고 고객의 피부 상태, 홈케어 관리 방법 등을 파악한 후 고객의 피부 문제점 개선 상담이 진행된다. 이후 고객이 받고자 하는 관리 프로그램, 관리비용 등 고객이 궁금한 점에 대하여 충분히 설명한다.

(2) 피부 관리 상담의 진행

첫째, 초기 상담은 고객의 피부 고민을 짧은 시간에 파악하는 민첩함이 요구된다.
둘째, 적극적 문제 해결의 상담이다. 현재 고객의 피부 상태와 문제점, 피부 유형을 파악한다. 상담실은 가능한 한 독립된 공간을 갖도록 하며, 안락하고 편안한 실내 장식을 통해 고객이 편안한 분위기를 느낄 수 있도록 한다.
셋째, 구체적인 상담과정이다. 질의 응답으로 고객의 여러 가지 정보, 임상자료 등을 파악하여 더욱 고객의 효과적인 상담을 도출한다.

(3) 피부 관리 후 상담

피부 관리가 종료된 후 만족도를 체크하고 관리 결과 고객이 원하는 피부의 상태가 되었는지 확인한다. 고객이 다음 방문 때까지 자가 관리할 수 있는 방법과 조언을 하여 고객의 신뢰를 이끌어내는 상담이 이루어져야 한다. 이메일, 전화 등을 이용하여 고객관리가 지속적으로 이루어져야 한다.

(4) 피부 관리의 조언

문제성 피부를 개선하는 데 시간이 너무 오래 걸릴 경우 또는 피부미용사 혼자만의 노력으로는 문제 해결이 어려울 경우 일상생활에서 지켜야 할 사항 및 가정에서의 실천방법 등을 조언할 수 있다. 그리고 이 단계가 피부관리의 핵심이라는 사실을 잊지 말아야 한다. 피부관리사는 최선의 노력과 최상의 서비스를 제공하여 고객이 아주 안정된 상태에서 문제가 해결되고 있음을 인지할 수 있어야 한다. 추가적인 관리에 대한 조언으로 고객이 선택한 홈케어 제품에 관한 사용방법의 조언과 기호식품, 수면 등의 라이프 스타일에 대한 조언 등을 한다.

2) 상담의 중요한 인자

(1) 피부와 화장품

화장품의 개요

화장품이란 화장품법 2조 1항에 의거 '인체를 청결·미화하여 매력을 더하고 용모를 밝게 변화시키거나 피부·모발의 건강을 유지 또는 증진하기 위하여 인체에 사용되는 물품으로서 인체에 대한 작용이 경미한 것'을 말한다. 다시 말해 인체를 청결하게 하고 아름답게 가꾸어 매력적으로 변화를 주고, 용모를 아름답게 변화를 주어 피부와 모발을 건강하게 유지시키고 노화를 지연시켜기 위해 인체에 바르는 화장품으로서 안전적인 작용을 하게 하는 것을 말한다.

기능성 화장품이라 함은 피부 주름 개선, 피부 미백에 도움을 주는 제품, 피부를 곱게 태워주거나 자외선으로부터 피부를 보호하는데 도움을 주는 제품으로 규정되어 있으며 질병의 치료나 예방 등 약리적인 영향을 주는 것을 포함하지는 않는다.

모든 동물은 종족의 번식을 위해 자신의 모습을 가꾸고 몸을 치장한다. 또한 자아실현의 욕구와 능력을 보이기 위해 용모를 단정하게 하고 아름답게 꾸미기 위해 화장품을 사용한다. 따라서 화장품의 효과와 침투방법 등을 정확히 알려면 화학적인 기본 지식이 필요하다.

화장품 도포의 목적

❶ 피부에 수분을 공급하여 촉촉함을 주며 유연하고 윤기 있게 한다.
❷ 피부를 청결하게 하고 노폐물을 제거하여 피부 결을 가다듬고 노화를 예방한다.
❸ 피부의 주름과 처짐을 방지하고 매끄럽고 탄력 있게 만들어 준다.
❹ 자외선으로부터 피부를 보호하고 피부를 곱게 태워주게 한다.
❺ 피부에 입체적인 이미지를 부여하고 아름답게 만들어 준다.
❻ 손상된 모발에 영양을 주어 갈라지거나 거친 모발을 유연하게 하며 두피의 건강을 유지시킨다.

화장품 성분의 품질 조건

• 안전성
피부의 자극성, 피부의 감작성, 광감작성, 광독성, 눈 자극성, 변이원성, 경구독성, 생식독성, 코메도 형성 등이 없어야 한다.

• 안정성
화장품 자체의 변색, 산패, 퇴색, 변질, 변취, 미생물 등의 오염이 없어야 한다.

• 사용성
화장품 사용 시 사용감(매끄러움, 촉촉함, 지속성, 윤기 등)이 좋아야 하고, 향, 색상, 용기, 사용의 용이성이 있어야 하며, 디자인 등의 기호성을 만족하여야 한다.

• 유효성
보습 효과, 주름 방지, 수렴 효과, 유연 효과 세포부활 효과, 청결 효과, 모발보호 효과, 색채 효과, 미백 효과 등이 있어야 한다.

화장품의 구성인자

화장품의 구성 성분은 대부분 동·식물에서 얻어진 다양한 재료들이다. 대부분은 수성성분 및 유성성분을 함유한 형태로 나눈다. 수성성분은 정제수, 에탄올, 글리세린 등이고 유성성분은 식물유, 동물유, 광물유, 고급지방산, 고급지방알코올, 합성에스테르 등이다. 계면활성제는 두 개의 계면에 있으면서 두 물질 간의 성질을 현저하게 변화시키는 물질로서 양이온성, 음이온성, 비이온성, 양쪽성으로 나눈다.

첨가제는 각종 화장품에 800여 종이 넘는 독성 화학물질이 들어가 있으며 도리어 인체에 심각한 사례로 백혈병, 만성피로, 조기 유산, 신경기능 저하, 잔주름 증가, 기억력 상실 등을 유발할 잠재성이 있다는 연구결과가 있다. 장기적으로 조직에 축적되면서 가장 먼저 신체의 세포막을 퇴화 · 노화시키고 신체에 독성화합물질이 피부를 통하여 매우 쉽게 그리고 빠르게 흡수되어 인체에 악역향을 미치게 된다.

첨가제의 종류는 방부제, 산화방지제, 활성성분, 색소, 향료 등이 있으며 화장품 속에 있는 구성인자는 다음과 같다.

❶ 친수성

• 물(Water / Aqua)

- 정제수(Purified water)
- 증류수(Distilled water)
- 탈이온수(Deionized water)

• 보습제(Polyol)

- 2가 알코올 : 프로필렌글리콜(Propylene glycol) / 1, 3 뷰틸렌글리콜(Butylene glycol)
- 3가 알코올 : 글리콜(Glycerol)
- 6가 알코올 : 소르비톨(Sorbitol)

• 천연보습인자(N.M.F)

- 친수성 성분으로 각질층의 수분 보유량을 조절하는 물질의 총칭이다.
- 주요성분으로 아미노산, P. C. A, 젖산, 요소 등이 있다.

❷ 친유성

• 식물성

- 식물의 잎, 열매에서 추출, 냄새는 좋은 편이나 부패하기 쉬움
- 아몬드 오일, 아보카도 오일, 칼렌듈라 오일, 올리브 오일, 맥아 오일 등

• 동물성

- 동물의 피하조직 장기에서 추출하며 냄새가 좋지 않기 때문에 정제한 것을 사용함
- 밍크 오일, 스쿠알란, 라놀린 오일 등

• 광물성

- 광물질 추출, 무색투명하고 냄새가 없음
- 미네랄 오일, 바셀린, 파라핀

• 합성

- 화학적 합성오일, 식물성이나 광물성에 비해 쉽게 변질되지 않으며 사용감이 좋음
- 이소프로필미리스테이트, 이소프로필팔미테이트 등

• 친유보습

- 피지(유분) / 땀(수분)

〈피지의 주요성분〉

- 트리글리세라이드(Triglycerid) 43%
- 왁스(Wax ester) 25%

- 지방산(Fatty acid) 16%
- 스쿠알렌(Squalene) 12%
- 콜레스테릴 에스테르(Cholesterylester) 2%
- 콜레스테롤(Cholesterol) 1%

❸ 계면활성제

계면활성제란 한 분자 내에 물을 좋아하는 친수성기와 유분을 좋아하는 친유성기를 함께 가지고 있는 물질을 말하고, 계면은 서로 섞이지 않는 두 상(phase)이 접하고 있는 경계면을 말한다.

❹ 첨가제

- **색소** : FD & C Red #2, D & C Red #19, Cl45312
- **방부제** : MethylParaben, PrpolylParaben, Imidazolidinyl Urea, Tetrasodium EDTA
- **pH 조절제** : citric acid, Ammonium Carbonate
- **점도 조절제** : 젤라틴, 팩틴, 스타취, 알긴산, 한천
- **활성성분** : 식물추출성분, 기능성성분

계면활성제의 분류

구분	개념도	특성	응용제품
음이온	–	• 세정력 우수 • 기포력 우수 • 유화, 가용화제로도 사용	샴푸, 클렌징
양이온	+	• 정전기 방지 • 유화, 가용화제로도 사용	린스
양쪽성	– / +	• 알칼리성에는 음이온, 산성에는 양이온 • 이온성보다 순함	순한 샴푸, 바디 클렌징
비이온		• 분산제 • 유화, 가용화제로 사용 • 이온성보다 순함	기초 화장품 색조 화장품

활성 성분

구 분	특 징
기본활성성분	• 단백질 : Collagen, Elastin, Placenta, 펩타이드계 • 탄수화물 : Mucoplysaccharide, Hyaluronic acid, Aloe vera, Sea weed • 지질 : 세라마이드, Azlene, Rosehip oil, Wheatgerm oil, Avocado oil • 비타민 : 비타민 A(Retinyl palmitate), β-Carotene, Panthenol, 비타민 C(Ascorbyl palmitate), 비타민 E(Tocopheryl acetate)
식물추출물의 활성성분	• 지성피부 : 레몬(Lemon), 베르가못(Bergamot), 만다린 귤(Mandarin orange), 박하, 민트(Mint), 우엉(Burdock), 아르니카(Arnica) • 여드름피부 : 티트리(Tea tree) • 민감성피부 : 카모마일(Chamomile), 금송화(Calendula), 감초(Licorice) • 색소침착/노화피부 : 네롤리(Neroli), 로즈(Rose), 쟈스민(Jasmine), 보리지(Borage)
기능성 성분	• 미백 기능성 성분 : 알부틴, 닥나무추출물, 뽕나무추출물, 나이아신 아마이드 감초 추출물, 비타민 C, 비타민 C 유도체 • 주름 개선 기능성 성분 : 레티놀, 레티닐 팔미테이트, 아데노신 • 자외선 차단 기능성 성분 : 벤조페논, 에칠헥실디메칠파바, 호모살레이트, 징콕사이드, 티타늄디옥사이드

(2) 피부와 영양(Nutrition)

세계적으로 영양소 부족뿐 아니라 과잉으로 인한 위험을 예방하고 질환 발생을 줄이기 위해 영양소별로 다양한 섭취 기준이 제시된다. 영양섭취기준(DRI ; Dietary Intake Reference)이 세계적으로 제시되었고, 2000년에 한국인 영양권장량이 6차 및 7차 개정을 제정하였고 우리나라는 2005년 새로 영양섭취 기준이 제정되었다.

영양(nutrition)이란 신체가 식품을 섭취하여 소화·흡수한 후, 근육의 활동과 생명 유지를 위한 필요한 열량을 공급하고 조직, 기관, 성장 및 충전작용의 여러 과정을 비롯하여 체외로 불필요한 물질들을 배출시키는 것까지의 일련의 과정을 말한다.

영양소는 식품으로부터 얻어지는 유기질, 무기질들로 인체의 성장발달과 조직의 충전 및 유지에 이용된다.

인체는 순환계의 혈액과 림프계에 의해 영양을 공급받는다. 인체가 필요로 하는 6대 영양소에는 탄수화물(carbohydrate), 지방(lipid), 단백질(protein), 비타민(vitamin)이 속한 유기영양소(organic nutrient)와 각종 무기질(mineral)이 속하는 무기영양소(inorganic nutrient) 그리고 물이 속한다.

6대 영양소와 피부에 미치는 영향을 알아보고 여러 가지 영양학적 지식을 기초로 하여 적용시킨다.

영양소의 분류

- **3대 영양소** : 탄수화물, 지방, 단백질
- **5대 영양소** : 탄수화물, 지방, 단백질, 무기질, 비타민
- **6대 영양소** : 탄수화물, 지방, 단백질, 무기질, 비타민, 물
- **7대 영양소** : 탄수화물, 지방, 단백질, 무기질, 비타민, 물, 식이섬유

❶ 탄수화물

탄수화물은 인체에 중요한 필수에너지(1g당 4cal)이다.

포도당은 에너지와 물 그리고 이산화탄소로 분해되며 남은 포도당은 간에서 조절하여 글리코겐의 형태로 간이나 피하조직에 사용·저장된다. 포도당의 중요한 기능은 인체에 에너지를 공급하는 것이다. 뇌와 적혈구는 포도당을 주 에너지원으로 사용하고 근육과 인체세포 포도당과 지방산을 사용하여 에너지로 충족한다.

❷ 지방

지방은 필수에너지이며 신체의 체온 조절을 해주고 피지선의 기능을 하는 지질(1g당 9cal)이다. 필수지방산은 리놀레산(n-6), α-리놀렌산(n-3), 아라키돈산이며 해바라기씨유, 대두유 등에 다량 함유되어 있다.

성인에게 필요한 리놀레산(n-6)은 남자 17g/일, 여자 12g/일이며, α-리놀렌산(n-3)을 합하면 열량 섭취의 약 5% 정도에 해당되는 양으로서 급원식품인 어패류를 최소한 1주일에 2회 섭취함으로써 얻을 수 있다. 단, 관상성심장질환이 있는 사람은 총지질의 섭취 열량을 20~30%를 초과하지 말아야 한다.

지질은 신체 장기를 보호하고 열 손실을 막는 절연체 역할을 한다. 인체에 무한정 저장할 수 있으며 그 양은 체중의 50배까지도 저장이 가능하다.

식품에 존재하는 지질은 소장에서 지용성 비타민의 소화·흡수를 용이하게 한다. 신체가 사용하고 남은 여분의 열량은 또 다시 중성지방의 형태로 지방조직에 저장된다.

❸ 단백질

필수아미노산은 9가지 아미노산으로 섭취에 의해 공급된다. 생명 유지에 필요한 필수에너지이며 효소, 호르몬 등 주요 생체 기능을 수행한다. 또한 근육 등의 인체조직을 구성한다.

진피층의 콜라겐은 비타민 C, 산소, 2가-철분, 알파-케토글루타레이트, 실리콘(silicon)이 조효소로 작용하여 전구콜라겐으로 합성된다. 피부에 탄력을 주는 성숙한 콜라겐은 프롤린, 하이드록시프롤린으로 전환을 할 때 비타민 C 환원력을 제공한다. 또한 비타민 C는 항티로시나제의 작용에 의해 멜라닌색소 증식을 억제한다. 또한 광선에 대한 저항력을 증가시키며 피부 색소 침착을 방지한다.

❹ 비타민

ⓐ **비타민 A** : 각화 현상을 정상화하며 피부세포 재생을 돕고, 항산화 비타민으로서 노화 방지에 효과적이다. 색소침착성 피부의 안정성을 돕는다.

ⓑ **비타민 B** : 진정효과를 가져오며 모세혈관의 혈액순환을 원활하게 한다. 또한 천연보습인자로 작용한다.

ⓒ **비타민 B_2** : 피부의 모세혈관을 튼튼히 하여

비타민의 분류

지용성 비타민	수용성 비타민
기름과 기름 용액에 용해된다.	물에 용해된다.
필요량 이상 섭취하면 체내의 간, 지방조직에 저장된다.	필요량 이상을 섭취하면 배출된다.
체외로 방출되지 않는다.	소변으로 쉽게 배출된다.
결핍 증세가 서서히 나타난다.	결핍 증세가 빨리 나타난다.
필요량을 꼭 매일 공급할 필요는 없다.	필요량을 매일 공급해야 한다.

혈액순환을 도우며 피부의 보습 함유량을 높이고 탄력감을 준다.

ⓓ **비타민 E** : 활성산소에 의해 불포화지방산의 과산화작용이 진전되는 것을 차단한다.

ⓔ **리보플라빈** : 신진대사의 다양한 조효소 작용을 하고 산화환원반응의 촉매 역할과 에너지 생성에 관여한다.

❺ 무기질

조절영양소로서 신진대사 기능이 원활하게 이루어지도록 하며, 결핍 시 질병이 발생한다. 무기질에는 20여 종이 있으며 칼슘(Ca), 인(P), 마그네슘(Mg), 나트륨(Na), 칼륨(K), 유황(S), 철(Fe), 아연(Zn) 구리, 요오드(I), 크로뮴(CR), 셀레늄(Se) 등이 있다.

❻ 수분

생리활성물질들을 운반하며 인체 내 수분은 피부를 촉촉하고 부드러운 상태로 유지하도록 도와준다.

❼ 식이섬유

식물세포에 들어 있으며 셀룰로오스나 펙틴 등의 물질을 말한다. 소화·흡수되지 않고 체외에 그대로 배설되는 고분자 물질이다.

(3) 피부 타입에 따른 영양관리

인체에서 피부는 표면적인 기관으로서 영양 상태의 변화가 피부 상태의 변화로 영향을 미칠 수 있으며 영양소의 공급 상태가 좋으면 피부는 정상적인 기능을 갖게 된다. 필수에너지인 탄수화물, 지방, 단백질이 결핍되면 피부 상태가 불량해지므로 평소에 균형 잡힌 식사가 중요하다.

❶ 정상피부

피부의 생리기능 및 피부조직의 모든 상태가 정

상적으로 활동을 하고 있는 상태를 이상적인 피부라고 한다. 여러 환경적 · 심리적 요인에 의해 피부의 균형이 깨져 다른 피부 유형으로 바뀔 수 있다. 따라서 피부의 유 · 수분의 밸런스가 중요하다.

유화된 지방 음식과 하루에 적어도 2L의 물을 섭취하고 각질층의 수분 함량은 10~20% 정도를 유지하도록 한다. 또한 정상적인 피부를 유지하기 위해 콜라겐과 엘라스틴의 결합 섬유력의 유지력을 위한 적당량의 단백질 식품을 섭취해야 한다. 피부세포의 재생을 촉진하기 위해 비타민 A, B, C, E 등의 함유식품을 섭취함으로써 노화를 유지하면서 면역력을 증강시킨다.

❷ 건성피부

건성피부는 피지의 분비와 수분의 부족으로 거칠어진 피부 유형을 말한다. 단백질 식품 및 지방함유 식품을 충분하게 섭취하여 피부조직을 구성하고 수분 증발을 방지한다. 오이, 자몽, 딸기, 수박, 메론, 참외 등 당질과 수분이 함유된 과일류를 섭취한다. 또한 각질화를 예방하기 위해 비타민 A가 함유된 식품을 섭취한다. 피부조직의 안정성을 유지하고 혈액순환을 원활하게 하기 위해 도움을 주는 비타민 E, 비타민 B를 섭취하고 염분이 다량 함유된 음식물은 섭취를 삼가한다.

❸ 지성피부

지성피부는 피지선에서 피지가 과다하게 분비되어 피부 표면이 번들번들 해지고, 피부가 번들거려 화장이 아주 쉽게 지워진다. 지성피부가 생기는 원인은 유전적인 남성호르몬 등의 호르몬 대사로 인한 경우도 있지만 비타민 B, 비타민 B_2, 비타민 C 등의 부족 및 당질, 지방성 음식의 과다 섭취, 향신료 기호식품의 과잉섭취 등에 기인한다. 그러므로 피지샘을 자극하는 식품을 삼가고, 비타민 함유식품을 충분히 섭취하는 것이 좋다.

여드름 유발과 각질화 예방을 위해서는 비타민 A 식품을 충분히 섭취해야 한다. 그리고 긴장, 과도한 스트레스, 만성변비, 수면부족 등으로 인해 피비분비샘이 자극을 받아 피지 분비가 촉진될 수 있으므로 규칙적인 생활을 하도록 하며 일상 생활에도 가급적 녹황색 채소와 야채를 충분히 섭취한다.

피지 분비샘을 자극 · 촉진하는 백미, 설탕, 과자류, 버터, 마요네즈, 아이스크림과 같은 당분과 지방이 많이 함유된 식품은 피한다.

❹ 복합성피부

복합성피부는 피지 분비량의 불균형으로 2가지 이상의 피부 성질이 동시에 나타나는 피부이다.

수분을 충분히 섭취할 수 있는 과일과 물을 마시고 피부가 건조하지 않도록 보습 관리에 신경을 쓴다. 필수지방산이 함유된 식품을 섭취하도록 노력하여야 하며 비타민 A, 비타민 B, 비타민 C를 함유한 식품을 충분히 섭취한다. 그러나 당질이 높고 지방과 염분 함량이 높은 식사는 피한다.

❺ 여드름피부

여드름피부는 '심상성좌창'이라고 불리기도 한다. 모낭 옆에 붙어 있는 피지선이 자극 받아 과잉 분비되는 피지가 피부 표면으로 배출이 원활하지 못하여 모공 내에 축적되어 모공에서 염증 반응이 일어나 피부구조가 괴사되는 상태를 말한다. 따라서 미네랄과 비타민류를 충분히 함유한 식품을 섭취하여 호르몬의 균형을 돕고, 피지 분비량을 조절하여야 한다. 비타민 B, 비타민B_2, 비타민 C 등이 함유된 식품을 섭취한다. 피부의 과각질화와 여드름 유발을 예방하기 위해서는 비타민 A 식품을 충분히 섭취하여야 한다. 지나친 당질 및 지방성 음식의 과다 섭취는 피지샘을 자극하거나 염증을 유발할 가능성이 아주 높은 식품이므로 자제하고 삼가야 한다.

❻ 민감성 모세혈관 확장피부

유전적인 요인 및 외부의 자극에 의해서 피부가 얇아 쉽게 붉어지거나 알레르기가 생기고 혈관이 확장되기도 하는 피부를 말한다. 식품의 첨가제와 조미료 그리고 색소 및 향신료, 방부제가 많이 함유된 식품은 피부를 민감하게 한다.

미네랄 및 비타민 B, 비타민 B_2, 비타민 C 등이 함유된 식품은 면역력을 향상시켜 주고 혈관벽을 튼튼하게 하므로 민감한 피부의 모세혈관이 약한 사람에게는 효과적이다. 또한 육류 및 칼슘과 칼륨 등의 무기질 함유식품을 섭취하는 것은 콜라겐 조직과 피부 안정성 유지에 도움을 준다. 그러나 지나친 당질과 지방성 음식, 또는 염분 함량이 높은 음식, 음주, 흡연 등은 피하는 것이 좋다.

❼ 노화피부

노화피부란 자외선, 다이어트, 스트레스와 같은 외부의 악영향이나 질병 등 신체의 대응하는 조직 및 기관의 기능이 저하된 피부를 말한다. 생물학적 의미로는 태어나면서부터 시작되어 죽음까지 지속되는 현상을 말한다. 피부의 결합섬유력을 증강시킬 수 있는 수분 함유량이 높은 음식과 지방성분 함유의 음식을 섭취하여 진피의 수분 함량을 높여 조직을 강화시킨다. 또한 콜라겐, 엘라스틴의 구성성분인 단백질 식품을 섭취하며 비타민 A 함유 식품, 비타민 E, 비타민 C 등 항산화효소 성분이 함유된 식품은 각질과 피부를 안정화시킨다.

❽ 색소침착피부

생체 내에 색소가 병적으로 나타나서 불규칙한 형태의 갈색 색소가 대칭적으로 나타나는 현상을 말한다. 무기질 , 칼슘, 칼륨과 미네랄 함유 식품을 섭취한다.

수분 함유량이 높은 음식을 섭취하여 수분 함량을 높이고 조직력을 강화시키며 진피의 콜라겐과 엘라스틴의 구성성분인 단백질 함유 식품을 섭취하여 조직력을 강화시킨다. 비타민 A, B, C 성분이 함유된 식품과 항산화효소제 성분이 함유된 과일을 섭취하여 면역력을 강화시키고 피부를 안정화시킨다.

3) 피부미용에 대한 실제 상담

(1) 관리 전 면담

❶ 고객관리카드 작성

고객 상담결과에 따른 고객의 개인 신상, 피부 상태, 건강 상태 그리고 생활습관 등과 함께 방문 동기, 방문목적, 관리효과에 대한 정보 등을 알기 쉽게 기록하는 작업이다. 고객 관리 카드는 피부미용사에게 있어서 가장 소중한 정보가 된다.

❷ 고객 신상 작성

고객신상카드에는 성명, 생년월일, 주소, 연락처, 직업, 결혼 여부, 신장, 체중, 가족 구성, 혈액형 및 기타 사항들을 기재한다. 기타사항에는 질병 유무, 식생활, 기호식품, 운동, 정서 상태 및 스트레스, 알레르기 피부병, 일광 노출 상태, 일광 예민 상태, 세안 방법, 피부 상태에 미칠 수 있는 모든 사항들의 질문을 통해 아주 상세하게 기재하여 피부 진단의 기초자료로 사용한다.

❸ 방문 경로 파악

고객이 피부관리실을 어떻게 알고 방문하게 되었는지 경로를 파악한다. 일반적으로 전단지 광고를 통한 방문, 매체를 통한 방문, 온라인 광고를 통한 방문, 지인을 통한 방문, SNS를 통한 방문 등이 있다.

❹ 생활 환경의 조사

고객의 피부 상태는 직업적 생활환경과 아주 밀접하게 연관되므로 화학물질을 취급하는지의 여부, 금속 및 피부트러블을 일으킬 수 있는 물질과 피부를 자극하는 염료, 소독제 등의 취급 여부를 알아본다.

규칙적인 식습관과 균형 있는 식단으로 음식을 섭취하고 있는지에 대해 알아본다. 민감성 피부인 경우에는 지나치게 자극적인 식품을 섭취하는지에 대해 알아본다. 지루성 피부인 경우 기름진 식품과 인스턴트 식품류, 가공 식품류을 섭취하고 있는지에 대해 알아본다.

불안, 우울, 열등감 등 오랫동안 지속되는 스트레스를 가지고 있는지에 대해 알아보고 평소 일광 노출 시 피부홍반 현상, 색소침착 현상이 어느 정도로 나타나는지에 대해 알아본다.

(2) 분석

❶ 피부 상태 분석표

피부 상태는 피부의 특성과 문제점을 구체적으로 구분하여 파악한다. 피부의 조직 상태, 피부색, 피부의 여드름성 요소, 유분 상태, 피부의 탄력 상태, 수분 상태, 모공 상태, 피부 결, 민감도, 색소, 안색의 정도를 구분하여 판독하고 이외의 각종 피부 이상 증상들을 작성한다. 이때 견진법, 촉진법, 문진법, 기기(우드램드, 확대경, 스킨스코프, 유수분기기, 피부 pH 측정기, 피부의 멜라닌, 홍반측정기)를 이용한 분석법으로 정확한 피부 분석을 하도록 한다.

❷ 요인 분석

항생제, 호르몬제, 수면제, 진통제 등 약제의 부작용 및 후유증으로 피부에 문제가 발생할 수 있으므로 복용 여부를 알아본다. 또한 위, 장 등 소화기관에 이상이 생기면 피부가 건성화되고 화농이 발생한다. 내분비계와 신경계에 이상이 생기면 피지 분비 과다 현상, 색소침착이 생긴다. 즉, 현재 가지고 있는 피부 질환 및 경험했던 질환은 내장기관의 이상 유무에 영향을 준다.

(3) 계획

❶ 피부관리 프로그램 계획

상담을 통한 피부 유형 상태를 분석 후 고객관리 차트를 기록하고, 피부 유형 및 상태에 따라 적절한 피부미용 프로그램을 결정한다. 고객 피부 유형에 따른 피부관리 과정을 계획하고 작업 프로그램의 관리 효과를 계획하여 홈케어 조언을 한다.

❷ 피부관리 계획 작성표

관리일자, 관리자명, 횟수, 목적 등 단계를 구체적으로 기입한다. 관리 단계는 피부 유형에 따라 설정하여 시행되어야 하며 그 사용제품과 기기 및 비품에 대해서는 제품명, 사용 시간, 사용량, 피부미용기기명, 기간, 방법, 관리 내용 등이 명확하게 기재되어야 한다.

❸ 피부관리 프로그램에 대한 기대 · 효과 그리고 관리 매뉴얼에 대한 계획, 요금 체계를 설명하여 고객의 확인을 받는다.

❹ 실행

피부관리 프로그램 중 관리에 의한 피부 반응과 고객의 심리 상태를 확인하면서 실시한다.

❺ 평가

고객이 불편사항은 없었는지, 있었다면 무엇이 불편했는지에 대하여 파악하고, 관리 후 피부 상태의 변화 및 만족도에 대해 객관적으로 문진한다. 고객의 만족도 조사 및 다음 방문까지의 관리 방향 그에 따른 효과와 목표를 제시하며, 다음 방문 날짜 등을 확인한다.

❻ 재방문 시 카운셀링

고객의 고민과 희망사항을 재확인하고, 전 피부 상태의 변화를 확인 후 피부관리 계획을 세운다. 또한 수정할 사항이 있으면 다시 계획하고 수정한다.

고객 응대

에스테티션은 단정한 용모와 친절한 예의를 갖추어 고객을 응대한다.

- 명찰을 사용하거나 목걸이 형태의 명찰을 사용할 경우 이름과 사진이 앞으로 보이도록 한다.

- 깨끗한 실내화를 착용하고 걸을 때 소리가 나지 않도록 한다.
- 고객의 방문 목적에 따라 상담실과 작업실을 구분하여 안내한다.
- 고객과 눈을 맞추며 먼저 인사한다.
- 상냥한 어조와 말투로 상담실을 안내하도록 한다.
- 정중하고 친절하게 맞이 및 배웅을 한다.
- 고객 방문 시 밝은 표정으로 친절하게 인사하며 배웅 시에는 더욱 정중하고 친절하게 끝까지 밝은 표정으로 인사한다.

전화 응대

- 벨이 울리면 바로 수화기를 든다.
- 수화기를 들면 밝은 목소리로 소속과 성명을 밝힌다.
- 전화기 옆에는 필기도구를 항상 비치하여 메모하는 습관을 가진다.
- 만약 잘못 걸려온 전화라 하여도 정중히 잘못 걸렸음을 알려준다.
- 고객의 용건에 대한 설명이 적절하지 못하다 하여도 친철하게 응대한다.
- 응답은 항상 적극적이고 책임감 있게 하는 것이 중요하다.
- 전화 받은 내용을 재확인하고 정중하게 인사하는 것을 잊지 말아야 한다.
- 상대 고객이 먼저 끊은 것을 확인하고 수화기를 내려 놓는다.

피부관리 계획 작성표

성 명 :	전화번호 :	날 짜 :

고객 피부타입					
피부 결	정상 □	섬세 □	두껍다 □	거칠다 □	
피부 보습	높다 □	보통 □	낮다 □		
피지량	정상 □	유분 부족 □	지성 □	코메도 □	여드름 □
모공 크기	크다 □	보통 □	작다 □		
혈액순환 정도	정상 □	붉은 반점 □	모세혈관 확장 □	주사 □	
색소침착 내역	정상 □	보통 □	과색소 □	저색소 □	
피부 탄력도	정상 □	탄력 저하 □	과탄력 □		
여드름	1기 □	2기 □	3기 □		
민감도	정상 □	민감 □	과민감 □	알러지 □	
피부 주름	표면 주름 □	표정 주름 □	노화 주름 □		
피부 타입	정상 □	건성 □	지성 □	복합성 □	
피부색	건강 □	창백 □	윤기 없음 □	질식성 □	문제성 □
UV 민감도	Ⅰ □	Ⅱ □	Ⅲ □	Ⅳ □	Ⅴ □

※ 고객 피부 상태	피부 상태를 옆 그림에 항목별로 표시			
	코메도		주사	
	구진(뾰루지)		색소침착	
	농포		백반증	
	흉터		섬유종(쥐젖)	
	켈로이드		사마귀	
	비립종		모세혈과확장	
	한관종(물사마귀)		기타질환	

관리 순서 및 제품의 주요 기능 및 함유 성분 설명			
클렌징	제품 타입 :		
	관리 목적 :		
딥클렌징	**제품 타입**	**주요 성분**	**관리 목적**
	효소 □ 고마쥐 □ 스크럽 □ A.H.A □		
매뉴얼테크닉	**제품 타입**	**주요 성분**	**관리 목적**
	오일 □ 크림 □ 젤 □		
마스크 및 팩	**제품 타입**	**주요 성분**	**관리 목적**
전체적인 소견			
고객 관리 계획			
가정 관리 조언	아침 :		
	저녁 :		

관리계획 차트(Care Plan Chart)

<table>
<tr><th colspan="5">관리계획 차트(Care Plan Chart)</th></tr>
<tr><td>관리목적 및 기대효과</td><td colspan="4"></td></tr>
<tr><td>클렌징</td><td>□ 오일</td><td>□ 크림</td><td>□ 밀크/로션</td><td>□ 젤</td></tr>
<tr><td>딥클렌징</td><td>□ 고마쥐(gommage)</td><td>□ 효소(enzyme)</td><td>□ AHA</td><td>□ 스크럽</td></tr>
<tr><td>매뉴얼 테크닉 제품 타입</td><td>□ 오일</td><td>□ 크림</td><td colspan="2">□ 앰플</td></tr>
<tr><td>손을 이용한 관리 형태</td><td>□ 일반</td><td>□ 아로마</td><td colspan="2">□ 림프</td></tr>
<tr><td rowspan="3">팩</td><td>T 존</td><td>□ 건성 타입 팩</td><td>□ 정상 타입 팩</td><td>□ 지성 타입 팩</td></tr>
<tr><td>U 존</td><td>□ 건성 타입 팩</td><td>□ 정상 타입 팩</td><td>□ 지성 타입 팩</td></tr>
<tr><td>목 부위</td><td>□ 건성 타입 팩</td><td>□ 정상 타입 팩</td><td>□ 지성 타입 팩</td></tr>
<tr><td>고객 관리 계획</td><td colspan="4"></td></tr>
<tr><td rowspan="3">자가 관리 조언 (홈케어)</td><td>표면 주름 □</td><td colspan="3"></td></tr>
<tr><td>표정 주름 □</td><td colspan="3"></td></tr>
<tr><td>노화 주름 □</td><td colspan="3"></td></tr>
</table>

3. 피부 타입의 분류

피부관리 시 가장 중요한 것은 피부 유형을 정확하게 분석하고 분석된 피부 유형에 적합한 관리를 계획하는 것이다. 연령, 성별, 유전, 신체 조건, 지리적 조건, 심리 상태, 건강 상태, 음식물과 계절 등에 따라 피부 유형은 매우 다양하다.

피부 유형은 유분량과 수분량 즉, 피지선과 한선의 기능에 따라 크게 정상피부, 건성피부, 지성피부, 복합성피부로 분류한다. 이러한 피부들은 적절한 관리를 하지 못하면 과도기를 거쳐 피부 상태가 더욱 악화되고 심화되어 여드름 피부, 피부표면 수분 부족 피부, 기미피부, 노화피부, 예민피부 등의 문제성 피부로 변화하게 된다.

1) 피부 유형을 결정하는 요인

❶ 유분과 수분의 함량
❷ 피부 색
❸ 피부 조직의 상태
❹ 피부 탄력도
❺ 색소 침착의 유무와 정도
❻ 피부 민감도
❼ 개인적인 요인 : 나이, 성별, 직업, 인종, 유전적 가족력, 식습관
❽ 환경적인 요인 : 기후, 계절 등
❾ 정신적인 요인 : 내적인 스트레스의 유무
❿ 기타 요인 : 질병의 유무와 종류 등

2) 피부 유형의 일반적인 분류

피부 유형은 피부 조직의 상태, 피부의 두께, 모공의 크기, 탄력도, 민감도, 유·수분량, 피지선과 한선 등에 따라 정상, 건성, 지성, 복합성피부로 분류하고 피부 보습, 예민도, 색소 침착 정도, 피부 안색 등에 따라 세분화된다. 또한 내·외적 요인들에 의해 피부 상태는 변화한다.

3) 피부 유형별 특징 및 관리 방법

피부 유형은 연령, 기후, 계절 등의 외부환경 및 수면, 화장품 사용 방법, 식생활 등의 일상생활, 습관, 취미, 스트레스 등 정신적 요소, 질병 후 상태, 음주, 흡연, 약물 복용, 내과적 건강장애 등 다양한 요인에 따라 가변적으로 문제성 피부로 변화할 수 있다.

정상피부를 비롯하여 위에 언급한 여러 가지 피부유형은 각기 특성을 갖고 있으며, 성공적인 피부관리를 위해서는 피부 유형의 특성을 파악

하고 올바른 관리법을 이해하여 관리 시 적용시켜야 한다.

(1) 정상 피부

피부의 생리기능 및 피부조직의 모든 상태가 정상적으로 활동을 하고 있는 상태로 가장 이상적인 피부이다. 한선에서 분비되는 수분의 양과 피지선에서 분비되는 피지량이 적절하게 배출되어 생리기능이 정상적으로 활동하는 피부로 세균의 감염이나 수분 증발을 예방하여 매끄럽고 촉촉하고 윤택하다. pH는 항상 약산성인 4.5~5.5% 정도를 유지하며, 각질층의 수분 함량은 10~20%를 유지한다.

특징

피부의 피지와 수분의 균형 유지로 피부 결이 곱고 섬세하고 표면이 매끄럽다. 모공의 크기가 매우 작고 섬세하므로 표피의 두께는 일반적으로 보통이며 주름이 잘 생기지 않는다. 피부에 탄력이 있고 혈액순환이 원활하여 혈색이 좋다. 피부의 pH는 약산성 4.5~5.5 정도로 세균 감염에 대한 저항력이 있으며 세안 후 당김이나 조임이 전혀 일어나지 않는다. 화장이 곱게 잘 되고 쉽게 들뜨거나 지워지지 않으므로 항상 피부가 전반적으로 부드럽고 촉촉하고 깨끗하다. 또한 사용하던 화장품을 다른 상품으로 바꾸어도 적응력이 좋고 피부트러블이 잘 생기지 않는다.

관리방법

- 정상피부는 계절의 변화에 반응하므로 유분과 수분의 균형을 맞추어 현재의 피부 상태를 유지시킨다.
- 손을 이용하여 매뉴얼테크닉을 적용하고 콜라겐, 히알루론산 등의 보습성분이 함유된 제품을 적용한다.
- 1주 1회 마사지와 팩으로 피부를 강화시켜 피부를 건강하고 아름답게 유지하도록 노력한다.
- 세안 시 약산성 제품을 선택하고, 피부보호막을 손상시키지 않는 기초화장품과 유수분 밸런스를 맞춰주는 기초화장품을 선택하도록 한다.
- 외출 시 UVA, UVB를 차단할 수 있는 자외선차단제 크림을 바른다.

(2) 건성피부

건성피부는 보습 능력과 피지선 기능의 저하로 인해 거칠어진 피부 유형을 말한다. 혈액순환의 기능이 저하되어 피지 분비량과 수분량이 적어 표피 각질층의 수분량이 10% 미만으로 떨어져 피부가 당기고 조이는 현상이 오래 간다. 이런 상태가 지속적으로 이어지면 피부 표면에 인설이 생기거나 조기 노화로 이어져 탄력이 떨어지고 잔주름이 많은 피부를 갖게 될 수 있다. 더 나아가 조기각화가 일어나 가렵고 민감한 피부가 될 수도 있다. 건성피부는 내·외적 요인에 따라 표피수분부족형 건성피부, 진피수분부족형 건성피부로 구분한다.

특징

피부 각질층의 수분 함량이 10% 이하로 떨어져 매우 건조한 피부로 가렵거나 염증이 생길 수 있다. 특히 피부 외곽이 각질화(keratinization)되어 피부 표면에 하얗게 떨어지는 부스러기(인설)가 일어난다. 피부가 건조하여 피부보호막의 기능이 약화되므로 피부가 예민해지고 나아가 모세혈관 확장을 일으킬 수 있다. 세안 후 당김 현상으로 시작하여 얼굴에 잔주름이 많이 나타나며, 콜라겐과 엘라스틴의 결합조직 약화로 탄력이 없어지거나 조기 노화가 빠르게 올 수 있다. 모공이 작거나 눈에 잘 띄지 않으며, 메이크업이 잘 들뜨고 피지선 기능이 활발하지 않다. 대체적으로 젊은 층에 표피수분부족형 건성피부가 나타나고, 노화피부에는 진피수분부족형 건성피부가 나타난다. 유전적인 요인으로 피지선의 발달이 저하되어 피지 분비가 적어 윤기가 없으며 푸석푸석하고 거칠다.

관리방법

피부의 당김과 조임이 심하다고 해서 유분이 너무 많은 크림을 사용하면 유분의 기능마저 저하되고 건성화가 더 심해질 수 있다. 그러므로 유분과 수분의 균형을 유지할 수 있는 기초화장품을 선택한다.

- 피부활성화에 도움을 주는 기초제품과 비타민 E와 비타민 A를 함유한 보습효과가 뛰어난 제품을 사용한다.
- 혈액순환과 신진대사 기능을 촉진하기 위한 적극적인 수기술(매뉴얼테라피)과 영양팩을 해준다.
- 입과 눈 주위에 주름을 방지하는 제품을 사용하고, 보습효과가 뛰어난 에센스, 크림을 사용하여 건조하기 쉬운 부위에 자주 바른다.
- 무알코올 유연화장수를 사용하고 과도한 세안이나 딥클렌징을 삼가한다.
- 외출 시 기미가 생길 수 있으니 반드시 UVA, UVB를 차단할 수 있는 자외선차단제 크림을 바른다.

(3) 지성피부

지성피부는 피지선에서 피지가 과다하게 분비되어 피부가 번들거려 화장이 아주 쉽게 지워진다. 대체로 젊은 층에 많이 나타나며 피부가 번들거리고 모공이 넓다. 이마, 코, 턱 부위의 표면은 면포(블랙헤드)가 많이 생겨 표면이 아주 거칠고 모공이 크다. 얼굴의 외곽 부위와 뺨에 피지샘이 많이 발달하여 세균의 번식이 쉬운 알칼리화로 바뀔 가능성이 높다. 박테리아 번식이 쉬워져 면포(화이트헤드)가 생기고 여드름이 생기기 쉽다.

특징

피지선의 확대로 피지가 과다하게 분비되며, 유전적 요인인 남성호르몬 안드로겐의 발달에 기인하여 혈액순환이 잘 이루어지지 않아 모세혈관이 확장되고 T-zone 부위의 피지 과다로 세균 감염과 모공 속에 피지가 쌓여 여드름이 잘 생기며 각질층의 두께가 두꺼워진다. 건성피부와 달리 주름이 깊고 굵게 생기는 경향이 있으며 지성피부는 유분과 수분이 많아 노화가 지연될 수 있다.

관리방법

- 피부 청결을 위해 피지를 녹이는 지성피부용 세안제를 사용한다.
- 수분 공급 제품과 피지 흡착 제품을 사용하여 노폐물 배출과 신진대사를 활성화하고 피부의 저항력을 강화시켜 염증을 예방하는 제품을 적용한다.
- 과다한 피지 및 블랙헤드를 녹일 수 있는 관리 방법으로 1주일에 2회 효소성분과 AHA, 스크럽, 고마쥐 등의 각질제거제를 적용하여 효과적인 관리를 한다.
- 머드, 맥반석, 클레이, 녹차성분 등이 함유된 팩이나 피지 조절을 할 수 있는 달걀 흰자 팩을 적용한다.
- 수분이 많이 함유되어 있는 화장품을 사용해 피부 표피의 수분량을 늘려준다.

지성피부에 영향을 주는 호르몬

- **안드로겐** : 피지선을 자극하여 피지 분비를 촉진시킨다. 특히 10대 피부는 안드로겐의 호르몬 영향을 많이 받는다.
- **프로게스테론** : 황체호르몬이며 생리 전후 여드름의 원인이 된다.

(4) 복합성피부

피지 분비의 불균형으로 두 가지 이상의 피부 성질이 동시에 나타나는 피부이다. 즉, T-zone, U-zone, 목 등 부위별로 다른 피부 타입이 공존하는 것을 말한다. 피지 분비가 적은 볼, 눈 주위에 건조함을 느끼는 피부 형태와 피지 분비가 많아 모공이 크고 여드름이 동시에 나타나는 피부 형태이다.

피부조직과 피부 결이 일정하지 않으며 예민한 피부 타입으로 제품 선택에 신중함이 요구된다.

특징

얼굴에 두 가지 이상의 피부 타입이 공존한다. T-zone은 지성으로 모공이 크고 피지 분비가 많아 여드름을 동반하며 U-zone은 건성으로 볼 부위는 피지 분비가 적고 수분과 보습 함유량이 적어 세안 후 피부가 당기는 느낌이 들며 다소 붉고 예민하다. 그러므로 혈액순환과 신진대사 기능이 저하되어 있고 뺨 부위는 모세혈관이 확장되어 있다. 피부 표면의 유분과 수분이 불균형을 이루며 피부 결이 전체적으로 일정하지 않아 칙칙하거나 푸석푸석하며 한두 군데 염증을 동반한다. 또한 눈가에 잔주름과 색소침착도 생기기 쉬우며, 메이크업도 고르게 되지 않는다.

관리방법

- T-zone 부위의 피지를 녹일 수 있는 세안제와 AHA, 스크럽, 고마쥐 등의 각질제거제를 적용하고 진흙팩, 정화팩을 규칙적으로 이용한다.
- 볼(U-zone)처럼 건조하고 예민한 부위는 유분과 수분의 균형을 유지할 수 있는 기초제품 및 에센스, 모이스처크림, 진정성분이 함유된 크림 등을 자주 발라준다.
- 혈액순환과 신진대사가 일어날 수 있도록 적극적으로 마사지를 해주며 충분한 보습을 제공하고 염증으로 인해 예민할 경우는 항염증 성분을 함유한 화장품을 사용하도록 한다.

(5) 민감성 피부

유전적인 요인 및 외부의 자극에 의해서 피부가 얇아 쉽게 붉어지거나 알레르기가 생기고 혈관이 확장되는 피부를 말한다. 또한 피부의 가장 외측인 각질층은 여러 인자에 의해서 약해져 보호막 역할을 잘 수행하지 못하며, 유분 및 수분의 부족으로 외부의 자극 물질로부터 피부 보호의 기능이 저하된다.

민감성 피부에는 모세혈관확장증, 주사, 아토피 피부, 알레르기 피부 등 피부 증상이 나타나기도 한다. 산전 · 산후 호르몬이 불균형할 경우와 생리 전후, 스트레스, 수면장애 등 일시적으로 피부가 민감해질 수 있는 요인을 다양하게 가지고 있다.

특징

표피층은 얇고 피부 결이 섬세하며 혈액순환이 잘 되지 않아 얼굴 톤이 칙칙하거나 부분적으로 열감이 느껴지고 외관상 실핏줄이 보이기도 하며, 건조하거나 부분적으로 지루할 수 있다. 외부에 대한 저항력이 약하고 작은 자극에도 붉어지거나 따가움을 느낀다. 또한 백혈구의 활동이 활발해지면 피부가 얇아지고 붉어지거나 모세혈관이 확장되어 발진이 동반된다. 예민함이 지속되면 각질이 잘 일어나고, 피부가 얇아진 부위에 색소침착이 생기며 염증으로 진행되기도 한다.

피부상태별 관리 계획표 작성 (에스테틱 응용)

피부타입	관리프로그램	효과	홈케어 조언
정상피부	클렌징 → 딥클렌징 → 매뉴얼테크닉 → 기기 → 영양팩 → 마스크(팩과 동일 제품) → 마무리	유수분 밸런스 영양 공급 탄력 효과	클렌저 사용 주 1회 딥클렌징
건성피부	클렌징 → 딥클렌징 → 매뉴얼테크닉 → 기기 → 영양팩 → 마스크(팩과 동일 제품 → 마무리	잔주름 예방 보습 효과 재생 효과 탄력 증진	클렌징 오일 사용 격주 2회 딥클렌징
지성피부	클렌징 → 딥클렌징 → 매뉴얼테크닉 → 기기 → 피지 조절 팩 → 마스크(팩과 동일 제품) → 마무리	피지 제거 각질 제거 노폐물 제거 수분 공급 세정 작용	클렌징 젤 사용 주 2회 딥클렌징
복합성피부	클렌징 → 딥클렌징 → 매뉴얼테크닉 → 기기 → T-zone은 지성용, U-zone은 건성용 → 팩 → 마스크(팩과 동일 제품) → 마무리	U-zone : 영양 공급, 수분 공급 T-zone : 피지 제거, 노폐물 제거, 세정 작용	클렌징 오일, 로션 사용 U-zone : 격주 1회 딥클렌징 T-zone : 주 2회 딥클렌징
예민피부	클렌징 → 딥클렌징 → 매뉴얼테크닉 → 기기 → 진정, 보습 팩 → 마스크(팩과 동일 제품 → 마무리	보습 효과 진정 작용	클렌징 오일 사용

관리방법

- 세안제는 약산성으로 사용하고 딥클렌징은 피하도록 한다. 화장품 선택 시 무색소, 무향, 무자극 화장품을 선택한다.
- 진정효과를 위해 카모마일(camomile), 칼렌둘라(calendula) 등을 사용한다.
- 피부 건조를 방지하기 위해 보습성분인 세라마이드(ceramide), 천연보습인자(NMF) 등을 사용한다.
- 스트레스는 피부의 저항력을 감소시키므로 스트레스에 노출되지 않도록 항상 편안한 마음을 가지도록 노력하며 보습제가 함유된 피부 보호막을 형성하는 제품을 선택한다.
- 모세혈관벽을 튼튼하게 할 수 있는 비타민 B 성분 함유 제품을 선택하고 물리적 자극을 피하고 강하고 자극적인 수기술은 피한다.

(6) 여드름 피부

여드름 피부는 '심상성좌창'이라고 불리기도 한다. 모낭 옆에 붙어 있는 피지선이 자극 받아 과잉 분비되는 피지가 피부 표면으로의 배출이 원활하지 못하여 모공 내에 축적되어 염증반응이 일어나 피부구조가 괴사되는 상태를 말한다. 또한 남성호르몬인 테스토스테론의 영향을 받으며 스트레스 등의 작용으로 피지 분비에 이상이 생겨 발생한다.

특징

여드름 피부는 지성피부에서 진화된 피부 유형으로 피지선의 만성 염증성 질환이다. 여드름의 종류로는 면포(블랙헤드, 화이트헤드), 구진(Papule), 농포(Pustule), 결절(Nodule), 낭포(Cyst) 등이 있다. 여드름은 크게 비화농성 여드름과 화농성 여드름으로 나누며 1~4등급(grade 1~4)으로 구분한다.

관리방법

ⓐ 비화농성 여드름

- 피부 표면의 피지를 녹일 수 있는 효과적인 세안제를 선택하고 각질을 탈락시키기 위한 AHA 또는 BHA 성분 등을 함유한 각질제거제를 사용한다.
- 파파인 성분의 효소필링제를 사용하며 클레이, 카오린 머드 등의 성분을 함유한 화장품을 사용한다.
- 각질제거제 성분은 3~4% 정도면 보습 효과가 있고 4% 이상이면 각질세포와 세포 간 접착제를 느슨하게 해서 각질을 탈락시키는 역할을 한다.
- 박테리아 성장 억제를 하는 항염증 성분 화장품과 진정성분 및 보습성분이 충분한 화장품을 선택하고 피부의 건조함을 보완하고 여드름 유발을 최소화한다.

ⓑ 화농성 여드름

농을 포함한 상태의 여드름 피부로 홍반과 함께 염증을 동반한다. 따라서 항염증 예방에 효과적인 성분을 함유한 화장품과 살균, 박테리아 성장 억제가 가능한 성분을 함유한 제품을 이용하여 세안과 함께 기초화장을 한다.

- 화농된 염증을 가라앉히고 심한 염증으로 인한 통증을 예방하는 감초, 알로에, 비사보롤, 아줄렌, 쑥 등 진정 성분이 함유된 제품을 활용한다.
- 박테리아 성장 억제에 효과가 있는 티트리, 알로에는 화농성 여드름에 효과적인 성분이다.
- 파파인 AHA 또는 BHA 성분, 카오린 클레이 등의 성분은 비후된 각질을 연화시켜고 각질을 떨어트리는 역할을 한다.
- 피부의 항염작용과 염증 치료에 도움을 주는 비사보롤 성분은 화농성 병변이 회복되는 것을 도와준다.
- 여드름 피부에 적용하는 화장품의 성분으로는 AHA(알파 하이드록시산), BHA(베타 하이드록시산), 살리실산, 티트리 오일, 캄퍼, 에센셜 오일(카모마일, 오렌지, 플라워, 멘톨, 레몬, 아줄렌, 위치하젤), 알로에 베라, 비사보롤 등이 있다.

여드름 관련 용어

일반 용어

- Break out 여드름 발생
- Pore clogging 여드름의 시작(모공이 닫힘)
- Breakout 돌출된 상태
- Blemish / Congestion 돌출된 색깔
- Pimple 화농성
- Sebum 피지

전문용어

- Comedo 여드름
- Micro comedo 여드름 씨
- Mature comedo 성숙된 여드름
- Acne 여드름
- Purifying 피지 제거
- Refine 각질 제거
- Anti-septic 박테리아 성장 억제
- Non-inflammatory acne 비화농성 여드름
- Whitehead, blackhead 흑두여드름, 백두여드름
- Inflammatory acne 화농성 여드름
- Papule 구진
- Pustule 농포
- Nodule 결절
- Cyst 낭포

(7) 색소이상 피부

생체 내에 색소가 병적으로 나타나서 불규칙한 형태의 갈색 색소가 대칭적으로 나타나는 현상으로 우리 몸의 색소로서 여러 곳에서 만들어지고 표피층 사이에 위치할수록 멜라닌 색소는 흑갈색을 띠게 된다. 멜라닌색소는 피부세포가 가지고 있는 방어기전 중 하나로 자외선으로부터 피부를 보호하기 위해 피부색을 검게 하지만 최외층의 각질 탈락으로 피부색은 다시 돌아오게 된다.

그러나 내분비 장애, 내장 장애, 정신적 스트레스 등 신진대사 문제 또는 물리적 · 화학적 요인에 의해 멜라닌 생성에 악화 요인이 발생하여 기미, 주근깨, 노인반점 등의 미용적 문제를 일으키기도 한다.

특징

멜라닌은 표피와 진피의 경계 부위인 기저세포들 사이에서 만들어진다. 멜라닌은 멜라노사이트에 있는 티로신이라는 아미노산이 티로시나아제 효소의 작용과정으로 도파(DOPA)라는 물질로 바뀌고 도파는 도파옥시다아제 효소에 의해 도파퀴논(DOPA-quinone)이라는 과정을 거쳐 유멜라닌이 된다.

멜라노사이트(Melanocyte)의 기능

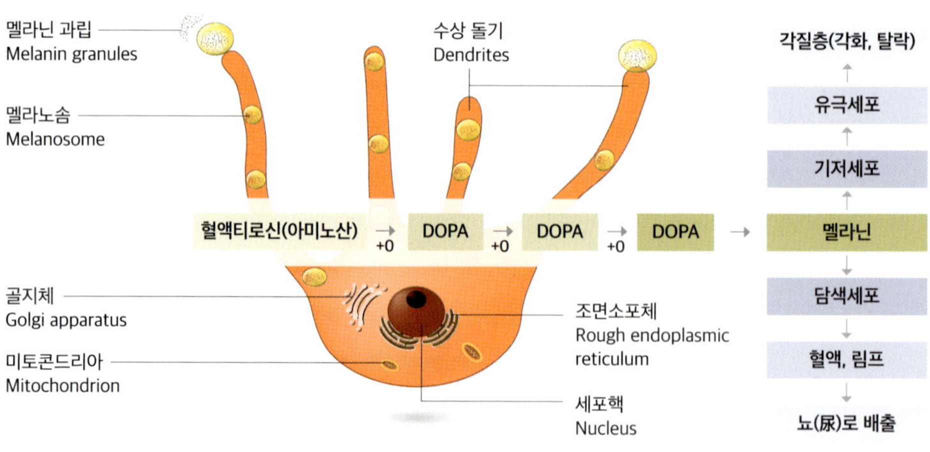

❶ 표피형 색소침착 피부

멜라닌색소가 표피층 맨 위로 올라온 표피형 기미는 진피형 색소침착 피부, 혼합형 색소침착 피부보다 치료 효과가 크다.

❷ 진피형 색소침착 피부

멜라닌색소가 표피 아래에 있으며 진피층에 존재하는 색소로 갈색, 푸른색을 띠며 색소침착이 심해서 관리가 아주 어렵다.

❸ 혼합형 색소침착 피부

표피형 · 진피형 색소침착이 같이 존재하는 형태로 한국인에게 가장 흔하게 보이는 색소침착 피부이다. 관리가 아주 어렵다.

관리방법

- 피부 보호를 위해 UVA, UVB를 차단할 수 있는 자외선차단제 크림을 사용하고 자외선이 강해지는 계절이나 야외 활동이 많은 경우에는 SPF 지수가 높은 크림을 사용한다.
- 자외선 차단 기능이 있는 비비나 파운데이션, 쿠션 파운데이션 팩트 등을 사용한다. 멜라닌 색소를 연화시키는 미백 기능이 있는 기능성 에센스, 크림을 사용하도록 한다.
- 멜라닌색소를 연화시키는 미백 기능이 있는 기능성 에센스, 크림을 사용하도록 한다.
- 생성된 색소는 파파야 효소, AHA로 묵은 각질을 적절히 녹여 안색을 정화시키고 피부를 안정시킬 수 있는 α-비사보롤을 함유한 미백 전용 화장품을 사용한다.
- 신진대사를 촉진시키고 비타민 C, 알부틴, 코직산, 감초, 아젤릭산, 월귤 나무 추출물, 감마 - 오리자놀, 플라센타, 비타민 E 등 미백 성분이 함유된 제품 사용을 권장하며 멜라노좀의 이동 및 생성을 저지하고 퇴화를 촉진시키는 성분의 화장품을 사용한다.

멜라닌 색소관련 용어

일반 용어

- Rapidly 급속히, 신속히
- Solid 태양의
- Daylight (낮의)햇빛, 일광
- Redness 붉음증, 조홍
- Mottle 반점, 얼룩
- Sun exposure 햇빛 노출

전문용어

- MSH(melanocyte stimulate hormone) 멜라닌 자극 호르몬
- Hypopigmentation 색소 결핍
- Photosensitization 광예민성
- Sensitized skin 감작성 피부
- Hyperpigmentation 과잉색소침착
- Excessive melanin formation 과잉색소 형성
- Melanin 멜라닌, 흑색소
- Couperose 심한 홍반
- Hyper-sensitive skin 과민 피부

6장 피부관리를 위한 위생과 준비

피부미용실의 궁극적인 목적은 고객의 피부 건강을 유지시키고 그 기능을 원활히 하여 고객에게 만족감을 주는 것으로 청결과 위생은 가장 기본적으로 갖춰져야 할 필수 사항이다.

위생관리란 위생, 소독, 환기 등의 매뉴얼을 작성하여 위생관리 준비 및 업무를 수행하는 직무를 말한다. 피부미용실에서는 인체를 구성하는 피부를 관리하므로 피부미용실에서 쓰는 도구들이 직접적 전염원이 될 수 있다. 따라서 질환을 예방하고 다른 사람에게 교차 감염되는 것을 방지하기 위해서는 철저한 위생 관리를 통해 작업장을 쾌적하게 유지하여야 한다.

1. 피부미용관리실의 내부환경과 위생

❶ 피부미용실 내부는 청결하고 위생적이며 정리정돈이 잘 되어 있어야 하며 쾌적한 분위기를 유지해야 한다.

❷ 심신의 안정을 취할 수 있도록 조명은 직접조명, 간접조명(75lx) 단계별로 조도 조절이 가능하도록 하여 편안하고 안락한 분위기를 조성한다.

❸ 바닥은 미끄럼 방지 및 신발 소리가 나지 않도록 완충 시설에 주의하여야 하며, 외부의 소음을 방지하는 방음 시설이 잘 되어 있어야 한다.

❹ 냉난방 시설을 갖추어야 하며, 냉 · 온수 시설 또한 갖추어야 한다.

❺ 안락한 실내 분위기를 위해 벽지는 편안하고 안정된 느낌의 밝고 부드러운 톤을 사용하고 고객의 후각을 자극하여 편안함을 줄 수 있는 향기 요법을 활용한다. 또한 허브차 등을 준비하여 고객과 더욱 친근한 상담을 유도한다.

2.
피부미용관리 도구의 위생

❶ 수건, 매트 타월, 터번 가운 등 면제품은 깨끗하게 세탁하거나 자비소독으로 살균한다.

❷ 가위, 유리볼, 해면, 스펀지, 스파츌라, 브러쉬 등은 자외선 소독기에 보관한다.

❸ 컵, 면도날, 면봉 등은 일회용을 사용하여 감염병을 예방하도록 한다.

❹ 기구나, 기기, 가구 표면은 에탄올 같은 알코올류를 이용하여 소독하고 이외에 필요한 도구를 소독하여 위생적으로 관리하고 감염병을 예방한다.

❺ 화장대, 베드, 미용의자 등은 소독액으로 표면을 깨끗이 소독하여야 한다.

❻ 화장실, 세면대는 고객의 건강관리를 위하여 환기시설을 잘 갖추어 악취가 나지 않도록 하며 샤워실은 오물이 하수구에 쌓이지 않도록 한다. 또한 휴지통은 오염원이 노출되지 않도록 뚜껑이 달린 것을 사용한다.

❼ 그 외 피부미용실에서 사용하는 모든 비품이 위생적으로 잘 갖추어져야 한다.

이·미용기구의 소독기준 및 방법
(시행규칙 별표3. 일반기준)

- **자외선소독** : 1cm²당 85㎼ 이상의 자외선을 20분 이상 쬐어 준다.
- **건열멸균소독** : 섭씨 100℃ 이상의 건조한 열에 20분 이상 쐬어준다.
- **증기소독** : 섭씨 100℃ 이상의 습한 열에 20분 이상 쐬어준다.
- **열탕소독(자비소독)** : 섭씨100℃이상의 물속에 10분 이상 끓여준다.
- **석탄산수소독** : 석탄산수(석탄산 3%, 물 97% 수용액)에 10분 이상 담가둔다.
- **크레졸소독** : 크레졸수(크레졸 3%, 물 97% 수용액)에 10분 이상 담가둔다.

피부미용실의 소독 방법

구분	소독명	소독방법	적용
가열소독법	• 화염멸균	• 불꽃에서 20초 이상 가열	• 도구 소독, 유리기구, 도자기, 금속기구
	• 건열멸균	• 섭씨 100°C 이상의 건조한 열에 20분 이상 쬐기	• 기구, 도구 소독
	• 소각소독	• 소각하여 멸균	• 오염된 수건, 가운, 쓰레기 처리
습열소독법	• 자비소독	• 섭씨 100°C 이상의 물속에 15~20분 이상 끓이기	• 식기류, 의료 도구, 수건, 금속 제품, 유리 제품, 도자기
	• 고압증기멸균	• 121°C 이상의 습한 열에 15~20분 이상 소독(아포까지 멸균)	• 기구, 의류
	• 유통증기멸균	• 섭씨 100°C 이상의 습한 열에 20분 이상 쬐기	• 식기류, 도자기류
자연소독법	• 자외선멸균	• 2500~2650Å 이상의 자외선에 20분 이상 쬐기	• 자외선 소독기
화학적소독법	• 석탄산소독	• 석탄산 3~5% 수용액에 10분 정도 담가두기	• 기기, 용기, 오물
	• 크레졸소독	• 크레졸 3%, 물 97%의 수용액에 10분 정도 담가두기(손 소독 1%)	• 화장실, 고무, 의류
	• 에탄올소독	• 에탄올 70% 수용액에 10분 이상 담가두기	• 손소독, 기구 (가위, 칼, 니퍼 등)
	• 액성비누	• 0.00~1% 수용액 사용	• 식기, 금속기구
	• 포르말린	• 1:34의 비율	• 실내소독, 손소독, 발소독, 금속
	• 승홍수	• 0.1~0.5% 수용액 사용	• 손소독, 유리제품, 의류
	• 생석회	• 20% 생석회분 80% 물의 비율 사용	• 화장실, 하수도

기기 관리 방법

- **피부진단기** : 알코올 솜으로 닦아준 후 모니터와 카메라는 마른 수건으로 닦아준다.
- **스팀기** : 물통은 사용 후 물을 버리고 세제로 깨끗하게 닦아 세척한다.
- **확대경 & 우드램프** : 알코올 솜으로 닦고, 사용 후 렌즈 얼룩 부분을 마른 천으로 닦아준다.
- **유수분 pH 측정기** : 마른 천으로 먼지를 제거하고 측정 헤드 부분에 이물질 제거 후 소독액에 담근다.
- **스티머** : 식초 1 : 물 10 비율로 희석하여 물 석회 제거 후 헹궈준다. 본체는 관을 분리하여 깨끗하게 닦고 관의 입구를 알코올 솜으로 닦아준다.
- **전동브러쉬(바이브레이터)** : 미지근한 물에 중성세제로 브러쉬를 세척한 후 자외선소독기에 쐬어준다.
- **스킨스크러버** : 헤드 부분을 중성세제로 세척 후 알코올에 20분 동안 담근 다음 자외선 소독기에 쐬어준다.
- **초음파기기** : 마른 천으로 본체를 닦고 전극봉과 헤드의 표면은 알코올 솜으로 닦아준다.
- **흡입기** : 유리관 사이 이물질을 알코올로 닦아준 후 미지근한 물에 세제를 넣어 유리관을 씻어준다. 마지막으로 20분 정도 알코올에 담근 후 자외선 소독기에 쐬어준다.
- **고주파** : 헤드 부분은 알코올 솜으로 닦고 연결선은 마른 천으로 닦아준다.

피부미용 시 위생 관리

- 스파츌라는 사용 전후 항상 알코올 솜으로 소독한다.
- 화장품 사용 시 화장품 스파츌라로 필요량을 덜어 사용한다.
- 팩이나 크림 제품은 사용 후 즉시 뚜껑을 닫아둔다.
- 화장품은 사용할 만큼만 덜어내고 남은 크림은 다시 용기에 넣지 않는다.
- 피부관리 시 물건을 떨어뜨리지 않도록 항상 조심한다.
- 피부관리 전후 비누나 알코올 솜으로 손을 청결하게 소독한다.
- 여드름 압출 관리 전후에는 손을 소독하고, 비누로 깨끗이 씻는다.

피부관리실 위생관리 체크표

구분	점검 내용	점검 결과
입구	• 출입문 유리, 손잡이, 우산꽂이 • 진열장 먼지, 진열 화장품 점검(먼지, 변색, 변질) • 정리정돈(전화기, 꽃, 신발장)	
상담실	• 손 소독액, 소독 솜, 티슈 등 설치 및 점검 • 고객카드, 자료 내용 및 자료 정리정돈	
탈의실	탈취, 소독, 가운, 슬리퍼 정리정돈	
샤워실	샴푸, 린스 등 고객 사용 비품 정돈, 샤워실 청결 상태, 바디브러시 소독 및 보관 상태, 발매트, 타월 점검	
관리실	• 기기, 웨곤, 화장품 선반 정리 • 기기 액세서리 소독 · 보관 상태, 화장품 관리, 관리 준비 상태, 환기 상태, 바닥 상태	
파우더룸	헤어 브러시, 메이크업 사용품 관리, 화장품 관리, 거울 상태 점검, 드라이기 상태 점검	
직원실	• 개수대, 청소도구 점검 • 유니폼 관리, 사용 비품 정리정돈	
화장실	세면대, 변기 소독, 비누, 타월 점검, 환기, 방취 점검	
대기실	소파, 테이블 책, 자료, 잡지 등 정리정돈, 휴지통 점검	
바닥 및 천장	먼지 상태, 천장 구석 거미줄 상태 점검	
냉난방	먼지, 천장이나 구석의 거미줄 등 점검	
조명	전구에 먼지 상태, 작동 상태	
실내 공기 정화시설	미세먼지의 양이 150㎍/㎥ 초과 시 필요	

3.
피부미용관리사의 복장과 위생

❶ 유니폼을 청결하고 단정하게 하고 액세서리는 착용하지 않는다.

❷ 진한 화장은 피하고 가벼운 화장을 하여 신뢰감 있는 모습을 보이도록 한다.

❸ 언어와 표정은 부드럽고 따뜻하고 아주 정중한 이미지로 언제나 상냥하게 보이도록 하여야 한다.

❹ 손톱은 청결하게 짧게 자르고, 색깔이 있는 네일 에나멜을 바르지 않도록 한다.

❺ 긴 머리는 단정하게 묶고 짧은 머리는 헤어핀으로 고정하여 단정하게 보이도록 한다.

❻ 고객 관리 중 전화 사용, 수건 사용, 머리를 만지는 등의 경우에는 반드시 손 소독 후 다시 관리하여야 한다.

❼ 흰색 신발을 착용하여 청결한 이미지를 주고 신발 소리가 나지 않도록 유의하아야 한다.

4. 피부미용관리를 위한 준비

1) 침대준비 및 주변 세팅

(1) 침대

침대는 편안하고 높낮이 조절이 가능해야 하며, 규격에 맞는 침대보를 씌우고 깨끗한 일회용 타월시트를 깐다.

(2) 비닐

비닐덮개는 오일 바디 관리나 데콜테 관리 중 오일 사용 시 위생적인 관리를 위해서 사용한다.

(3) 수건

위생적으로 처리 가능한 면 소재의 수건이 필요하다.

(4) 터번

머리를 부드럽게 감쌀 수 있는 터번을 준비한다.

(5) 타월

소·중·대타월을 사용하여 타월시트 위에 깔거나 신체 보온을 위해 사용한다.

(6) 베개

산전 및 부종관리 또는 어지럼증이 있는 경우 다리를 올려 주기 위해 준비한다.

(7) 습포

습포를 물에 적셔 온장고 및 냉장고에 미리 넣어 준비한다.

2) 정리대의 세팅

(1) 화장품

피부의 유형 및 상태에 따라 화장수, 에센스, 크림 등 제품을 달리 준비한다.

(2) 알코올

손 소독과 제품 사용 전후 소독 시 사용한다.

(3) 증류수

팩, 마스크 제품을 희석할 때 사용한다.

(4) 화장솜

젖은 상태로 화장솜을 만들고 이를 화장수를 바르거나 팩, 마스크, 필링할 때 이이패드로 사용하며, 마른 솜은 매니큐어를 지울 때 사용한다.

(5) 스파출라

크림 등의 화장품을 덜어 쓸 때 전용 스파출라로 사용하고, 마스크 사용 시 팩 재료를 희석할 때 사용하여 위생적으로 활용한다.

(6) 면봉

아이, 입술 메이크업 제거 및 국소용 제품을 바를 때 사용하며 여드름을 짤 때 사용한다.

(7) 티슈

클렌징 후 잔여물을 제거할 때 또는 팩이 흘러내려 터번에 묻거나 베드에 떨어지는 것을 방지하기 위해 사용하며 여드름을 짤 때 사용한다.

(8) 볼

해면을 담아두는 큰 플라스틱 볼, 화장품 및 팩을 덜어 사용할 때 쓰는 유리볼, 마스크팩을 혼합할 때 쓰는 고무볼 등이 있으며 사용 목적에 따라 볼을 선택한다.

(9) 해면

클렌징, 팩, 마스크 제거 시 피부의 잔여물을 자극 없이 제거하는데 사용한다.

(10) 거즈

마스크 및 팩을 할 때 사용한다.

(11) 팩 브러시

팩 제품을 도포할 때 사용한다. (바디용 및 얼굴용 두 종류)

(12) 냉 · 온습포

클렌징, 마사지에는 온습포를 사용하고 필링, 팩, 마스크에는 냉습포를 사용한다.

(13) 랩 / 호일

팩의 효과를 높이기 위해 랩 또는 호일을 팩 위에 씌워 사용한다.

(14) 쓰레기통

뚜껑이 달린 것을 사용하여 항상 청결하게 한다.

(15) 기타

고객카드(client card), 가위, 족집게, 칼, 브러시

3) 피부미용기기의 정리 및 세팅

(1) 확대경 & 우드램프

여드름 제거 시 사용하며, 피부를 정확하게 관찰 분석할 수 있다.

(2) 적외선

고무마스크와 전신 순환관리에 사용한다.

(3) 유수분 측정기

유분과 수분 함유 정도를 확인한다.

(4) 스티머 · 베퍼라이저

노폐물 배출 시 사용하며 팩, 마사지, 필링할 때 사용한다.

(5) 전동브러시

클렌징, 딥클렌징, 매뉴얼테크닉에 사용한다.

(6) 스프레이(spray, 분무기)

흡입기 사용 후, 클렌징 후, 딥클렌징 후 및 마사지와 함께 사용한다.

(7) 흡입기

림프마사지와 전신 순환관리에 사용한다.

(8) 갈바닉 기기

영양물질 침투와 딥클렌징 관리에 사용한다.

(9) 고주파

안면 마사지 관리와 전신 관리에 사용한다.

(10) 리프팅기

안면 마사지 관리에 사용한다.

(11) 초음파

안면 마사지 관리에 사용한다.

1. 클렌징

피부 표면에 묻은 각질, 피지, 먼지, 이물질, 땀, 메이크업 잔여물 등 피부 노폐물과 외부 오염물질 등을 제거하는 과정을 말한다.

1) 클렌징의 목적

피부미용 관리에서 처음 행해지는 가장 중요한 단계이다. 외부로부터 발생되는 각종 오염물질과 공해, 먼지 등의 오염 요소와 피부 자체로부터 발생되는 땀, 피지 등의 노폐물과 메이크업 잔여물 등을 깨끗이 제거하여 피부 위생을 유지하며 혈액순환을 촉진하고 트리트먼트의 효율성을 높여주는 가장 중요한 기본단계이다.

2) 클렌징의 효과 및 주의 사항

(1) 클렌징의 효과

❶ 피지, 먼지, 노폐물, 메이크업 잔여물 등을 제거해 피부를 청결히 한다.
❷ 모공 속의 불순물과 각질 등을 제거한다.
❸ 피부의 혈액순환을 촉진한다.
❹ 다음 단계를 위한 제품의 효율적 흡수를 돕는다.

(2) 주의사항

❶ 메이크업 잔여물이 피부에 남지 않도록 하여야 하며, 클렌징 제품이 눈에 들어가지 않도록 하여야 한다.

❷ 색조화장은 색소침착을 남길 수 있으므로 깨끗이 지워야 한다.

❸ 피부 표면의 조직이 손상되지 않으며 피부의 pH를 유지시켜야 한다.

❹ 피부의 유형에 적합하게 유수분이 유지되어야 한다.

3) 클렌징의 종류

피부 위생을 저해하는 요소에는 생활에서 얻게 되는 먼지나 땀 등의 수용성 요소와 피지, 메이크업이나 크림 등에서 생기는 유용성 요소가 있다. 수용성 요소는 일반적인 물 세안으로 쉽게 씻겨지지만 유용성 요소는 피부에 자극이 없는 전문적 클렌징제를 선택하여 제거해야 한다.

❶ 물(Water)

물 세안은 유용성 요소인 산화된 피지, 크림, 메이크업 등을 씻어내지 못하지만 생활에서 얻게 되는 먼지나 땀 등의 수용성 요소들은 쉽게 씻어낸다.

ⓐ 찬물

10~15℃, 가벼운 세정 효과가 있으며 혈관을 수축시키고 긴장감을 준다.

ⓑ 미지근한 물

15~21℃, 가벼운 세정 효과 및 가벼운 각질 제거 효과

ⓒ 따뜻한 물

21~30℃, 세정 효과가 매우 크며 각질 제거가 용이하나 오랜 기간 습관적으로 사용하면 피부 탄력이 저하된다.

❷ 포인트 메이크업 리무버 (Point make-Up Remover)

눈과 입술의 색조화장을 지울 때 사용하며 아이섀도, 마스카라, 눈썹, 아이라인, 립스틱을 닦아내는데 사용한다.

ⓐ 눈가와 입술은 독립피지선을 가진 부위로 천연 보호막의 기능이 적은 곳이므로 자극을 최소화한다.

ⓑ 눈에 들어가도 따갑거나 통증을 주지 않는 제품을 선택한다.

❸ 클렌징 크림(Cleansing Cream)

광물성 오일이 많이 함유된 친유성(W/O) 크림으로 무대화장 같은 짙은 메이크업 제거에 적합하다. 피부에 크림의 잔여물이 남으면 모공을 막아 피부 문제를 일으킬 수 있으므로 사용 후 클렌징 폼 또는 비누로 반드시 이중 세안을 해야 한다.

ⓐ 친유성의 크림 상태 제품으로 다량의 광물성, 유성 오일이 40~50% 정도 함유되어 있다.
ⓑ 유분감이 많아 이중 세안을 필요로 한다.
ⓒ 세정력이 높아 진한 화장 제거 시 용이하다.

❹ 클렌징 로션(Cleansing Lotion)

대부분 O/W형(수중유적형)의 에멀젼 형태이다. 클렌징 크림보다 유분 함량이 적어 사용감이 산뜻하고 부드러우며 모든 피부 유형에 사용이 가능하다.

❺ 클렌징 오일(Cleansing Oil)

친수성 오일로서 물에 잘 씻기며 짙은 메이크업과 포인트 메이크업 제거 시 사용한다. 건성, 노화, 민감성 피부 등에 적당하다.

ⓐ 유성원료와 계면활성제가 함유되어 있다.
ⓑ 진한 화장을 지우는데 용이하며 친수성 오일이므로 세안 시 유화가 되어 이중세안이 필요 없다.

❻ 클렌징 젤(Cleansing Gel)

클렌징 젤에는 유성과 수성 두 가지 타입이 있으며 각각 배합된 성분과 사용감의 차이가 있다.

ⓐ 유성 타입

유성 성분의 함유량이 많고 짙은 화장도 깨끗하게 지워준다.

ⓑ 수성 타입

유성 타입보다 사용감은 산뜻하나 세정력이 낮은 편이라 가벼운 화장에 적합하다.

❼ 클렌징 워터(Cleansing Water)

ⓐ 가벼운 화장 및 피부 오염물을 제거하고 산뜻한 느낌이 난다.
ⓑ 세정, 보습 작용을 하며 지성, 여드름 피부 및 민감성 피부에도 효과적이다.
ⓒ 클렌징 워터는 계면활성제 중 가용화제 이외에 보습제를 소량 배합한 세정용으로 만든 제품이다.

❽ 클렌징 티슈(Cleansing Tissue)

클렌징 워터를 티슈에 적신 것으로 휴대가 용이하여 여행이나 외출 시 사용이 편리하다.

❾ 폼 클렌징(Form Cleansing)

부드러운 크림 형태의 수성세제로 물과 함께 거품을 내어 세안한다. 일반적으로 비누 대용으로 사용하면 되고 비누에 비해 피부 당김이 적어 모든 피부 타입에 적당하다.

❿ 스크럽제(Facial Scrub)

알갱이가 함유된 세안제로 피부에 바른 후 물을 묻혀가며 가볍게 문질러 사용한다. 각질 제거와 혈액순환 촉진에 의한 마사지 효과가 있다. 그러나 스크럽에 의한 피부 마찰이 자극을 줄 수 있으므로 민감성 피부에는 사용을 피하는 것이 좋다.

⑪ 세안 파우더(파우더 타입)

과립 또는 분말 타입으로 사용이 간편하고 지방과 단백질 성분을 분해하는 효소가 함유되어 있어서 부드러운 각질제로 쓸 수 있고 민감한 피부에도 적당하다.

⑫ 비누(Soap)

거품이 풍부하고 산뜻한 사용감을 주지만 대부분의 비누가 알칼리성으로 피부의 산성막과 피지막을 일시적으로 알칼리화시킨다.

ⓐ 알칼리 작용으로 피부에 있는 노폐물을 제거한다.
ⓑ 조직을 유연하게 하고 각질을 부풀게 한다.
ⓒ 피지와 수분을 다량 제거하여 피부를 건조화시킬 수 있다.

⑬ 화장수(Skin Lotion, Toner)

피부의 각질층에 수분을 공급하며 청량감을 준다. 피부에 남아있는 클렌징 잔여물을 닦아내고 피지 등의 불순물을 제거하며 알칼리성 피부를 다시 약산성 피부로 맞추어 산성도의 균형을 회복시켜 주므로 클렌징 단계에 속한다.

ⓐ 클렌징의 마지막 단계에서 사용하며 보습 기능을 담당한다.
ⓑ 수렴, 청정 효과를 부여한다.
ⓒ pH 균형(balance)을 조절한다.
ⓓ 피부 위의 잔여물 제거에 효과적이다.

화장수의 종류 및 특성

유연화장수

- 각질층에 수분을 공급하고 유연 성분과 보습막을 형성하여 피부를 촉촉하고 유연하게 한다.

수렴화장수

- 각질층에 수분 공급 및 모공 수축 그리고 과잉 피지 분비 억제 효과를 부여하고, 피부결을 섬세하게 정리해 준다.
- 아스트리젠트, 토닝스킨이라 부른다.
- 피부의 PH 조절, 세균으로부터 피부를 보호하여 소독해 준다.

소염화장수

- 피부를 청결하게 해주는 화장수로 특히 동시에 모공 수축 및 청량감을 주는 화장수이다.
- 지성, 여드름 및 복합성피부에 살균, 소독 및 진정효과를 준다.

4) 클렌징의 단계

실제 피부 관리에 들어가기 전에 관리가 들어감을 고객에게 알리는 뜻으로 가볍게 풀어주고 헤어밴드로 머리를 감싸준다. 또한 온・냉습포를 할 때 매뉴얼테크닉 전에 적용하면 효과적이다.

(1) 포인트 메이크업 클렌징

얼굴 전체 클렌징을 시술하기 전에 먼저 눈과 입술의 색조화장 등 포인트 화장을 자극 없이 깨끗이 제거한다.

클렌징 제품이 눈에 들어가서 따갑거나 화끈거리지 않도록 주의한다. 또한 물에 잘 지워지고 사용감이 부드러우며 세정 효과와 진정 작용이 뛰어난 제품을 선택하는 것이 중요하다.

(2) 안면 클렌징

피부의 화장 잔여물 및 오염물질 등을 클렌징 제품으로 녹여 제거하는 단계로서 너무 긴 시간은 세정 성분으로부터 피부에 자극을 일으킬 수 있으며 노폐물의 재침투가 생길 수 있다. 또한 클렌징은 자극을 주지 않게 가벼운 동작으로 문지르고 신속하게 제거한다.

(3) 티슈 클렌징

티슈를 삼각형으로 접어서 피부 표면의 잔여물과 유분기를 눌러서 닦아낸다.

(4) 해면 클렌징

흡착력이 뛰어난 해면의 특성을 이용하여 클렌징 후 미온수에 적신 스펀지로 얼굴에 남아있는 잔여물을 제거한다.

(5) 습포 클렌징

스팀타월(습포)은 물기를 적절히 묻혀 접어서 온장고나 냉장고에 미리 넣어 두어 사용한다. 온습포는 클렌징 후, 효소, 고마쥐와 스크럽 등의 딥 클렌징 후, 매뉴얼테크닉 후 닦아내는 과정에 사용하고, 냉습포는 AHA 사용 후와 팩과 마무리 단계에서 사용한다.

(6) 토너 정리

화장수를 바를 때 클렌징 단계에서는 닦아내듯이 바르고 영양단계에서는 두드리듯이 바르는 것이 좋다.

습포의 효과

종 류	특 성
온습포	• 피지, 화장품 잔여물, 불순물 등을 제거한다. • 모공을 확장해준다. • 피지선 자극을 원활하게 해준다. • 죽은 각질 제거가 쉽게 이루어진다. • 혈액순환과 림프순환을 촉진한다. • 적절한 수분과 영양물질 공급이 효율적으로 이루어지도록 돕는다. • 클렌징, 딥클렌징 단계에서 사용하면 효과적이다.
냉습포	• 혈관 수축으로 염증을 완화시킨다. • 모공 수축으로 피부 수렴, 긴장, 탄력감을 부여한다. • 자극(제모 후, 필링 후, 일광화상 후)받아 붉어진 피부에 진정효과가 있다. • 피부관리 마무리 단계에 사용하면 효과적이다.

습포 사용 시 주의사항

- 예민성 피부, 모세혈관 확장 피부는 뜨겁거나 차가운 습포 사용을 피한다.
- 염증성 여드름 피부는 뜨거운 온습포 사용을 피한다.
- 반드시 소독된 것을 사용해 여드름균 등의 세균이 감염되지 않도록 주의한다.
- 제모 후에는 온습포의 사용을 금하고 냉습포를 사용한다.
- 온장고에서 꺼낼 때 집게를 이용하여 손이 데지 않도록 주의한다.
- 고객의 얼굴에 온습포를 얹기 전에 관리사 손목 안쪽에 대어 온도를 확인한 후 사용한다.
- 습포 사용 시 너무 세게 사용하여 피부에 자극이 되지 않도록 한다.

2.
눈썹 정리

눈썹은 얼굴 이미지를 좌우하는 중요한 부위이다. 눈썹은 개인적인 취향이 다르기 때문에 너무 많이 뽑거나 지나치게 가늘게 정리하면 거부감을 주거나 역효과를 줄 수 있으므로 주의하여 자연스럽게 정리한다.

1) 준비물

알코올, 화장솜, 면봉, 스파츌라, 눈썹가위, 눈썹칼, 눈썹빗, 족집게, 진정 젤, 트레이

2) 눈썹 정리

❶ 침대 위에 고객의 머리 옆으로 티슈를 접어서 깔고 눈썹 정리할 도구들을 사용 순서대로 나란히 소독하여 정리해 눈썹빗, 눈썹가위, 족집게, 눈썹칼 순으로 놓는다.

❷ 화장솜에 알코올을 적셔 정리할 눈썹을 소독한다.

❸ 눈썹을 눈썹빗으로 빗은 후 눈썹빗에 눈썹가위를 대고 눈썹 모양을 따라 적당한 길이로 자연스럽게 자른다.

❹ 족집게를 사용하여 눈썹이 난 방향으로 뽑아 준비된 화장솜에 뽑아 놓는다.

❺ 고객은 눈을 감도록 하고 눈썹을 살짝 눌러 위로 당긴 후 눈썹칼을 이용하여 위에서 아래 방향으로 미끄러지듯이 밀어 정리한다.

❻ 눈썹 털은 젖은 화장솜 위에 놓고 정리 후 버린다.

❼ 스파츌라에 진정 젤을 덜어 면봉으로 정리된 눈두덩이에 발라 진정시킨다.

눈썹 정리 Tip

- 눈썹이 굵고 숱이 많거나 길면 눈썹빗을 이용하여 눈썹가위로 자르고 고객의 눈썹을 자연스럽게 살리면서 정리한다.
- 눈썹 끝이 처지면 인상이 어리숙해 보이고 힘이 없어 보이므로 처지지 않도록 한다.
- 눈썹산이나 눈썹 위 부분을 지나치게 정리하지 않도록 한다.
- 눈썹 밑 부분을 중심으로 눈두덩이 부위를 깨끗하게 정리한다.

이미지에 맞는 눈썹 형태

표준형

누구에게나 잘 어울린다.

아치형

각진 얼굴형과 넓은 이마의 얼굴형에 어울린다.

상승형

역삼각형이거나 둥근 얼굴에 어울린다.

일자형

긴 얼굴형이거나 동안으로 보이기 위한 얼굴에 어울린다.

각진형

둥근 얼굴이거나 세련된 느낌을 주기 위한 얼굴에 어울린다.

1.
딥클렌징의 목적

딥
클
렌
징

8
장

딥클렌징은 노화된 각질층을 제거하여 모공 속까지 클렌징 해주어 피부층의 흡수 장벽을 완화하고 화장품의 피부 흡수를 돕는 과정이다. 피부 표면의 각질 제거와 모공 속의 화장품 찌꺼기, 피부의 노폐물 등을 제거하여 피지의 분비를 조절하고 모공 입구를 깨끗이 한다. 또한 영양물질의 침투를 높여주기 위해 매우 중요한 세정 트리트먼트를 시행함으로써 정상적인 각질층을 유지하게 도와준다. 일반 피부는 일주일에 1~2회, 여드름성 피부와 지성피부는 주 2~3회, 건성피부와 민감성 피부의 경우는 2주에 1~2회 정도 시행하는 것이 좋다.

2. 딥클렌징의 효과

❶ 피부의 노화된 각질 세포를 제거한다.
❷ 피지 분비가 정상화되도록 도와준다.
❸ 화장품의 유효성분이 피부 깊숙이 침투할 수 있도록 돕는다.
❹ 혈액순환을 촉진하고 혈색을 맑게 한다.
❺ 모공 확장을 억제하고 간접 재생 효과가 있다.
❻ 클렌징 효과가 있어 피부에 청량감을 준다.

3. 딥클렌징의 종류와 적용

1) 물리적 요법

표피 박리효과가 있어 각질층에 끼어 있는 먼지나 메이크업 잔여물을 말끔히 제거한다. 손이나 기기 등을 이용하여 노화된 각질을 제거하는 방법이다.

(1) 스크럽

특징

알갱이가 들어 있는 세안제(살구씨 가루, 인조 알갱이, 밀기울, 조개껍질 등)이다.

주의사항

ⓐ 예민한 부위, 여드름 부위, 혈관이 확장된 부위는 사용을 피한다.
ⓑ 사용 시 알갱이가 눈, 코, 입에 들어가지 않도록 주의한다.
ⓒ 알갱이가 남지 않도록 깨끗이 제거한다.

(2) 고마쥐

특징

동 · 식물성 각질 분해 효소가 함유되어 있고 크림, 젤 타입이 있다. 크림을 얼굴에 펴 바르고

5~10분 정도 경과 후 굳으면 손가락으로 가볍게 피부 결을 따라 밀어낸다. 여드름 피부, 민감성 피부의 경우는 사용을 피하는 것이 좋다.

주의사항

ⓐ 제거 시 제품의 가루가 눈, 코, 입 안에 들어가지 않도록 주의한다.
ⓑ 예민한 부위는 문지르지 않도록 한다.

2) 생물학적 요법

생물학적 반응을 촉매하는 생리 활성을 나타내는 단백질이며, 동・식물 단백질 분해 효소가 함유되어 있고 자극 없이 피부의 노화 각질을 제거하는 방법이다.

효소 세안제에 사용되는 성분

동물성 성분

- 펩신(pepsin)
- 트립신(trypsin)
- 판크레아틴(pancreatin)

식물성 성분

- 파파인(papain)
- 브로멜린(bromelin)

특징

동・식물성 각질 분해 효소가 함유되어 단백질 분해 효소가 표피 각질층에서 떨어져 나가야 할 노화된 각질만을 녹여서 제거한다. 분말 타입은 효소를 적당량 물에 개어서 바르고 스티머를 5~10분 정도 쐬어 주며 크림 타입은 그냥 펴 바르고 스티머를 5~10분 정도 쐬어 주어 가볍게 문지른 후 닦아준다. 모든 피부에 가능하며, 시간, 온도, 습도를 적절히 조절해 주어야 한다.

주의사항

ⓐ 효소 필링 파우더(Enzyme peeling powder)후에는 수분 공급을 통한 진정 관리가 바람직하다.
ⓑ 사용 후 남은 제품은 공기가 들어가지 않도록 밀봉하고 건조한 곳에서 보관한다.

3) 화학적 요법

화학적으로 합성된 성분을 이용해 노폐물과 각질을 제거하는 방법이다.

(1) AHA

Alpha Hydroxy Acid의 줄임말로 여러 가지 과일 또는 채소에서 자연적으로 발생되는 산을 총칭하여 말한다.

특징

각질을 연화시키는 과일산의 AHA 성분이 약하게 들어 있어 죽은 각질을 녹이는데 유용하고 박테리아 성장 억제 효과가 뛰어나며 간접 재생 효과가 있다. 크림 타입과 젤 타입이 있으며 크림(젤)을 얼굴에 발라 5~10분 경과 후 가볍게 문지른 후 닦는다. 지성피부, 여드름 피부 등 모든 피부에 가능하다.

주의사항

ⓐ 고객에게 제품 사용감에 대한 사전 설명을 충분히 한다.
ⓑ 신속하게 눈, 코 밑, 예민피부를 제외하고 도포한다.
ⓒ 도포 후 고객의 옆에서 반응을 지켜본다.
ⓓ AHA 성분을 중화시킬 수 있는 중탄산나트륨(소다 1% 희석액)을 구비한다.
ⓔ AHA 사용 후 피부가 예민해진 경우 진정 팩을 한다.

1. 마사지(매뉴얼테크닉) 개론

마사지(매뉴얼테크닉)란 매개체(크림, 오일, 로션)를 이용한 5가지 테크닉을 피부미용 관리의 기본으로 하며 방향, 압력, 속도와 리듬, 자세, 시간, 횟수를 조절하여 혈액순환을 개선하고 근육의 이완효과를 주어 피부의 생리 기능을 향상시킨다.

어원은 그리스어의 'Masso'에서 유래하여 오늘날 'Massage'라는 단어로 변형된 것으로 보고 있다. 마사지는 신체 조직을 마찰시켜 치유를 돕는 방법으로 고대 의학 기록에 따르면 운동과 함께 사용되던 치료법의 한 형태로 언급되고 있다. 아픈 곳을 손으로 접촉하여 쓰다듬고 문지르는 등의 동작을 행함으로써 통증을 완화시켜 질병을 치료했던 행위에서 출발하여 오늘날 여러 종류의 마사지 형태에 이른 것이다.

서양의학의 아버지라 불리는 히포크라테스(BC. 460~375)는 마사지 기법에 대해 최초로 문헌을 통해서 언급하였으며, 1913년 페르 헨리크 링(Pehr Henrik Ling)은 스웨디시마사지(매뉴얼테라피)의 사용을 체계화하고 다양화하였다. 마사지는 현재 각 나라에서 건강 회복과 아름다움의 증진을 위해 널리 도입되어 발전하고 있다.

2.
마사지(매뉴얼테크닉) 효과에 영향을 주는 인자

마사지 기술의 적용에 있어서 주요 구성요소는 방향과 압력의 정도, 속도와 리듬, 손 이외의 다른 기구들을 포함하는 매체의 사용, 고객의 위치와 관리사의 위치, 관리 기간과 빈도 등이다.

1) 방향(Direction)

일반적으로 마사지할 때의 방향은 안에서 밖으로, 아래에서 위로, 근육의 수직 또는 사선 방향으로 관리한다. 각 동작에 있어서 압력의 방향은 비록 동작의 연결이 반대 방향(원심 방향)으로 있을지라도 정맥의 방향(구심 방향)이어야 한다.

2) 압력(Pressure)

부위에 따라 압력의 조절이 필요하므로 고객의 피부 상태와 느낌에 따라 적절하게 조절하여야 한다. 손가락에는 강압이라는 압력이 있으므로 문제성 피부에는 압력의 힘을 분산시켜 가동 범위를 제한하여야 한다. 이는 압력의 변화에 따른 접촉의 중요성과 압력의 양에 의존하여 나오는 효과의 차이를 강조하는 것이며 고객의 상태에 따라 압력량이 바뀌어야 한다는 이론을 뒷받침하고 있다.

3) 속도와 리듬(Rate & Rhythm)

압력과 속도를 처음에는 부드럽고 느리게, 중간은 빠르고 강하게, 그리고 마지막에는 느리고 부드럽게 연결하는 것이 중요하다. 이는 인체의 정맥혈의 흐름이 느리고 림프관의 유출량은 더 느리므로 연결된 동작으로 리듬감 있게 동작을 구사하여야 한다.

4) 매개체(Media)

마사지 동작 시 피부의 마찰을 줄이고 효과를 높이기 위하여 사용하는 크림, 오일, 로션 등의 제품과 기구, 도구들을 말한다. 매개체의 선택 역시 개인적인 요인으로 선택할 수 있다.

5) 자세(Position)

올바른 자세는 피로를 막고 능률을 높이며 외모를 더욱 좋게 만든다. 자기관리의 중요한 일부분으로 신체 장애 예방에도 도움을 준다. 자세가 바르면 관리자는 등의 통증이나 피로를 느끼지 않는다.

6) 시간(Time)

고객의 상태와 사용하는 매개체에 따라 달라지나 보통 국소 마사지는 10~20분(보통 15분)이 적합하고 전신 마사지에서는 40~60분 정도 소요하는 것이 바람직하다.

7) 횟수(Frequence)

고객의 피부 유형, 연령, 부위, 관리 목적 등 상태에 따라 다르나 1주일에 1~2회 정도 실시한다. 피부 미용은 많은 시간과 비용이 들게 되므로 고객의 여건, 진행 상태 등을 고려하여 규칙적이며 정기적인 방법을 선택하도록 하는 것이 좋다.

3. 마사지의 종류

1) 유러피안 식

대체로 부드럽고 가볍게 하며, 우아한 동작을 강조한다.

2) 웨스턴 식

강하고 부드러운 것을 병행하며 박진감 있는 동작과 함께 전체적인 목표가 활성화보다는 긴장 완화에 있다.

3) 동양식 오리엔탈 마사지

주로 지압이나 두드리기 등 강한 기법까지를 포함하며 에너지(기)의 흐름을 중시한다.

4. 기본 매뉴얼테크닉의 목적

마사지의 치유효과는 비용적인 측면이나 부작용 면에서도 어떠한 치유의 방법보다 우리의 몸과 마음에 유용하다. 또한 마사지는 일반적으로 25세를 전후하여 노화 단계에 놓이게 되는 우리 피부의 아름다움도 증진시켜 미용에도 큰 효과가 있다.

❶ 피부

- 피부의 감각 수용기를 자극하여 피부 표면의 순환을 촉진한다.
- 각질을 제거한다.
- 피지선 분비를 촉진한다.

❷ 결합조직(근막)

- 근막의 유연성을 증가시킨다.

❸ 순환계

- 국소적인 순환을 촉진한다.
- 혈압과 심장 박동률을 감소시킨다.

❹ 근육계

- 근육을 수축 · 이완시킨다.

❺ 신경계

- 부교감 신경을 자극시킨다.
- 통증을 경감시킨다.

❻ 내분비계

- 통증을 감소시키는 작용을 하는 엔도르핀의 분비를 촉진시킨다.

❼ 면역계

- 림프 순환을 촉진한다.
- 스트레스 감소로 면역 기능을 개선한다.

❽ 소화기계

- 대장 내용물의 유동성을 증가시킨다.
- 이완과 함께 소화를 증진시킨다.

5.
기본 매뉴얼테크닉의 기본 동작 및 효과

마사지 동작은 기본 동작의 유형이 다양하고 부위와 기대하는 효과에 따라서 적용하는 동작의 종류가 다른데, 그 기본적인 동작들을 다음과 같이 분류한다.

1) 쓸어서 펴 바르기, 경찰법(Effleurage, Stroking), 쓰다듬기

손바닥과 손가락 전체로 피부 표면을 밀착하여 가벼운 압력과 일정한 속도로 부드럽게 쓰다듬고 어루만지는 방법이다. 모든 마사지 동작의 처음과 끝에 실행할 수 있으며 부드러운 마찰 작용과 진정 작용을 하므로 진정 마사지 동작이라고도 한다.

방법

손바닥 전체를 사용하여 느리고 규칙적이며 가볍게 쓸어준다.

❶ 표면 경찰법(Superficial Effleurage)

마사지의 처음에 행하는 방법으로 펴 바르는 동작을 말한다.

❷ 심부 경찰법(Deep Effleurage)

약간 힘을 넣어 문지르는 듯한 동작을 말한다.

효과

- 표피층의 각질 제거를 도와서 피부를 깨끗이 한다.
- 정맥혈의 순환을 촉진시킨다.
- 정맥의 울혈을 제거하여 동맥혈의 순환을 돕는다.
- 림프액의 순환을 도와 노폐물을 제거한다.
- 자율신경계에 영향을 미쳐 피부에 휴식을 준다.
- 신진대사를 증가시키고 피부 내부의 영양공급을 도와준다.
- 다음 단계의 마사지를 위한 준비단계로서 고객의 근육과 정신적인 긴장을 이완시킨다.

2) 밀착하여 펴 바르기, 강찰법(Friction, Rubbing), 문지르기, 마찰법

손가락을 이용하여 시행하는 동작으로서 크림이나 오일을 바르고 부위에 따라 적절한 압력을 가하면서 피부 마찰을 시도하는 마사지 동작이다. 손가락 끝 부분을 이용하여 원을 그리는 마사지 동작으로 점차적으로 부위를 옮겨가며 실행한다. 가하는 압력의 정도에 따라 부드럽게 문지르기, 세게 문지르기가 있으며 동작의 방향에 따라 수평 방향으로 문지르기, 수직 방향으로 문지르기, 교차 문지르기, 돌려 문지르기가 있다.

방법

❶ 린징(Wringing) : 짜듯이 비틀기
❷ 롤링(Rolling) : 굴리기
❸ 처킹(Chucking) : 가볍게 치듯이 문지르기
❹ 라킹(Racking) : 긁기

효과

- 신진대사를 활성화시켜 결체조직에 영향을 미친다.
- 혈액순환과 선 분비 활동을 촉진시킨다.
- 기름샘을 자극하여 노폐물 제거에 좋다.
- 대사 속도를 높여 세포와 간질액 사이의 교환을 촉진한다.
- 관절 주위의 체액의 흡수를 돕는다.
- 표정근육의 조직을 이완시키고 근육을 강화해 준다.

3) 어루만져 펴 바르기, 유연법(Petrissage, Kneading), 반죽하기

손가락 전체를 이용하여 피부와 근육 등을 쥐듯이 잡아서 동작하거나, 반죽하듯이 쥐었다가 펴는 동작을 반복한다. 손에 힘을 주어 피부를 누르거나, 주무르거나(Kneading), 손가락 마디를 굽혀 관절을 이용하여 주무르거나, 들어 올리거나(Lifting), 꼬집어서 마찰하는 법(Pinching friction) 등을 통해 압력을 주는 동작으로 마사지 동작 중 아주 강한 동작이며 강한 유찰법과 압박 유찰법이 있다.

방법

❶ 강한 유찰법

손가락과 손바닥 사이로 피부와 근육조직을 집어 들어 올리면서 지속적인 압박을 가하는 동작을 말한다. 원형운동과 함께 이용되어 'circular kneading'이라고도 한다.

❷ 압박 유찰법

피부를 집어서 하는 방법이 아니고 일종의 마찰법을 이용하여 피부에 작은 원을 그리거나 쓸어주는 동작을 말한다.

ⓐ **롤링** : 양 손바닥으로 팔이나 다리를 단단히 압착하면서 굴리는 동작
ⓑ **린징** : 양손에 간격을 두고 서로 반대 방향으로 짜는 듯한 느낌으로 세게 누르는 동작

효과

- 피부내층과 근육층 깊은 곳까지 강하게 자극을 주어 혈액순환을 증가시킨다.
- 모공에 축적된 피지 배출을 촉진하고 피부표

면의 각질을 제거해서 피부를 맑고 투명하게 한다.

- 근육을 압착하고 이완시켜서 혈액과 림프액을 순환시켜서 노폐물을 제거하고 근육의 경련을 풀어준다.
- 피부의 표면과 심부조직을 자극해 신진대사를 활성화한다.
- 세포의 기능과 재생을 향상시킨다.
- 근육조직과 근막의 유착을 방지하고 뻗는 것을 도와준다.
- 결합조직의 탄력성을 증가시킨다.

4) 떨며 펴 바르기, 진동법(Vibration, Shaking), 떨기

손바닥 전체 또는 손가락을 이용하여 해당 부위에 밀착시켜 빠르고 고르게 강약을 조절하여 떨어주며 진동시키는 동작이다. 피부의 심부조직을 자극해 근육통이나 피로를 풀어주는 동작이다.

방법

일정한 피부 부위를 빠르고도 율동적으로 진동하게 하는 동작이다. 손 전체나 손가락에 힘을 주어 두 손을 동시에 움직이며 피부에 고른 진동을 주어 섬세한 자극을 주는 동작이다. 떨기의 세기에 따라 효과도 다르다.

효과

- 경직된 근육의 이완을 도와주고 긴장을 이완시킨다.
- 피부심층을 자극시켜 피부의 탄력을 증가시킨다.
- 신경을 자극하여 피로를 풀어주고 근육통을 덜어준다.
- 혈액과 림프의 순환을 돕는다.

5) 토닥토닥 펴 바르기, 고타법(Tapotement), 두드리기

일명 타법(percussion)이라고도 하며 치는 동작(whipping), 빠르고 가볍게 두드리는 동작(tapping)을 포함하여 자극에 의한 신경계의 반응을 촉진시킨다. 손바닥과 손가락(finger cushions)을 이용하여 필요한 부위에 가볍고 리드미컬하게 톡톡 치는 동작으로서 손바닥이나 손가락에 힘이나 압력을 전혀 가하지 않는다. 활기, 생기 및 자극을 주기 위하여 사용되는 동작이다.

방법

❶ 해킹(Hacking) : 소지 측면을 이용하여 두드리는 동작

❷ 슬래핑(Slapping) : 손바닥으로 두드리는 동작

❸ 커핑(Cupping) : 손을 컵 모양으로 하여 두드리는 동작

❹ 태핑(Tapping) : 손 끝부분으로 두드리는 동작

❺ 비팅(Beating) : 주먹을 이용해 두드리는 동작

효과

- 혈액순환과 신진대사 작용을 높여준다.
- 실행 부위의 근육의 위축을 예방해 준다.
- 말초 신경조직을 자극한다.

6. 안면의 근육과 작용

- 과잉 지방 축적을 예방한다.
- 피부의 탄력성을 증가시킨다.
- 근육의 수축과 이완을 통해서 근의 강도를 높인다.
- 혈관을 활성화해서 혈관을 수축시킨다.
- 반사신경 반응 때문에 피부를 자극한다.
- 피부를 조여 주고 단단하게 한다.

※ 이상의 5가지 동작은 매뉴얼테크닉의 기본 동작으로 피부미용 관리 시 적용 부위에 따라 적절히 섞어서 적용한다.

6) 압박법

손의 여러 부분을 사용해서 마사지 부위를 지속적 또는 간헐적으로 누름으로써 적당한 압박 자극을 가하는 방법이다.

7) 신전법

이완시키는 방법으로 굴신운동을 병행하면서 사용하는데 관절의 가동 범위를 확대할 목적으로 행하는 방법이다.

8) 닥터 자켓(Dr. Jacquet) 마사지법

엄지와 중지를 이용하여 피부를 약하게 들었다가 다시 놓는 방법이다. 잡아당겨 꼬집듯 하는 동작으로 노폐물 제거에 효과가 있으며 지성과 여드름 피부에 진정효과가 뛰어나다.

표정근육은 얼굴의 피부에 부착되어 피부 아래에 위치하는 근육으로 얼굴 신경의 영향을 받는다. 호흡에 관여하며 자세 유지와 신체의 능동적 운동과 체열을 생산한다. 또한 얼굴 표정을 짓는 역할을 하며 저작, 눈 감기 등 다양한 역할을 수행한다. 근육과 근육 사이에는 근막이 있으며 근육이 약해지면 그 사이에 지방이 쌓인다.

안면근

근육명	특 징
전두근(이마근)	이마에 주름을 만든다.
후두근(뒤통수근)	모상건막을 조정한다.
눈둘레근(안륜근)	눈을 깜빡이고 눈꺼풀을 닫는다.
상안검거근	눈을 뜨게 한다.
눈썹주름근(추미근)	눈썹을 내측으로 모은다.
입둘레근(구륜근)	입을 다물게 한다.
볼근(협근)	뺨을 치아 쪽으로 붙이며 공기를 내뿜는다.
비근	좌우 눈썹 사이에 가로주름을 만든다.
큰광대근(대관골근)	입꼬리를 끌어올린다.
작은광대근(소관골근)	윗입술을 끌어올린다.
입꼬리당김근(소근)	구각을 외방으로 당겨 미소 짓게 만든다.
입둘레근(구륜근)	입을 다물게 한다.
위입술콧방울올림근(상순비익거근)	콧방울 및 윗입술을 끌어올린다.
입꼬리내림근(구각하제근)	입꼬리를 밑으로 끌어내린다.

저작근

근육명	특 징
깨물근(교근)	하악을 끌어 올린다.
관자근(측두근)	하악을 거상한다. 하악을 내린다.
가쪽날개근(외측익돌근)	하악을 전방으로 내린다.
안쪽날개근(내측익돌근)	하악을 전상 밖으로 당긴다.

안면근

얼굴근육(안면근) 앞모습

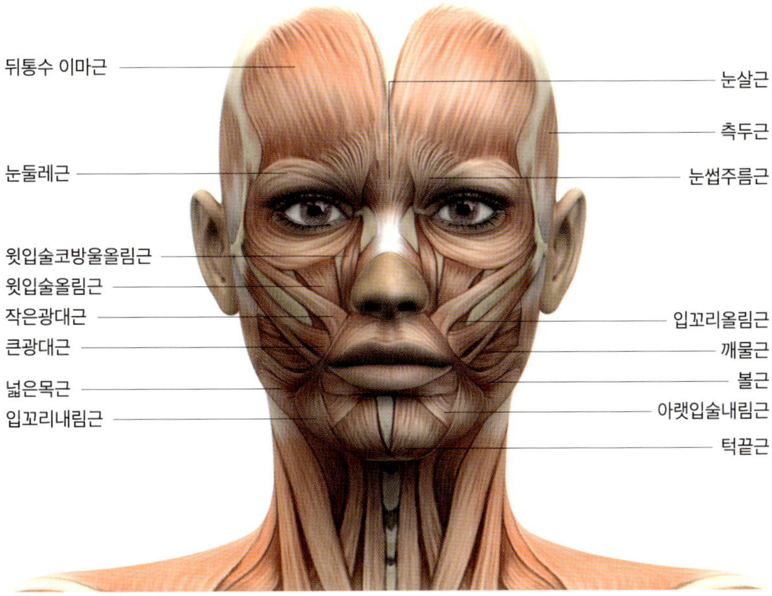

얼굴근육(안면근) 옆모습

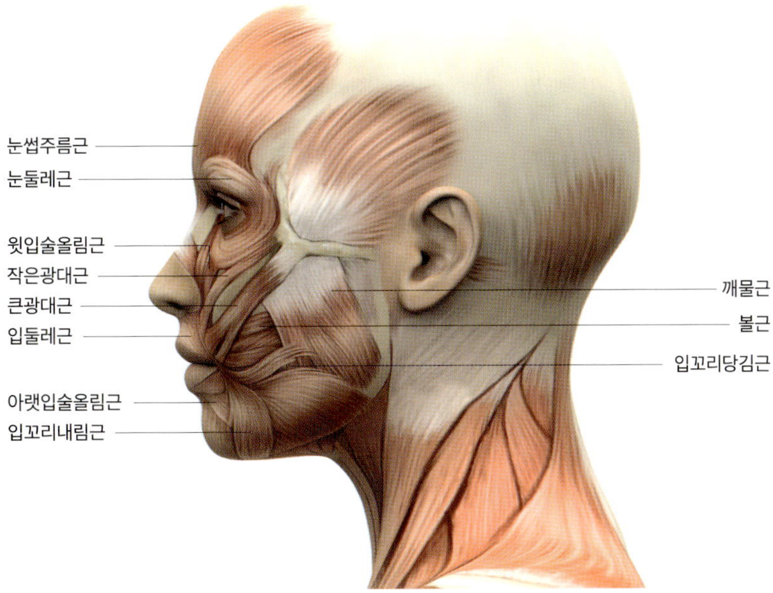

7.
기본 매뉴얼테크닉의 유의사항

1. 손을 깨끗하게 씻고, 청결하게 하여 크림 또는 오일을 발라 손을 부드럽고 따뜻하게 한다.
2. 반지나 시계 등 액세서리를 착용하지 않는다.
3. 제품은 피부 유형에 맞게 선택하고 적절한 양을 사용한다.
4. 매뉴얼테크닉 시 고객과의 대화를 피한다.
5. 매뉴얼테크닉 시 오일이나 크림이 눈 또는 코에 들어가지 않도록 한다.

팩과 마스크

10장

1. 팩과 마스크의 정의

팩(pack)이란 영어의 'Package'라는 단어에서 유래되었으며 '포장하다' 또는 '둘러싸다'라는 뜻이다. 팩은 피부 위에 재료를 발라도 공기가 통할 수 있어 막을 형성하거나 굳어지지 않는 것을 의미한다. 막이 형성되지 않으므로 열과 수분이 통과할 수 있으며 닦을 때는 물로 헹구어 내거나 해면을 이용하여 닦아낸다.

반면, 마스크는 마스크를 하는 동안 재료가 단단하게 또는 부드럽게 응고되어 하나의 막을 형성하는 것을 의미한다. 외부와 공기가 차단되고 피부 내부로부터 수분 증발이 차단되므로 피부 보습력이 더욱 향상되고 유효성분의 침투가 쉽게 된다. 또한 건조화를 통해 피부 위에서의 긴장감과 수축 효과를 얻을 수 있다.

팩과 마스크의 차이점

- **팩** : 마르지 않은 상태에서 제거하는 것(공기 통과)
- **마스크** : 마른 상태에서 떼어 내는 것(공기 차단)

2.
팩 · 마스크의 목적 및 효과

팩과 마스크는 피부 표면에 막을 형성함으로써 피부 온도를 높여 유효성분의 흡수를 용이하게 하며 신진대사를 촉진하고 피부 청결과 영양, 보습력을 향상시켜 노화를 예방하는데 목적이 있다. 팩과 마스크의 유효성분이나 제형, 온도 등에 따라 아래와 같은 다양한 효과를 얻을 수 있다.

- 영양 공급 및 보습효과
- 피부 온도의 상승으로 혈액순환 촉진
- 피지, 노폐물 제거 등으로 피부 청결 효과
- 탄력 증진 및 잔주름 예방
- 각질 제거 효과
- 세포 재생 및 미백, 진정 효과
- 염증 완화 및 살균 효과

3. 피부 유형에 맞는 팩 · 마스크의 선택 및 적용

1) 팩 · 마스크의 선택 및 적용

❶ 팩과 마스크는 피부관리 단계 중 딥클렌징 후 또는 마사지 후에 적용하는데, 우선 피부 유형에 적합한 제품을 선택하는 것이 중요하며, 선택한 제품의 사용방법을 정확히 확인한 후 실시한다.

❷ 크림이나 젤 형태의 제품은 직접 손으로 바르는 것이 좋고, 분말 등의 형태로 정제수나 액체를 혼합하여 사용하게 되어 있는 팩은 붓 또는 주걱으로 바른다.

❸ 일반적인 팩의 바르는 순서는 볼, 턱, 코, 이마의 순으로 안에서 바깥 방향으로 바른다.

❹ 눈 부위는 진정용 화장수나 정제수를 적신 아이패드로 반드시 덮어 고객에게 안정감을 주도록 한다.

❺ 특별히 눈 주위의 피부가 붓거나 건조한 경우에는 적절한 눈 전용 팩을 사용하며 입술이 건조한 경우에는 보습용 영양크림을 두텁게 바른다.

2) 팩 · 마스크의 사용 시 주의점

❶ 팩의 효능과 사용감을 고객에게 미리 전달한다.

❷ 시간을 엄수한다.

❸ 팩 시간은 제품에 따라 10~30분간 적용한다.

❹ 천연 팩은 가급적 사용 직전에 만든다.

❺ 팩 도포 시 굳는 정도와 향의 강도에 따라 도포 방법을 달리한다.

❻ 도포 및 제거 시 눈, 코, 입에 들어가지 않도록 한다.

❼ 굳어서 딱딱해지는 팩 종류 사용 시 고객이 얼굴을 움직이지 않도록 한다.

❽ 고객과의 의사소통이 불가능한 팩일 경우 수신호로 상황을 살필 수 있도록 관리사는 고객 곁에 항상 대기한다.

❾ 건조되는 타입은 인중, 목, 눈에 가까이 바르지 않는다.

❿ 향이 너무 강한 것은 바르지 않는다.

4.
팩· 마스크의 종류

1) 제거 방법에 따른 분류

(1) 필오프 타입 (Peel Off Type)

얼굴에 발라 굳은 후 떼어내는 팩으로 불순물과 노화 각질 및 잔털 제거 효과가 있다. 젤 또는 액체 형태로 되어 있으며 건조되면서 피부에 긴장감을 주며 얇은 필름막을 형성한다. 필름막을 떼어낼 때 피지, 불순물 및 노화한 각질 세포가 함께 제거되어 딥클렌징, 피부 청정효과가 있으며 대체로 보습성분이 첨가된다. 사용 시 얇고 균일하게 발라야 쉽게 건조되어 효과를 볼 수 있으며, 마스크 제거 시 피부가 자극을 받지 않도록 특히 유의하여야 한다.

(2) 워시오프 타입 (Wash Off Type)

얼굴에 발라 일정한 시간 경과 후 물로 제거하는 제품으로 자극이 적고 보습 효과가 뛰어난 가장 대중적인 제품이다. 크림, 젤, 거품, 클레이, 분말 등 다양한 형태가 있다. 팩을 바르고 제품에 따라 10~30분의 적정시간이 지난 후 젖은 해면과 습포를 이용하거나 미온수로 세안하여 제거한다. 피부에 자극을 주지 않고 가볍게 제거되며 물로 씻어내므로 사용 후 상쾌한 느낌을 받는다. 가정용 마스크의 대부분은 이에 속한다.

(3) 티슈오프 타입 (Tissue Off Type)

대부분 흡수가 잘 되는 크림이나 젤 형태로 10~15분 후 흡수되지 않은 여분의 팩제는 티슈로 가볍게 닦아내나, 흡수가 많이 된 경우에는 굳이 닦아내지 않고 그대로 두어도 무관하다.

팩은 피부에 남아 있어도 일반적으로 모공을 막을 우려가 없으며 물로 제거하지 않으므로 보습, 영양효과가 뛰어나 건성, 노화 피부에 적당하며 자주 사용해도 좋다. 필요에 따라 매일 사용이 가능하나 복합성, 지성피부에는 수렴, 청결효과의 결핍으로 여드름 발생의 우려가 있으므로 적합하지 않다.

팩을 제거한 후 팩제가 피부에 남아도 해가 없는 타입으로 여행 시 간편하게 사용 가능하며 주로 홈케어(Home Care) 시 사용한다.

2) 제형에 따른 분류

(1) 파우더 타입(Powder Type)

물에 개어서 바르는 분말 타입의 팩에는 석고팩, 고무팩, 효소팩, 한방팩 등이 있다. 석고팩은 석고를 물과 혼합했을 때 생기는 발열작용을 이용하며, 고무팩은 해초의 분말팩으로 증류수에 개어 도포 후 시간이 경과되면 고무 모양으로 응고된다. 효소팩은 단백질 분해효과를 이용한 것으로 효소의 활성을 높이기 위해 미지근한 물을 사용하고 한방팩은 약초추출물 등 다양한 원료를 분말화한 것으로 바르기 직전에 화장수나 정제수 또는 젤 등과 혼합하여 사용한다.

(2) 크림 타입(Cream Type)

유화형 팩으로 제품 도포 후 일정 시간 경과 후 제품은 그대로 있고 유효 성분만 흡수되며 건성, 노화 피부에 적합하고 영양, 보습, 진정 효과가 있다. 사용감이 부드러우며 유연효과가 뛰어나 민감성, 건성, 노화피부에 사용하기 적합하다.

10~15분 후에 물로 씻어내는 워시오프 타입과 닦아내는 티슈오프 타입이 있다.

(3) 젤 타입(Gel Type)

젤이 건조되어 얇은 피막을 형성하는 형태와 건조되지 않는 형태의 두 가지로 분류한다. 피막을 형성하는 타입은 필오프 타입으로 제거되며 각질 제거 효과가 있다. 건조되지 않는 형태의 팩은 워시오프 타입으로 제거되며 진정과 보습효과 또는 청량감 작용이 크고 주로 지성, 여드름, 예민 피부에 효과적이다.

(4) 클레이 타입(Clay Type)

진흙을 주원료로 하며 지성, 여드름 피부에 적합하고 피부의 딥클렌징과 과잉 피지 제거에 사용된다. 피부에 도포 후 일정 시간이 경과한 후에 건조되면 물로 제거한다.

(5) 시트 타입(Sheet Type)

주로 콜라겐과 유효성분을 건조시킨 시트를 정제수나 제품을 이용하여 얼굴 형태에 맞게 부착하여 시간이 경과 후 제거한다. 보습, 미백, 주름 방지 효과가 있다.

(6) 고무 타입(Rubber Type)

외부와의 공기를 차단하여 혈액순환과 신진대사를 활발하게 하여 피부에 청결, 보습, 진정효과를 준다. 대표적으로 모델링 마스크가 있다.

(7) 왁스 타입(Wax Type)

파라핀 왁스와 같이 열을 가해 영양침투를 촉진하거나 밀봉효과가 있다.

3) 기능에 따른 분류

(1) 석고마스크(Exothermic Mask)

석고 마스크는 얼굴의 윤곽을 만들어 준다는 의미로 고무 마스크와 함께 모델링 마스크라 부르기도 한다. 제품 회사와 첨가물에 따라 분홍색, 흰색, 파란색, 회색 등 다양한 색상의 분말 형태로 되어 있어 정제수 또는 화장수와 석고용 특수 용액 등과 섞어 바르면 석고가 차츰 응고되며 온도가 올라가 피부에 약 10분간 열(38~42℃)이 지속된 후 약 10분간은 서서히 온도가 내려가 차가워진다. 얼굴, 팔, 다리, 가슴 등 신체의 모든 부위에 적절하게 사용할 수 있으며, 바디 관리에는 가슴 탄력 관리, 튼살 관리, 셀룰라이트 관리, 슬리밍 관리에 이용된다. 일반적으로 피부 유형에 관계없이 모든 피부에 사용할 수 있다.

효능 및 효과

- 석고가 굳으며 내는 열과 밀폐 효과로 유효 성분이 피부 깊숙이 흡수되어 피부 개선 효과를 준다.
- 혈액순환을 촉진해 피부에 탄력을 주고 생기를 부여한다.
- 열에 의해 확장된 모공을 통해 피지와 노폐물이 잘 배출된다.

주의사항

- 헤어밴드를 잘 감싸 머리카락이 석고에 붙지 않도록 주의하며 얼굴에 균일하게 도포하도록 한다.
- 민감성 피부나 예민성 피부는 열을 내려서 사용한다.(소금을 약간 사용)
- 밀폐나 폐쇄공포증이 있는 고객에게는 눈과 입술은 도포하지 않는다.
- 석고 마스크 용기에 남아 있는 석고 잔여물은 세면대에 바로 씻어내지 않고 응고시킨 후 잘 부숴 쓰레기통에 버린다.

부적용 대상

- 여드름 피부, 모세혈관확장증, 예민성 피부는 열로 인해 자극을 받을 수 있으므로 사용을 금하는 것이 좋다.
- 필링 직후, 사우나 직후, 강한 햇빛을 받은 직후 등 피부가 예민해지고 붉어져 있는 상태에는 자극을 줄 수 있으므로 사용하지 말아야 한다.

(2) 모델링 마스크(Modelling Mask)

주로 해조류에서 추출한 다양한 활성성분이 주성분인 마스크이며 파우더 상태로 되어 있어 제품에 따라 물이나 특수용액, 젤과 혼합하여 바르면 마치 고무막과 유사하게 응고되면서 마스크의 활성성분이 흡수된다.

주로 해조류 중 갈색해조(lithothanium, laminaria, fucus 등)와 녹색해조류에서 활성성분을 추출해낸다.

효과

- 마스크가 굳어져 공기를 완전히 차단함으로써 마스크에 함유된 다양한 활성성분(미네랄, 미량원소, 비타민, 효소, 아미노산 등)이 피부 깊숙이 흡수되어 신진대사 촉진, 해독, 수분 공급

의 효과를 주며 모델링 효과도 준다.

- 얼굴과 전신의 모든 부위에 적절하게 사용할 수 있으며 해조 추출 성분 외에 목적에 따라 추가적으로 다양한 성분이 함유될 수 있으며 바디 관리에는 슬리밍, 탄력 관리를 위해 사용한다.
- 얼굴용 마스크는 마스크 온도가 체온보다 낮아 진정효과를 주어 모든 피부에 사용될 뿐 아니라 예민성 피부, 여드름 피부에도 효과적으로 적용된다.
- 바디용 마스크는 제품에 따라 따뜻한 온도를 유지하여 효과를 발휘하도록 하기도 한다.

(3) 콜라겐 벨벳마스크(Matrix Mask, Velvet Mask, Collagen Mask, Collagen Sheet)

활성성분을 함유한 종이 유사 형태의 셀룰로스로 되어 있으며 액체를 적셔 마스크의 활성성분을 흡수시키는 마스크이다. 일반적으로 사용되는 매트릭스 마스크는 대부분 천연 콜라겐을 냉동 건조해 섬세한 콜라겐 망으로 형성된 종이 형태의 마스크이다. 콜라겐 마스크류 중에 콜라겐 성분만을 함유한 마스크는 우윳빛 색상을 띠며 제조 시 알로에, AHA, 은행잎 추출물, 비타민 등 다른 활성성분을 함유시킨 마스크들은 다양한 색상을 띤다. 콜라겐 이외의 활성 성분을 함유시키는 목적은 다양한 피부 유형에 따라 적용하기 위한 것이다. 이러한 마스크도 대부분 콜라겐을 90% 이상 함유하고 있다.

순수 천연 콜라겐이 90% 이상 함유된 콜라겐 시트는 냉동 건조 처리된 상태이므로, 일반적으로 향방부제가 함유되지 않은 상태로 보존할 수 있다. 정제수, 화장수 또는 특수용액에 적셔 사용하는데 사용하기가 간편하면서 보습, 진정 등의 효과가 탁월하여 널리 사용된다. 콜라겐 마스크는 앰플, 크림의 형태에 비해 고함량의 콜라겐을 보유할 수 있으며 콜라겐이 보다 피부 깊숙이 흡수되는 특징이 있다.

효능

- 피부의 수화 능력을 증가시킨다.
- 피부 심층의 수분 보유량이 향상되어 잔주름을 예방해 준다.
- 피부 결이 섬세해지고 탄력이 증진되며 피부가 맑고 투명해진다.
- 자극받은 피부에 진정 효과를 주어 여드름, 예민성 피부를 비롯하여 필링 후, 얼굴 제모 후, 햇빛 화상 후에도 도움을 준다.

주의사항

- 마스크에 기포가 생기거나 찢어지지 않게 한다.
- 화농성 여드름 피부에는 사용을 금한다.

(4) 파라핀 마스크(Paraffin Mask)

파라핀 왁스, 에틸알코올, 스테아릴알코올 등이 혼합된 마스크로 온열기를 이용하여 사용 직전에 녹여서 사용한다. 석고 마스크와 마찬가지로 마스크 자체에는 유효성분이 함유되어 있지 않으며 45℃ 이상의 발열 효과를 피부미용에 이용한다. 발열 작용으로 건성, 노화 피부 및 발 관리, 손 관리에 효과적으로 사용한다.

효과

- 열을 내게 하고 피부를 완전 밀폐시켜 마스크 도포 전에 바르는 피부유형별 앰플 및 영양액과 영양크림의 성분이 피부 깊숙이 흡수되어 피부 개선 효과를 준다.
- 혈액순환을 촉진해 피부에 생기와 탄력성을 부여한다.
- 열에 의해 확장된 모공을 통해 피지 및 노폐물이 보다 쉽게 배출되며 이들이 마스크에 흡착된다.
- 수분 증발을 막아 보습력 증대 효과가 있다.

4) 천연성분에 따른 분류

(1) 천연팩

다양한 천연물을 팩 재료로 사용할 수 있다. 천연팩은 비용도 저렴하고 가정에서도 쉽게 사용할 수 있어 유용하다. 그러나 천연팩은 침투력이 약하고 사용이 번거로우며 저장 기간이 짧은 단점이 있다. 또한 천연물질이라고 모두 피부에 좋은 것만은 아니며, 유효성분뿐만 아니라 불필요한 성분까지 여과되어 피부 문제가 발생할 수도 있으므로 목적에 맞는 재료를 선택해야 한다.

(2) 한방팩

한방팩은 한방 재료를 분말로 만들어서 마스크 재료로 사용한 것이다. 일반 천연물과 구분되지 않고 한방 재료이면서 식품으로 사용하는 것도 있으나, 일반 시장에서 제품을 구입하기보다는 부작용을 줄이기 위해서는 반드시 중금속 시험과 제품품질 검사를 거친 것을 사용하는 것이 좋다. 한방팩의 장점은 가격이 저렴하고 사용이 간편하며, 피부 타입에 따라 선택 적용이 가능하며 천연팩보다 보관기간이 길다는 점이다. 반면 과학적인 면이 부족하고 침투력이 떨어지며, 사용이 번거롭고 제품 팩에 비해 저장기간이 짧다는 단점이 있다.

1. 파라핀 왁스(Paraffin wax)
2. 모델링 마스크(Modelling mask)
3. 크림팩(Cream pack)
4. 콜라겐 벨벳 마스크(Matrix mask, Velvet mask, Collagen mask, Collagen sheet)

팩에 따른 효능과 성분

목 적	종 류	성분 및 제조 첨가물	사용법
영양 공급	계란 노른자	레시틴, 비타민, 지방	밀가루를 풀어 사용
	벌꿀	비타민 B군, 미네랄, 포도당, 과당	벌꿀 + 우유 + 밀가루
	올리브	비타민 E, 식물성 지방	오일 도포 후 습포를 2~3분간 적용
피부 청결	계란 흰자	단백질	거품을 내어 마사지하듯 문지름
	사과	비타민 C, 당분, 펙틴	사과 + 꿀 + 밀가루
보습	요구르트	유산균	요구르트를 바르고 거즈로 덮은 후 물로 세안
	알긴산	요오드	알긴산 + 증류수 + 글리세린
미백	딸기	비타민 C, B, B_{12}, 당분	딸기 + 분유
	포도	비타민 B, B_2, 인, 당분	포도즙 + 밀가루 + 레몬즙 1~2방울
	연근	비타민 C, B_2, 인, 칼슘	연근즙 + 밀가루
소염, 진정	감자	비타민 B_1, B_2, C, 단백질, 당질	감자즙 + 밀가루
	살구	당질, 칼슘, 비타민 A, C	살구즙+밀가루
	맥반석	산화규소, 무수탄산나트륨	물에 개어 사용함

한방팩 재료의 특징 및 효능

종 류	특 징	효 능
도인	복숭아 종자	미백, 소염, 피부 재생
의이인	율무 종자	피부산화 환원능력, 색소침착 방지, 노화 피부, 기미, 미백
백강잠	백강균에 의해서 죽은 누에새끼 벌레	기미, 미백, 주근깨, 노화
행인	살구나무의 살구씨	거칠고 건성인 노화피부, 기미, 피부 수축, 피부 부활, 배농
녹두	콩과에 딸린 1년생 식물	해독 작용, 미백 작용
진피	귤의 성숙 과실 과피	항염증, 상처 소독, 여드름 피부 살균
토사자	메꽃과에 딸린 한해살이의 기생식물	여드름, 기미
백축(흑축)	연한 잿빛, 흰색의 나팔꽃 씨	기미, 미백
감초	콩과에 딸린 다년생 초본	세포 재생, 진정작용, 항염증, 피부기능 대사 촉진
백봉령	소나무에 5~9년 기생하는 균체	수분대사 원활, 기미, 노화
박하(멘톨)	박하잎	혈액순환, 피부 청량감, 진정 효과
카오린	화장품의 원료로 사용하는 돌가루	모공세정 작용, 피지 흡착
맥반석	화강암류	모공 세정 작용, 여드름, 기미, 무좀
해조류	해조류 추출물	영양 공급, 보습, 예민 피부의 진정 효과

1. 제모의 정의

신체의 불필요한 부분의 털을 제거하는 것으로 왁스를 이용한 전신 제모(waxing of face and body)와 눈썹 털을 뽑는 방법(tweezing of eyebrows)과 영구적인 제모 방법인 전기분해법(electrolysis)이 있다. 면도(shaving), 탈색(bleaching) 및 제모크림(hair removal cream)은 가정에서 많이 사용되는 방법이며, 제모할 경우 피부 표면의 죽은 각질세포까지 제거하기 때문에 피부를 부드럽고 윤기 있게 만들 수 있다.

2. 제모의 목적 및 효과

여성들의 아름다움을 저해하는 털을 인공적으로 제거하는 것을 의미한다. 보통 사람의 얼굴에는 25,000개의 모낭이 존재하며 원하든 원하지 않든 털이 자라게 된다. 85%의 여성이 팔과 다리에 털이 있으며 원하지 않는 부위의 털을 제거함으로써 관상학적 및 미용학적으로 더욱 아름다운 인상과 이미지를 부여한다.

3. 제모 시 주의사항

- 화상을 방지하기 위해 반드시 피부관리사의 팔 위에서 왁스의 온도를 확인하여야 한다.
- 핫왁스는 피부를 민감하게 하고 상처를 유발할 수 있으므로 겨드랑이 털 제모에는 적합하지 않다.
- 왁스가 제거하고자 하는 부위가 아닌 부위에 접촉하지 않도록 주의하여야 한다.

4.
제모의 종류

1) 영구제모(Permanent hair removal)

털의 모근(hair root)까지 영구적으로 제거하는 방법이다.

(1) 전기 분해요법

전기분해법(electrolysis)이란 갈바닉 전류 등을 이용하여 과다한 체모를 제거하는 것을 말한다. 미세한 털구멍 속으로 삽입하여 약한 전류가 바늘을 통해 전달되어 털뿌리를 파괴하여 털을 영구적으로 제거하는 방법이다.

(2) 전기 응고법

열을 이용해서 모유두를 응고시켜 털을 파괴하는 방법으로 신속히 제거 가능한 것이 장점이다.

(3) 레이저 관리

레이저의 종류는 다양하지만 모낭 주변의 혈관을 파괴하는 원리를 이용하거나 문신이나 기미, 주근깨 등의 색소침착을 제거하는 레이저로 모낭을 파괴하여 털을 없애준다.

2) 일시적 제모(Temporary hair removal)

털을 일시적으로 제거하는 방법이다. 피부 표면에 나와 있는 털 또는 피부 안에 들어 있는 털을 제거하여 깨끗한 피부를 유지할 수 있다.

(1) 화학적 제모

대개는 크림 형태이며 로션, 스프레이 또는 거품이 나는 형태로 된 것도 있다. 제모크림은 각질을 녹여서 작용한다. 우선 제모 전에 털을 10mm 정도만 남기고 짧게 깎는다. 그런 후 제모 크림을 바르고 어느 정도 시간이 지나면 털이 녹는데, 이를 물로 씻어내고 진정 젤을 발라 진정시킨다.

주의할 점은 화학적 제모제는 피부에 자극을 유발하여 피부염이 생길 수 있으므로 사용 전에 패치 테스트를 하는 것이 좋다. 패치 테스트는 팔의 털이 없는 부분에 제모 크림 등을 바른 후 7~10분 후의 반응을 보는 것으로 가려움, 부종, 따가움 등의 증상이 없으면 사용해도 좋다.

(2) 물리적 제모

❶ 면도기(Razor)를 이용한 제모

ⓐ 면도기는 보통 남성의 수염을 깎는 것 외에 여성들이 겨드랑이나 다리의 털을 제거할 때 사용하고 있다.
ⓑ 코 밑이나 팔다리의 털을 가장 손쉽게 없애는 방법이다.
ⓒ 면도 후 사흘이나 나흘 뒤에는 털이 다시 자라고 면도칼이 직접 피부에 닿게 되어서 자극적이다.
ⓓ 통증이나 가려움증이 생길 수 있고 염증이 생겨서 그 부위에 자국이 남아 색소침착이 되기도 한다.
ⓔ 면도 전에 피부를 따뜻한 온습포 등으로 부드럽게 해주어서 피부 자극을 줄이고, 샤워나 목욕 후에 하게 되면 모공이 열리고 피부가 촉촉하고 부드러운 상태에서 행하게 된다.
ⓕ 면도 부위에 비누를 발라서 피부를 매끄럽게 해서 마찰을 줄이고 면도날은 좋은 질의 것을 사용하며 늘 새것으로 교체해서 쓴다.
ⓖ 한 번에 완전히 면도하려 하지 말고 여러 차례에 걸쳐서 부드럽게 하는 것이 좋다.
ⓗ 면도의 방향은 털이 난 방향으로 하며 피부를 옆으로 당겨서 털이 직각으로 서게 하면 피부에 주는 자극을 줄일 수 있다.
ⓘ 면도 후에는 냉습포로 진정시켜 주고 알로에 성분이나 알란토인(allantoin) 성분이 함유된 로션이나 크림을 발라주어 진정시켜야 한다.

❷ 핀셋을 이용한 제모(Tweezing)

좁은 부위에 난 털을 제거할 때 핀셋을 사용한다. 왁스 제모 후나 눈썹 수정 후 남아 있는 잔여 털을 제거할 때 사용하는 방법이며, 모근까지 제거되므로 면도기를 이용한 제모보다는 털의 성장 시일이 길다. 지속적으로 할 경우 피부가 늘어질 수도 있다.

ⓐ 눈썹 정리 시 족집게와 같은 도구를 이용하여 실시한다.
ⓑ 털 주위의 피부는 한 손으로 고정해서 아프지 않도록 하고 털이 난 방향으로 털을 뽑는다.
ⓒ 족집게는 한 번 사용 후 반드시 알코올 솜으로 소독한다.
ⓓ 털을 뽑은 부위는 진정 젤로 진정시킨다.

❸ 왁스를 이용한 제모(Depilatories)

왁스를 이용한 제모는 얼굴이나 다리의 털을 제거하는데 적합하며 모근까지 제거되기 때문에 보통 4~6주간 지속된다. 면도나 제모제를 사용하는 것보다 털의 재생 기간이 길어서 피부에 덜 해롭다. 왁스를 이용한 제모 시 왁스의 온도, 올바른 적용방법, 왁스 제모 후 관리 등의 절차를 적절히 행하여 고객에게 편안함을 주도록 한다.

ⓐ 핫왁스

다리나 등 같은 넓은 부위의 털을 제거하기에 적합하다. 종류로는 소프트 왁스(soft wax)와 스트

5.
왁싱 실기

립 왁스(strip wax)가 있으며 왁스를 털 난 방향으로 바르고 모슬린 천 또는 부직포를 이용하여 제모한다. 바르기 쉽고 빨리 제거되어 광범위한 부위에 아주 효과적이다.

ⓑ 콜드왁스

핫왁스가 뜨거워 견디기 어려운 고객은 콜드 왁스가 적합하다. 사용법과 효과는 핫왁스와 같으나 상온에서 데울 필요가 없다. 굵은 털과 거친 털은 핫왁스에 비해 잘 제거되지 않는다.

ⓒ 왁싱

왁싱 시술은 한 번의 시술로 대략 4주 정도 제모 상태를 유지할 수 있다. 매일 하는 면도기 제모를 하지 않아도 되며, 반복적인 제모로 인한 색소침착을 예방할 수 있다. 한 번의 시술만으로 제모가 다 되는 것이 아니라 제모 시술을 거듭할수록 털의 숱이 점차적으로 줄어 최종적으로 반영구적 제모가 된다.

1) 눈썹 왁싱

❶ 털이 난 방향으로 제모할 부위의 눈썹 위에 왁스를 바른다.
❷ 왁싱용 천(muslin)으로 눌러준다.
❸ 한 손으로 왁스 천의 가장자리를 잡고 다른 손으로 피부가 팽팽해지도록 털이 난 반대 방향으로 떼어낸다.
❹ 진정시킨다.

2) 입술 상단의 왁싱

❶ 보통 두 방향으로 털이 자라므로 한 방향씩 나누어 제모한다.
❷ 스파출라로 왁스를 바른다.
❸ 왁싱용 천(muslin)으로 바른 부위를 눌러준다.
❹ 털이 난 반대 방향으로 떼어낸다.
❺ 진정시킨다.

3) 겨드랑이 왁싱

핫왁스는 피부를 민감하게 하고 상처를 유발할 수 있어 겨드랑이 털 제모에 적합하지 않으므로 상온에서 사용하는 콜드왁스를 준비한다. 털의 방향대로 두세 방향으로 나누어 왁스를 발라 차례로 털을 제거한다.

❶ 제모하고자 하는 부위를 노출시키고 고객에게 편안한 자세를 취하게 한다.
❷ 준비가 끝나면 시술자는 수술용 장갑을 끼고 시술할 부위를 소독한다.
❸ 겨드랑이는 땀이 많이 나는 부위이므로 왁스 적용을 위해 비누와 따뜻한 물로 씻어 주거나 면패드에 아스트린젠트를 묻혀서 피지를 제거한다.
❹ 긴 털은 1㎝ 정도만 남겨 놓고 자른 후 탈크파우더를 피부 표면에 바른다. 이때 털의 방향대로 두세 가지 방향으로 나누어 털의 역방향으로 먼저 바른 후 털의 방향으로 쓰다듬어 털의 방향과 결을 찾는다.
❺ 상온에서 왁스를 그대로 사용하면 된다.
❻ 스파츌라를 사용하여 왁스를 털이 난 방향으로 얇고 일정한 두께로 바른다.
❼ 제모용 천을 덮고 왁스에 털이 밀착되도록 일정한 압으로 눌러준다.
❽ 털이 난 반대 방향으로 신속하게 떼어낸다. 나머지 부위도 같은 방법으로시술한다.
❾ 제모용 천으로 피부에 남아있는 왁스를 찍어낸다.
❿ 족집게를 이용하여 남아있는 털을 뽑아낸다.
⓫ 화장솜에 오일을 묻혀 왁스의 잔여물을 닦아낸다.
⓬ 준비해 둔 냉습포로 진정시킨다.
⓭ 제모 후에는 과민성 피부에는 알로에 젤, 민감성 피부에는 탈크 파우더, 과민하지 않을 경우에는 증류수로 희석한 아스트린젠트, 피부 결이 두꺼운 경우에는 바디 오일과 아스트린젠트를 배합한 것 또는 항균 로션을 발라 피부를 진정시킨다.

4) 다리 왁싱

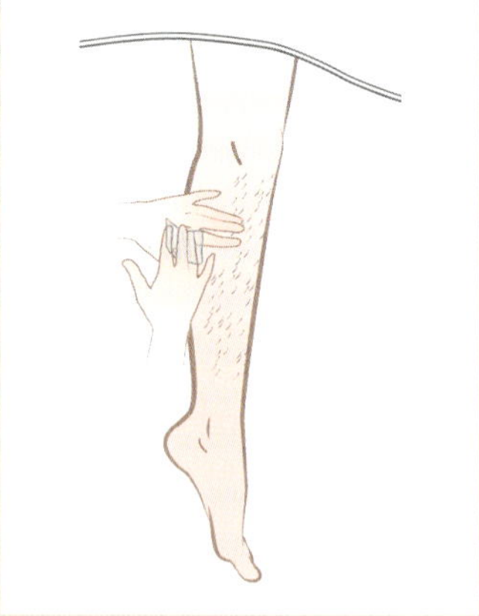

1. 손소독
양손의 손등과 손바닥을 소독한다.

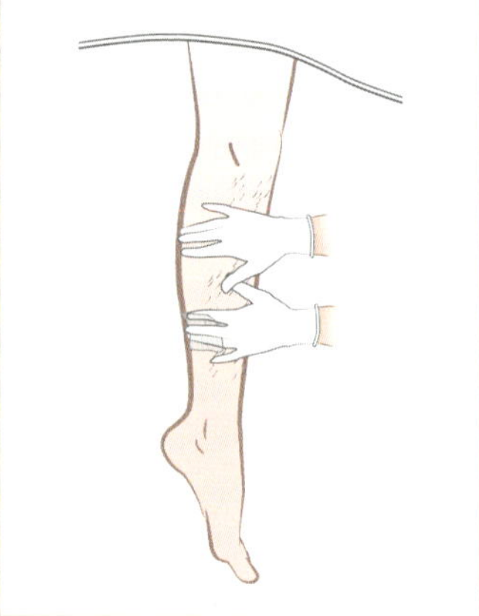

2. 대상 부위 소독
준비가 끝나면 시술자는 수술용 장갑을 끼고 시술할 부위를 알코올 솜으로 소독한다.

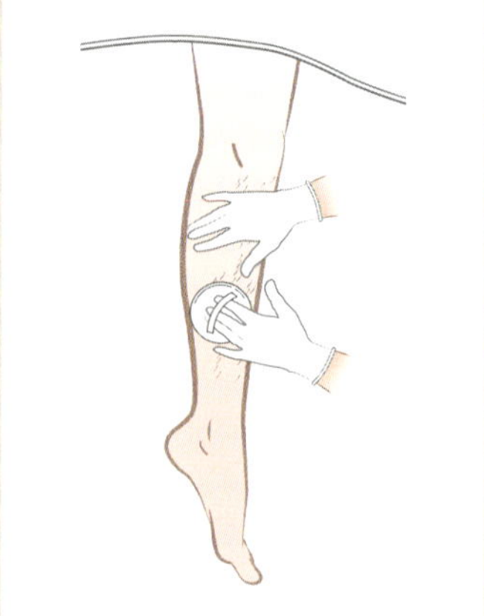

3. 탈크파우더를 피부 표면에 바른다. 이때 털의 역방향으로 먼저 바른 후 털의 방향으로 쓰다듬어 털의 방향과 결을 찾는다.

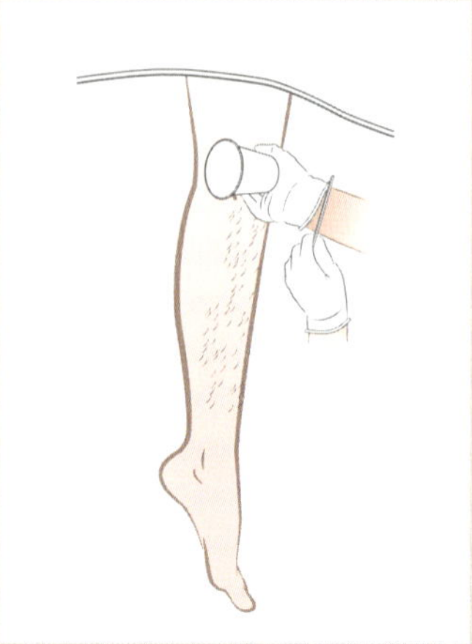

4. 시술할 양의 왁스를 우드 스파츌라에 덜어 온도를 확인한다. 온도를 확인할 때는 관리사의 팔 위에 왁스를 소량 떨어뜨려 온도가 적절한가를 확인한다.

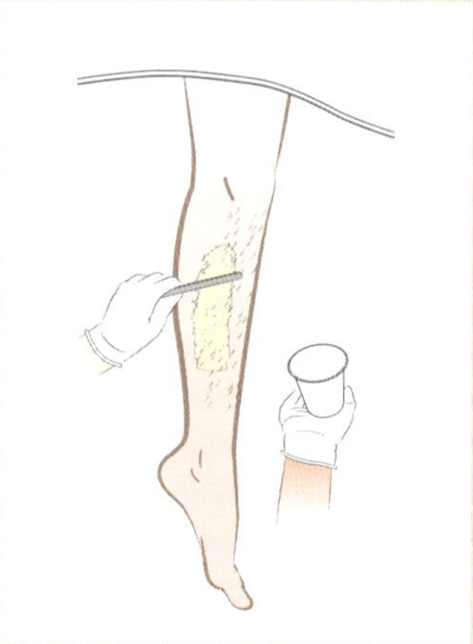

5. 스파츌라나 브러시를 이용하여 피부 표면에 털이 난 방향으로 바른다. 스파츌라에 왁스를 발라 90˚ 각도로 세워서 두께를 일정하게 털이 난 방향으로 펴 바른다.

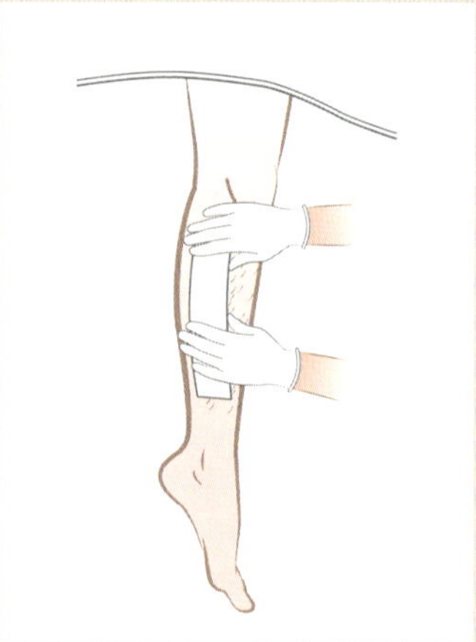

6. 제모용 천(무슬린 천)을 왁스 위에 대고 털이 난 방향으로 문질러주며 왁스를 밀착시킨다.
털이 난 반대 방향으로 재빨리 제모용 천을 떼어낸다.

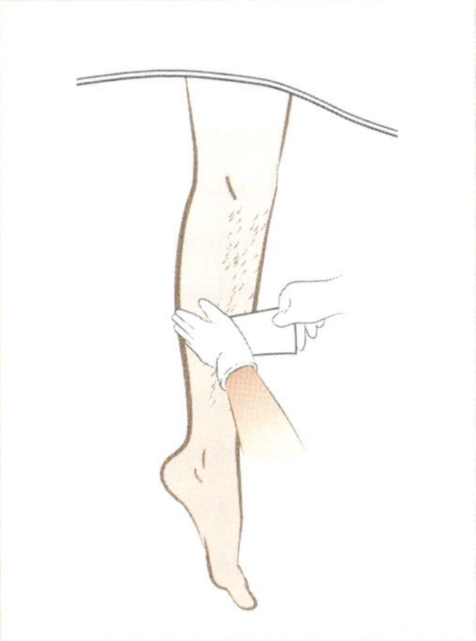

7. 제모용 천으로 피부에 남아있는 왁스를 찍어낸다.

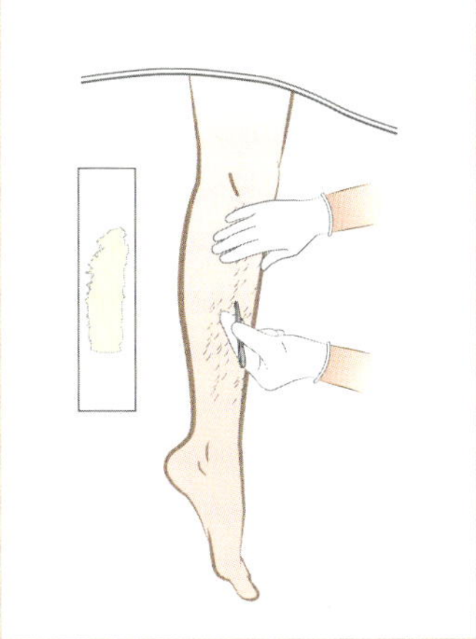

8. 족집게를 이용하여 남아있는 털을 뽑아낸다.

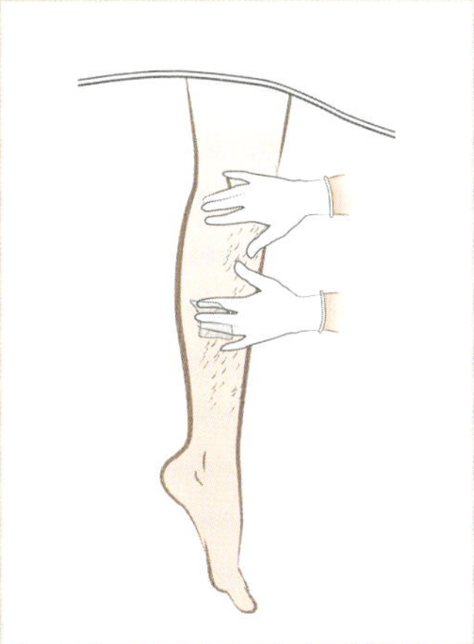

9. 화장솜에 오일을 묻혀 왁스의 잔여물을 닦아낸다. 준비해 둔 냉습포로 진정시킨다.

전신 관리

12장

전신 관리의 근원은 환자나 고객에게 도움을 줄 수 있는 방법으로 통증이 있는 특정 부위와 타박 부위를 두드리거나 누름으로써 통증을 없애고 순환에 도움을 주고자 필요한 동작을 제시하여 행위를 시작하게 된 것으로 추정된다.

인체 전신을 관리하며 근육 이완 효과가 있는 건식 마사지와 습식 마사지 등이 생애 주기별로 이루어지고 있다. 전신 테크닉은 근육의 반복적인 사용으로 인한 탄력성의 저하, 임신과 출산, 무리한 다이어트, 자외선, 영양의 불균형 등 신체의 손상으로 발생하는 신진대사의 불균형을 생리적 · 물리적 · 심리적으로 관리하는데 효과가 있다. 한편 신체의 혈액과 림프의 순환 및 신경계, 호흡계 등에 전반적인 기능을 정상적으로 유지하고 건강하고 아름다운 체형을 만들기 위해 손 기술을 연합하고 팩이나 전신 관리기기 등을 통해 순환을 촉진시켜 인체의 균형적인 순환이 이루어질 수 있도록 한다.

1. 전신 관리의 목적과 효과

전신 관리는 각 부위별 근육의 특징, 근육 결에 따라 적절한 방법으로 문지르거나 두드리거나 주무르는 행위를 말하며, 고객의 심리적 안정과 신체 조직의 기능 회복과 혈액순환과 신진대사를 증진시키고 체내 노폐물을 배출시켜 건강한 피부와 건강한 몸을 유지하는데 그 목적이 있다.

(1) 피부의 탄력성과 흡수성 증가

❶ 피부 온도를 높이고 모공을 확장시켜 피부를 통한 유효한 성분의 흡수를 높인다.

❷ 결합조직의 긴장도를 강화하고 피부의 탄력성을 증가시켜 피부 노화를 지연 또는 억제한다.

(2) 혈액순환과 림프순환의 촉진 효과

❶ 마사지는 피부나 근육의 혈행을 좋게 하고 전신의 혈액순환을 개선한다.

❷ 림프순환을 촉진하여 정맥으로 배설하지 못한 노폐물의 배설을 돕는다.

(3) 교정 효과

관절이나 그 주변을 마사지함으로써 굳어진 관절낭, 인대, 건 등을 풀어주어 노폐물의 축적을 막아주는 기능을 한다.

(4) 전신 조절 효과

마사지는 손님에게 상쾌함을 주고 전신의 자율신경이나 내분비선에도 영향을 주어 신체의 불균형을 조절하여 심신의 조화를 기한다.

(5) 내장기능의 회복

복부 마사지 및 등·허리 마사지는 그 부위의 결림이나 통증을 해소할 뿐만 아니라 반사적으로 호흡기, 순환기 또는 위장 기능을 좋게 하는 효과가 있다.

(6) 근육의 이완 및 강화 효과

굳어진 근육에 물리적 자극을 주어 근육의 경직, 위축을 해소하고 강화하는 효과를 가진다.

(7) 반사 작용 효과

신경, 근육, 내장 등의 반사기전에 의하여 간접적인 자극을 가하여 내장의 기능을 강화시키는 역할을 한다.

(8) 신진대사 촉진

혈행의 증가로 조직적으로 영양물질이나 산소의 공급이 원활해져 신진대사가 촉진된다.

(9) 내분비 기능의 조절

근육이나 피하조직에 자극을 주어 혈행을 좋게 하고 내분비 기능을 조절한다.

(10) 신체의 면역력 증가

혈액순환과 림프순환이 개선되고 내분비 기능이 정상화 됨에 따라 신체의 자연 면역력이 증가한다.

(11) 심리적 안정감

안정된 상태에서 전신 관리를 받음으로써 심리적인 안정감과 행복감을 느낄 수 있다.

2.
전신 마사지의 종류

스웨디시 마사지, 경락 마사지, 시아추(지압) 마사지, 림프드레나지, 아율베딕 마사지 등이 있다. 가장 널리 쓰이는 마사지는 베이직 스웨디시 마사지이다. 현재 우리나라에서는 경락마사지를 응용한 한국형 피부 관리 등을 한다.

1) 스웨디시 마사지(Swedish Massage)

19세기 스웨덴의 피터 링(Peter Ring)에 의해 발전된 체계로 프랑스식 effleurage, petrissage, friction, tapotement 외에 rolling, slapping, pinching, shaking, vibration과 joint movement(관절운동)를 첨가한 과학적 방법이다.

스웨디시 마사지의 효과

❶ 심신을 안정시키는 효과를 주며 혈액순환을 증가시킨다.

❷ 관절을 부드럽게 하며 경련(단단하게 굳음)된 근육을 이완시킨다.

❸ 림프의 흐름을 개선하여 부종, 셀룰라이트, 만성적 염증을 개선한다.

❹ 교감신경의 활동을 증진하고 감각신경, 운동신경에 영향을 준다.

❺ 유해요소의 확장을 제지하며 면역기능을 강화한다.

❻ 비뇨 촉진, 질소 배출, 연동운동 촉진, 간 기능을 개선하여 신진대사를 증진한다.

❼ 부드럽고 가볍게 신경을 자극하며 강약을 조절하는 섬세한 터치로 섬유질과 뼈, 인대의 탄성을 부드럽게 한다.

❽ 신경을 편안하고 평화롭게 조화시켜 스트레스, 불면증, 우울증 등을 개선하여 최적의 신체 환경을 만든다.

2) 경락 마사지(Meridian Massage)

경락 마사지란 동양의학, 즉 중국 한의학의 기본 이론 중 하나로서 눈에 보이지 않는 인체의 기혈 운행 통로, 즉 기혈의 순환계를 의미한다. 경락은 경맥과 낙맥을 통틀어 말하는 것으로 전신의 근육, 내장, 뼈, 손톱, 머리카락까지 뻗어있지 않은 곳이 없다. 경맥에는 오장육부와 연결된 12정경과 임맥과 독맥을 포함하고 있는 기경팔맥이 있다. 경맥은 인체의 종으로 흐르고 낙맥은 횡으로 흘러 인체에는 경락이 종횡으로 연결되어 장부와 조직의 기능을 유기적으로 조절해준다. 이 경락선에는 수백 개의 경혈이 놓여 있어 기(에너지)와 혈(혈액)의 전송을 도와주는데, 이 경락 내에 에너지가 원만히 흐르고 있으면 건강하고 어느 장부에 이상이 생기면 즉시 에너지의 흐름이 정체된다.

경락 마사지의 효과

❶ 혈액 및 림프액의 순환을 촉진한다.

❷ 근육의 경련, 위축, 이완을 회복한다.

❸ 골격, 근육, 인대, 혈관 등의 이상 위치를 조절한다.

❹ 건강의 증진을 목적으로 하며 순환을 통하여 셀룰라이트를 제거하여 군살 없는 몸의 실루엣과 균형감을 갖게 한다.

❺ 신진대사의 촉진으로 기미, 여드름, 잔주름, 종기 등의 발생을 억제하고 피부의 윤기와 탄력성을 유지한다.

❻ 생리기능이 저하되었던 곳에 활력을 공급한다.

❼ 중추신경과 자율신경의 부조화를 조절한다.

❽ 내장의 체표반사점을 지압하여 내장의 기능을 조절한다.

❾ 원활하지 못했던 육체의 기능을 부드럽고 유연하게 바로잡아 건강을 회복시켜 준다.

3) 지압 마사지, 시아추(Shiatsu, 신경점마사지)

지압은 일본에서 안마라고 불렀던 마사지의 초기 형태에서 발전된 것으로 '손가락으로 누르기'란 의미로서 오래된 형태의 치료법을 나타내는 새로운 용어이다. 지압의 특징은 단순하며 신체의 육체적 구조와 선천적인 내부에너지를 조정하여 병을 물리치고 건강을 유지하기 위해서 손으로 누르는 것 같은 수 기법을 사용한다. 즉 경락과 경혈을 눌러서 건강을 되돌리는 것으로 경락 전체를 맨손으로 시술하고 증상에 따라 부분 지압을 하게 된다.

지압 마사지의 효과

❶ 국부의 혈액순환과 림프의 흐름을 왕성하게 하고 신경을 안정시킨다.

❷ 근육의 경련(단단하게 굳음), 위축, 이완을 회복시킨다.

❸ 골격과 관계 있는 근육, 인대 등을 지압함으로써 골격의 이상 또는 변형을 조정한다.

❹ 내장의 체표반사점을 지압하여 내장의 기능을 조절하고 내분비 기능을 조정한다.

❺ 중추신경과 자율신경의 부조화를 조절한다.

4) 림프드레나지(Lymppdrainage)

올라우스 루드베크(Olaus rudbeck, 1630~1702)는 스웨덴 출신의 과학자로 정맥순환계와 림프를 신체의 시스템으로 발견한 최초의 해부학자이다. 앤드류 테일러 스틸(Andrew Taylor Still, 1828~1917)은 흉부 펌프, 복부 펌프 등 많은 림프 펌프 테크닉을 개발하였다. 에밀 보더(Emil Vodder, 1896~1986)는 덴마크 출신의 생물학자로 림프 배출을 위한 MLD(Manual Lymph Drainage)를 개발하였으며 MLD는 1957년 비엔나 CIDESCO 대회에서 최초로 소개된 이래 현재까지 유럽 국가에서 많이 이용되고 있는 수기법이다. MLD는 림프순환을 촉진하여 세포의 대사물질 및 노폐물의 배출을 도와줌으로써 조직의 대사를 원활하게 해주는 물리치료 요법이며 피부관리 요법이다.

림프드레나지는 사람의 손으로 섬세하고 정확하게 하여야만 목표를 달성할 수 있으며 피부관리 분야에서는 자극된 피부, 여드름, 알레르기, 습진, 모세혈관확장 피부, 부종, 흉터, 셀룰라이트 등 문제성 피부에 적용된다.

5) 아율베딕 마사지(Ayurvedic Massage)

아율베딕(Ayurvedic)은 힐링 시스템의 원리에 그 뿌리를 두고 있다. 건강관리 방식을 포함하고 삶의 본질, 영역, 그리고 목적을 다루며 행복과 슬픔, 고통과 기쁨, 건강과 질병을 다룬다.

아율베딕은 약초에서 추출한 오일로 약리작용을 통해 몸의 힐링(치료)을 할 수 있으며 각 개인에 맞는 치료 처방을 제시하고 있다. 이러한 모든 요소가 힐링 과정에 있어서 가장 중요한 것들이다.

건강은 양적·질적 균형을 유지하는 다섯 요소 즉, 에테르의 공기(아카샤), 바람(바유), 불(테자스), 물(잘라), 땅(프르비티)이며, 3가지 도샤인 바타, 피타, 카파를 형성한다.

3. 전신 마사지에 영향을 미치는 인자

마사지 기술의 적용에 있어서 주요 구성요소는 방향과 압력의 정도, 속도와 리듬, 손 이외의 매개체, 자세, 기간, 횟수 등이다.

1) 방향(Direction)

피터 링(Peter Ling)은 각 동작에 있어서 압력의 방향은 비록 동작의 연결이 반대 방향(원심 방향)으로 있을지라도 정맥의 방향(구심 방향)이어야 한다고 주장하였으며 이 개념은 오늘날까지 인정되어 사용되고 있다.

2) 압력(Pressure)

그리스의 저술가인 헤로디쿠 스(Herodikus)와 헤로도투스(Herodotus)는 동작에 있어서의 압력을 처음에는 부드럽게, 그 다음은 세게, 끝으로 갈수록 다시 부드럽게 변화시켰다. 이후 히포크라테스는 압력의 유형을 언급하면서 가볍게, 강하게, 부드럽게 그리고 중증도로 구분하였다. 이는 압력의 변화에 따르는 접촉의 중요성과 압력의 양에 의존하여 나오는 효과의 차이를 강조하는 것이며 고객의 상태에 따라 압력량이 바뀌어야 한다는 이론을 뒷받침하고 있다.

gentle → hard → soft → moderate

3) 속도와 리듬(Rate & Rhythm)

헤로디쿠스(Herodikus)는 압력과 속도를 처음에는 부드럽고 느리게, 중간은 빠르고 강하게, 그리고 마지막에는 느리고 부드럽게 연결시키는 것이 중요하다고 주장하였다.

soft, slow → hard, fast → soft, slow

4) 매개체(Media)

마사지 동작 시 피부의 마찰을 줄이고 효과를 높이기 위하여 사용하는 크림, 오일, 로션 등을 말한다. 피부 상태에 따라 매개체를 선택하고 피부 유형에 맞게 캐리어 오일을 단독 사용하거나 에센셜 오일을 블렌딩하여 사용한다. 캐리어 오일은 포도씨 오일, 조조바 오일, 아몬드 스위트오일 등 여러 종류가 있다.

5) 자세(Position)

체중은 적절한 자세로 똑바로 섰을 때 양쪽 발에 균등히 실려야 한다. 넓은 부위를 마사지할 때 체중을 한 발에서 다른 한 발로 옮겨야 하며 체중의 이동으로 생기는 압력을 이용한다. 서 있는 경우에는 몸무게가 발바닥에 분산되도록 하여야 하며 앉아 있는 경우에는 허리를 쭉 편 상태에서 무게가 대퇴골에 실리도록 하여야 한다. 또한 시술자의 위치는 편하고 긴장되지 않게 하고, 불필요한 이동은 가능한 한 피해야 한다.

6) 시간(Time)

고객의 상태와 사용하는 매개체에 따라 달라지나 보통 국소 마사지는 10~20분(보통 15분)이 적합하고 전신 마사지에서는 40~60분 정도 소요하는 것이 바람직하다.

7) 횟수(Frequency)

고객의 피부 유형, 연령, 부위, 관리 목적 등 상태에 따라 다르므로 고객의 조건, 진행 상태 등을 고려하여 규칙적이며 정기적인 방법을 선택하도록 하는 것이 좋다.

4. 전신 관리를 위한 준비

❶ 관리용 침대와 담요, 타월 등을 깨끗하게 한다.
❷ 실내는 조용한 음악과 아로마 향으로 심신이 편안하고 안정감을 주는 분위기를 조성한다.
❸ 고객에게 관리 과정을 자세하게 설명한다.
❹ 매뉴얼테크닉을 하지 않는 부위는 마른 타월로 덮어 따뜻하게 체온을 유지한다.
❺ 피부관리사의 손은 항상 부드럽고 따뜻하게 한다.

체형분석차트 I

전신 관리 고객 카드 I

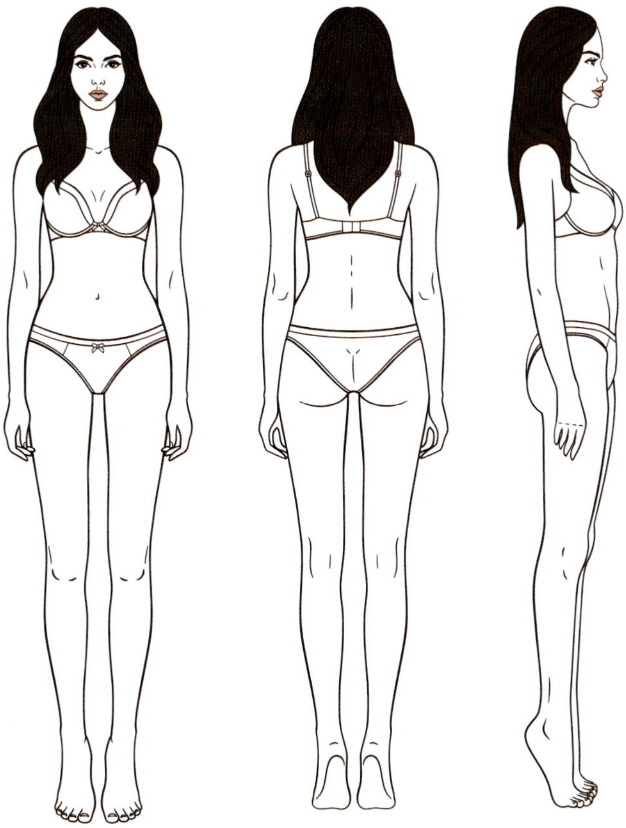

<table>
<tr><th colspan="2">둘레 측정</th><th>전신 피부 상태 표시</th></tr>
<tr><td>가슴</td><td></td><td rowspan="6">지방 : xxxxxxxxx
셀룰라이트 : ######
튼살 : ////////
근육 탄력이 약한 부분 : SSSSSSSS

※ 사마귀, 반점, 모세혈관확장, 정맥류 등 문제가 있는 곳에 표시할 것
※ 자세에 문제가 있는 곳에 표시할 것</td></tr>
<tr><td>허리</td><td></td></tr>
<tr><td>골반</td><td></td></tr>
<tr><td>둔부</td><td></td></tr>
<tr><td>대퇴(오른쪽)</td><td></td></tr>
<tr><td>대퇴(왼쪽)</td><td></td></tr>
</table>

체형분석차트 II

고객 신상		
성명 :	결혼유무 :	자녀수 :
생년월일 :	전화번호 :	직업 :
주소 :		

건강 상태(병력)					
심장질환	□	금속핀 삽입 유무	□	혈전증	□
혈압	□	당뇨	□	간질	□
최근 수술 여부	□	정맥류	□	알레르기	□
피부 상태	□	최근 약물 복용 여부	□	기타	□

고객 생활습관
식습관:
운동:
기타 기호식품:
미용 제품:
체형 관리 받은 경험:

체형 평가 및 BMI			
키 :	몸무게 :		BMI : kg/m²
바디 타입	Endomorph(코끼리형) □	Mesomorph(호랑이형) □	Ectomorph(기린형) □
근육톤	좋다	보통이다	나쁘다
대퇴(Thigh)	□	□	□
복부(Abdomen)	□	□	□
힙(Buttocks)	□	□	□
관리 목적:			

관리 계획
기기 사용:
Massage:

상담 내역

5. 전신 관리 해부학적 구조 및 작용

해부학은 인체의 내적·외적 구조를 연구하는 학문이며, 생리학은 다양한 기능이 일어날 때 어떻게 기능을 수행하는지에 대한 학문이다. 따라서 전신 관리로 전반적인 기능을 정상적으로 유지하기 위해 해부학적 구조 및 작용을 이해하도록한다.

1) 인체의 구조

살아 있는 생명체들의 생명활동의 공통적인 최소단위는 세포이다. 인간은 다세포 생물로 세포 → 조직 → 기관 → 개통의 순으로 구성되어 있다. 다세포 생물은 각 세포마다 고유한 기능을 가지며, 형태와 기능이 비슷한 세포가 모여 조직이나 기관 기관계와 같은 유기적 구성을 통해 하나의 개체를 이룬다.

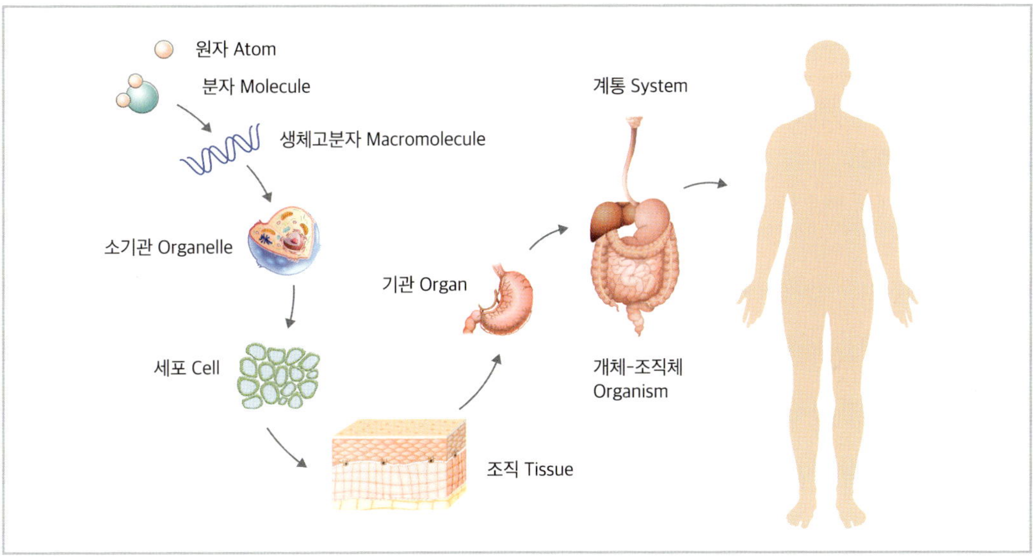

2) 인체의 조직

조직(tis-sues)이란 특정한 기능을 수행하기 위해서 비슷한 세포들끼리 모여 있는 집단이다. 인체의 4가지 기본 조직은 상피조직, 결합조직, 근육조직, 신경조직이다. 각 조직의 기능을 요약해 보면 신체를 싸는작용(covering), 지지작용(spport), 운동작용(movement), 통제기능(control) 이라고 할 수 있다.

상피세포와 상피조직(Epithelial)

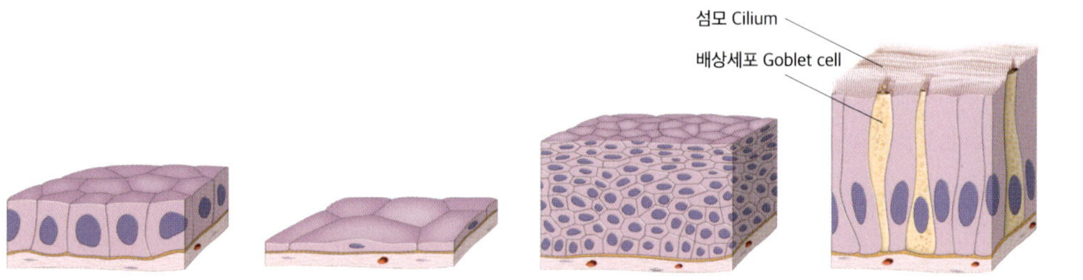

단층입방상피(폐포관상피) Simple cuboidal epithelium | 단층편평상피(폐포 상피) Simple squamous epithelium | 중층편평상피(비강상피) Stratified squamous epithelium | 위중층원주상피(상부기도상피) Pseudostratified columnar epithelium

3) 인체의 골격도

우리몸은 206개의 뼈로 구성되어 있으며, 뼈대근(줄 모양 때문에 무늬근이라고도 함)은 뼈에 붙어 있어서 수축과 이완 시에 움직임을 제공한다. 우리의 생각대로 수축과 이완을 하여 움직이거나 말을 할 수 있게 해 주므로 수의근(voluntary muscle)이라고 한다.

4) 인체의 근육

근육조직은 신체에 움직임을 제공한다. 이런 조직의 형태는 스스로 짧아지는 힘, 즉 수축력(contractitity)를 가지고 있다. 근육조직은 뼈대근(skeletal), 심장근(cardiac), 민무늬근(smooth, 내장근)으로 나뉜다.

인체의 골격도

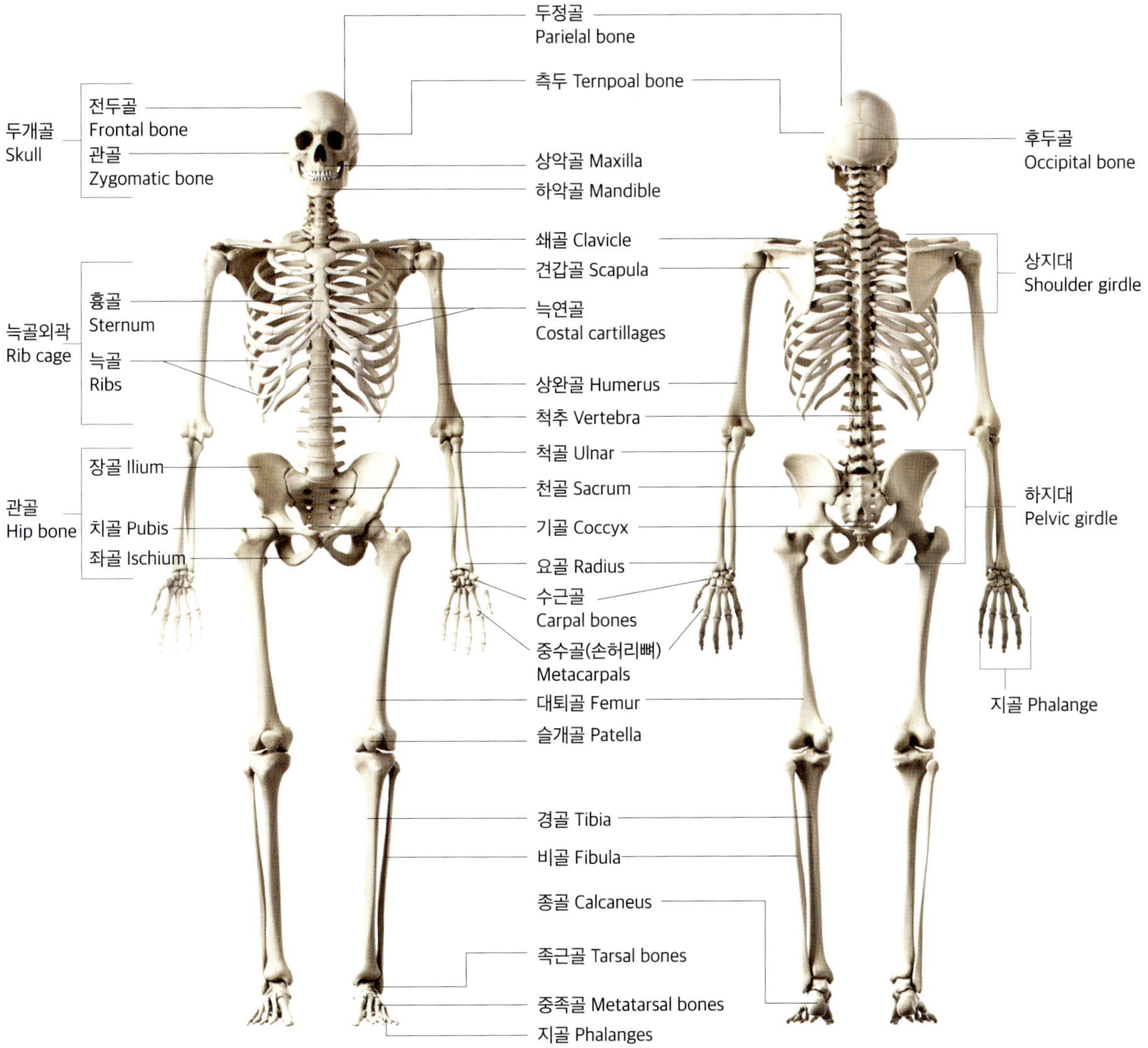

전신의 골격(전면)　　전신의 골격(후면)

인체의 근육

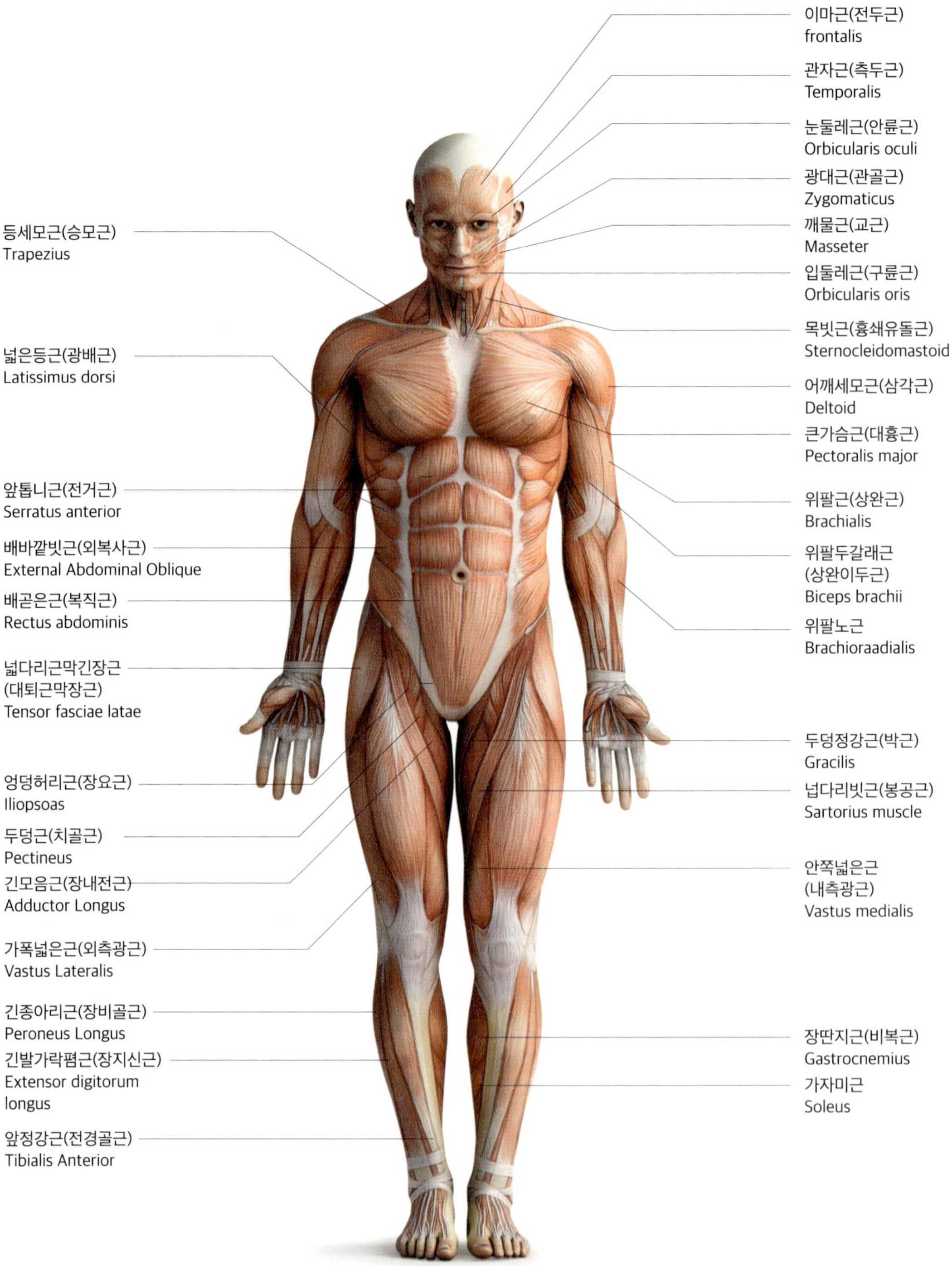

전신의 근육(전면)

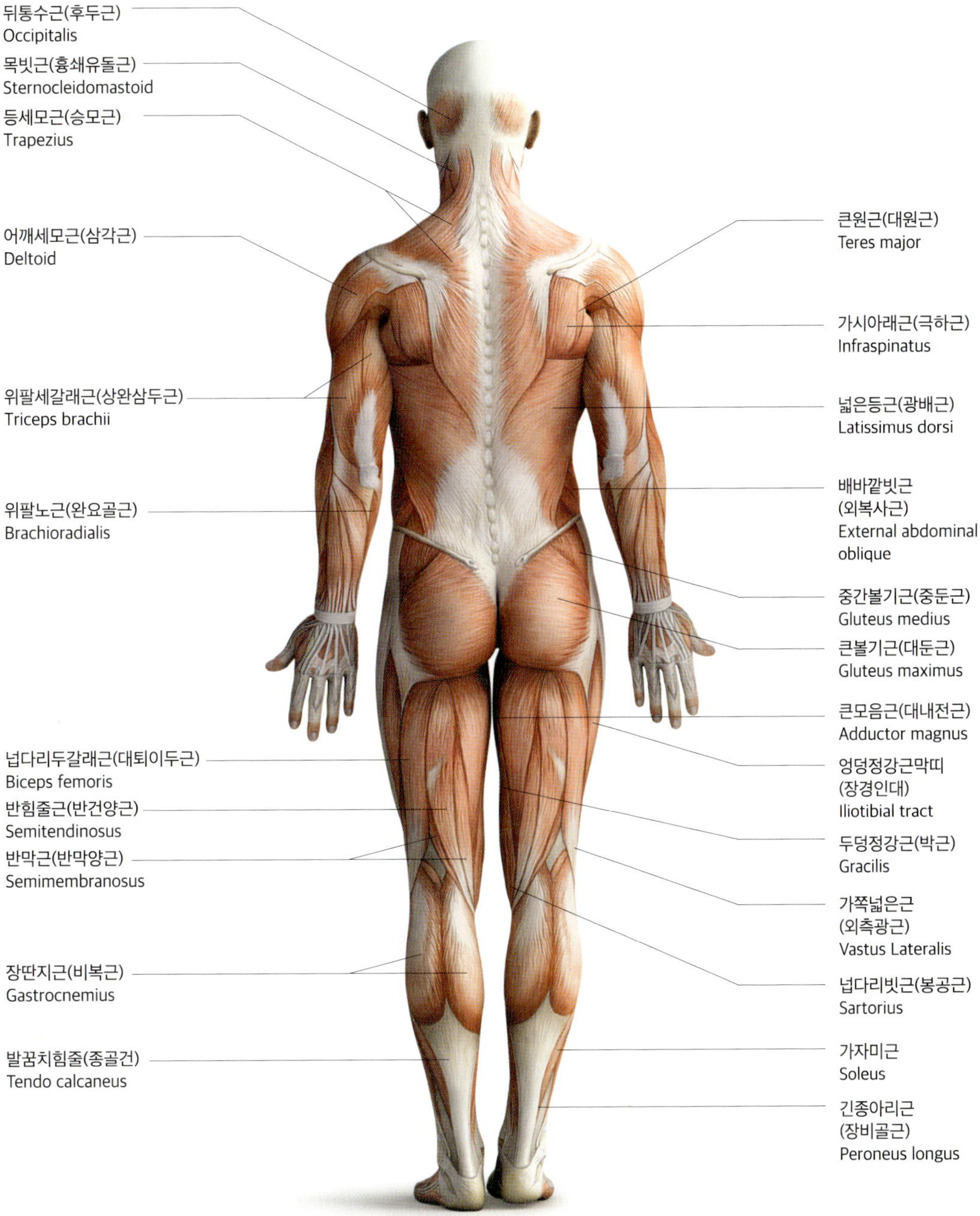
뒤통수근(후두근)
Occipitalis
목빗근(흉쇄유돌근)
Sternocleidomastoid
등세모근(승모근)
Trapezius
어깨세모근(삼각근)
Deltoid
위팔세갈래근(상완삼두근)
Triceps brachii
위팔노근(완요골근)
Brachioradialis
넙다리두갈래근(대퇴이두근)
Biceps femoris
반힘줄근(반건양근)
Semitendinosus
반막근(반막양근)
Semimembranosus
장딴지근(비복근)
Gastrocnemius
발꿈치힘줄(종골건)
Tendo calcaneus
큰원근(대원근)
Teres major
가시아래근(극하근)
Infraspinatus
넓은등근(광배근)
Latissimus dorsi
배바깥빗근
(외복사근)
External abdominal
oblique
중간볼기근(중둔근)
Gluteus medius
큰볼기근(대둔근)
Gluteus maximus
큰모음근(대내전근)
Adductor magnus
엉덩정강근막띠
(장경인대)
Iliotibial tract
두덩정강근(박근)
Gracilis
가쪽넓은근
(외측광근)
Vastus Lateralis
넙다리빗근(봉공근)
Sartorius
가자미근
Soleus
긴종아리근
(장비골근)
Peroneus longus

전신의 근육(후면)

5) 인체의 신경계

신경계통은 신체 외부나 내부에서 자극에 의해 발생하는 정보를 전달하는 역할을 한다. 신경계통은 몸의 내 · 외부에서 일어나는 일을 모니터링 하며,정보를 빠르게 분비선이나 근육에 전달하는 역할을 한다

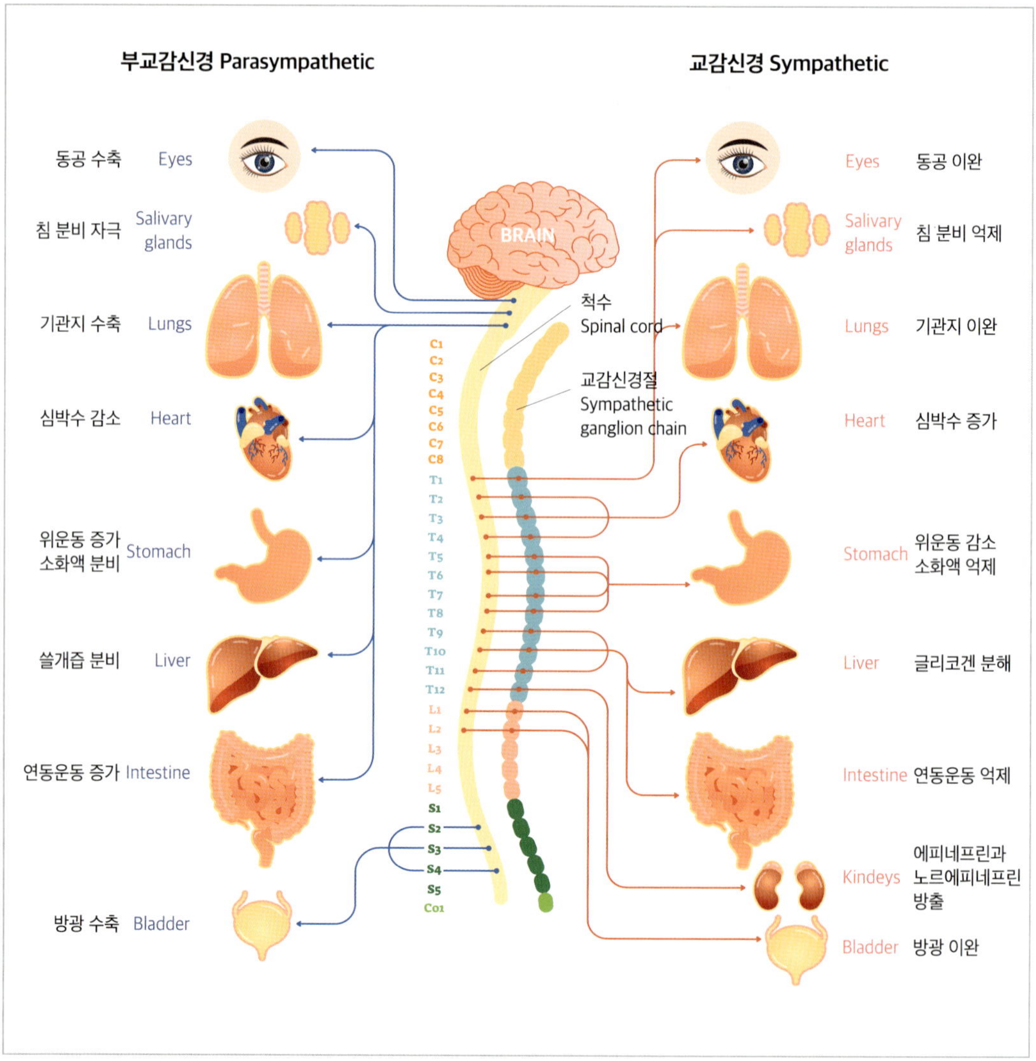

6.
체형 관리 시 주의사항

1. 충분한 상담을 통하여 고객의 병력을 체크하고 몸 상태를 파악한다.
2. 몸의 체중을 실어 리듬을 타고 자연스럽게 움직이며 관리한다.
3. 너무 강한 압을 주어 고객의 몸에 멍이 들지 않도록 한다.
4. 손의 밀착감, 연속성, 압 조절, 리듬감 등에 유의하여 관리한다.

1.
림프의 개념

순환계는 심혈관계통(Cardiovascular system)과 림프계통(Lymphatic system)으로 나눈다. 심혈관계는 심장, 동맥, 정맥과 모세혈관, 혈액 등으로 구성되어 있으며, 림프계는 림프관, 림프절, 가슴샘, 편도샘 등 독립된 림프기관으로 구성되어 있다. 혈액 일부는 전신의 단층 편평상피로 되어 있는 모세혈관의 벽을 통하여 조직 사이 공간 또는 세포간질 사이로 돌아가서 조직액이 되며 이 전신 조직액 중 일부는 다시 모세혈관으로 돌아오고 나머지는 모세림프관으로 들어가 림프가 된다. 림프관으로 흐르는 림프는 조직으로부터 액체 성분을 모아 심장으로 돌려보내는 역할을 한다. 모세림프관은 점차 합류하여 림프관(전수집림프관→수집림프관→림프본관)으로 림프절이 이어져 최종적으로 경정맥과 쇄골하정맥의 합류점인 좌・우 정맥각에서 대정맥으로 유입된다. 림프는 식균작용, 신체 방어 작용, 노폐물을 제거하는 역할을 한다. 혈장단백질, 수분, 림프구, 대식세포, 세망내피계세포, 긴사슬지방산, 죽은 세포 등 림프액의 성분이 림프의 흐름을 원활하게 하여 부종과 노폐물을 배출・배농시키고 체액 균형과 감염으로부터 인체를 보호하는 역할을 한다.

알아두기

- 1932년 : 덴마크의 에밀 박사가 심장 방향으로 가볍게 쓰다듬는 마사지 창안
- 1957년 : 비엔나 CIDECO(Comitt International D'estetique Et Cosmetologie)에서 피부미용사에게 소개되어 대중화
- MLD(Manual Lymph Drainage) 기본 손동작 : 원동작(stationary circles), 회전기술(rotation technique), 펌프기술(pump technique), 올리기 동작(scoop technique)
- MLDT(Manual Lymph Drainage Therapist) : MLD 교육을 전문적으로 받은 전문가

2. 림프계의 구성

림프계는 일반적인 기능으로 식균작용과 노폐물을 제거하는 역할 등을 하며, 림프관, 림프절, 림프액으로 구성되어 있다.

1) 림프관

신체의 말단에서 시작하여 중심으로 연결되는 관이다.

림프관을 따라 모세림프관, 전수집림프관, 수집림프관, 림프절, 림프본관 순으로 림프액이 이동한다.

림프관은 림프액이 흐르는 관을 말하며, 피부 및 근막에서 시작하는 림프관은 천림프관이라 총칭한다. 천림프관을 개관하면 두경부, 목에서 시작하는 것은 외경정맥 주위의 경림프절을 통하여 경림프본관으로 들어가며, 액와림프절은 체간의 어깨로부터 배꼽까지로 상지에서 시작하고 체간의 배꼽 이하에서 시작하고 하지는 서혜림프절로 주입되어 심부의 림프절로 들어간다. 신체의 심부에서 시작하는 림프관은 주로 혈관을 따라 흐른다. 전신의 천림프관과 심림프관은 좌우 2개의 림프본관에 합쳐지고 이 림프관은 우림프본관과 흉관이다. 이 림프관은 내경정맥과 쇄골하정맥 사이로 유입되어 합류점 부근에서 정맥으로 들어간다. 흉관이라 하는 왼쪽의 본관은 상반신에서 만들어진 림프와 하반신에서 만들어진 모든 림프를 수송하는 가장 큰 림프관으로서 유미조(Cisterna chari)에서 시작하여 대동맥을 따라 올라가서 횡경막을 가로지르고 좌쇄골하정맥(Left subclavian trunk)과 왼쪽 목 부위 및 경림프관과 합류하여 쇄골하림프본관과 왼쪽 두경부, 목 부위에서 오는 경림프관과 합류하고, 소화관에서 시작하여 장림프본관과 골반부, 하지에서 오는 림프관을 모아 좌 · 우 요림프본관과 합류하여 좌정맥각에서 왼쪽 정맥 안으로 들어가게 된다.

한편 림프관이나 정맥을 통해 심장으로 재유입되는 림프의 흐름이 느리거나 차단되면 림프의 정체로 부종이 된다. 이를 림프부종이라고 하는데, 일반적으로 여성의 하지에 호발한다. 특히 림프부종이 오래 지속되어 만성화되면 피부는 단단해지고 두꺼워진다.

2) 림프절

림프구들이 모이는 곳으로 신체의 말초 부분에서 림프관을 통해 모이는 림프는 전신에 퍼져 있는 조직액을 회수하여 정맥으로 돌려 보내는 림프관 도중에 위치하고 있다. 신체 내에는 림프절이 500~1500여 개 정도인데 쌀알 크기 내지 콩알 크기이며, 개수는 사람마다 차이가 있다. 림프절은 겨드랑이, 턱 아래, 귀 뒤, 목, 사타구니 등에 있으며 신체 내의 장기 주변에도 모여 있다. 림프절은 림프를 걸러 내거나 외부에서 들어온 이물질이나 제거할 수 없는 물질을 저장하는 일을 하고, 또한 림프구를 생성하고 교체, 추가시키는 역할을 하며 면역항체를 형성한다. 즉 림프절은 림프액이 정맥으로 들어가기 전 림프구나 대식세포가 세균이나 암세포들을 끌고 와서 모여있는 면역세포들과 정보를 교환하며 항원을 제거하고 어떤 면역반응을 일으켜야 하는지 결정하는 곳이다.

3) 림프액

신체 내의 대부분은 조직액과 혈장의 모세혈관벽을 통해서 계속해서 이어져 교류하는데, 세포와 세포 사이를 채우고 있는 조직액으로 고여 있다가 동맥압에 의해서 림프 모세혈관으로 모이게 되는데 이를 림프액이라 부른다. 림프액의 흐름 속도는 매우 느려 24시간에 약 2L의 림프가 만들어지며 부피는 24시간 기준 만들어진 조직액의 총 10%에 불과하다.

림프액은 투명하고 시럽처럼 걸쭉하며 소장에서 지방을 흡수하기 때문에 혈장과 비슷한 우윳빛을 띤다. 림프액은 림프관에서 흐르며 혈액처럼 온몸을 순환하다가 정맥으로 이어져 혈관에 섞이게 된다. 림프액의 주요 성분은 혈장 단백질, 수분, 세포 등이며 사이토카인, 히스타민, 죽은 세포들, 호르몬 등이 있다. 림프는 림프절과 모세림프관을 통해 조직 사이에 축적된 과도한 액을 제거하며, 조직 사이에 과도하게 존재하는 액을 심장으로 되돌리는 역할을 한다.

림프액의 순환은 정맥혈의 이동과 같이 근수축과 호흡운동에 의존되며, 우리 신체는 림프액의 흐르는 방향이 중력에 역행하는 경우에는 근이 수축을 일으킨다. 림프관의 축운동을 일으키는 판막을 갖고 있는 림프관 속을 효율적으로 흐르게 하고 인체의 운동량이 증가하면 골격근의 수축이 커져서 림프액이 빨리 이동한다.

알아두기

- **사이토카인** : 외부 항원이 침입했을 때 보조 T림프구가 사이토카인을 분비한다.
- **히스타민** : 피부가 손상되었을 때 표피층 밑에 있는 비만세포에서 분비하는 화합물질이다.

림프절의 명칭

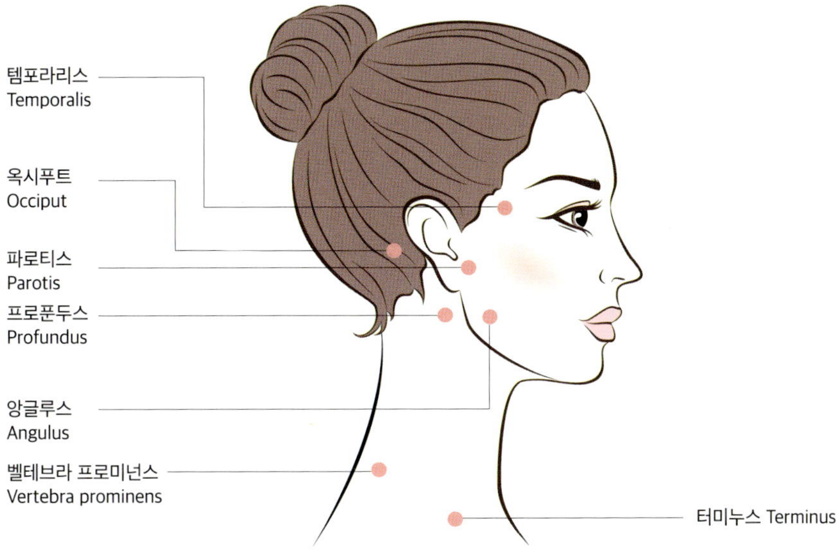
템포라리스
Temporalis
옥시푸트
Occiput
파로티스
Parotis
프로푼두스
Profundus
앙글루스
Angulus
벨테브라 프로미넨스
Vertebra prominens
터미누스 Terminus

담당영역림프순환

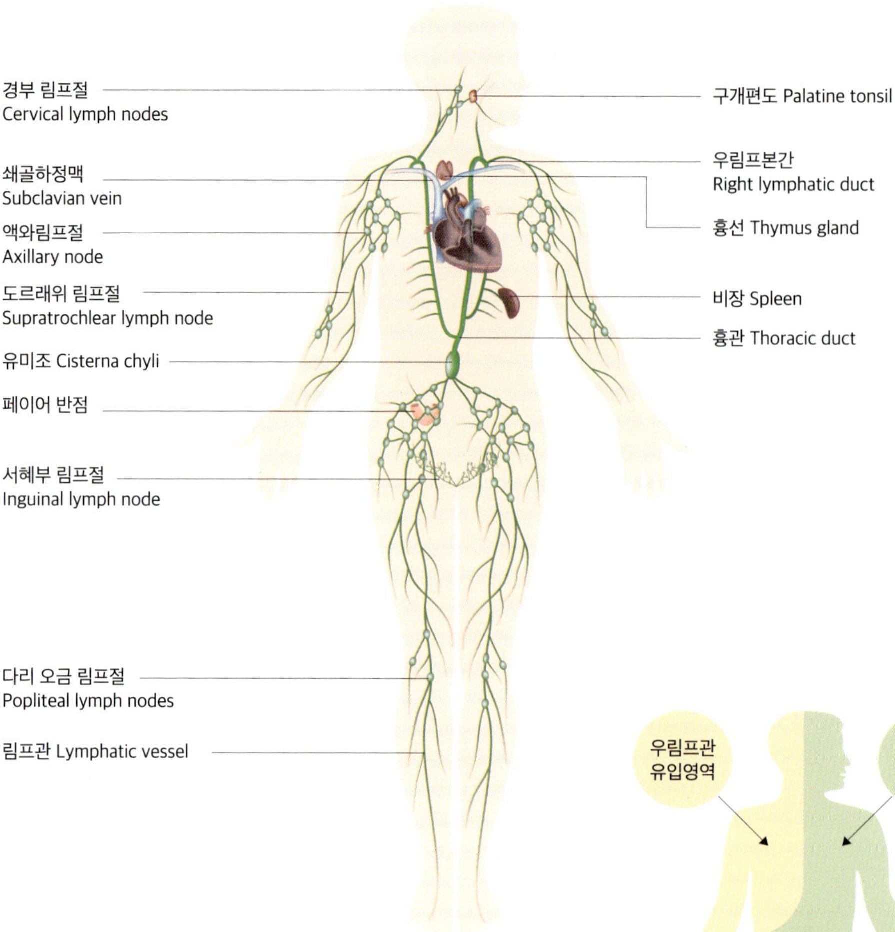
경부 림프절
Cervical lymph nodes
쇄골하정맥
Subclavian vein
액와림프절
Axillary node
도르래위 림프절
Supratrochlear lymph node
유미조 Cisterna chyli
페이어 반점
서혜부 림프절
Inguinal lymph node
다리 오금 림프절
Popliteal lymph nodes
림프관 Lymphatic vessel
구개편도 Palatine tonsil
우림프본간
Right lymphatic duct
흉선 Thymus gland
비장 Spleen
흉관 Thoracic duct

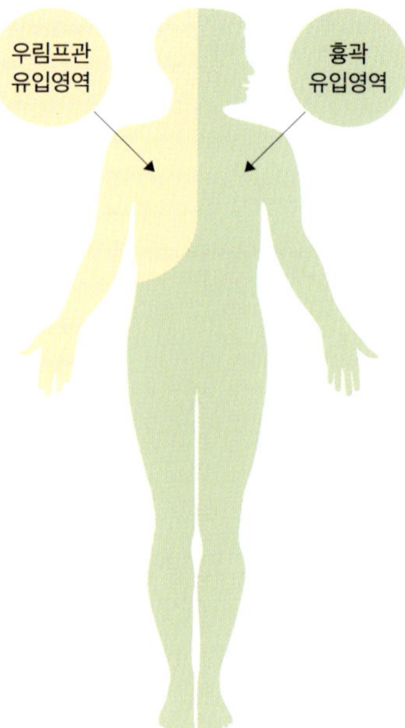
우림프관
유입영역
흉곽
유입영역

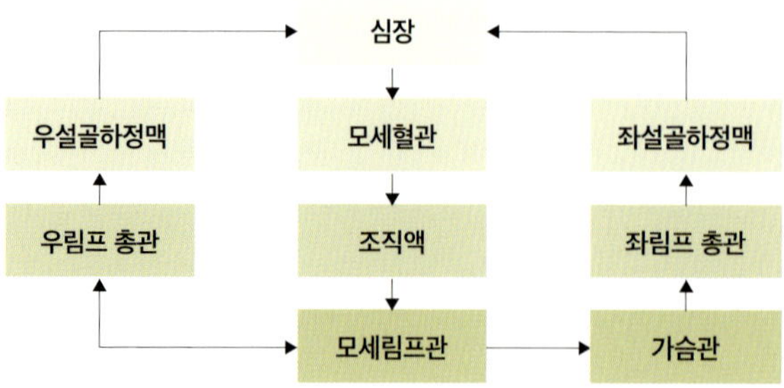
심장
우설골하정맥
모세혈관
좌설골하정맥
우림프 총관
조직액
좌림프 총관
모세림프관
가슴관

3. 림프계의 특징

일반적으로 각각 제 1순환계, 제 2순환계를 동·정맥계라 칭하고 림프계를 제 3순환계라고 말한다. 하지만 림프계는 혈액순환처럼 심장을 기점으로 연결된 관을 통하여 물질이 이동하는 것이 아니고 조직과 조직 사이에서 시작되는 작은 모세림프관에서 시작하여 말단에서 림프액을 중심 쪽으로 이동시키는 일방 시스템이기 때문에 순환계라고 하기는 어렵다.

림프계의 기능으로는 이물질 제거와 식균작용에 의한 신체방어 작용, 면역작용, 혈액에서 빠져나 온 조직액을 다시 혈액으로 되돌리는 작용 등이 있다.

4. 림프의 기능

❶ 림프는 림프구와 림프장으로 구성된다.

❷ 림프구는 병원균 파괴, 항체(antibody) 형성 등 면역에 관여한다.

❸ 림프장은 지용성 물질을 운반하여 항상성을 유지한다.

❹ 림프장 내 단백질과 조직액을 유지·보존한다.

❺ 면역반응을 담당하여 인체를 보호하는 역할을 한다.

5.
림프액의 흐름에 영향을 주는 인자

림프의 수동적 흐름에 영향을 주는 인자는 자율신경계로 인한 수축과 호흡, 근골격계의 움직임 등이 있으며 신장의 수용기, 자율신경계로 인한 수축, 장의 연동, 림프드레나지 등에 의해 이동과 움직임이 촉진된다.

1) 골격근의 움직임

피부와 근육을 둘러 싸고 있는 근막 사이에 대부분 존재하는 림프관 안의 림프액은 주변의 근육이 수축함으로 인해 림프액이 짜 올려지면서, 림판지온의 운동성이 더욱 증가한다.

2) 신장의 수용기

신장의 수용기 자극을 통해 척수신경의 반사(reflex pathways)로 림판지온의 운동성이 증가한다. 신장에 있는 센스가 자극을 받아 신장반사를 통한 연동운동이 일어나고 림프액이 가득 차 다음 림판지온에 이동한다.

3) 자율신경계에 의한 수축

림프관에는 신경종말이 분포되어 있어 자율신경에 의해 지배를 받는 혈액과 마찬가지로 림판지온의 운동성이 증가한다.

4) 장의 운동

장의 연동운동으로 인해 복강 내의 림프관이 자극 받고 림프액의 이동을 촉진한다.

5) 호흡

복식호흡을 통한 림프기관의 자극은 흉강 내 압력이 변화되면서 유미조를 비롯한 림프관, 장기 주변의 림프절과 흉관이 자극을 받게 된다. 이로 인해 림프액은 심장 쪽으로 올라가는 힘이 다시 한 번 만들어진다.

6. 림프드레나지(Lymphdrainage)의 목적

가벼운 마사지로 피부를 stretching(신장)시키면 수용기가 반응하여 필라멘트(Anchoring filaments)를 당겨주고 림프액이 림프 시스템으로 흡수된다. 또한 가벼운 자극은 평활근을 자극하고 전기적 · 기계적인 반응을 일으켜 림프혈관의 활동성을 증가시킨다.

마무리

14장

1. 마무리의 목적 및 효과

얼굴 피부관리의 마지막 단계이다.

❶ 얼굴관리가 끝난 후 토닉으로 피부를 정리한다.
❷ 고객의 얼굴 피부 유형에 따라 기초화장품을 선택한 후 바른다.

ⓐ **여드름 피부 :** 수렴 및 소염 화장수
ⓑ **지성피부 :** 수렴 화장수
ⓒ **건성, 예민, 일반피부 :** 유연화장수

❸ **화장수** : 피부의 pH 밸런스를 조절해준다.
❹ **아이크림** : 눈 주위에 주름 예방 크림을 바른다.
❺ **영양물질** : 에센스, 세럼, 앰플은 피부 유형에 적합하게 선택하여 바른다. 보습 및 모공 축소는 지성피부, 보습 및 영양공급 등은 일반피부와 건성피부에 바른다.
❻ **크림** : 데이와 나이트크림, 선크림, 비비크림을 구분하여 바른다. 수분과 영양크림을 구분하여 바른다.
❼ 영양물질을 흡수시키고 UVA, UVB를 차단하는 자외선차단제를 스프레이 타입, 로션 타입, 크림 타입, 스틱 타입 등 다양하게 선택하여 마무리한다.
❽ 피부 손질이 끝난 후에 전신을 가볍게 이완한다.

2. 주의사항

1. 팩과 마스크를 제거한 후 잔여 물이 남았는지 확인하여야 한다.
2. 제품은 고객의 선호도와 피부 상태, 계절적 요인 등을 판단하여 선택한다.
3. 자외선차단제는 낮과 저녁을 구분하여 바른다.
4. 팩과 마스크 적용 시 먼저 아이크림을 바르고, 눈 위에 젖은 솜을 올리며 제거 시에는 손을 이용해 10초간 눈 주위에 올린 후 제거한다.
5. 목과 어깨의 긴장된 근육을 스트레칭해주어 근육의 피로를 해소하여야 한다.

15장

피부미용기기

안면관리를 위한

1. 피부미용기기의 사용 목적

피부미용기기는 피부를 정확하게 분석하고 또한 관찰하며 유수분을 확인하고 화장품의 유효성분을 피부 표면 및 피부 깊숙이 침투시켜 아주 짧은 시간에 더욱 높은 효과를 낼 수 있는 관리방법이다. 또한 피부를 청결하게 하고 노폐물 배출, 림프와 혈액순환뿐만 아니라 전신 순환관리에 아주 효과적이다. 적당한 자극으로 신체 내의 독소 및 노폐물의 축적을 방지하고 균형 잡힌 체형 관리로 현대인의 고민인 비만관리에 효율적인 시너지 효과를 기대할 수 있다. 미세 마사지작용, 물리적 효과, 온열 효과, 화학적인 효과로 세포활성화와 영양 공급, 결체조직 재생작용, H 균형 조절, ATP 활성 증진 및 지방분해 작용 등의 효과적인 목적으로 기기관리가 이루어지며 피부미용을 위해서는 미용기기를 전문적으로 다룰 수 있어야 한다. 기기의 원리와 핵심을 파악할 수 있어야 하며 종합기기는 스프레이, 흡입기, 리프팅기기, 고주파, 초음파 등이 있다.

2. 영양물질 도포

앰플, 에센스, 세럼, 크림 등의 제형으로 마사지 전에 사용하거나 팩 도포 전, 마무리 단계에서 사용하여 조직의 순환과 수분을 공급하며, 잔주름 예방 효과를 가진다.

❶ 정상피부

수분을 공급하며, 영양을 공급하는 기능을 가진 보습앰플 및 에센스, 크림 등을 도포한다.

❷ 건성피부

보습효과와 피지선 기능 항진효과 및 잔주름 예방 기능을 가진 앰플, 식물성 단백질, 동물성 단백질, 비타민 E, 콜라겐, 히알루론산 등을 도포한다.

❸ 지성피부

수분을 공급하며 피지 분비 억제 및 피부 세정 효과가 있는 화장품 성분이 함유된 지성용 앰플, 레티놀, 비타민 젤 또는 에멜전 제품을 도포한다.

❹ 복합성 피부

T-존, U-존의 유수분 공급을 중심으로 피지를 조절하고 영양물질을 공급해주는 카렌듈라, 비타민, 티트리 앰플 및 보습 앰플, 해초추출물, 콜라겐, 앰플을 도포한다.

❺ 민감성 피부

진정 · 보호하며 수분을 공급하는 영양물질인 진정 및 보습 앰플을 도포한다.

❻ 여드름 피부

피지 제거, 피지 분비 조절, 염증 완화에 효과적인 수분 앰플과 여드름용 카렌듈라, 콘플라워(cornflower), 야생 카모마일(matricaria) 등을 도포한다.

❼ 색소침착 피부

색소가 옅어지도록 관리하며, 영양 공급을 하기 위해 비타민 A, 비타민 B, 비타민 C, 프라센타, 콜라겐 등을 도포한다.

3.
피부미용기기의 종류와 기대효과

1) 베퍼라이저

원리

일반적으로 피부미용실에서 가장 많이 사용하는 기기 중 하나이며 가열센서가 내장되어 있어 부착된 물통의 물이 센서에 의해 가열된다. 안면에 증기를 쐬게 하고 피지 및 잔여물, 닫힌 면포 등을 제거한다. 각화된 각질세포를 연화시켜 제거하고 피부 이완 및 영양물질 투입에 도움을 주는 안면 기기이다.

효과

물통에 깨끗한 정제수를 넣어 물통의 물이 2/3 정도 채워졌을 때 작동하여 안면의 온도를 상승시킨다. 혈관을 확장하고 혈액순환을 촉진하도록 하며, 세포의 신진대사가 활성화 되어 순환을 증진시킨다. 각질 연화작용으로 각질층을 부드럽게 이완하여 노화된 각질을 연화시키고 피지선을 자극하여 여드름의 압출에 도움을 준다. 또한 땀샘을 자극해 발한 유도와 모공 속 깊이 쌓여 있는 지방과 노폐물을 배출시키고 잔여물과 먼지 등의 세정작용을 돕는다. 특히 스티머는 피지를 녹여 분해하는 효과가 있으며 효소 필링 시에 꼭 필요하다. 그러나 붉은 피부와 매우 건조하거나 상처가 있는 피부에는 사용을 금한다.

사용방법

1. 사용하기 10분 전에 증류수 또는 정제된 물을 담고, 스위치를 미리 켜둔다.
2. 시간을 항상 미리 맞추어 놓고 사용한다.
3. 아이패드를 사용하거나 고객의 눈을 감게 한 후 스팀은 고객의 안면의 다른 방향 쪽에서 서서히 턱 쪽으로부터 이마 쪽으로 얼굴 전체에 퍼지도록 한다.
4. 스티머와 안면의 거리는 약 30~50cm 정도를 유지하고 피부 유형에 따라 시간을 적절히 활용하도록 한다.
5. 사용 후에는 스위치를 끄고 물통의 물을 식힌 후 세제 사용 없이 세척하여 꼭 물을 비워 보관한다.

주의사항

스티머가 고객의 안면으로 쓰러지지 않도록 안전에 유의하여야 한다. 특히 에이컨이나 선풍기 및 환기 장치로 인해 증기 방향이 방해를 받아 고객이 물방울에 의한 화상을 입지 않도록 각별히 주의해야 한다. 또한 민감성 피부, 여드름 피부, 모세혈관 확장 피부 및 주사피부는 사용을 피하고 꼭 사용해야 할 경우에는 정상피부보다 거리를 더 멀리 두고 사용해야 한다.

2) 전동브러시

원리

천연 양모 소재의 브러시를 선택하여 끼워서 사용하고, 속도를 다양하게 조절하는 작은 브러시는 눈가와 입가 및 콧망울 부위에 사용하며 중간 브러시는 목, 뺨 부위, 턱 부위에 사용한다. 큰 브러시는 목과 양 어깨 부위에 사용하고, 필링브러시는 각질 제거용으로 사용, 군은살용 브러시는 발관리 시 각질 제거용으로 사용한다.

클렌징(Cleansing), 딥클렌징(Deep cleansing), 필링(Peeling), 매뉴얼테크닉(Manual technique) 등에 활용할 수 있는 기기로 특히 청결한 세안 과정이 중요하며, 회전원리를 알맞게 이용하여 브러시의 재질과 속도를 통해 피지와 노화된 각질 제거를 하여 안면피부에 자극 없이 물리적인 세척 효과를 증진시키는 기기이다.

효과

피부 표면의 모낭 및 땀구멍 같은 굴곡 부위까지 섬세하게 세정하며 노화된 각질, 먼지를 제거하여 깨끗하고 청량감을 주는 피부로 가꾸어 준다. 전동브러시는 회전하는 원리이므로 회전 속도를 조절하여 턱, 뺨, 코, 이마를 힘들이지 않고 편리하게 세안할 수 있다. 전동브러시는 부드러운 마찰부터 강한 마찰까지 적절히 사용하여 혈액순환을 촉진하고 신진대사를 활성화하며 필링효과가 있다.

사용방법

❶ 전동브러시 본체와 연결된 핸드피스에 용도에 맞게 브러시를 끼워 딱 소리가 나게 맞추어 정확하게 끼운다.

❷ 피부에 클렌징 제품 또는 딥클렌징 제품을 알맞게 도포한다.

❸ 스위치를 켠 후 피부 상태에 맞게 속도를 조절하고 적절한 속도인지 관리사의 손등에 체크 해본다. 브러시를 교체할 때는 전원을 끄고 브러시를 교체한 후에 다시 전원을 켠다.

❹ 미지근한 물에 브러시를 약간 적신 후 피부 표면에 수직으로 세워 피부 표면과 90도 직각으로 닿도록 하고 건조한 느낌일 때 약간의 물을 묻혀 사용한다. 또한 부위별로 브러시를 큰 것과 작은 것을 교환하며 사용한다.

❺ 사용이 끝난 브러시는 핸드피스에서 분리하여 중성세제로 깨끗이 세척하고 빗으로 털을 잘 세워 건조한 뒤 자외선소독기에 소독 후 보관한다.

주의사항

모세혈관확장피부에는 브러시 사용을 피하고, 염증성여드름피부, 알레르기성민감성피부, 담마진 피부에는 사용을 금한다. 또한 일광이나 화상으로 자극받은 피부에도 사용을 금한다.

얼굴은 약하게, 가슴 부위를 비롯한 신체 부위는 강하게 사용할 수 있다. 기기 사용 시 핸드피스를 바닥에 떨어뜨리지 않도록 주의한다.

3) 스프레이

원리

스킨토너, 미네랄 워터, 아로마워터 등을 용기에 넣고 안면을 향해 스프레이로 얼굴에 뿌려주는 진공펌프 원리를 이용한 기기이다. 사용 기능에 따라 Spray Machine, Atomizer, Electric Pulverizer라고 불린다.

스프레이는 진공흡입기와 종합피부미용기기에 부착되어 있거나 단독으로 제작된 것도 있다. 진공워터테라피기기, 워터스프레이기기는 민감한 피부, 일광으로 붉어진 피부에 진정효과가 탁월하다.

효과

여드름을 짜낸 후 모공 세척 효과, 미세한 모공 속에 보이지 않는 불순물까지 제거하며, 주변 부위를 자극 없이 소독하여 다른 부위에 감염이 될 우려가 적다. 또한 신경자극점들을 자극하여 신진대사를 활성화시키고 민감성 피부 및 모세혈관확장피부에 모세혈관 강화 효과가 있다.

피부의 pH 밸런스를 맞추고, 진정효과와 건조한 피부에 탈수 방지효과가 있으며 수분이 부족한 피부에 수분을 공급해준다.

사용방법

❶ 스프레이 용기에 지성피부, 여드름피부, 정상피부, 민감성피부 및 노화피부 등에 적합한 내용물을 2/3 정도 담고 튜브를 끼운다.

❷ 일반 제품 사용 시 제품과 증류수의 비율을 1 : 2 정도로 희석하여 사용하기도 한다.

❸ 아이패드를 사용한 후 직각으로 용기를 세워 잡고 용기의 핀 볼을 살며시 누르며 분사한다.

❹ 관리가 끝나면 공기음 발생 방지를 위하여 용기에서 튜브를 뺀다.

❺ 분무가 잘 되게 하기 위해서는 튜브를 항상 깨끗하게 세척하여 구멍이 막히지 않도록 하고 건조시켜 보관한다.

주의사항

분무 시 내용물이 눈, 코, 입에 직접 들어가지 않도록 주의하고 귀, 머리는 티슈로 감싸고 어깨나 가슴 부위에는 타월로 덮어주어 내용물이 흐르지 않도록 한다.

정수된 물이나 증류수를 사용하며, 광물이 함유된 수돗물은 스프레이의 입구를 막을 수 있으니 사용을 피한다. 액체가 차가워 여름철에는 사용하기에 적합하지만, 겨울철에 사용하고자 할 때는 고객에게 충분히 설명 후 사용한다.

4) 흡입기

원리

피부 표면을 진공 상태로 만들어 세포와 조직에 적절한 압력을 가하여 세포활동을 촉진해 대사 과정의 개선과 해당 부위의 세포 간, 조직 간에 정체된 노폐물을 효과적으로 배설시키는데 도움을 주는 기기로 일명 석션기라고 한다.

유리벤토즈라는 다양한 크기와 모양으로 만들어진 유리컵을 사용하며 피지 제거와 테크닉용으로 둥근 모양의 작은 컵 그리고 안면 테크닉용, 바디 테크닉용으로 큰 컵이 사용된다.

석선 기능의 강도와 빈도수는 버튼으로 조절하며 사용하고 패터용 버튼을 이용하여 일정한 리듬의 흡입 방식의 부드러운 진동테크닉을 적용한다. 1개의 컵을 사용하거나 동시에 2개의 컵으로 활용할 수도 있고, 안면과 바디 모두 적절하게 이용한다.

효과

분사 후 적용 시 간단한 세안 효과와 여드름 지성피부의 죽은 각질 제거 및 피지 제거에 효과적이며 특히 막힌 모낭 청결에 도움을 준다.

건성이나 색소침착 및 노화피부 관리 시 피부 표면의 자극으로 혈액순환 개선과 노폐물 제거 및 세포의 활성화로 인하여 문제점을 개선시켜 주고 영양과 산소 공급의 증가로 피부색을 개선시켜 주는 효과가 있다.

사용방법

❶ 벤토즈를 사용 부위에 맞게 선택하고 플라스틱 튜브에 끼운다.
❷ 전원을 켠 후 강도를 조절한다.
❸ 피부 표면에 크림이나 오일을 적당하게 도포한 후 컵을 부드럽게 이동하여 피부에 최소한의 자극을 유도하는데 도움을 준다.
❹ 유리벤토즈와 튜브는 뜨거운 물에 세제로 닦고, 알코올 소독 후 깨끗이 닦아 보관한다.

주의사항

벤토즈의 흡입력은 안면테크닉 시 약 20%, 바디 테크닉시 약 30%를 기준으로 하나 피부 상태에 따라 조절하여 적용한다. 벤토즈의 재질이 유리로 되어 있어 깨지기 쉬우므로 주의한다.

5) 갈바닉

디스 전류란 흐르는 방향과 크기가 시간에 관계없이 일정하게 흐르는 전류를 말하며 양극(+), 음극(−)의 극성을 가진 매우 낮은 전압의 직류 전류를 이용한다. 물질이 전류에 의해 피부 속으로 침투하기 위해서는 이온화된 물질을 이용하며, 이 물질이 전기영동 또는 이온이동의 원리에 의해 피부 속으로 물질의 이온을 침투시키는 것을 이온 도입이라고 한다. 이때 사용되는 물질은 전도성을 띤 이온화된 물질로서 전해질의 성질을 지닌다. 음극은 음이온성 물질을 밀어내는 성질을 가지고 있고, 양극은 양이온성 물질을 밀어낸다. 이러한 원리를 이용하여 피부 속으로 유효 성분들을 빠르게 침투시킨다.

참고

이온화되어 전류를 흐르게 하는 물질을 전해질이라고 한다. 즉, 물질이 물에 녹아 해리되어 물질분자들이 전하를 띠게 되어 음전화를 띠는 입자 음이온(anion)과 양전하를 띠는 입자 양이온(cation)으로 나누어진다.

양극(+), 음극(−) 효과

양극봉(+)	음극봉(−)
산성 반응	알칼리성 반응
신경 안정	신경 활동
혈관 수축	혈관 확장
조직 강화	조직 유연
진정 효과	활성 효과
수렴 효과	세정 효과
양이온 침투에사용	음이온 침투에 사용
통증 감소	통증 유발
혈액 공급 감소	혈액 공급 증가

갈바니(Galvani, 1737~1798)

이탈리아 의학자이자 생리학자, 물리학자이다. 개구리해부를 통해 다리가 기전기의 해부도와 불꽃에 접촉할 때 경련을 일으키는 것을 보고 전기와 연관성이 있음을 알게 되었다.

(1) 갈바닉의 종류 및 효과

❶ 디스인크러스테이션

효과

음극봉에서 발생되는 알칼리성 반응에 의해 복합성피부의 T-존 부위, 지성피부 등에 세정앰플 등을 이용하여 딥클렌징의 효과로 피지를 녹이고, 모공 속의 노폐물을 제거하고, 각화된 각질세포를 제거 및 면포성 여드름 요소를 부드럽게 만드는 데 효과적인 관리 방법이다. 주로 과잉 피지 제거에 이용된다.

전극봉은 반드시 음극으로 실시하며, 고객은 반대 극성의 전극판을 등 및 팔뚝에 부착하거나 손에 쥔다.

❷ 이온토포레시스

효과

산성반응을 일으키는 성질로 겔, 앰플, 세럼, 비타민 C 등의 유용한 수용성 물질을 피부 깊숙이 침투시키는 관리 방법이다.

진정효과와 혈액 공급 감소, 한선 및 모공의 수

축, 피부조직의 강화 그리고 조직의 활성화가 일어난다.

사용방법

1. 제품을 유리볼에 담고, 반은 얼굴에 도포하고 반은 갈바닉 봉에 묻힌다.
2. 양극봉은 시술자가 잡고 음극봉은 고객이 잡게 하여 전압을 올린 다음 따끔따끔한 감각을 느낄 때까지 서서히 전압을 올려준다.
3. 약 3~6분 또는 10분(지침서 확인)후 일정한 힘으로 마사지하듯 천천히 리드미컬하게 움직이며, 침투 물질을 약간씩 첨가하여 침투시킨다.
4. 작동 시간이 끝나면 전극봉을 피부 표면에서 떼어 놓는다.
5. 갈바닉 봉은 한 번 사용 후 정제수로 깨끗이 세척한다.

주의사항

1. 시술 중에는 피부에서 기기를 떼지 않도록 하며, 피부에 상처가 있는 부위는 피한다.
2. 양이온을 밀어내는 양극과 음이온을 밀어내는 음극이 서로 상반된 효과를 가지므로 극 선택에 유의한다.
3. 모세혈관확장 피부에는 적용하지 말아야 하고, 인공심장 수술 환자, 인체 내 금속을 부착한 환자, 임산부 등은 사용을 금한다.
4. 제품 특성과 지침서를 확인하고 침투 물질을 기록되어 있는 내용대로 따라야 한다.
5. 관리 전 고객의 몸에 금속류 유무를 반드시 살펴야 한다.
6. 눈 주위의 관리는 피해야 한다.

6) 적외선 램프

원리

적외선은 파장이 700~400,000nm 사이인 전자기파를 말한다. 이 광선이 물질에 흡수될 때 분자의 격렬한 운동으로 열이 발생되며 이로 인해 물질을 따뜻하게 하는 성질이 있기에 열선이라고도 한다.

전자기 스펙트럼상에서 가시광선 중에서 눈으로 관찰이 가능한 파장이 긴 적색의 외측에 있어 적외선이라 한다. 파장이 약 780~1,500nm이면 근적외선, 1,500~15,000nm이면 원적외선이라고 한다. 표면 열을 발생시켜 조직에 깊이 침투하는 적외선은 약 5~10nm이고 원적외선은 2nm 이하이다. 이러한 열 효과를 피부미용에 활용하는 기기를 적외선기기라고 한다.

효과

체온 상승으로 신진대사량이 증가하며 화학적 변화가 일어난다. 또한 땀과 피지의 분비를 활발하게 하여 노폐물 배출이 증가하고, 근육의 수축과 이완작용으로 근조직을 튼튼하게 하며, 통증이 감소하는 효과를 가져온다. 열은 식균작용을 증진시켜 염증이 있는 부위를 완화시키고, 모든 열은 피부 깊숙이 침투하여 전신적 효과를 준다.

따라서 국소적 열은 혈류에 의해 흡수되며 전신 순환에 기여한다.

사용방법

❶ 팩을 하는 동안 사용하면 효과적이다.
❷ 피부 상태에 따라 온도와 거리를 조절하여 사용한다.
❸ 눈에는 아이패드를, 입술에는 면패드를 한다.

주의사항

❶ 모든 액세서리 제거, 금속류 및 램프의 직접 접촉을 금지사항으로 주지시킨다.
❷ 램프와 고객의 간격은 45~90cm로 안전거리를 유지한다.
❸ 홍반, 통증, 상처 부위에 출혈 증상이 나타나면 즉시 중단한다.

7) 고주파

원리

고주파의 주파수는 약 100,000Hz이며, 이온운동 없이 진도전류 에너지가 열에너지로 전환되는 특징이 있다. 감각신경이나 운동신경을 자극하지 않고, 정상근을 자극하는 맥동기간이 아주 짧아서 특정 부위만 온열할 수 있으며 심부열의 효과를 나타낸다.

효과

조직의 온도 상승으로 혈관의 혈류량이 증가하여 신진대사를 촉진시키며 세포의 신진대사 증진으로 피부 조직의 재생능력을 향상시킨다. 피부 결합조직의 탄력성과 점성 같은 물리적 성질을 변화시켜 결합섬유조직의 신장력이 증진된다. 그리고 말초신경에 열을 가하면 근육 이완과 통증 완화의 효과가 있으며 또한 독소의 살균작용을 한다.

사용방법

❶ 전원 스위치를 켠다.
❷ 접지인 플레이트를 몸에 밀착시켜 고정하고 얼굴, 등, 복부, 하체 등에 고주파 크림을 도포한다.
❸ 얼굴, 등, 복부, 하체 등의 부위에 모드 버튼을 활용하여 강도 및 시간을 선택한다.
❹ 시작을 누르고 얼굴, 등, 복부, 하체 등의 부위에 맞는 도자(일렉트로이드)를 이용하여 관리한다.
❺ 도자를 나선형 또는 직선으로 움직이며 시술한다.
❻ 열을 식히기 위해 기기를 2~3분 정도 더 작동시킨다.
❼ 전원 스위치를 눌러 전원을 끈다.

주의사항

❶ 시술 도중 고객이 기기 사용 종료를 원할 경우에는 멈춤 버튼을 누른다.
❷ 고객의 금속 제품을 모두 제거하고, 전열 제품인 전기장판, 전기요, 금속침대 및 각종 금속 침구류의 사용을 금한다.

❸ 기기교육을 받은 전문 관리사에 의해 기기가 사용되어야 한다.
❹ 한 부위에 오랫동안 도자를 지속적으로 유지하면 화상 등 문제가 발생하므로 주의하여야 한다.

금기증

- 임산부, 7세 이하 어린이, 심장질환 및 알레르기질환자, 인공심장박동기, 전자치료기를 이식한 환자에게는 사용을 금한다.
- 출혈이 진행 중인 부위 및 허혈성조직에 사용을 금한다.
- 고혈압 환자에게는 적용을 금한다.

8) 리프팅기

원리

직류는 연속형 직류와 단속형 직류가 있다. 연속형 직류는 직류의 효과를 최대한 이용한 미네랄 워터, 이온 도입과 디스인크러스테이션으로 활용되며 단속형 직류는 근육을 자극하여 리프팅 효과를 가져오는 역학적 효과를 이용한다. 안면근육 자극을 위한 주파수는 중주파 4,000Hz 이하, 저주파 500Hz 이하, 낮은 전류의 세기 20~640mA와 주파수를 단계별로 사용하고 여러 가지 파형를 자동, 수동으로 변형 조절 관리하는 기기이다. 이러한 근조직의 3가지 운동에는 동심 근육운동(concentric), 이심 근육운동(essentric), 정적 근육운동(isometric)이 있다. 이중 정적 근육운동의 원리는 근육의 크기는 변함이 없고 탄력을 증가시키고 주름 개선과 처진 근육을 단축시켜 긴장과 힘을 부여함으로써 운동과 리프팅에 도움을 주는 효과가 있다. 또한 초음파 리프팅은 초당 20,000Hz 이상의 진동음을 내는 초음파가 매초당 100~300만 번 이상씩 세포를 자극하고 세포 깊숙한 곳에서 온열효과가 발생한다. 리프팅기기는 직류전류, 중 · 저주파전류, 초음파, 리프팅기기가 있다.

효과

결합조직의 수축 · 이완 작용으로 근육과 주름을 탱탱하고 탄력적으로 회복시키고 또한 말초신경의 흥분으로 근육 내 긴장이 유지되어 탄력을 회복시킨다. 수용성 물질이 진피층까지 침투되어 탄력회복과 세포의 활성화를 촉진시키고, 피부 기능을 활성화한다.

사용방법

❶ 갈바닉전류형 기기는 양극(+) 과 음극(−)의 극성을 이용하여 양극은 양이온 물질을 밀어내고 음극은 음이온 물질을 밀어내는 성질을 가지고 있으며 미용성분을 피부 속에 침투시키는 이온 도입법 피부 미용기기이다.

피부 표면에 침투물질을 도포한 후 본체와 연결된 전극봉은 일정 시간 동안 목 부위, 턱, 입 주위, 볼, 눈가, 이마로 한 개의 봉은 정지점에 고정시키고, 다른 봉은 근육의 결에 따라 안면 피부에 압을 주면서 이동한다.

❷ 장갑형의 리프팅 기기는 파우더를 피부 표면에 도포하고 고무장갑을 끼고 건식마사지로서 손의 움직임을 사용하여 마사지 효과를 본다.

❸ 초음파 리프팅기기는 안면 피부에 겔을 직접 도포하고 헤드에도 도포한 후 안면 부위에 밀착시켜 전원스위치를 켜고 enter 키를 눌러 프로그램을 설정하고 관리를 시작한다. 헤드를 천천히 중심에 바깥쪽을 향하게 하고 턱과 볼은 밑에서 위쪽으로 향하게 하며, 림프절 방향으로 이동하며 원을 그리듯 하여 1~2초에 5~6cm 정도 기준으로 이동한다.

초음파는 인체조직과 세포 간의 진동을 일으켜 인체의 신진대사를 촉진시켜 피부미용 효과를 내는 기기이다. 진피층까지 침투하여 콜라겐과 엘라스틴의 생성을 증가시키고 지방을 분해하여 지방산의 배출을 극대화하므로 전신 관리에도 이용된다.

주의사항

❶ 고객의 신체에 금속 물질을 제거한다.

❷ 소켓 금속기구 및 전선을 다룰 때에는 손에 물기가 없는 건조한 상태에서 다루도록 주의한다.

❸ 안면 피부 관리 시, 전극봉의 과잉 현상으로 턱·코 부위의 연골이나 골격 부위에 전극봉에 의한 안면 피부의 민감한 반응이 나타나지 않도록 한다.

❸ 사용 후, 알코올 솜으로 소독하여 건조시킨 후 살균 소독기에 살균한다.

금기증

- 간질환, 임산부, 종양, 암, 간질환자 또는 피부질환, 심장질환, 순환장애자 등은 사용을 금지한다.
- 성형외과적 삽입물이 존재하거나 생리 중에는 사용을 피해야 한다. 또한 수술 후 100일이 지나지 않은 자도 사용을 금지한다.
- 탄력이 지나치게 없는 피부도 사용을 피해야 하고 눈 주위 관리 시 눈두덩에 적용은 절대 금해야 한다.

9) 피부미용관리용 초음파(ultrasound)

원리

초음파는 진동 주파수가 17,000 ~20,000Hz 이상으로 고체, 액체, 기체 등의 매질 속을 진행할 때 분자의 진동을 발생하게 하여 매질 속에서 분자가 파동을 일으킨다.

본체와 헤드로 구성되어 있는 초음파기는 전류가 아닌 음파의 형태이기 때문에 화상의 위험이 없다. 주파수는 1MHz이며 이는 피부의 심부조직 관리에 효과적이고 3MHz의 주파수는 표피층의 관리에 효과적이다. 인체조직과 피부 세포 간에 아주 미세하게 진동을 일으켜 열과 역학적 에너지를 생산해낸다. 이는 음량에너지로서 인체 신진대사를 촉진하고, 피부미용적 효과를 나타내며 피부미용에 많이 이용되고 있다.

효과

피부세포에 아주 미세한 진동을 일으켜 세포와 세포의 간격을 넓혀서 작용물질을 피부 속 깊숙이 흡수시켜 콜라겐과 엘라스틴의 생성을 현저히 증가시키고, 피부 주름을 감소시켜 피부의 신진대사를 촉진하여 탄력을 회복시켜 준다.

또한 혈관기능 강화, 혈액 및 림프순환 촉진, 신진대사 증진으로 온열 효과가 있으며, 피부의 세정 효과, 탄력 증가, 피부조직 미세 매뉴얼테크닉 작용의 물리적 효과를 준다. 그리고 결체조직 재생 작용, 피부의 pH 균형 조절, 세포 DNA 활성 증진, 지방분해 작용을 한다.

사용방법

❶ 클렌징 후 초음파 젤을 도포한다.
❷ 전신은 프로브를 적용 부위에 대고 적당한 강도와 속도로 시술한다.
❸ 프로브를 목 부위, 입 주위, 뺨 주위, 코 주위, 눈 주위, 이마 주위로 원동작으로 올라가면서 시술한다.

주의사항

❶ 고객의 신체에 금속류 액세서리를 모두 제거한다.
❷ 헤드를 알코올로 소독하고 초음파기는 자외선 소독기에 보관한다.

임상적용방법

❶ 정상피부

적용기기	적용시간	효과
스티머(증기 분무기, Vaporizer)	10분	각질을 연화시켜 노폐물 제거 용이
적외선램프		영양물질 침투
스프레이		탄력, 세정
흡입기		피지 제거, 각질 제거, 혈액순환
이온토포레시스		앰플 침투
초음파		림프순환, 혈액순환

❷ 지성피부

적용기기	적용시간	효과
스티머(증기 분무기, Vaporizer)	10분	모공 확장, 청결
전동브러시		각질 연화, 신진대사 활성화
스프레이		세정
갈바닉(디스인크러스테이션, 이온토포레시스)		세정 앰플(6분 적용)
초음파(5분~7분)		겔 사용, 림프 순환, 신진대사
진공흡입기		피지 제거, 각질 제거
분무기(아스트린젠트)		pH 균형 유지와 진정 및 수렴
고주파기기		살균, 모공 수축

❸ 건성피부

적용기기	적용시간	효과
스티머(증기 분무기, Vaporizer)	5분	모공 확장, 순환계 촉진
유수분 측정기, 우드램프		유수분 확인, 피부 상태 판별
진공흡입기기		혈액순환, 노폐물 제거
갈바닉기기(이온영동법)		영양앰플 6분 적용, 설명서 필독
초음파기기		림프순환, 혈액순환
고주파기기		혈액순환, 세포의 신진대사, 온도 상승

❹ 복합성피부

적용기기	적용시간	효과
스티머(증기 분무기, Vaporizer)	10분	모공 확장, 순환계 촉진
전동브러시		각질 제거, 청결 세정 효과, 신진대사 활성화
초음파		림프순환, 혈액순환
우드램프, 확대경, 유수분 측정기		유수분 측정, 색소, 피부 상태 판별
진공흡입기기(T-zone)		면포 관리, 노폐물 제거
분무기(T-zone 아스트린젠트)		pH 균형 유지, 진정 · 수렴작용
갈바닉기기		T-존 부위 지성용 앰플, U-존 보습 앰플
고주파기기		순환 촉진, 살균작용
초음파		탄력 회복, 림프순환

II

현장 실무를 위한 매뉴얼테라피

1장

매뉴얼테라피 기초 실무

1.
클렌징 실기

누르기
쓸어주기
8자 그리기
나선형 돌리기

포인트 메이크업 클렌징

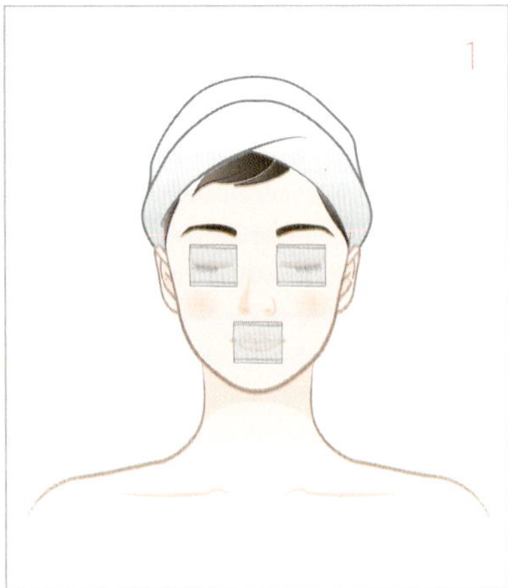

1. 아이리무버를 젖은솜에 골고루 적셔 눈과 입술 부위에 올려 약 1분 정도 올려 둔다.

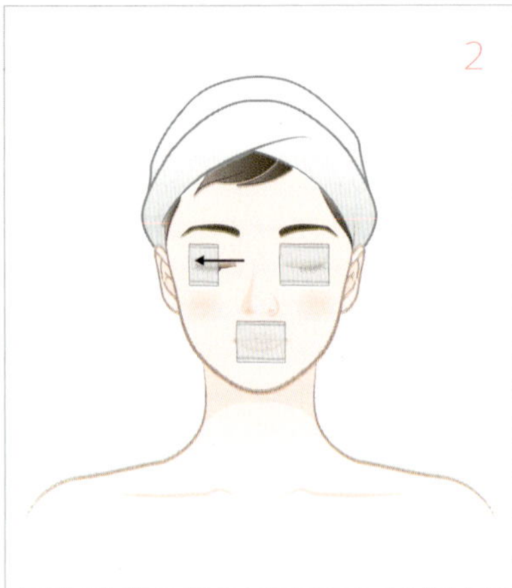

2. 눈머리에 화장솜을 이용하여 눈꼬리 쪽으로 가볍게 누르듯 클렌징한다.

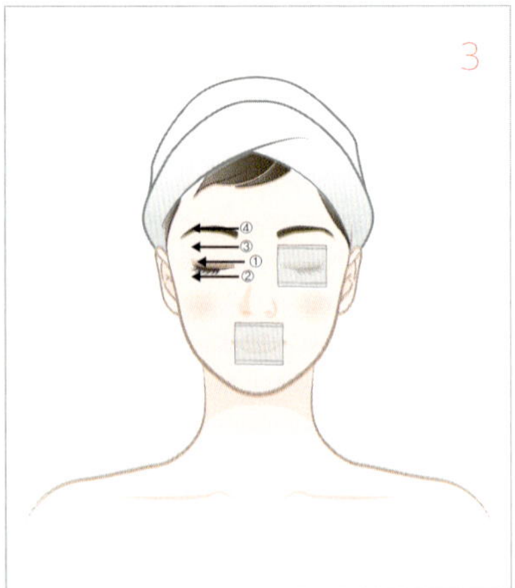

3. 화장솜을 중지에 끼워 눈머리에서 눈중앙부위를 클렌징하고 눈밑을 클렌징 후 눈두덩을 클렌징한다. 다시 눈썹머리에서 눈썹꼬리까지 클렌징한다.

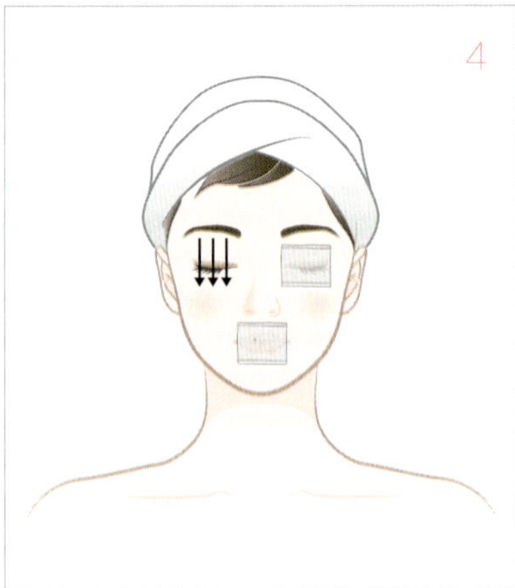

4. 눈머리에서 화장솜을 중지에 끼워 위에서 아래 방향으로 클렌징한다.

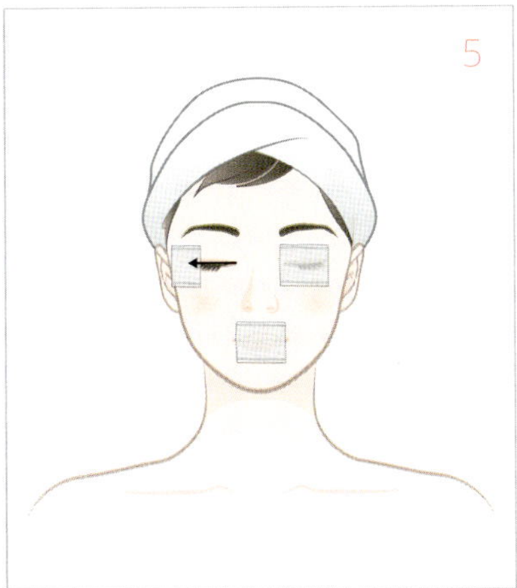

5. 눈머리에서 화장솜을 접어 엄지손가락을 이용하여 눈꼬리 쪽으로 가볍게 누르듯 클렌징한다.

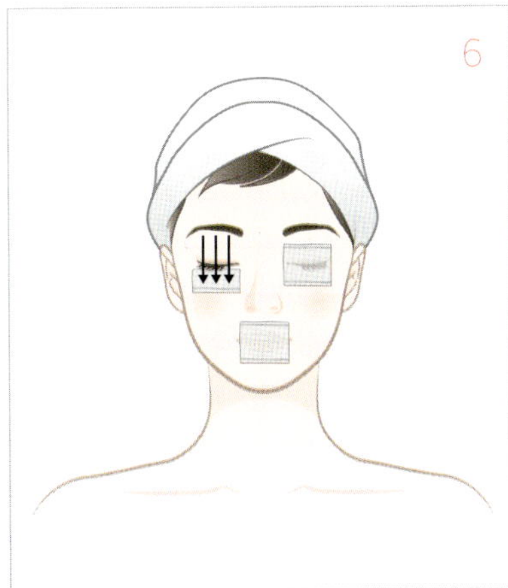

6-1. 화장솜을 눈 밑에 끼우고 면봉을 이용하여 눈머리에서 눈꼬리 부위까지 아이라인과 마스카라를 클렌징한다.

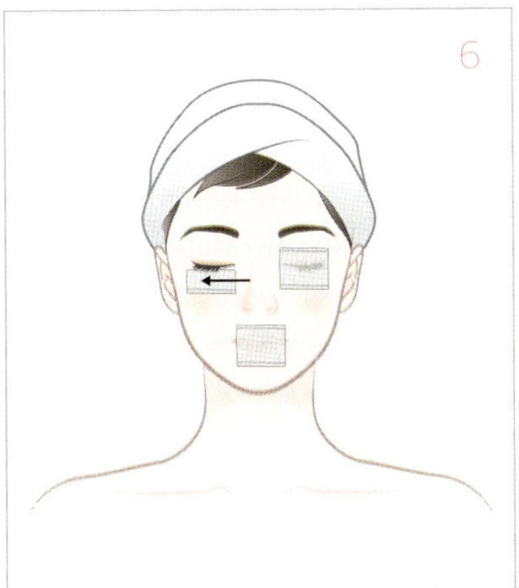

6-2. 화장솜을 눈 밑에 끼우고 면봉을 이용하여 눈머리에서 눈꼬리 부위까지 아이라인과 마스카라를 클렌징한다.

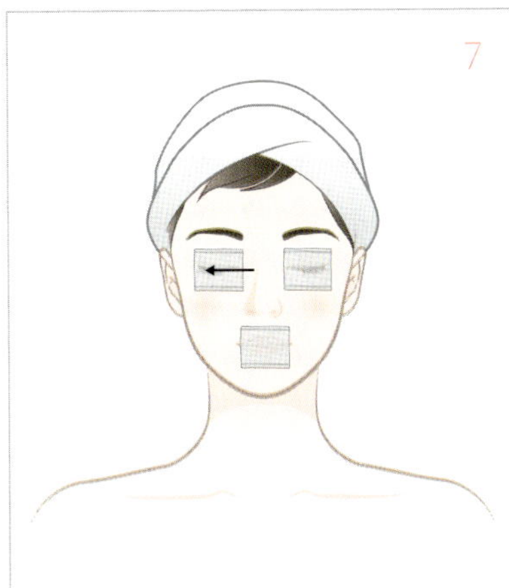

7-1. 눈머리에서 화장솜을 이용하여 눈꼬리 쪽으로 가볍게 누르듯 클렌징한다.

포인트 메이크업 클렌징

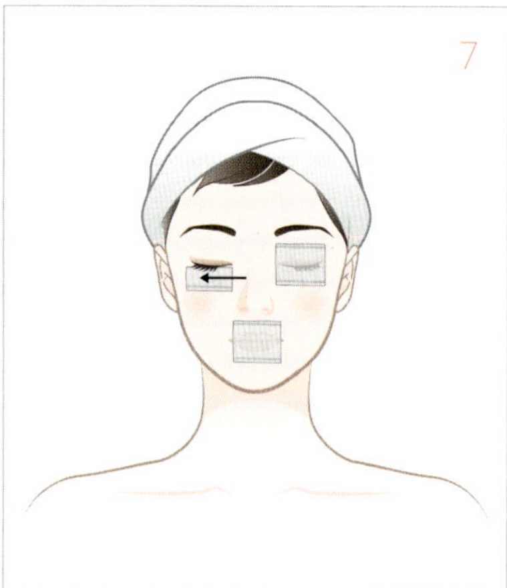

7-2. 눈머리에서 화장솜을 접어 눈 밑까지 다시 한 번 클렌징한다.

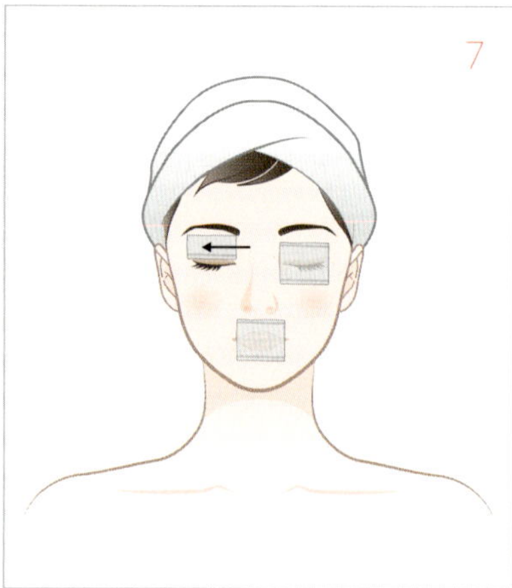

7-3. 눈머리에서 화장솜을 접어 눈 윗부위의 잔여물을 다시 한 번 클렌징한다.

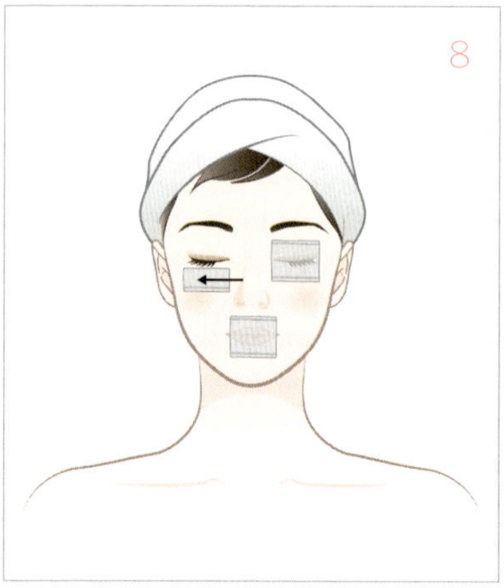

8. 눈머리에서 면봉을 이용하여 아이라인과 마스카라의 잔여물을 눈꼬리 밑까지 다시 한 번 클렌징한다. 반대쪽도 2~8번까지 과정을 동일하게 시행한다.

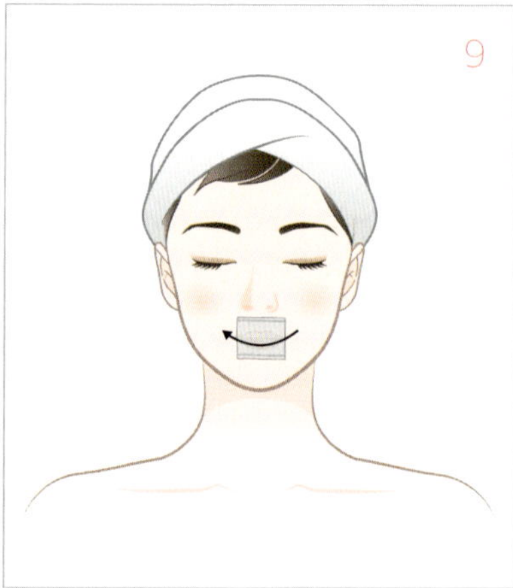

9. 왼쪽 입술꼬리에서 화장솜을 이용하여 오른쪽 입꼬리까지 클렌징한다.

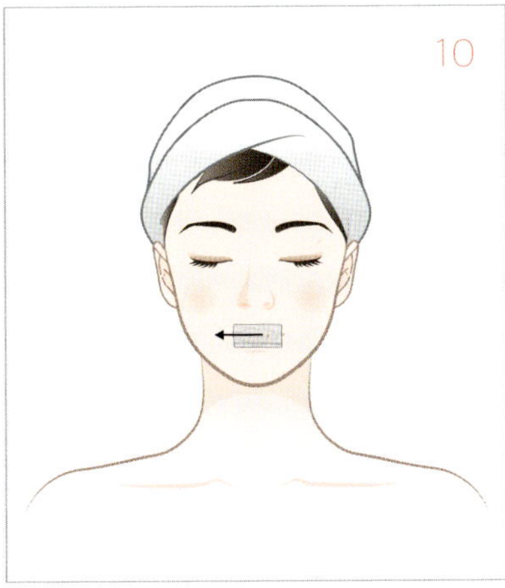

10. 왼쪽 입꼬리에서 화장솜을 중지에 끼워 오른쪽까지 클렌징한다.

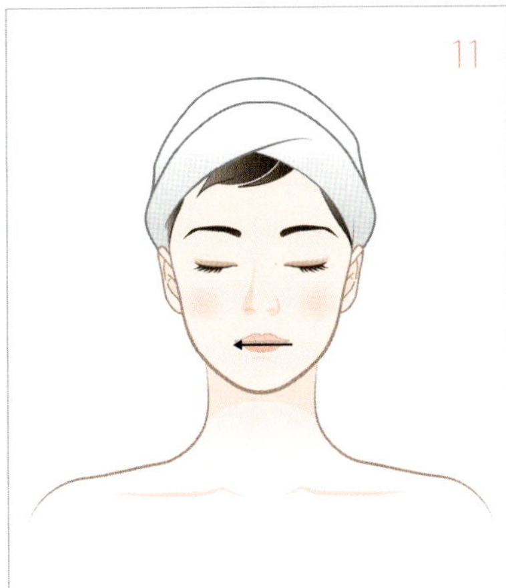

11. 입술 중앙 부위를 화장솜을 접어 왼쪽 입술꼬리에서 오른쪽 입술꼬리까지 클렌징한다.

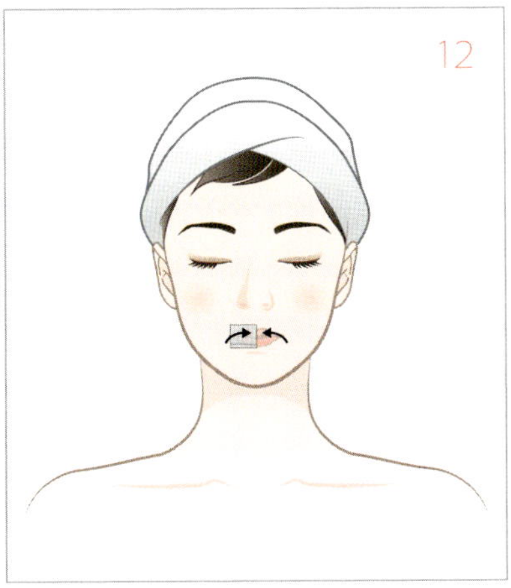

12-1. 왼쪽 윗입술꼬리 부위에서 화장솜을 접어 입술 중앙 부위까지 클렌징 후, 오른쪽 윗입술꼬리 부위에서 입술 중앙 부위까지 클렌징한다.

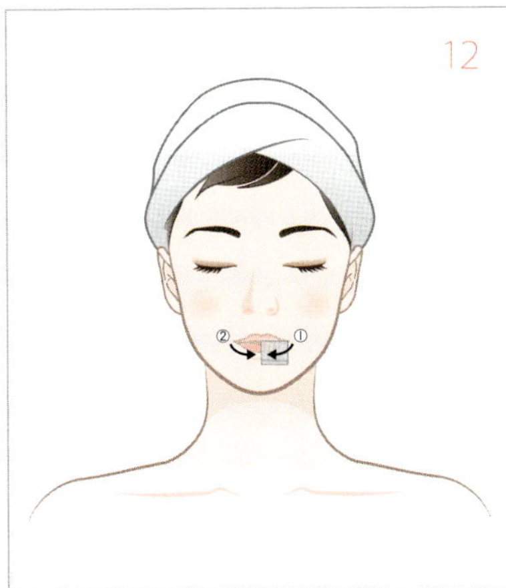

12-2. 왼쪽 아랫입술꼬리 부위에서 화장솜을 접어 입술 중앙 부위까지 클렌징 후, 오른쪽 아랫입술꼬리 부위에서 입술 중앙 부위까지 클렌징한다.

포인트 메이크업 클렌징

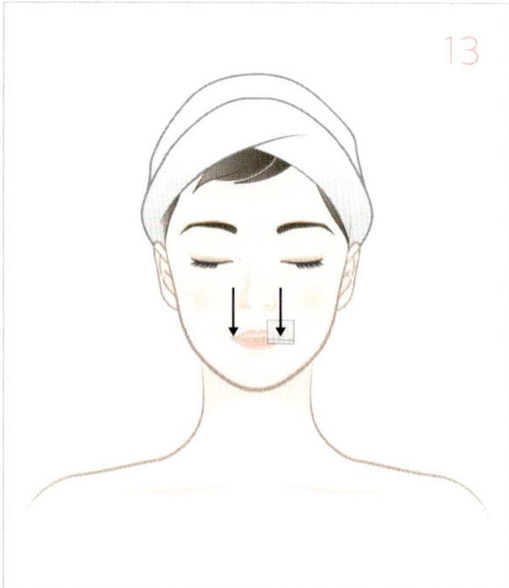

13-1. 왼쪽 윗입술꼬리 부위에서 화장솜을 접어 오른쪽 윗입술꼬리 부위까지 클렌징한다.

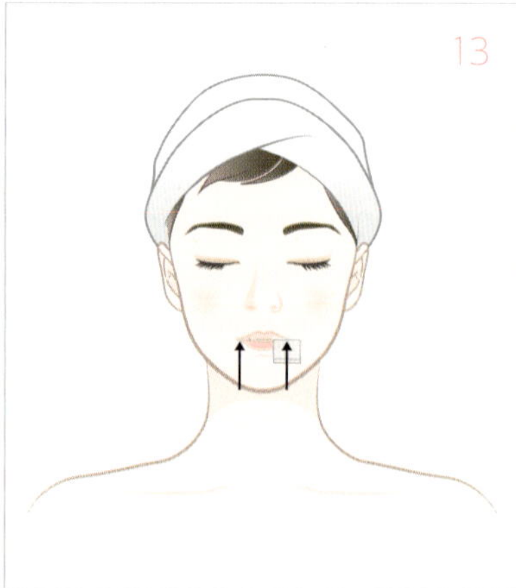

13-2. 왼쪽 아랫입술꼬리 부위에서 화장솜을 접어 오른쪽 아랫입술꼬리 부위까지 클렌징한다.

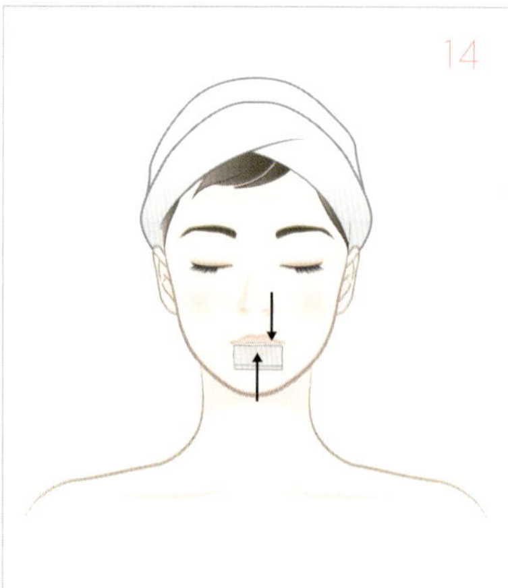

14. 윗입술 왼쪽 부위에서 면봉을 이용하여 위에서 아래로 클렌징한 후, 아랫입술을 아래에서 위로 클렌징한다.

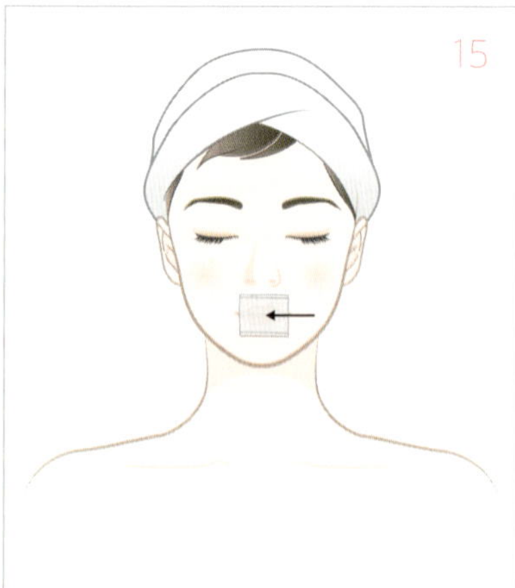

15. 입술의 잔여물을 화장솜을 이용하여 다시 한 번 클렌징한다.

클렌징 동작

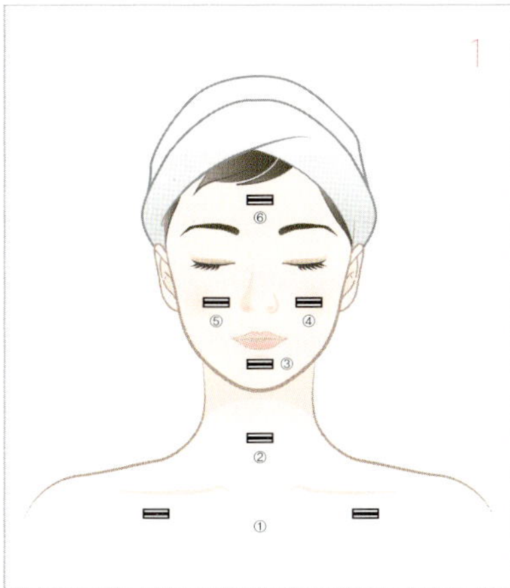

1. 테콜테 → 목 → 턱 → 볼 → 이마 순으로 크림을 부드럽게 도포한다.

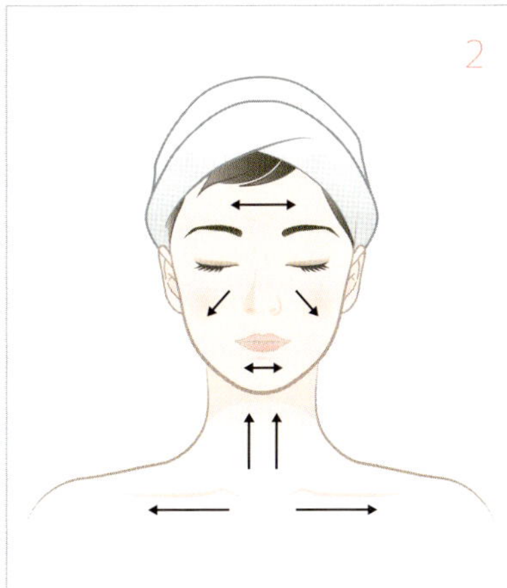

2. 테콜테 →목 → 턱 → 볼 → 이마 순으로 크림을 부드럽게 쓸어서 도포한다.

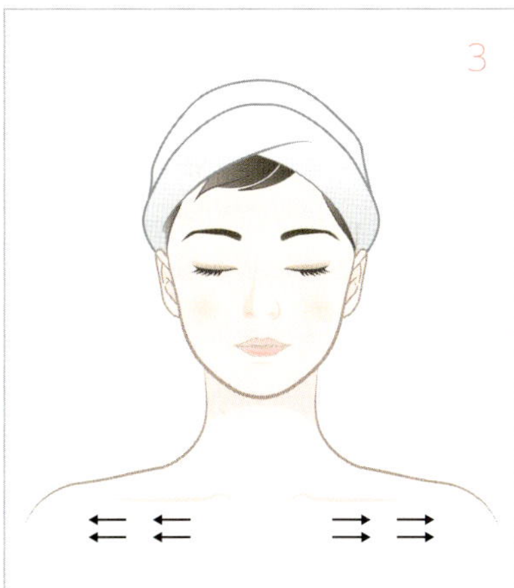

3-1. 가슴 클렌징하기
윗가슴 중앙 부위에서 양손을 이용하여 좌우 쓸어준다.

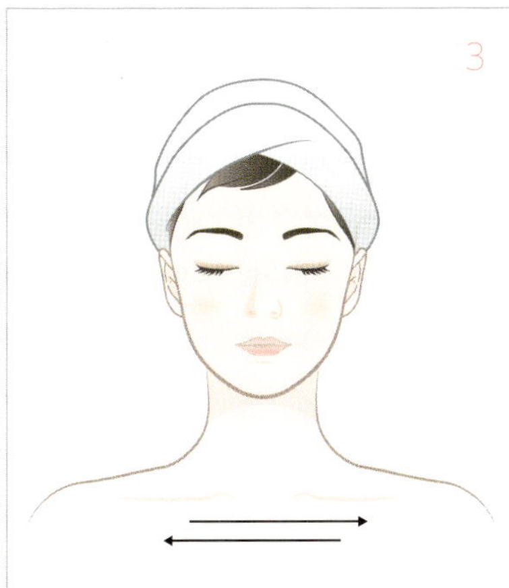

3-2. 가슴 클렌징하기
윗가슴 부위를 양 손바닥을 이용하여 좌우 쓸어준다.

클렌징 동작

3-3. 가슴 클렌징하기
윗가슴 부위를 양 손바닥을 이용하여 좌우 물결 모양으로 쓸어준다.

3-4. 가슴 클렌징하기
양손을 이용하여 윗가슴 중앙 부위에서 귓불 밑까지 쓸어준다.

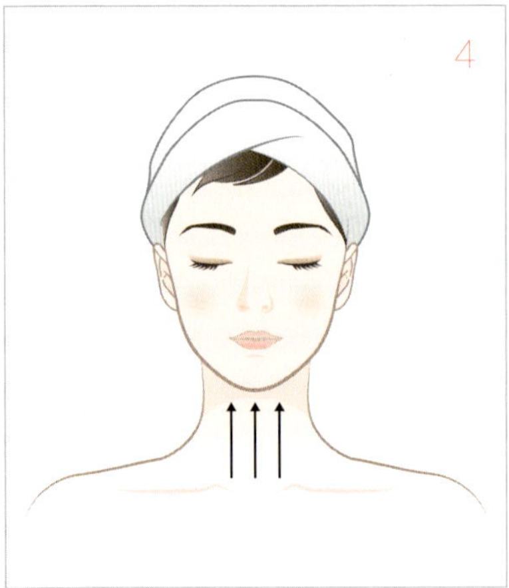

4. 목 클렌징하기
목을 아래에서 위로 쓸어준다.

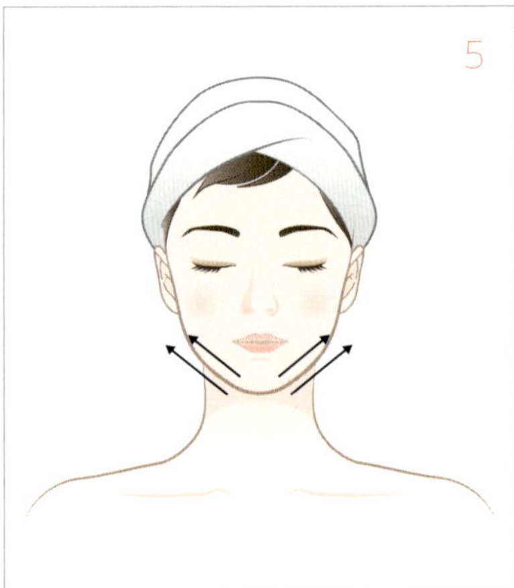

5-1. 턱선 클렌징하기
턱 중앙에서 턱 끝까지 양손으로 쓸어준다.

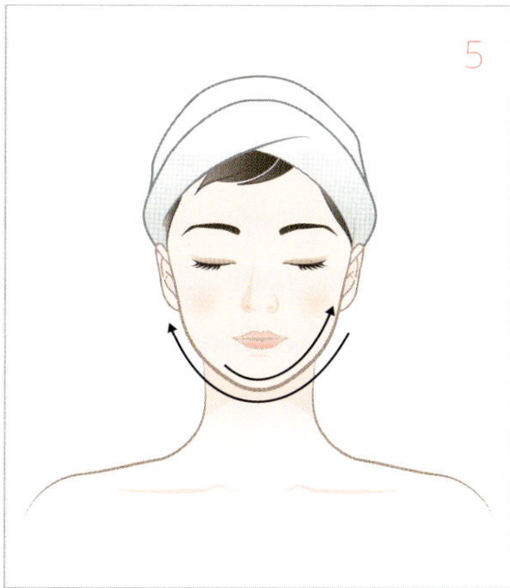

5-2. 턱선 클렌징하기
턱 끝에서 턱선을 따라 좌우 방향을 번갈아 쓸어준다.

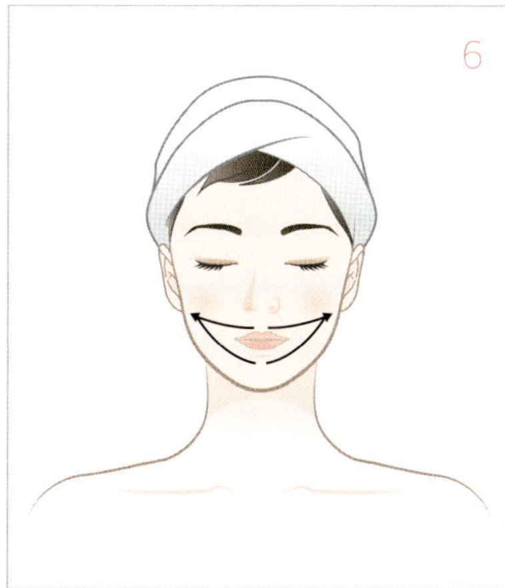

6-1. 입술 주위 클렌징하기
입술 주위를 좌우로 검지와 중지를 이용하여 한 손씩 번갈아 쓸어준다.

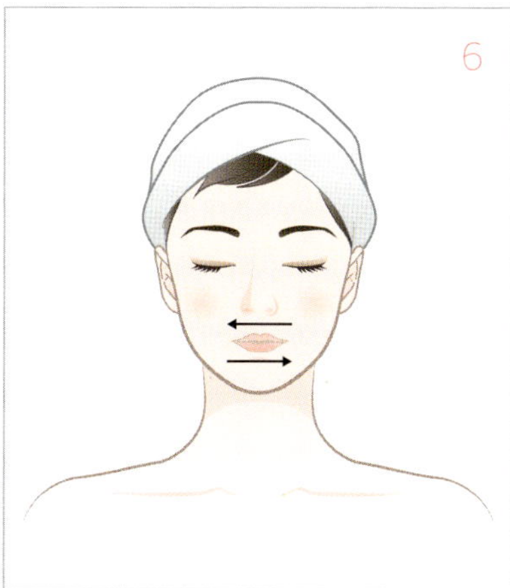

6-2. 입술 주위 클렌징하기
입술 사이를 양 엄지를 교차하여 쓸어준다.

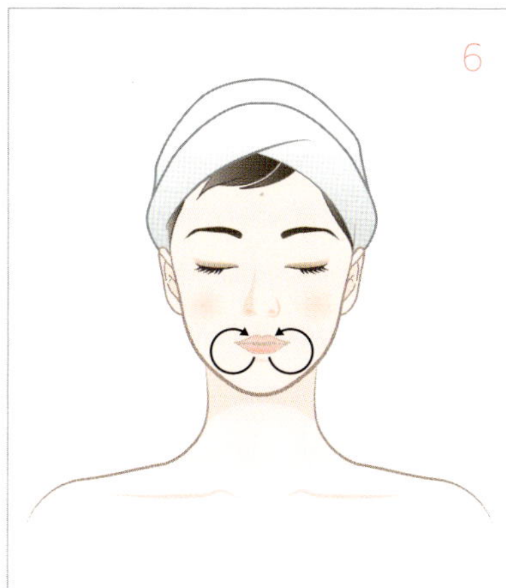

6-3. 입술 주위 클렌징하기
아랫입술 중앙 부위에서 양 엄지를 가볍게 윗입술 중앙 부위까지 쓸어 올려준다.

클렌징 동작

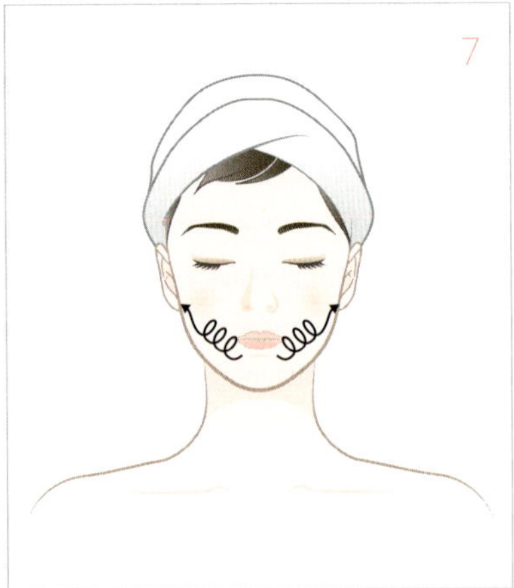

7-1. 볼 문지르기
양손을 이용하여 아랫입술 중앙 부위에서 귓불까지 나선형을 그린다.

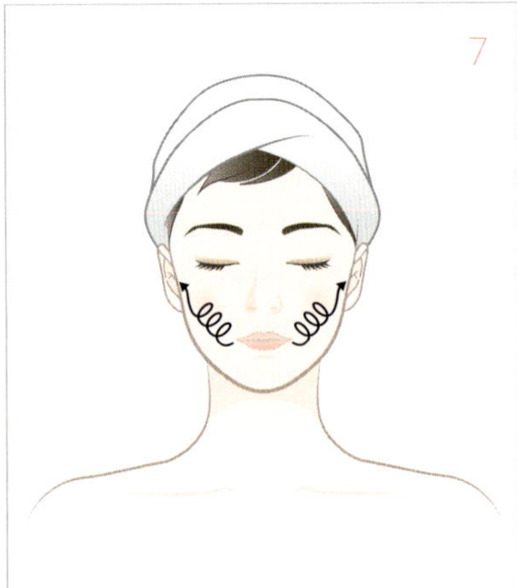

7-2. 볼 문지르기
양손을 이용하여 입술꼬리에서 귀 중앙부위까지 나선형을 그린다.

7-3. 볼 문지르기
양손을 이용하여 콧방울에서 눈 옆 측면까지 나선형을 그린다.

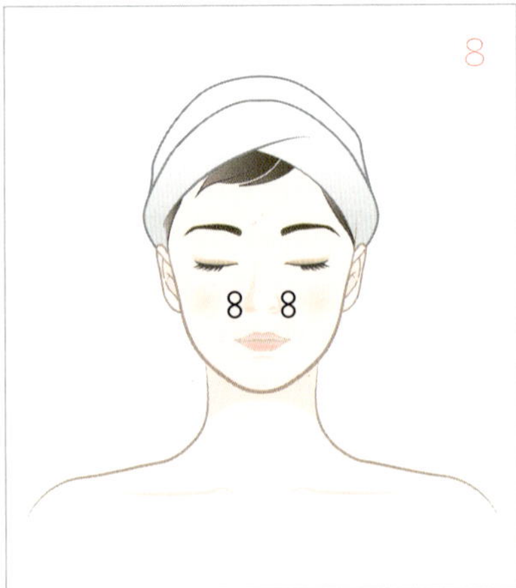

8-1. 콧방울 클렌징하기
중지손가락을 이용하여 콧방울에서 8자를 그린다.

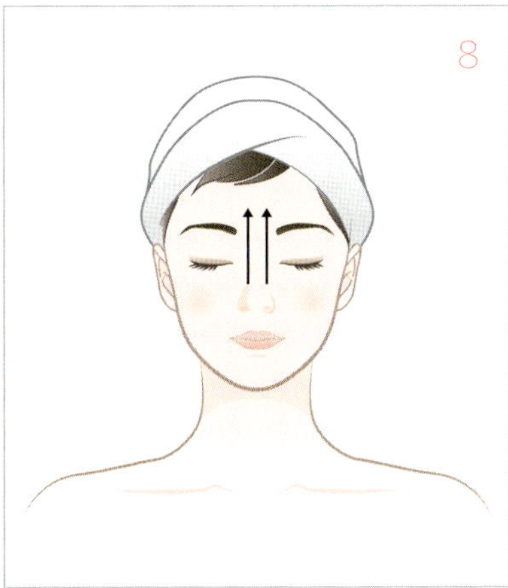

8-2. 코벽 클렌징하기
코벽을 양 손가락으로 쓸어준다.

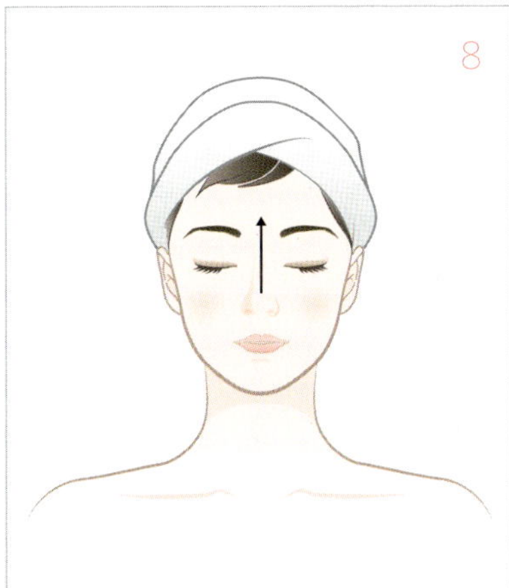

8-3. 콧등 클렌징하기
콧등을 한 손씩 이용하여 교대로 쓸어준다.

9-1. 눈 주위 클렌징하기
눈머리 밑에서 손가락을 이용하여 나선형을 그린다.

9-2. 눈 주위 클렌징하기
양손을 이용하여 아랫눈머리 밑에서 윗눈머리까지 원을 그린다.

클렌징 동작

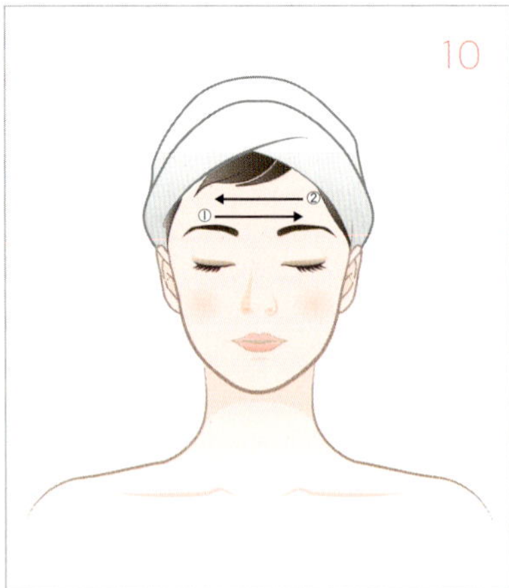

10-1. 이마 클렌징하기
이마를 양 손바닥을 이용하여 쓸어준다.

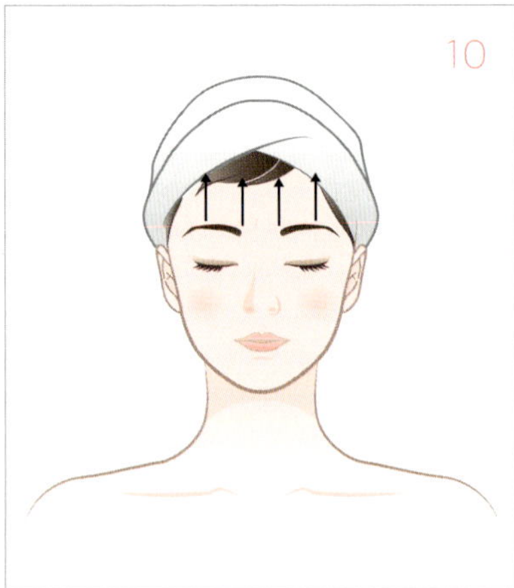

10-2. 이마 클렌징하기
이마를 손바닥을 이용하여 아래에서 위 방향으로 쓸어준다.

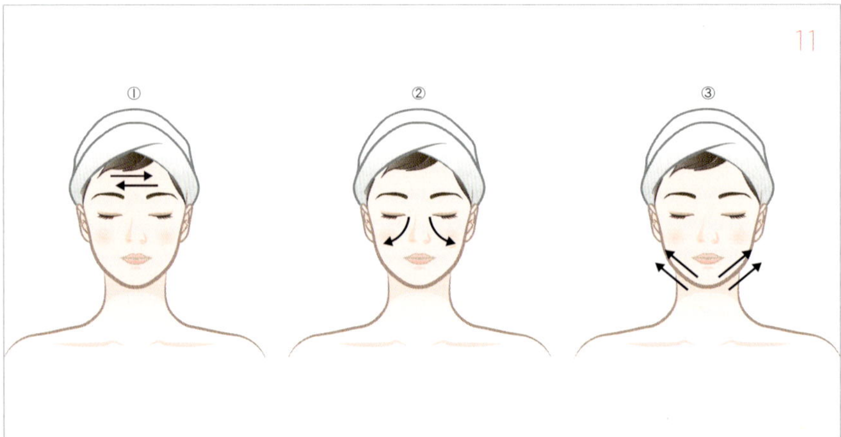

11. 전체 클렌징하기
이마를 양손을 이용하여 쓸어준 후(①), 측면을 지나 볼을 감싸고 쓸어(②) 턱선을 지나 귓불 뒤에서 마무리한다(③).

티슈 클렌징

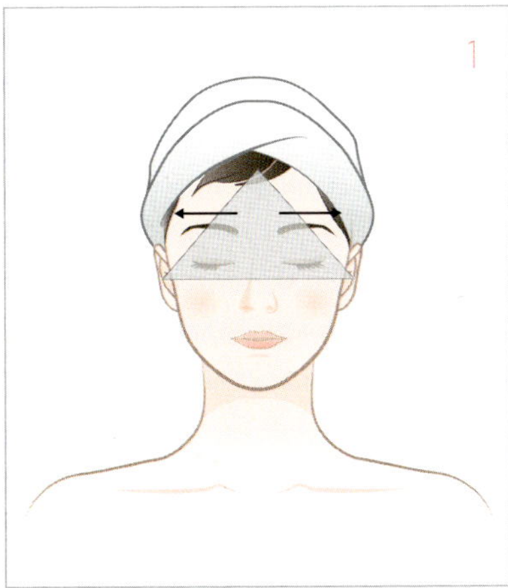

1. 코 윗부분을 티슈를 삼각으로 접어 가볍게 눌러준다.

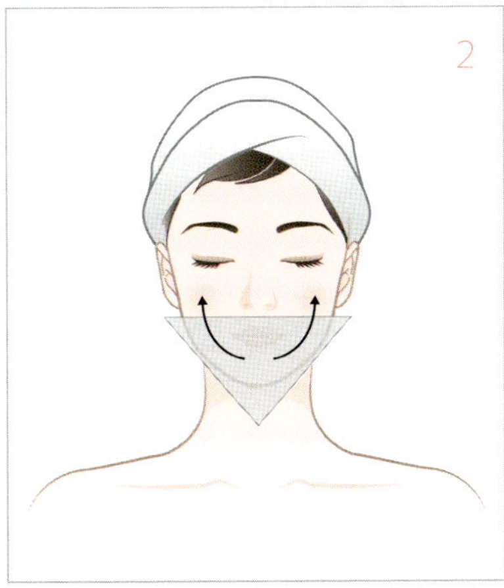

2. 코 아랫부분을 티슈를 삼각으로 접어 가볍게 눌러준다.

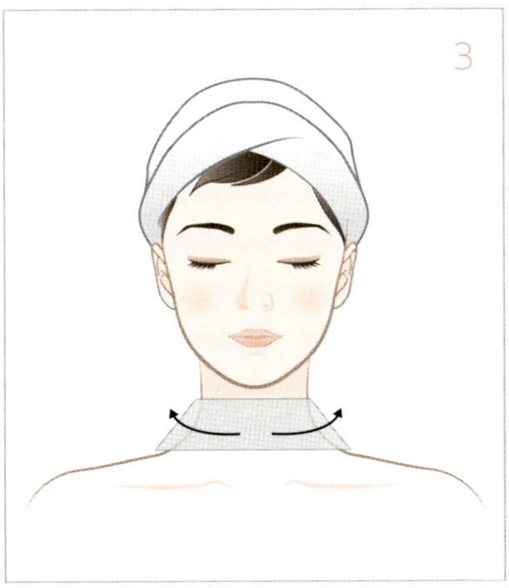

3. 목 부분을 티슈를 이용하여 가볍게 눌러준다.

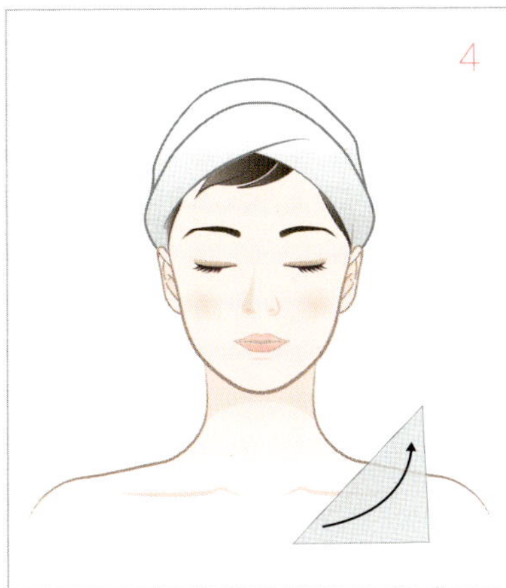

4. 가슴 부위를 티슈를 이용하여 좌우 가볍게 눌러준다. 반대쪽도 동일하게 실시한다.

티슈 클렌징

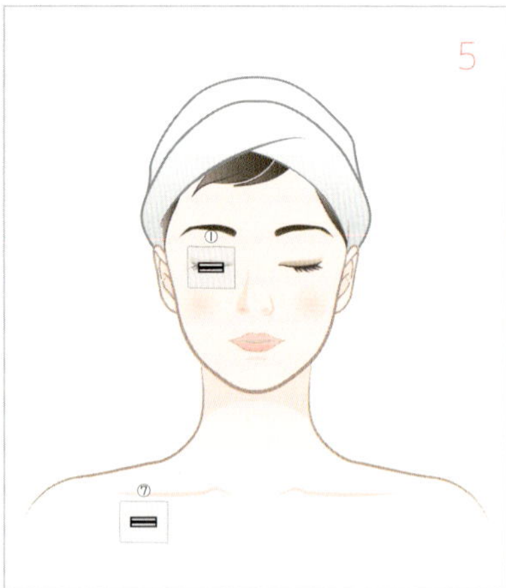

5. 티슈 눌러주기
오른쪽 눈에서 시작하여 티슈를 손가락에 끼우고 왼쪽 눈 → 이마 → 볼 → 입술 주위 → 목 → 윗가슴 부위 좌우를 눌러준다.

해면 클렌징

1. 눈 해면 클렌징하기
눈 주위를 양손의 해면을 이용하여 눈 중앙 부위(①)에서 눈 밑(②)을 닦고 눈두덩(③)과 눈썹까지 쓸어 닦는다.

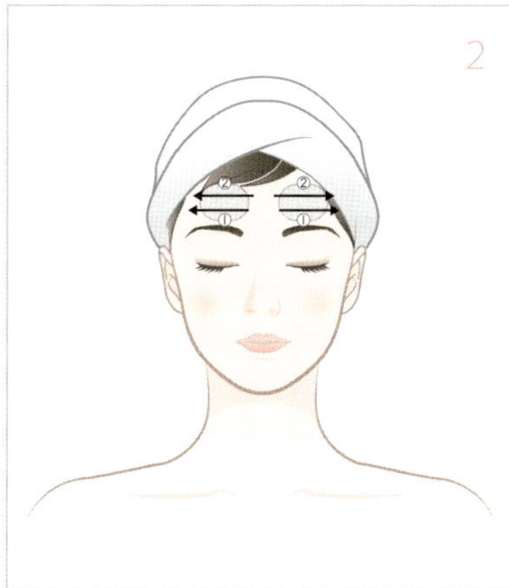

2. 이마 해면 클렌징하기
이마 부위를 양손의 해면을 이용하여 쓸어 닦아낸다(①, ②).

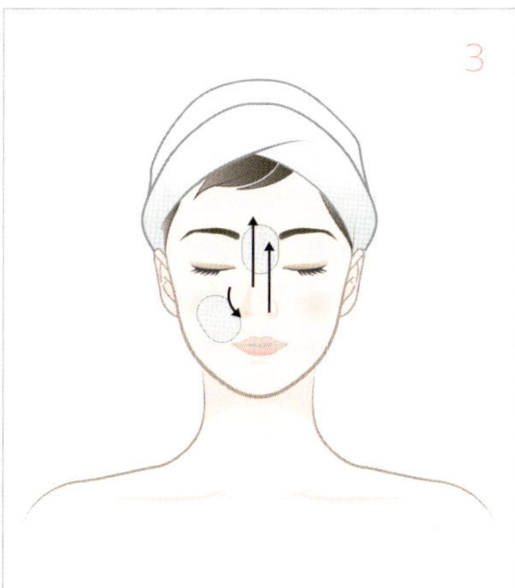

3. 코 해면 클렌징하기
콧등에서 양손의 해면을 이용하여 코벽과 콧방울까지 쓸어 닦는다.

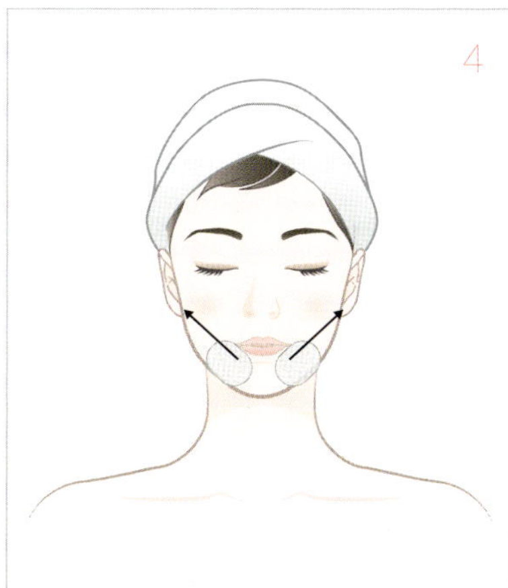

4-1. 볼 해면 클렌징하기
볼을 양손의 해면을 이용하여 입술 밑 중앙 부위에서 귓불까지 쓸어 닦는다.

해면 클렌징

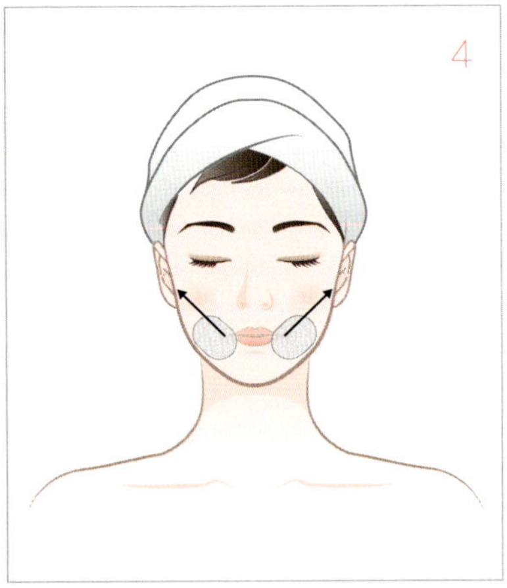

4-2. 볼 해면 클렌징하기
볼을 양손의 해면을 이용하여 입술꼬리에서 귀 중앙 부위까지 쓸어 닦는다.

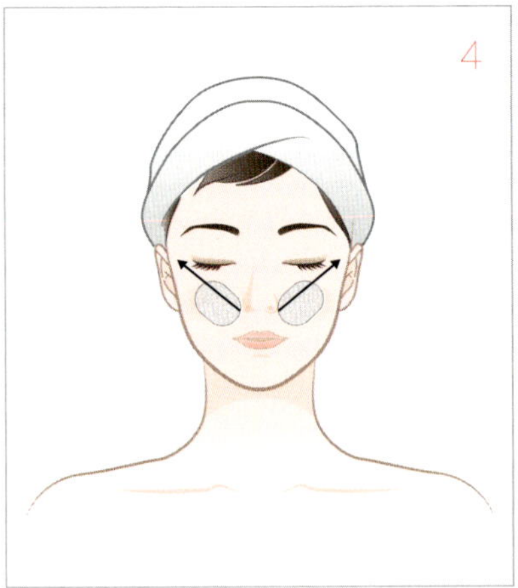

4-3. 볼 해면 클렌징하기
볼을 양손의 해면을 이용하여 콧방울 부위에서 눈 옆 측면까지 쓸어 닦는다.

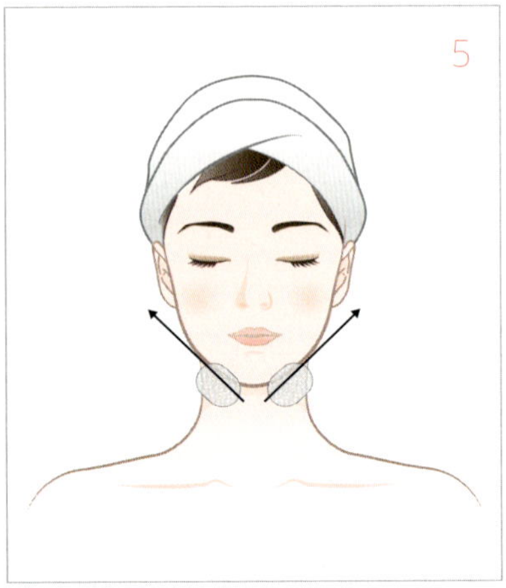

5. 턱 라인 해면 클렌징하기
턱선 부위에서 양손의 해면을 이용하여 턱 밑부터 위까지 교대로 쓸어 닦는다.

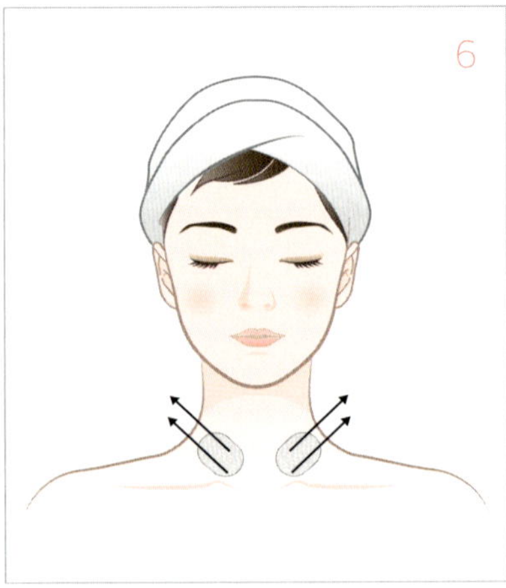

6. 목 해면 클렌징하기
목 부위를 양손의 해면을 이용하여 교대로 쓸어 닦는다.

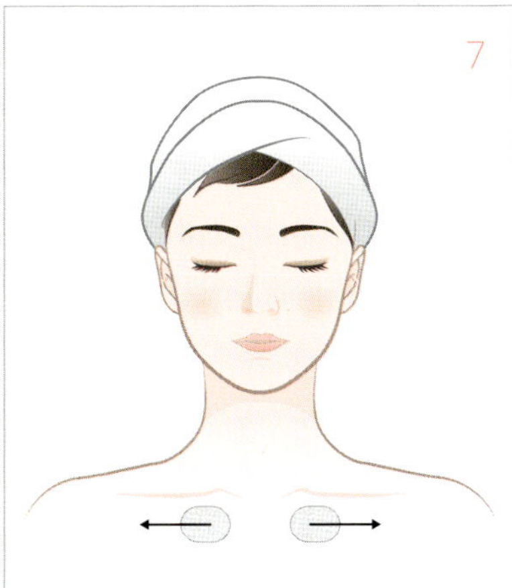

7. 윗가슴 해면 클렌징하기

윗가슴 부위를 양손의 해면을 이용하여 교대로 쓸어 닦는다.

8. 마무리

어깨선에서 양손의 해면을 이용하여 귀 옆과 헤어라인의 잔여물을 다시 한 번 클렌징한다.

얼굴 혈자리

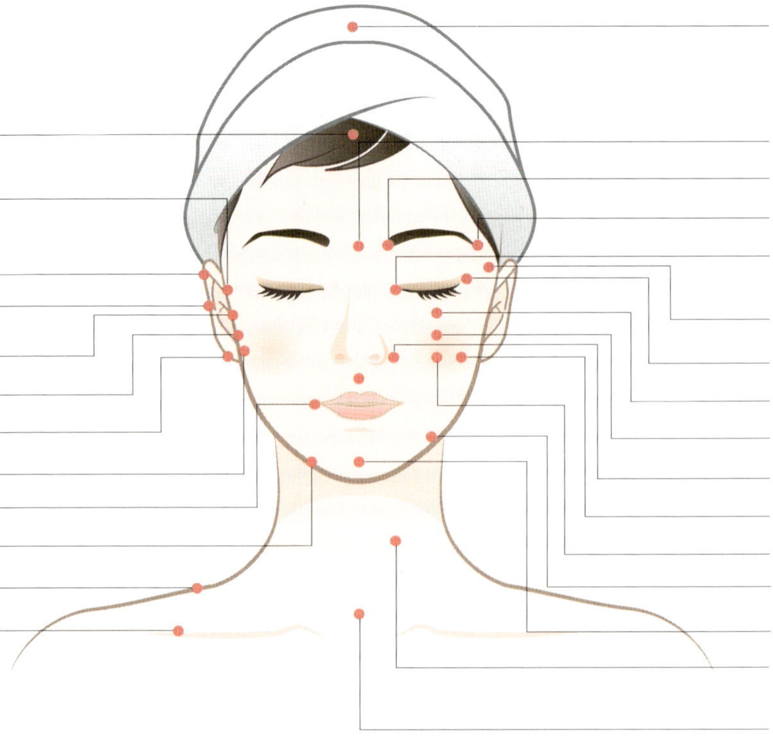

얼굴의 경혈점

- 승장 : 입술 바로 아래 턱 부위의 중앙에서 약간 들어간 부위
- 지창 : 입을 다문 상태에서 입 양 옆의 약간 들어간 곳
- 하관 : 귀 앞에서 코 쪽으로 약 1.5cm 부위의 약간 들어간 곳으로 입을 벌리면 들어간 자리가 없어지고 악다물면 튀어나오는 곳
- 영향 : 코의 양 옆 주름 있는 부위의 중앙
- 거료 : 광대뼈 바로 아랫부분
- 찬죽 : 눈썹의 앞머리 시작점
- 정명 : 눈 안쪽 약간 들어간 부위
- 동자료 : 눈꼬리 끝나는 곳의 뼈와 뼈 사이의 들어간 곳
- 사죽공 : 눈썹 바깥쪽 끝 부분에 들어간 곳
- 인당 : 양 눈썹 끝을 가로로 연결한 선의 얼굴 중앙 부위

습포 클렌징

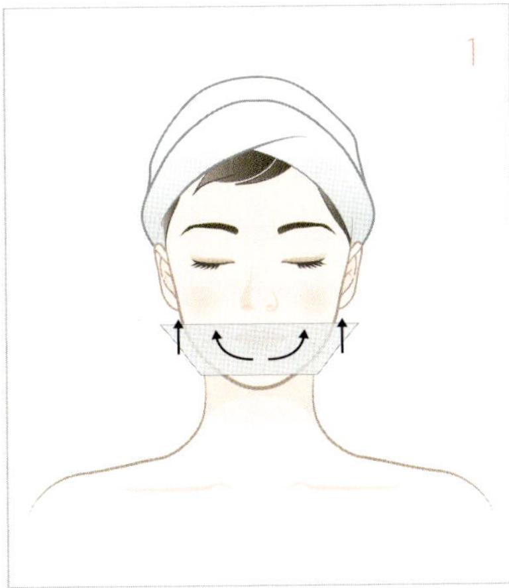

1-1. 손목 온도 체크 후 양손을 이용하여 코밑에 온 습포를 올린다.

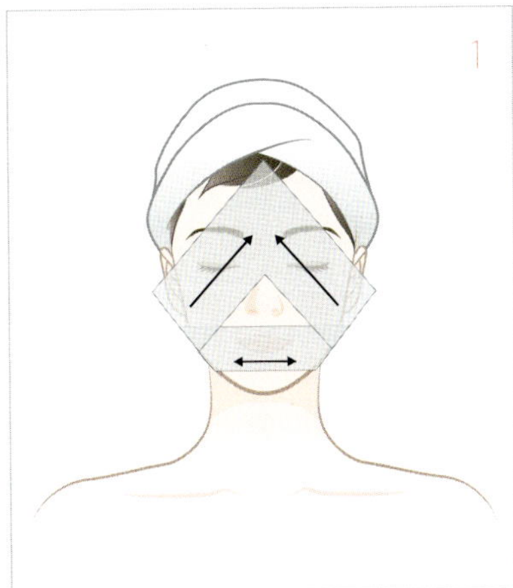

1-2. 얼굴 전체를 양손을 이용하여 온습포로 감싼다.

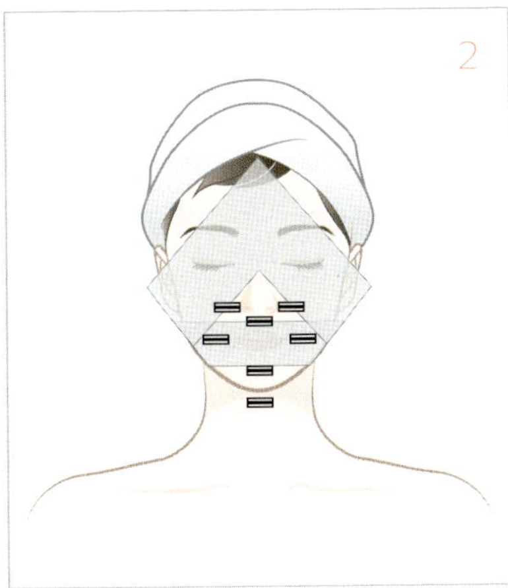

2-1. 얼굴 아랫부위를 양 엄지를 이용하여 가볍게 누른다.

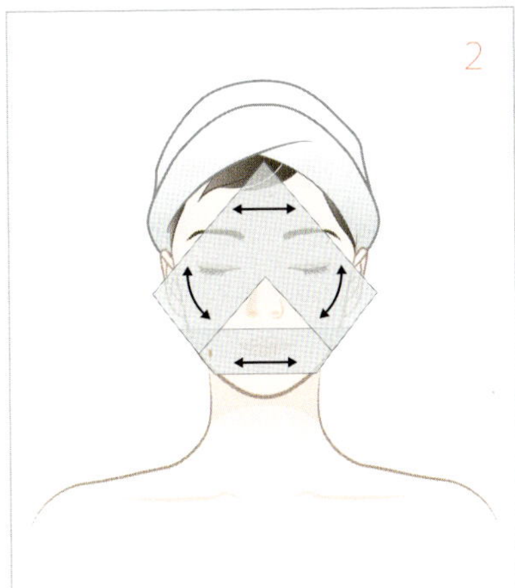

2-2. 얼굴 전체를 양 손바닥을 이용하여 가볍게 누른다.

습포 클렌징

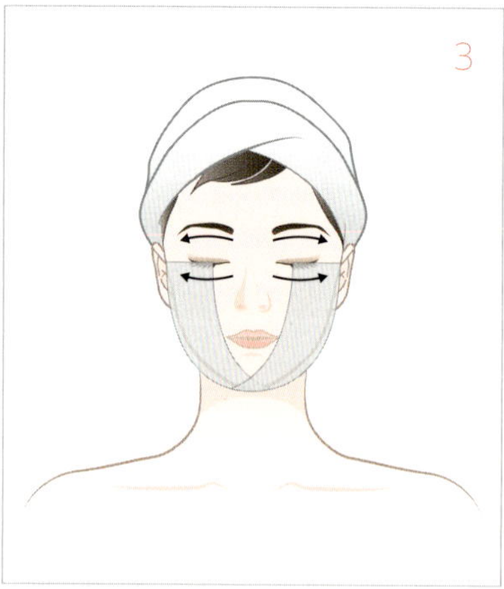

3-1. 온타월을 펴서 양손을 수건 안으로 넣고 눈 주위를 가볍게 쓸어 닦는다.

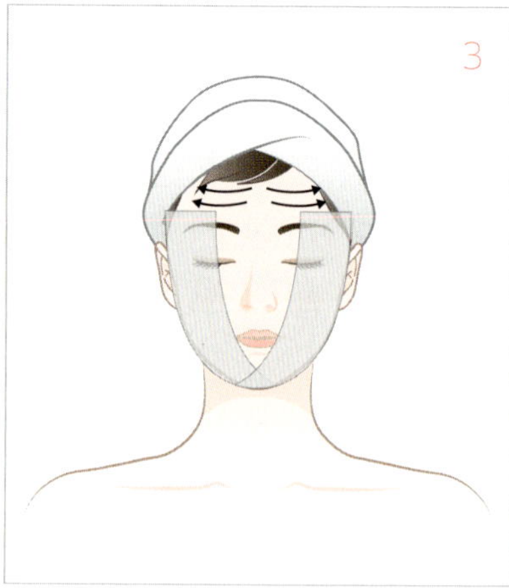

3-2. 온타월을 펴서 양손을 수건 안으로 넣고 이마를 가볍게 쓸어 닦는다.

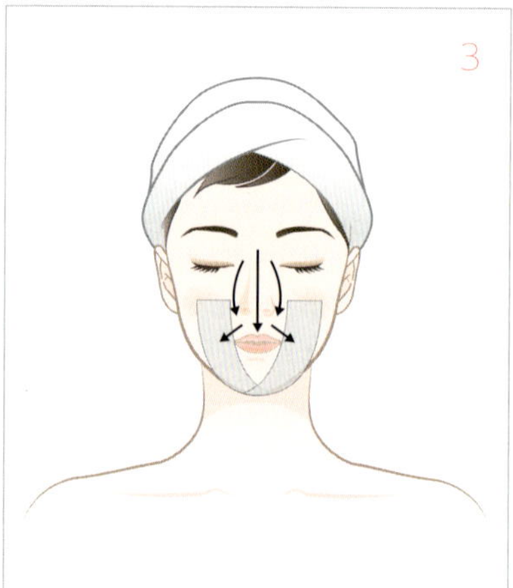

3-3. 온타월을 펴서 양손을 수건 안으로 넣고 코 부위를 가볍게 쓸어 닦는다.

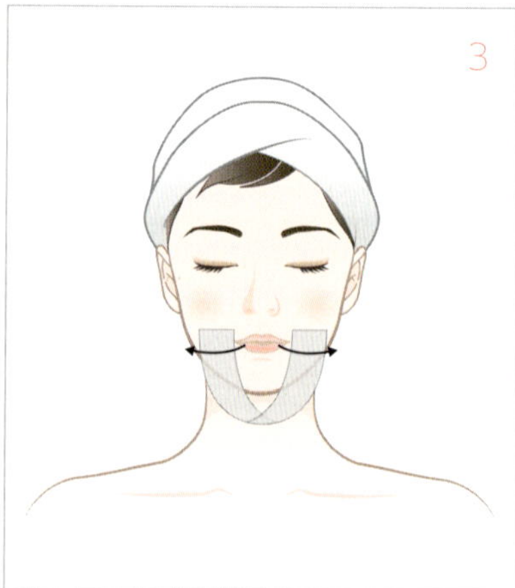

3-4. 온타월을 펴서 양손을 수건 안으로 넣고 입 주위를 가볍게 쓸어 닦는다.

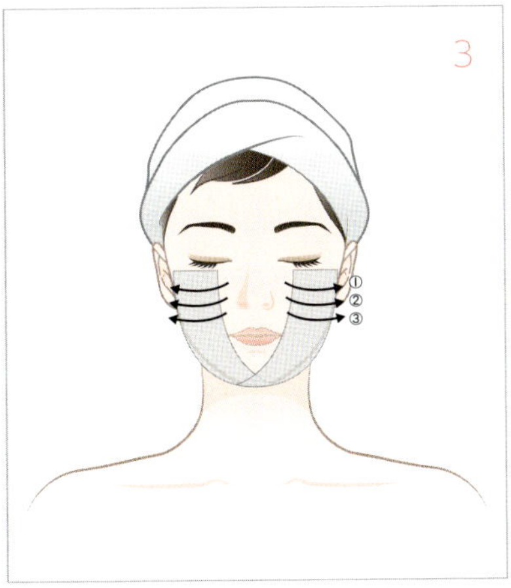

3-5. 온타월을 펴서 양손을 수건 안으로 넣고 볼을 가볍게 쓸어 닦는다.

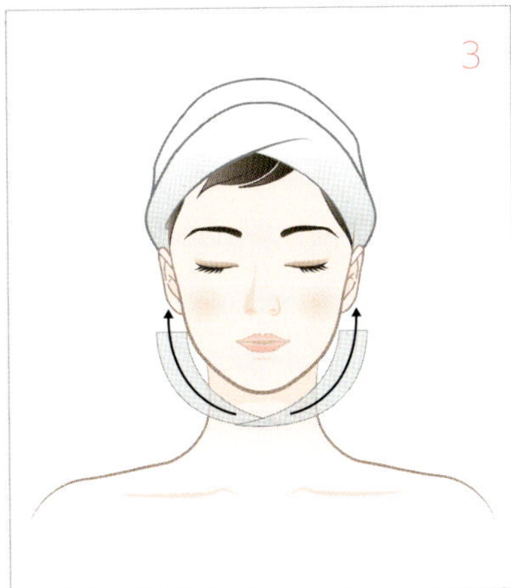

3-6. 온타월을 펴서 양손을 수건 안으로 넣고 턱선과 턱 밑을 가볍게 쓸어 닦는다.

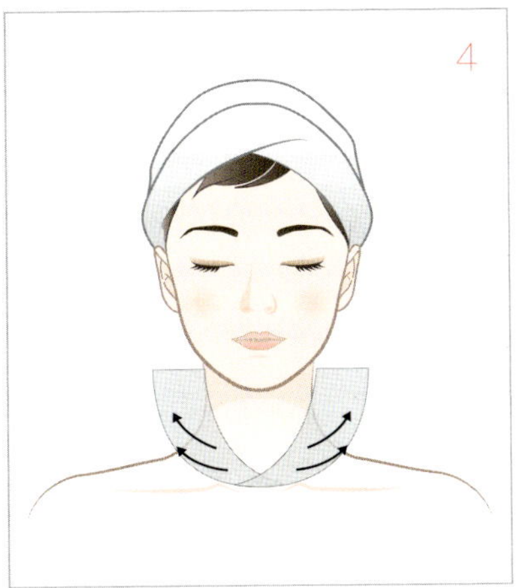

4. 온습포를 한 손에 끼운 후, 반대 손으로 온습포를 잡고 목 부위를 닦는다.

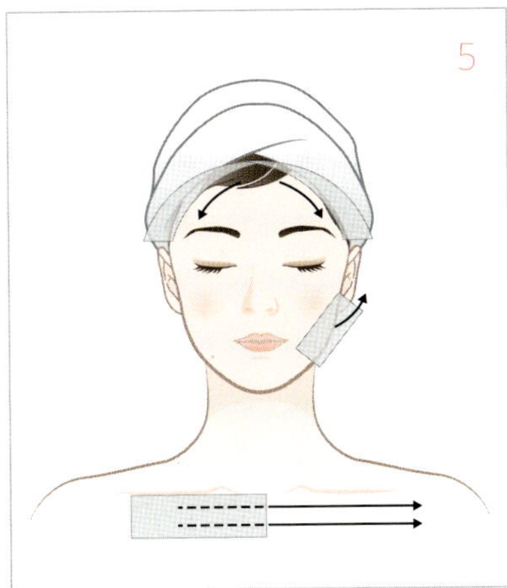

5. 온습포를 한 손에 끼운 후, 반대 손으로 온습포를 잡고 윗가슴 부위에서 귓불 뒤와 헤어라인까지 잔여물을 쓸어 제거한다.

토너 정리

1-1. 눈 주위 피부 결 정돈
토너를 화장솜에 적셔 중지에 끼운 후, 한 손 또는 양손을 이용하여 눈 밑 부위를 눈머리에서 눈꼬리까지 쓸어 닦는다.

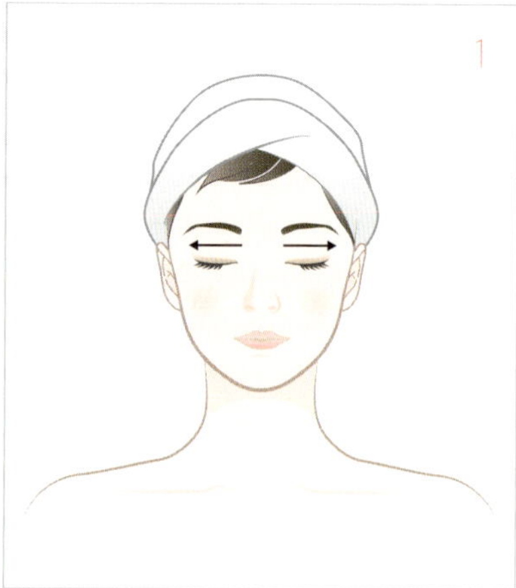

1-2. 눈 주위 피부 결 정돈
토너를 화장솜에 적셔 중지에 끼운 후, 한 손 또는 양손을 이용하여 눈두덩을 눈머리에서 눈꼬리까지 쓸어 닦는다.

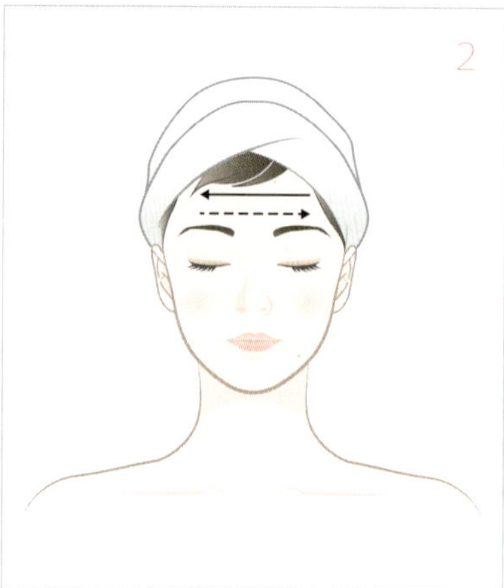

2-1. 이마 주위 피부 결 정돈
토너를 화장솜에 적셔 중지에 끼운 후, 한 손 또는 양손을 이용하여 이마를 한 방향으로 쓸어 닦는다.

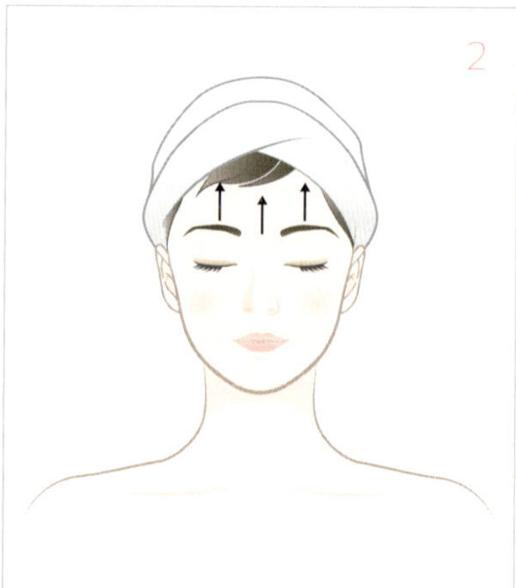

2-2. 이마 주위 피부 결 정돈
토너를 화장솜에 적셔 중지에 끼운 후, 한 손 또는 양손을 이용하여 이마를 아래에서 위로 쓸어 닦는다.

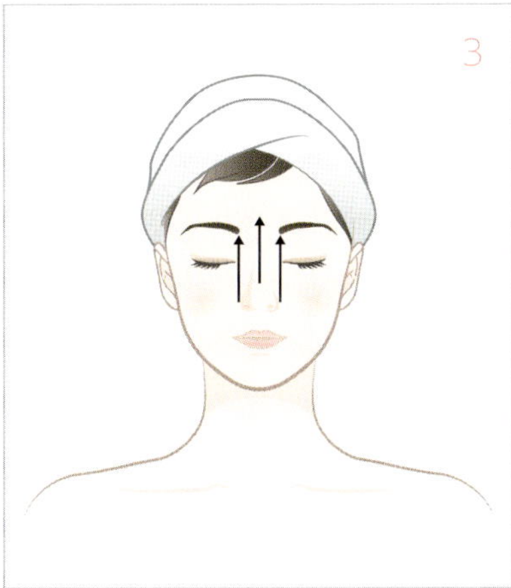

3. 코 주위 피부 결 정돈
토너를 화장솜에 적셔 중지에 끼운 후, 한 손 또는 양손을 이용하여 콧방울, 코벽, 콧등을 쓸어 닦는다.

4-1. 볼 주위 피부 결 정돈
토너를 화장솜에 적셔 중지에 끼운 후, 한 손 또는 양손을 이용하여 콧방울 부위에서 눈꼬리까지 쓸어 닦는다.

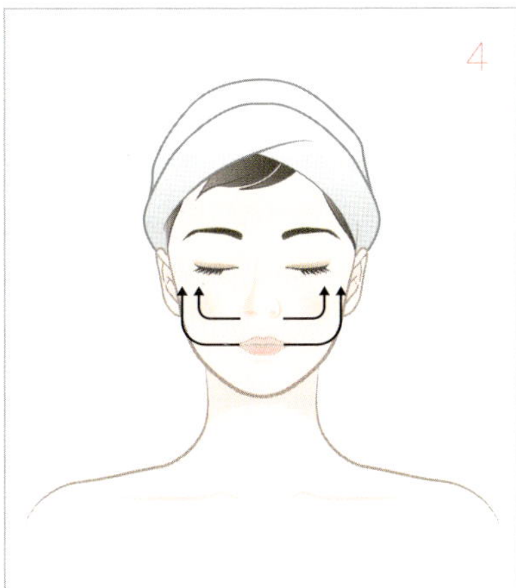

4-2. 볼 주위 피부 결 정돈
토너를 화장솜에 적셔 중지에 끼운 후, 한 손 또는 양손을 이용하여 입술꼬리에서 귀 중앙까지 쓸어 닦는다.

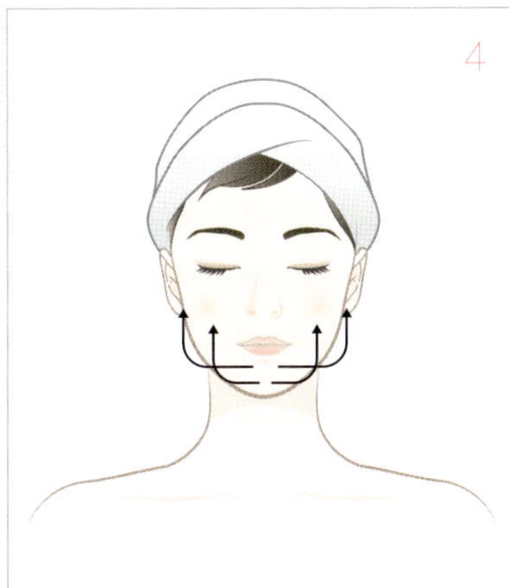

4-3. 볼 주위 피부 결 정돈
토너를 화장솜에 적셔 중지에 끼운 후, 한 손 또는 양손을 이용하여 입술 밑 중앙 부위에서 귓불까지 쓸어 닦는다.

토너 정리

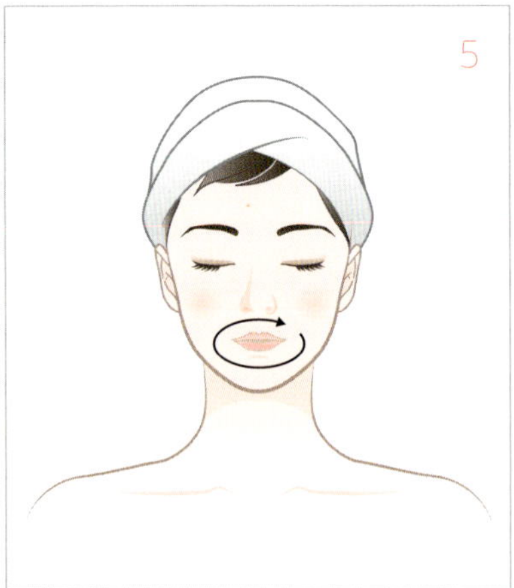

5. 입술 주위 피부 결 정돈
토너를 화장솜에 적셔 중지에 끼운 후, 한 손 또는 양손을 이용하여 입술 부위를 쓸어 닦는다.

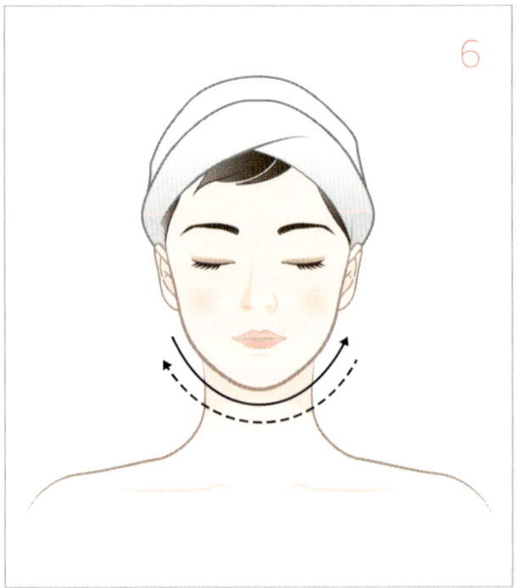

6. 턱선 주위 피부 결 정돈
토너를 화장솜에 적셔 중지에 끼운 후, 한 손 또는 양손을 이용하여 턱선 부위를 쓸어 닦는다.

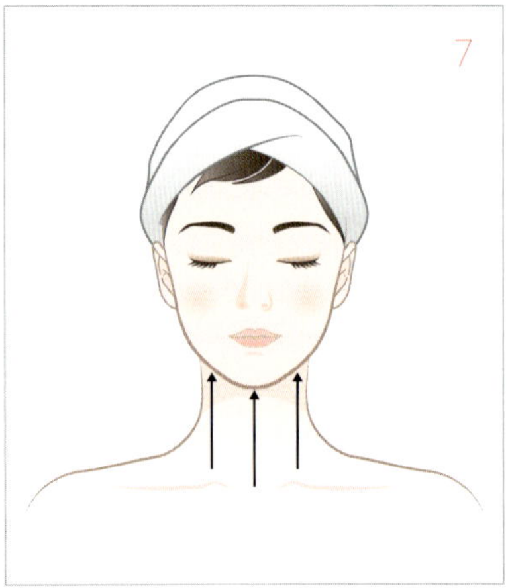

7. 목 주위 피부 결 정돈
토너를 화장솜에 적셔 중지에 끼운 후, 한손 또는 양손을 이용하여 목 부위를 쓸어 닦는다.

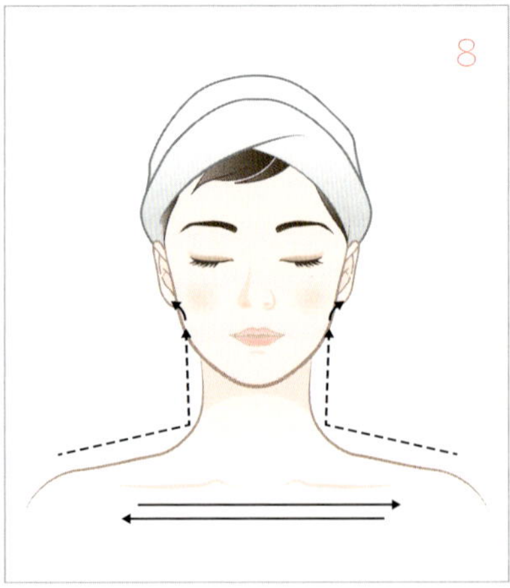

8. 윗가슴 주위 피부 결 정돈
토너를 화장솜에 적셔 중지에 끼운 후, 한 손 또는 양손을 이용하여 윗가슴 부위를 쓸어 닦는다. 귓불 뒤에서 마무리한다.

눈썹 정리

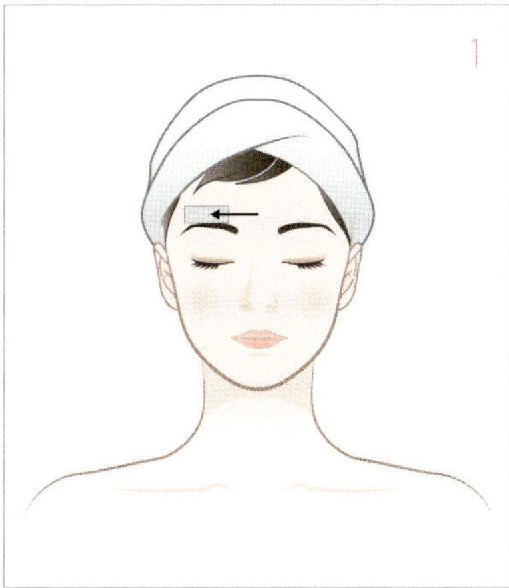

1. 눈썹 소독
알코올 솜을 눈썹에 쓸어 바른다.

2. 눈썹 각도 확인
브러시를 이용하여 눈썹 각도를 확인한다.

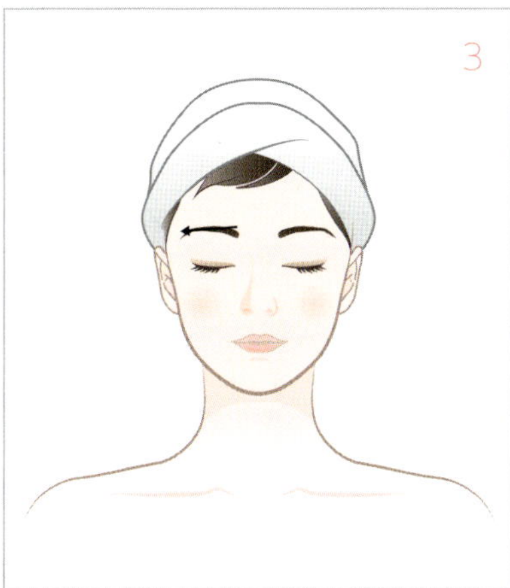

3. 눈썹 빗기
눈썹을 브러시를 이용하여 눈썹 결 방향으로 빗질한다.

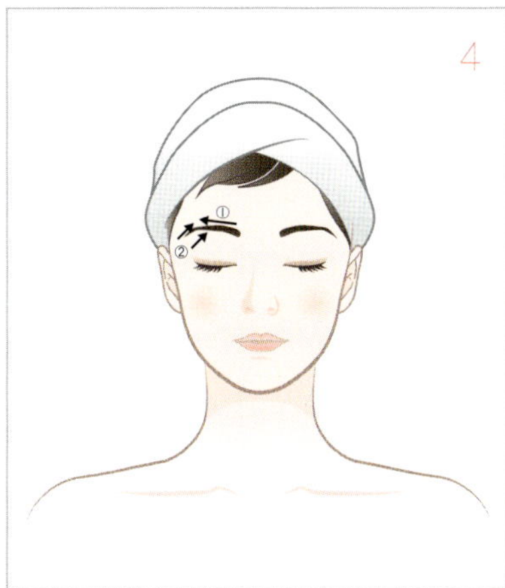

4. 가위로 자르기
눈썹 가위를 이용하여 ①를 브러시 밖으로 나온 ②를 눈썹을 자른다.

눈썹 정리

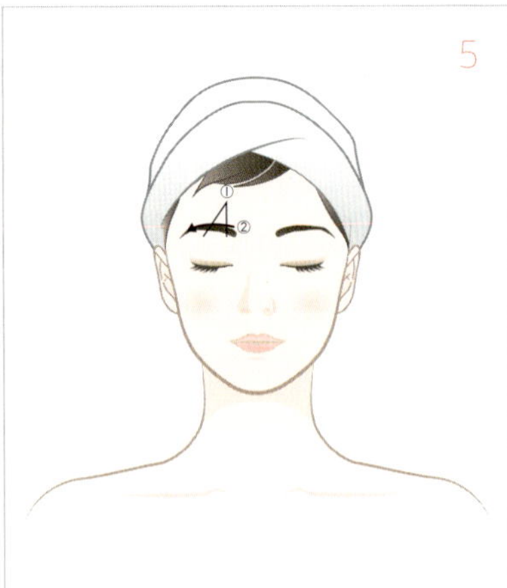

5. 족집게로 털 뽑기
검지와 중지를 이용하여 잡은 족집게에 텐션을 주고 잔털을 뽑는다.

6. 눈썹 정리
눈썹 부위에 눈썹 칼을 이용하여 눈썹 모양을 정리한다.

7. 눈썹 소독
눈썹 부위를 알코올로 소독한다.

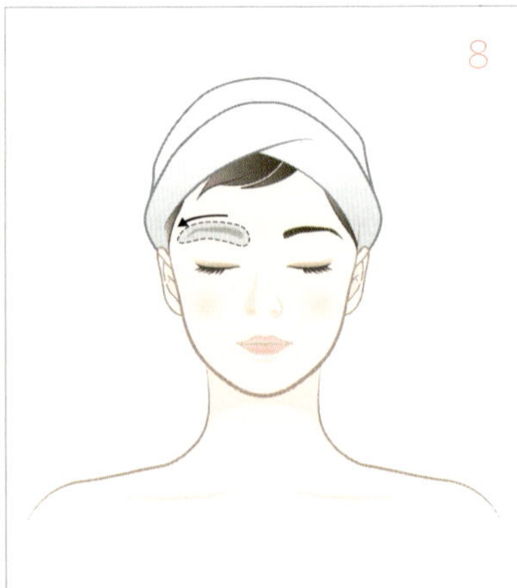

8. 진정 젤 바르기
눈썹 부위에 면봉을 이용하여 진정 젤을 쓸어 바른다.

2.

기본 매뉴얼테크닉 실기

- 누르기
- 쓸어주기
- 8자 그리기
- 고정원
- 나선형 돌리기
- 물결모양
- 반죽하기
- 집기동작
- 두드리기
- 떨어주기
- 문지르기

기본 매뉴얼테크닉은 혈액순환을 원활하게 하고 신진대사를 증진시켜 피부를 부드럽고 윤택하게 하는데 목적을 두며 밀착, 속도, 압력, 시간, 연속성, 자세 등을 고려하여 기초 매뉴얼테크닉의 효과를 높이도록 한다.

1. 제품 덜기
스파출라를 이용하여 마사지 크림을 유리볼에 덜어 둔다.

2. 마사지 크림 녹이기
마사지 크림을 양 손바닥으로 가볍게 비벼 살짝 녹인다.

기본 매뉴얼테크닉

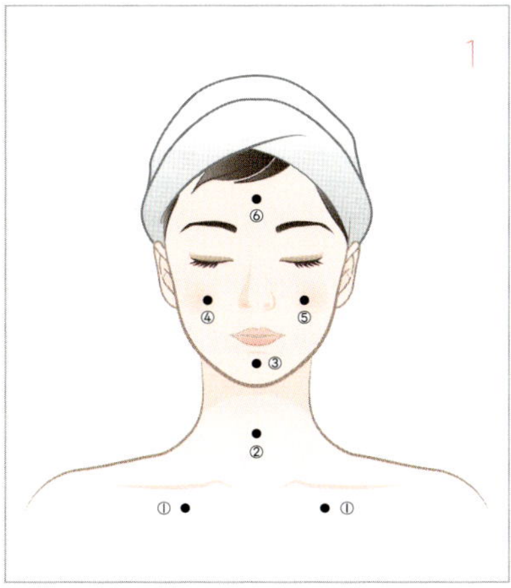

1-1. 크림 도포
테콜테 → 목 → 턱 → 볼 → 이마 순으로 크림을 부드럽게 도포한다.

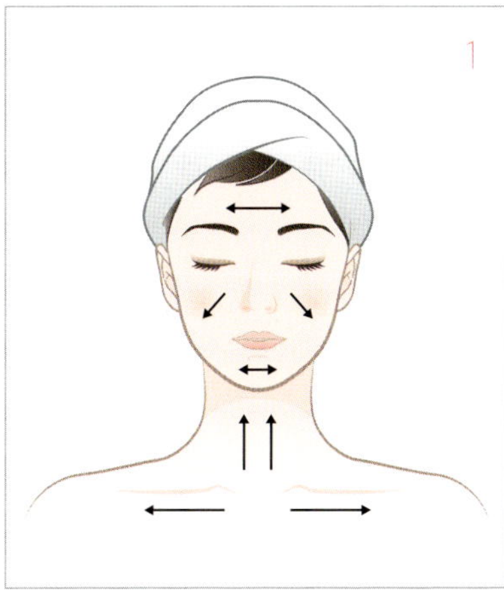

1-2. 테콜테 → 목 → 턱 → 볼 → 이마 순으로 크림을 부드럽게 쓸어서 도포한다.

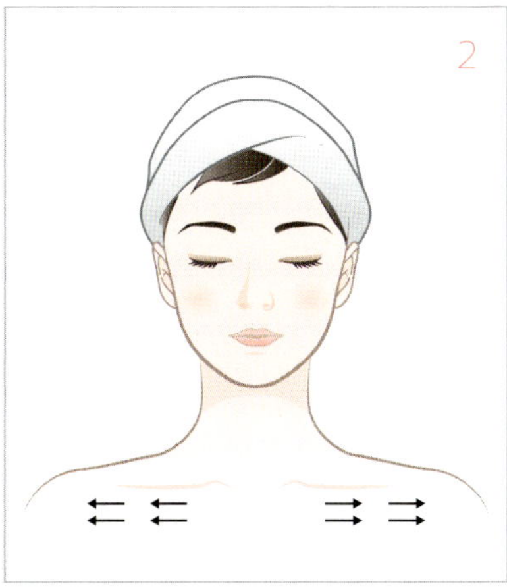

2-1. 가슴 부위 쓸어주기
앞가슴 부위를 양손으로 좌우 교대로 가볍게 쓸어준다.

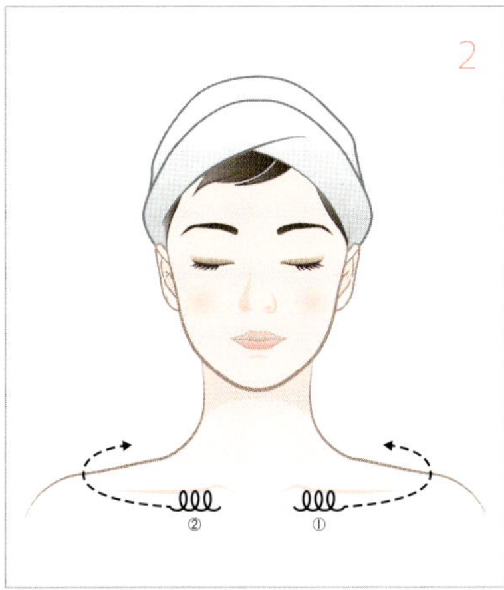

2-2. 가슴 부위 쓸어주기
윗가슴 부위를 양손을 포개어 한 쪽씩 나선형으로 쓸어주며 어깨를 감싸준다.

기본 매뉴얼테크닉

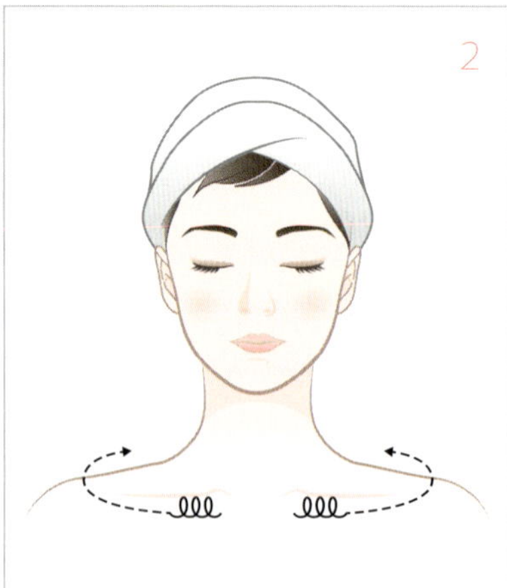

2-3. 가슴 부위 쓸어주기
윗가슴 부위를 양손을 이용하여 손바닥으로 나선형으로 쓸어주며 어깨를 감싸준다.

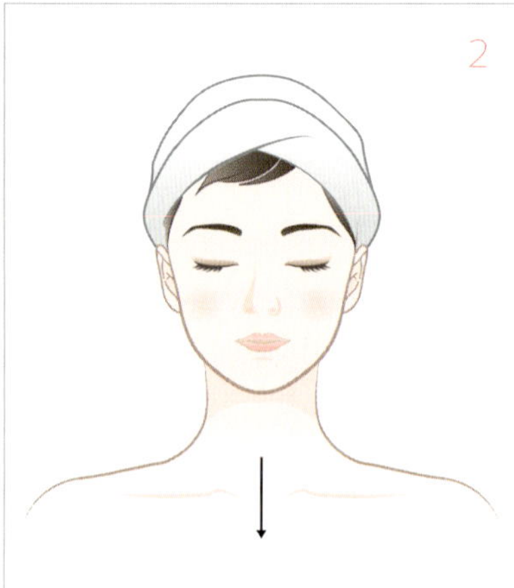

2-4. 가슴골 쓸어주기
가슴골을 양손으로 번갈아가며 쓸어 내린다.

2-5. 윗가슴 쓸어주기
윗가슴 부위를 양손을 포개어 좌우로 물결 모양으로 쓸어준다.

3-1. 목 부위 쓸어주기
목 부위를 양손을 이용하여 옆으로 쓸어준다.

기본매뉴얼테크닉
4-1에서 4-5

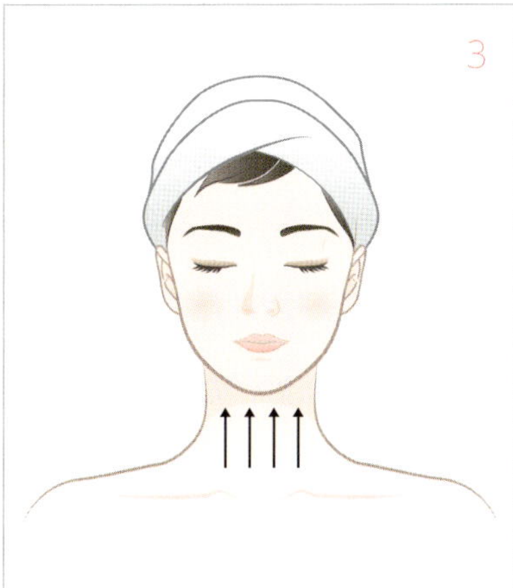

3-2. 목 부위 쓸어주기

목 부위를 한 손씩 아래에서 위로 쓸어준다.

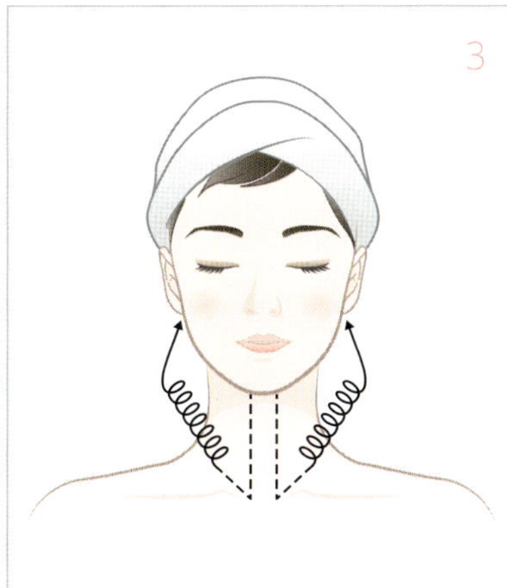

3-3. 목 부위 나선형 그리기

목 부위를 양손을 이용하여 쇄골 부위에서 귓불 뒤까지 가볍게 나선형을 그린다.

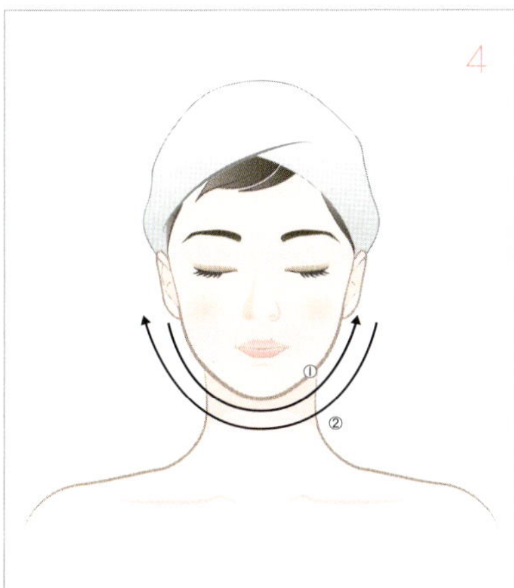

4-1. 턱선 쓸어주기

턱선 부위를 양손을 이용하여 ①, ② 교대로 좌우 쓸어준다.

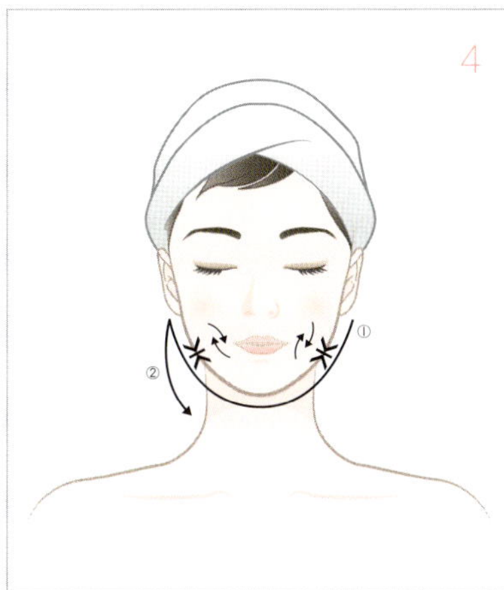

4-2. 턱선 반죽하기

턱선 부위를 양손을 이용하여 좌우로 가볍게 집어 올리듯 반죽한다.

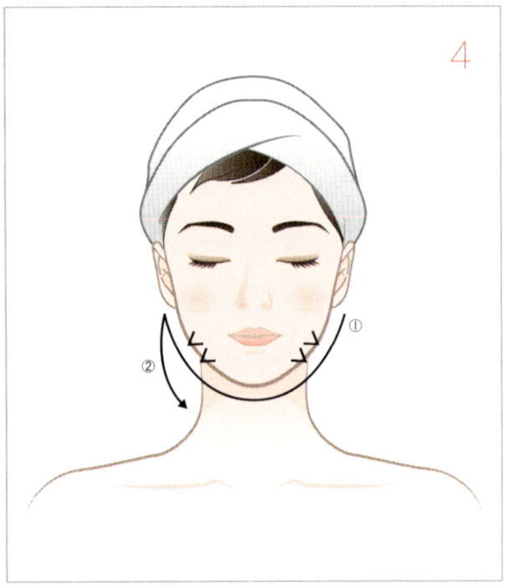

4-3. 턱선 집어주기
턱선을 양 엄지와 중지 부위를 이용하여 좌우로 가볍게 집어준다.

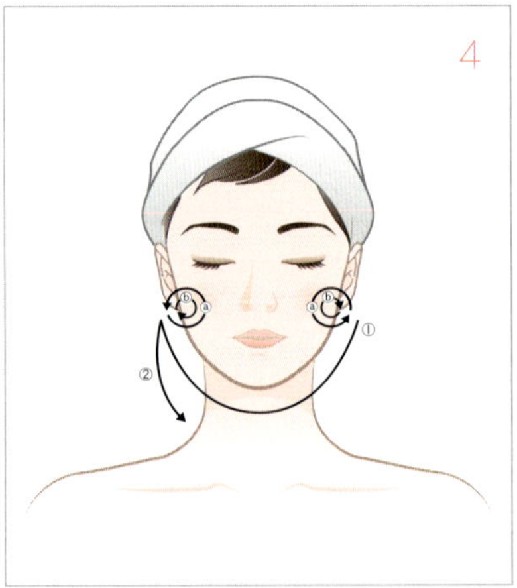

4-4. 턱선 고정원 그리기
턱 끝선을 양손을 이용하여 ⓐ, ⓑ를 가볍게 원을 그린다.

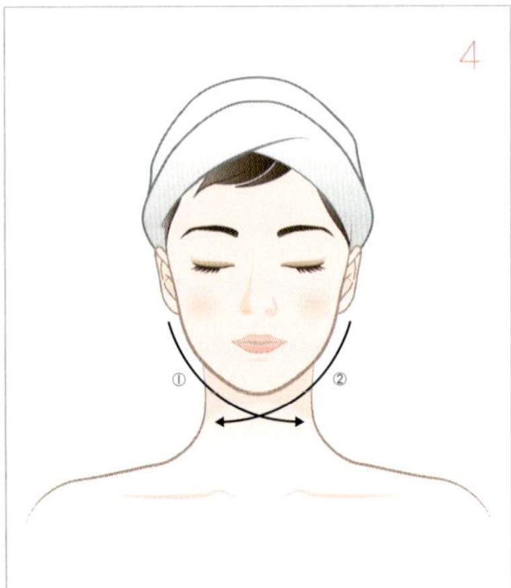

4-5. 턱선 쓸어주기
턱선을 양손을 이용하여 ①, ② 교대로 좌우 쓸어준다.

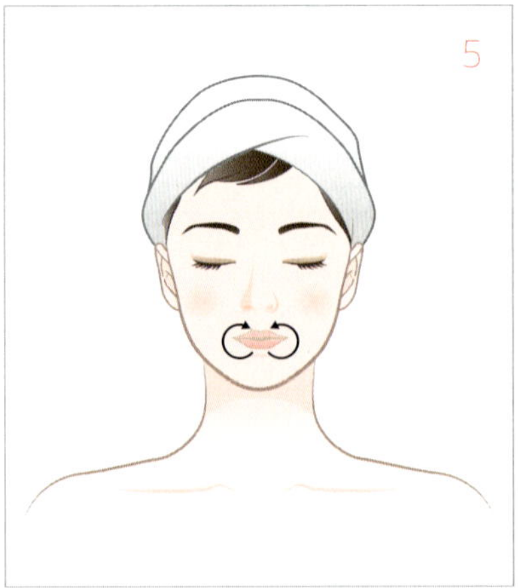

5-1. 입술 주위 쓸어주기
입술 주위를 양 엄지를 이용하여 아래에서 위로 쓸어준다.

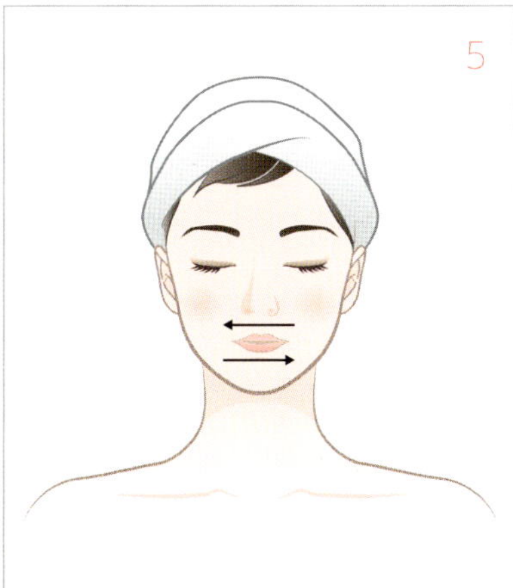

5-2. 입술 주위 쓸어주기

입술 사이를 양 엄지를 이용하여 쓸어준다.

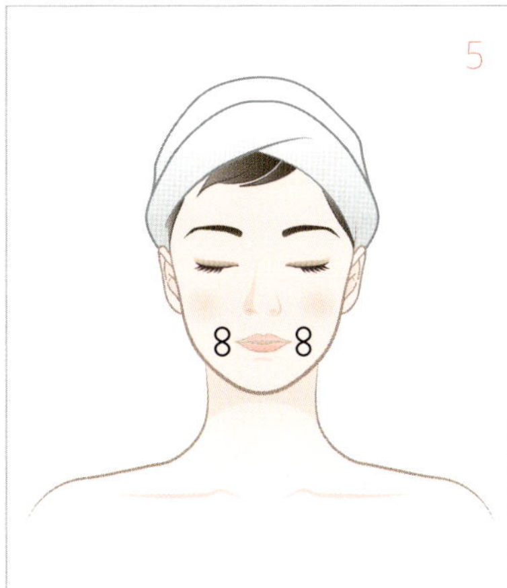

5-3. 입술 부위 문지르기

입술꼬리 부위를 양손을 이용하여 가볍게 끌어 올리듯 8자를 그린다.

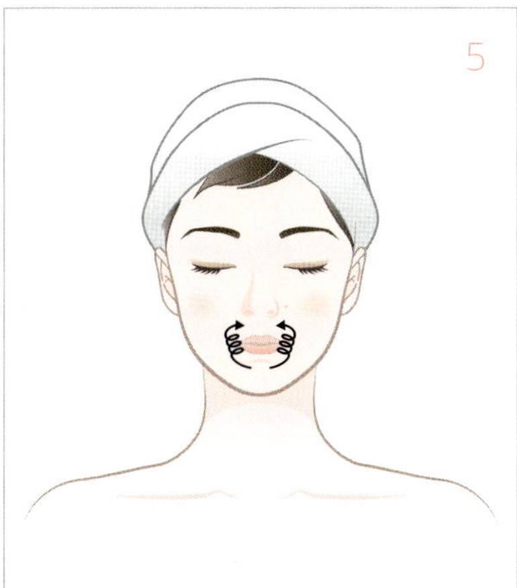

5-4. 입술 주위 문지르기

아랫입술 밑 중앙 부위에서 양 손가락을 이용하여 코 밑 중앙까지 나선형을 그린다.

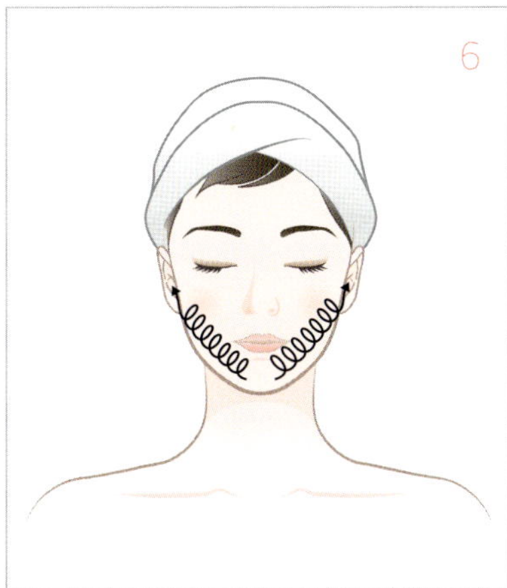

6-1. 볼 문지르기

아랫입술 중앙 부위에서 양손을 이용하여 귓불까지 나선형을 그린다.

기본 매뉴얼테크닉

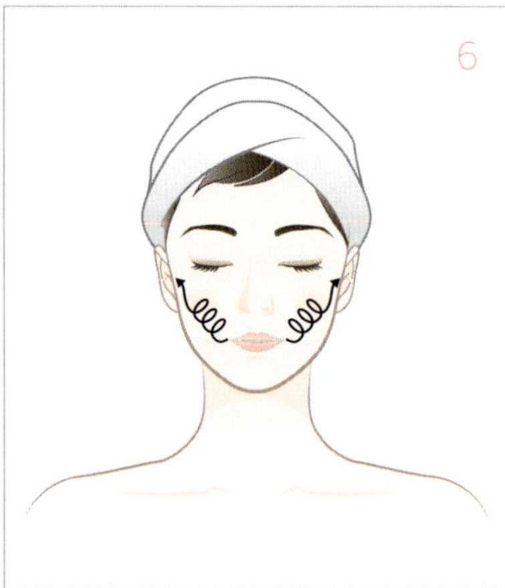

6-2. 볼 문지르기
입술꼬리에서 양손을 이용하여 귀 중앙 부위 까지 나선형을 그린다.

6-3. 볼 문지르기
콧방울에서 양손을 이용하여 눈 옆 측면까지 나선형을 그린다.

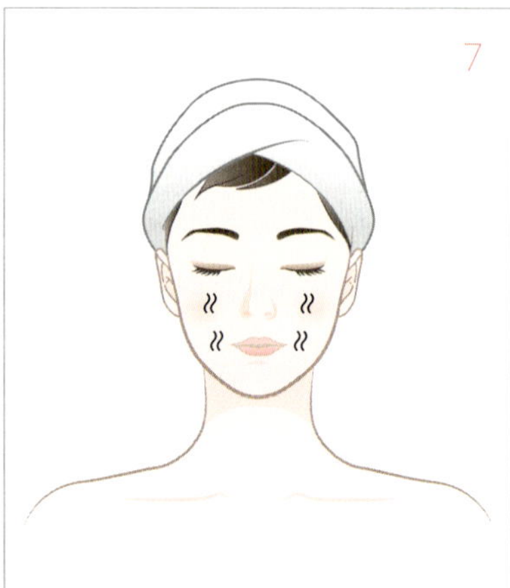

7-1. 볼 떨어주기
양볼을 한 손씩 이용하여 감싸듯 떨어(vibration)준다.

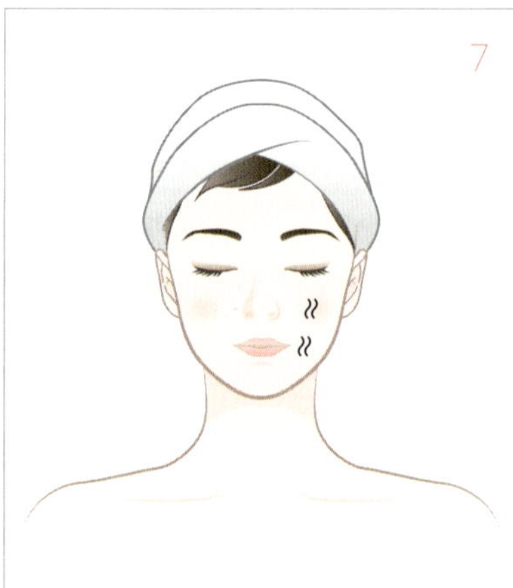

7-2. 볼 떨어주기
한쪽 볼을 한 손씩 교대로 감싸듯 떨어(vibration) 준다. 반대쪽도 동일하게 실시한다.

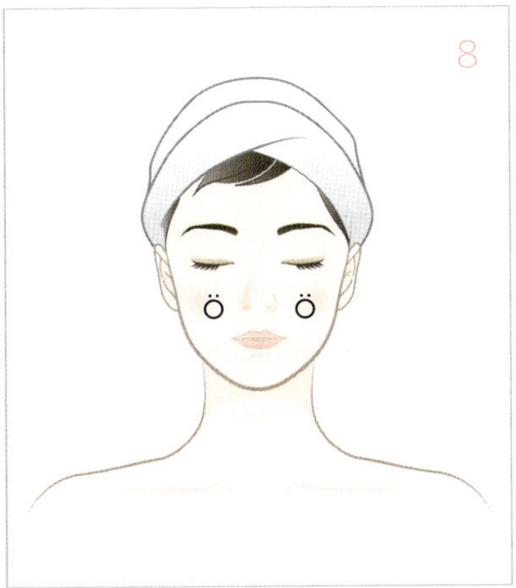

8. 볼 두드리기
양볼을 손가락을 이용하여 가볍게 두드린다.

9. 볼 집어주기
한쪽 볼을 엄지와 중지를 이용하여 한 손씩 교대로 가볍게 집어준다. 반대쪽도 동일하게 실시한다.

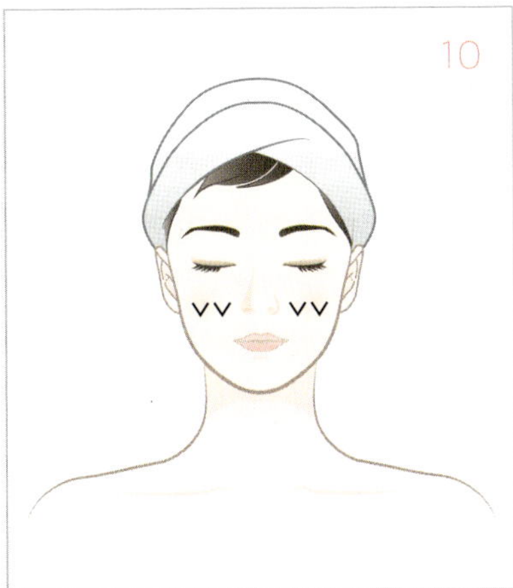

10. 볼 집어주기
양볼을 엄지와 중지로 집어준다.

11. 볼 문지르기
볼 전면을 양손을 이용하여 원 모양으로 돌린다.

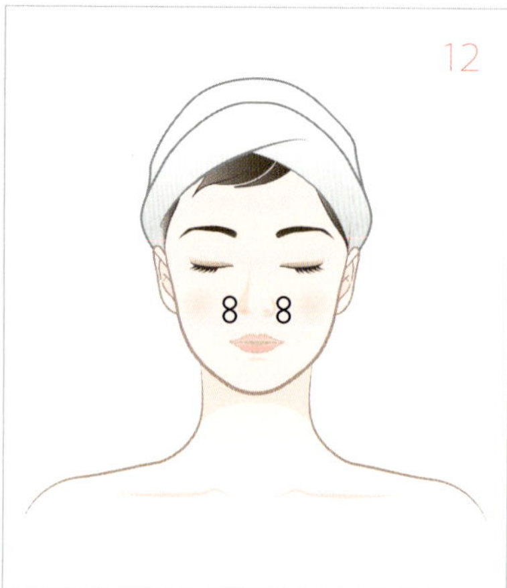

12-1. 코 부위 문지르기
콧방울 사이를 양 손가락을 이용하여 가볍게 끌어올리듯 8자를 그린다.

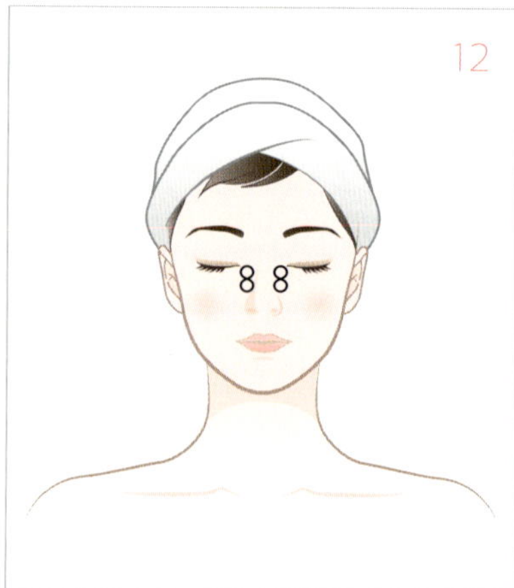

12-2. 코 부위 문지르기
코벽을 양 손가락을 이용하여 가볍게 끌어올리듯 8자를 그린다.

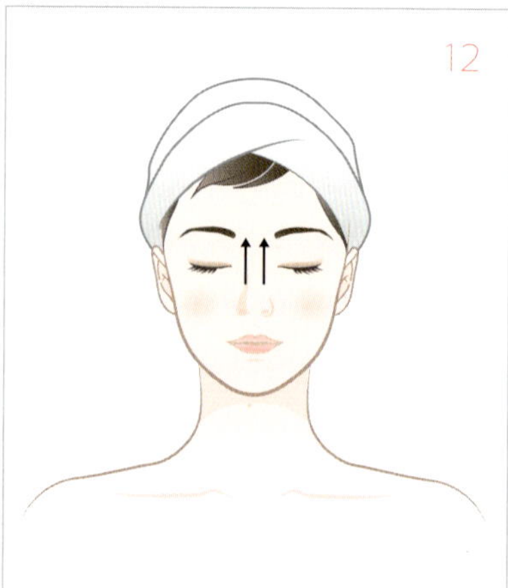

12-3. 코벽 쓸어주기
코벽에서 양 손가락을 이용하여 미간까지 쓸어준다.

12-4. 콧등 쓸어주기
콧등에서 한 손을 포개어 미간까지 쓸어준다. (5회)

기본매뉴얼테크닉
12-1에서 12-2

13-1. 눈 주위 원 그리기
눈머리 밑에서 양손을 이용해 윗 눈머리까지 원을 그린다.

13-2. 눈 주위 원 그리기
눈밑꼬리에서 양 손가락을 이용하여 눈썹 위를 쓸듯이 원을 그린다.

13-3. 눈꼬리 문지르기
눈꼬리에서 양 손가락을 이용해 가볍게 끌어올리듯 8자를 그린다.

13-4. 눈 밑 문지르기
눈머리에서 양 손가락을 이용하여 눈꼬리까지 나선형을 그린다.

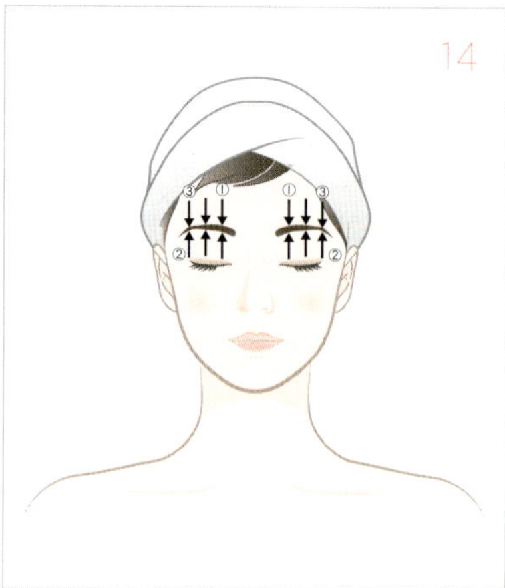

14-1. 눈썹 집어주기

양 손가락을 이용하여 눈썹을 집어준다.

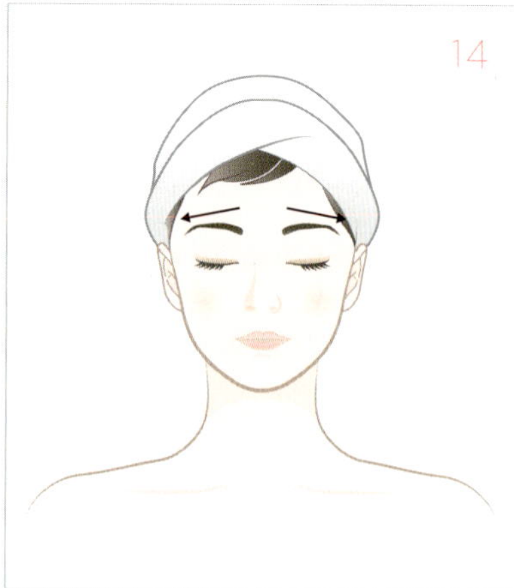

14-2. 눈썹 쓸어주기

눈썹머리에서 한 손씩 교대로 눈썹 끝 부위까지 쓸어준다.

15. 미간 쓸어주기

눈썹 사이를 엄지 부위로 한 손씩 교대로 사선으로 쓸어준다.

16-1. 이마 쓸어주기

이마 중앙 부위에서 양 손바닥을 교대로 아래에서 위로 이마 전체를 쓸어준다.

기본매뉴얼테크닉
14-1에서 14-2

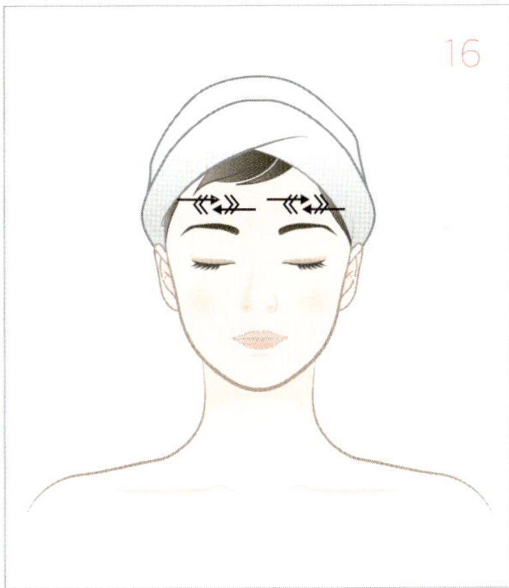

16-2. 이마 문지르기
이마 전체를 양 손가락을 이용하여 교차하며 쓸어 문지른다.

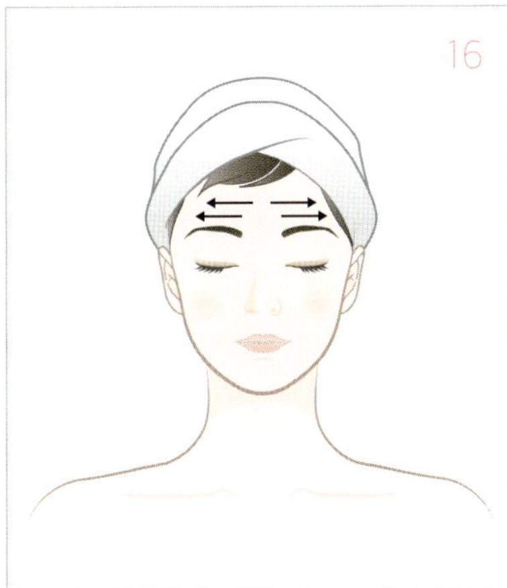

16-3. 이마 문지르기
이마 중앙 부위에서 양손을 이용하여 좌우로 문지른다.

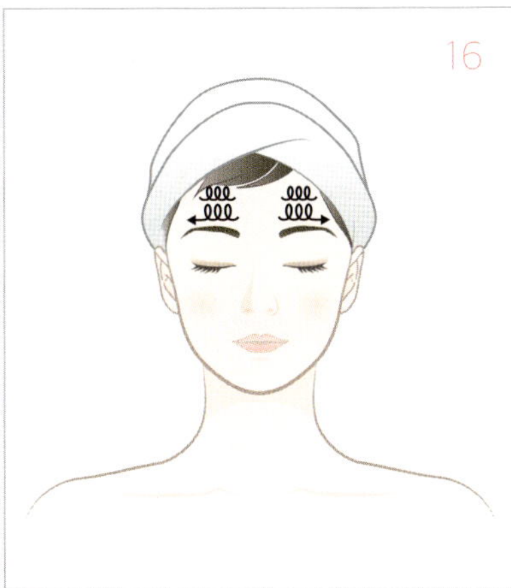

16-4. 이마 문지르기
이마 중앙 부위에서 양손을 이용하여 좌우로 문지른다.

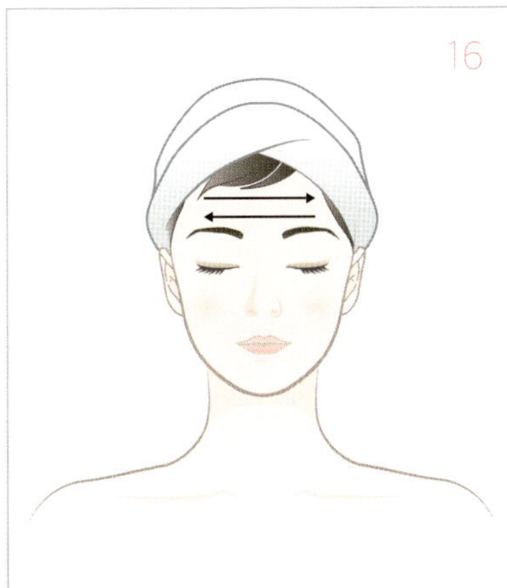

16-5. 이마 쓸어주기
이마를 양 손바닥을 교대로 좌우로 가볍게 쓸어준다.

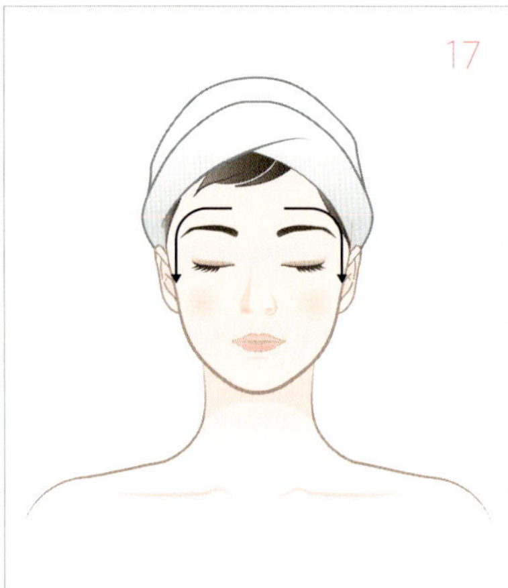

17. 이마를 양 손바닥을 이용하여 가볍게 쓸어 준다. (1회)

18. 눈 밑에서 양 손바닥을 이용해 가볍게 쓸어 내린다. (1회)

19. 입술 중앙 부위에서 양 손바닥으로 가볍게 쓸어준다.

기본매뉴얼테크닉
17에서 21

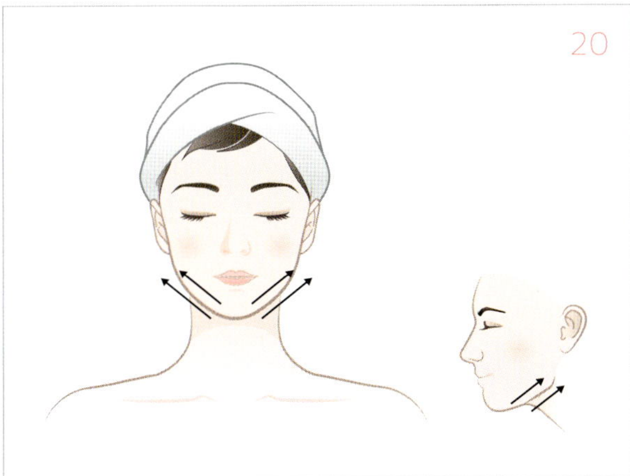

20. 턱 중앙에서 턱 끝까지 양 손바닥으로 가볍게 쓸어 준다. (1회)

21. 전체 쓸어주기
목 중앙 부위에서 양 손바닥을 이용하여 쓸어준다.

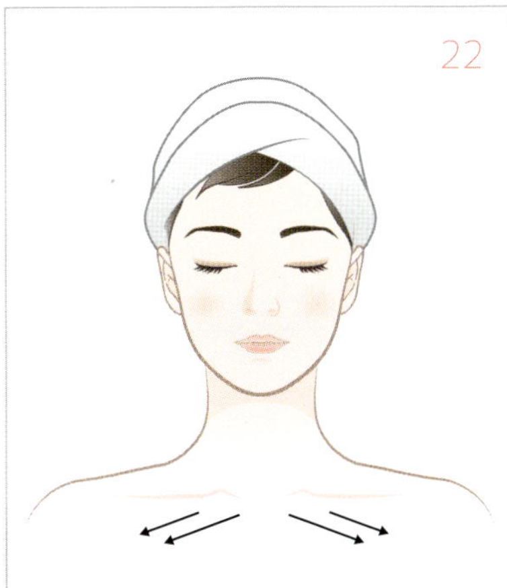

22. 전체 쓸어주기
쇄골 중앙 부위에서 양 손바닥을 이용하여 쓸어 준다.

3.
전신 실기

- 쓸어주기
- 고정원
- 나선형 돌리기
- 반죽하기
- 집기동작
- 떨어주기
- 문지르기

전신 관리를 위한 준비

1. 관리용 침대와 담요, 타월 등을 깨끗하게 한다.
2. 실내는 조용한 음악과 아로마 향으로 심신을 편안하고 안정감을 주는 분위기를 조성한다.
3. 고객에게 관리 과정을 자세하게 설명한다.
4. 매뉴얼테크닉을 하지 않는 부위는 마른 타월로 덮어 따뜻하게 체온을 유지한다.
5. 피부관리사의 손은 항상 부드럽고 따뜻하게 유자한다.

전신 관리의 순서

관리할 부위만 빼고 다른 부분은 큰 타월로 덮어 따뜻하게 체온을 유지하게 하고 심장에서 가장 먼 곳부터 관리한다.

1. 오른쪽 팔
2. 오른쪽 다리 전면
3. 오른쪽 다리 후면
4. 등
5. 복부

기본 동작

1. 쓰다듬기(Effleurage, 경찰법)
2. 문지르기(Friction, 강찰법)
3. 반죽하기(Petrissage, 유연법)
4. 두드리기(Tapotement, 고타법)
5. 떨어주기(Vibration, 진동법)
6. 압박법(Compression)

팔 관리

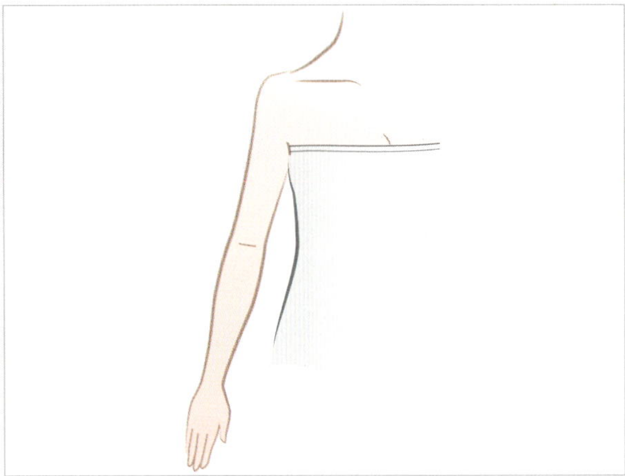

베드 정리

대타월을 베드에 깔고 모델을 눕게한 후, 대타월과 중타월 또는 소타월을 이용하여 모델을 잘 감싼다. 소타월 1장을 오른쪽 팔 밑에 깔아 둔다.

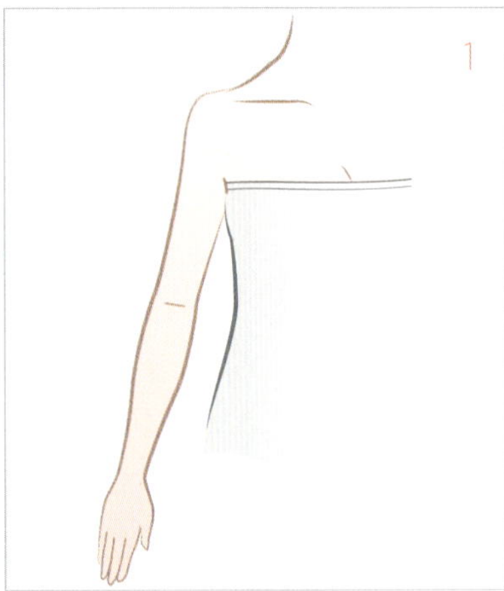

1. 손 소독

손등에서 손바닥, 손가락 사이사이까지 소독한다.

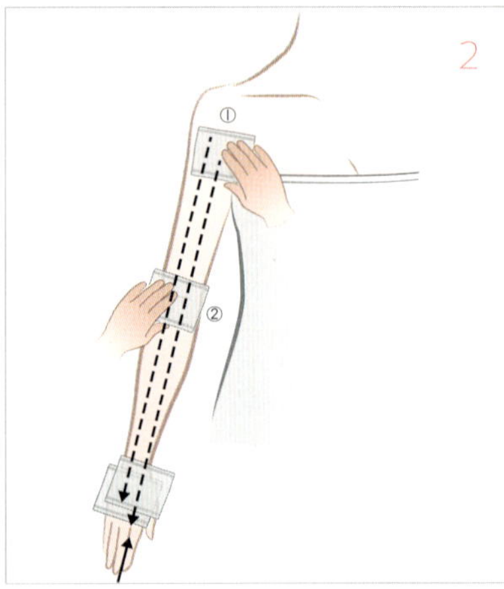

2. 토너 정리

토너를 화장솜에 묻혀 양손을 이용하여 팔 전체를 닦아준다.

팔 관리
4에서 6

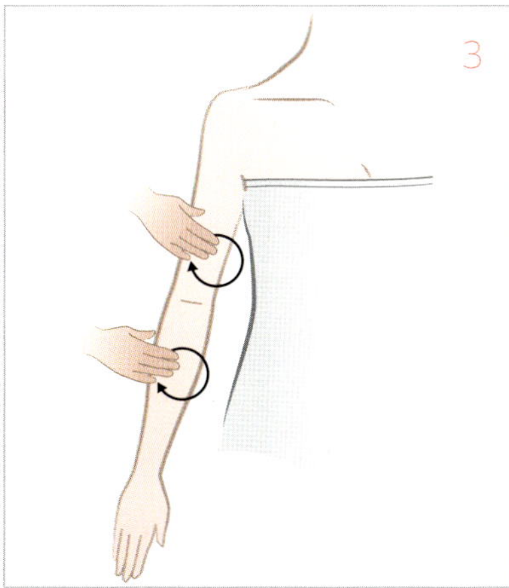

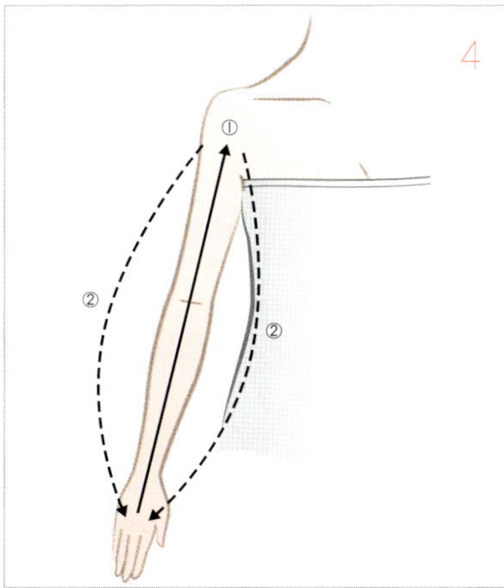

3. 오일 도포
팔 전체를 한 손에 오일을 덜어 반대손으로 부드럽게 쓸어주듯 도포한다.

4. 전체 쓸어주기
팔 전체를 양손을 겹쳐 어깨까지 쓸어 준 후(①), 손까지 가볍게 쓸어 내려준다(②). (4회)

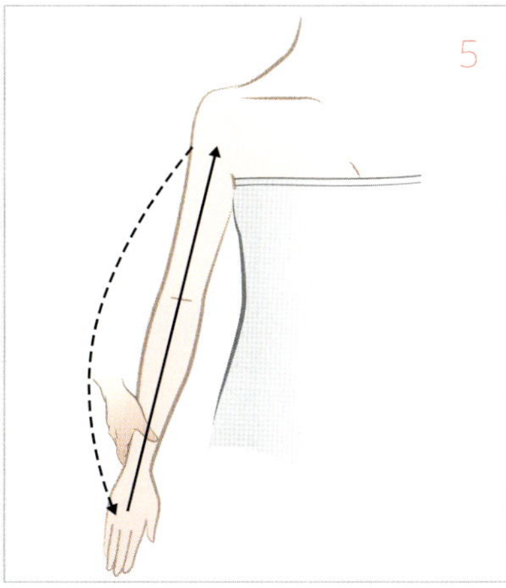

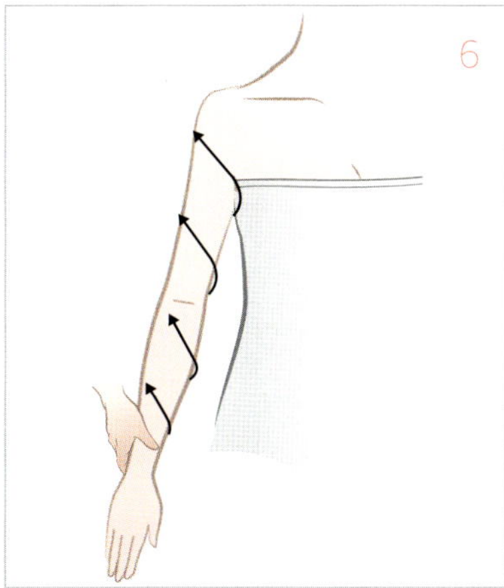

5. 전체 쓸어주기
한 손으로 손목을 고정하고, 손목 부위에서 반대 손으로 어깨까지 가볍게 쓸어준 후, 가볍게 내려준다. (1회)
손을 바꿔 동일하게 실시한다.

6. 전체 쓸어주기
한 손으로 손목을 고정하고, 손목 부위에서 반대 손목 관절을 이용하여 어깨까지 가볍게 쓸어준다. (3회)
손을 바꿔 동일하게 실시한다.

팔 관리

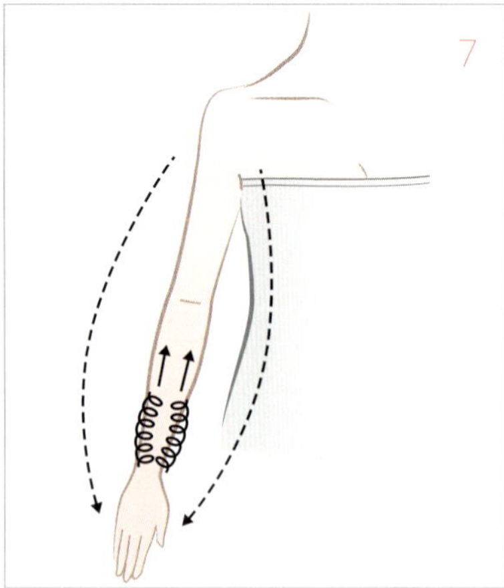

7. 전체 문지르기
손목 부위에서 양 엄지를 이용하여 교대로 어깨부위까지 나선형으로 굴린 후, 가볍게 내려준다. (1회)

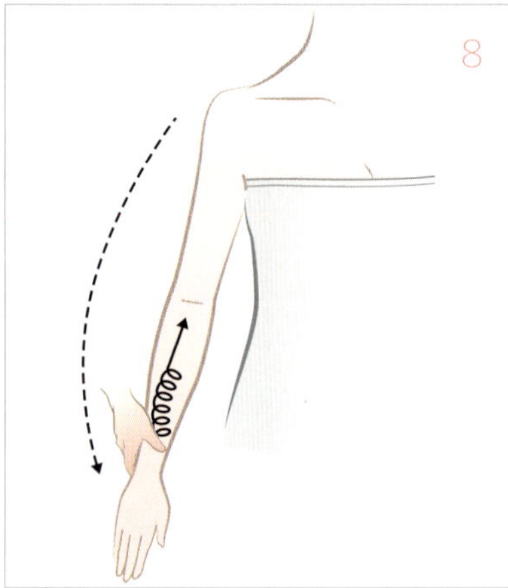

8. 전체 문지르기
한 손으로 손목을 고정하고, 손목 부위에서 반대 엄지손가락으로 어깨까지 가볍게 문지른 후, 가볍게 내려준다. (3회)
손을 바꿔 동일하게 실시한다.

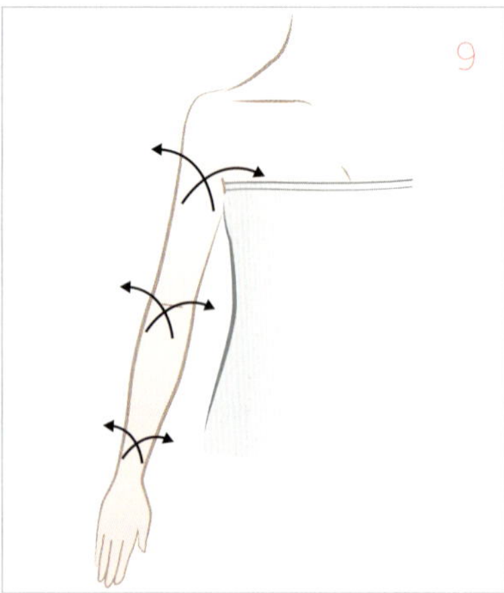

9. 전체 쓸어주기
양 엄지를 겹쳐 고정한 후, 팔 전체를 양 손가락을 이용하여 쓸어준다. (1회)

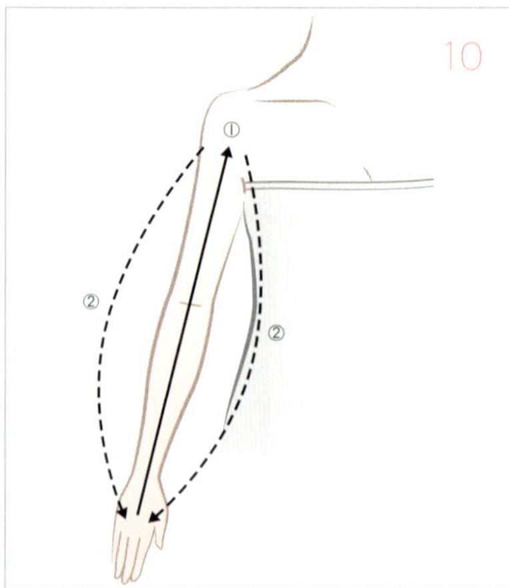

10. 전체 쓸어주기
팔 전체를 양손을 겹쳐 어깨까지 쓸어 준 후(①), 손까지 가볍게 쓸어 내려준다(②). (3회)

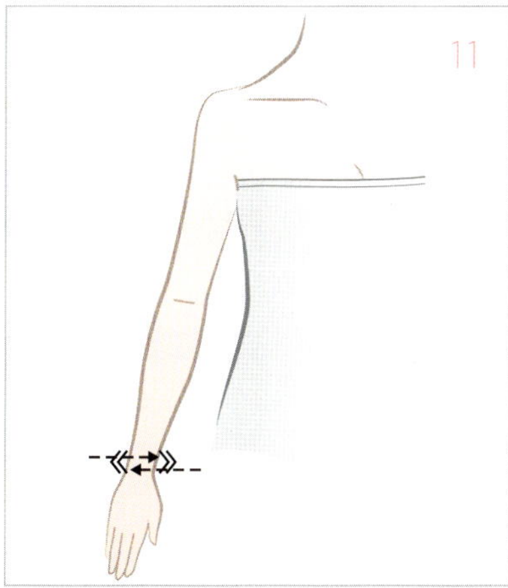

11. 손목 문지르기
손목 부위를 양 엄지를 이용하여 좌우로 교차하여 문지른다. (4회)

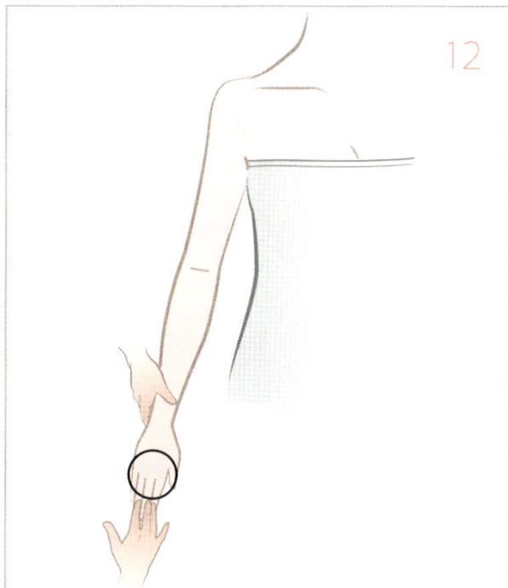

12. 손목 돌리기
한 손으로 손목을 고정하고, 손가락 부위에 반대 손가락을 이용하여 깍지를 끼워 손목 부위를 좌우로 돌린다. (3회)

13. 손 스트레칭하기
한 손으로 손목을 고정하고, 손가락 부위에 반대손가락을 이용하여 깍지를 끼워 스트레칭한다. (2회)

14. 손등 사이 쓸어주기
한 손으로 손을 고정하고, 손가락 부위에서 반대 엄지를 이용하여 손등 사이를 가볍게 쓸어 내린다. (3회)

팔 관리

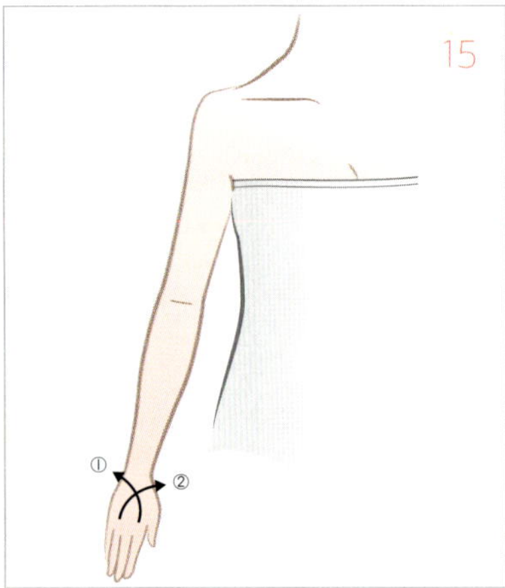

15. 손등 쓸어주기
손등 부위를 양 엄지를 이용하여 ①, ② 방향으로 가볍게 쓸어준다. (3회)

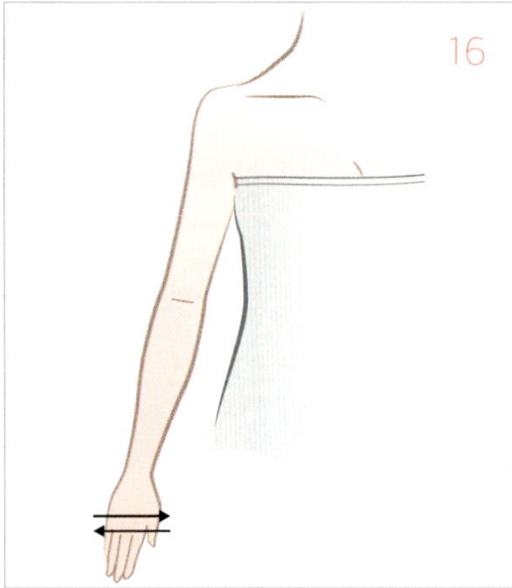

16. 손등 쓸어주기
손등 부위를 양 엄지를 이용하여 가볍게 좌우로 교차하여 쓸어준다. (3회)

17. 손가락 문지르기
한 손으로 손을 고정하고, 손가락 부위를 반대 엄지를 이용하여 나선형으로 그린 후, 가볍게 쓸어 내린다. (1회)

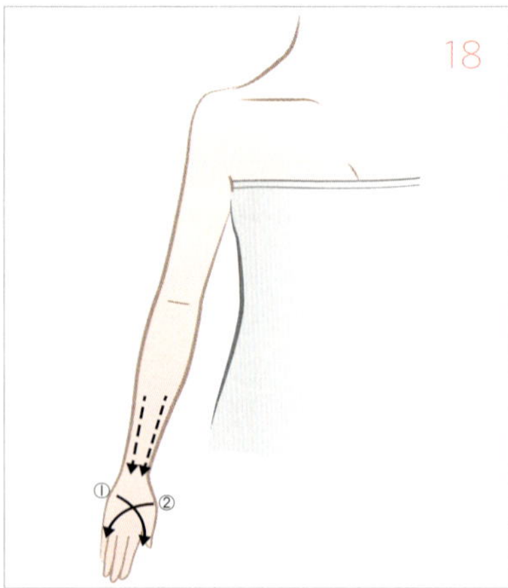

18. 손바닥 쓸어주기
손목 부위를 양 엄지를 이용하여 손바닥 쪽으로 당긴 후. 손바닥 부위를 양 엄지를 이용하여 교대로 ①, ② 방향으로 가볍게 쓸어준다. (3회)

팔 관리
15에서 20

19. 손 전체 떨어주기
손가락 부위에 양 엄지를 사용하여 가볍게 떨어(vibration)준다.

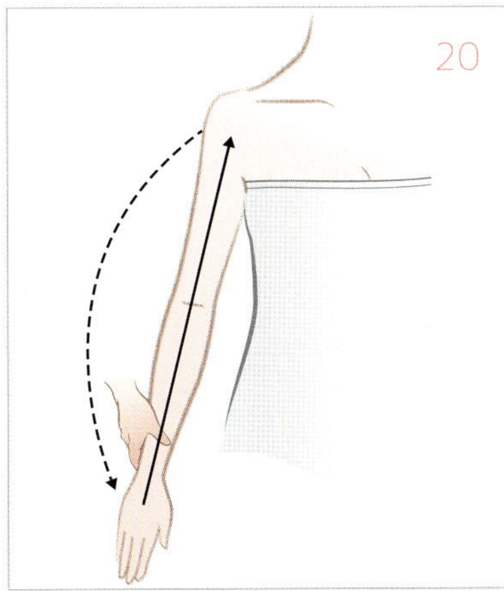

20. 전체 쓸어주기
한 손으로 손목을 고정하고, 손목 부위에서 반대 손으로 어깨까지 가볍게 쓸어준다.(1회)
손을 바꿔 동일하게 실시한다.

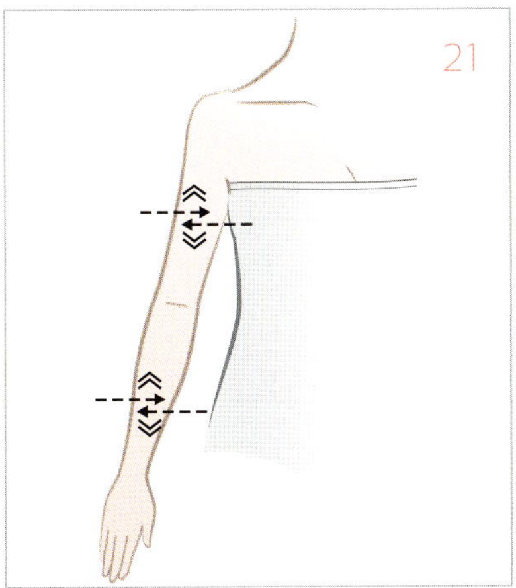

21. 팔 문지르기
팔 전체 부위에서 양손을 이용하여 좌우 교차하여 문지른다. (1회)

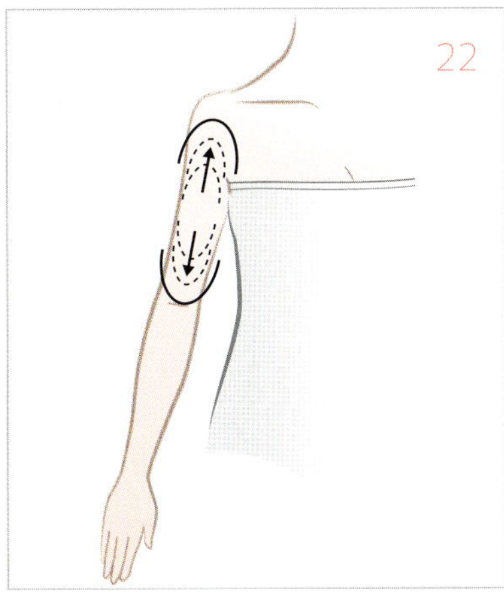

22. 전체 스트레칭하기
팔 전체 부위를 양 엄지와 검지를 벌려 밖으로 당기듯 밀어준 후, 안으로 가볍게 쓸어준다.(3회)

팔 관리

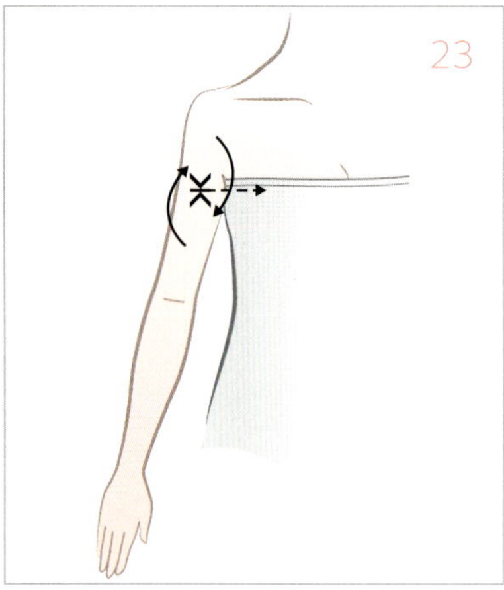

23. 윗팔 반죽하기
윗팔 부위를 양손을 이용하여 위로 집어주듯 반죽한다.

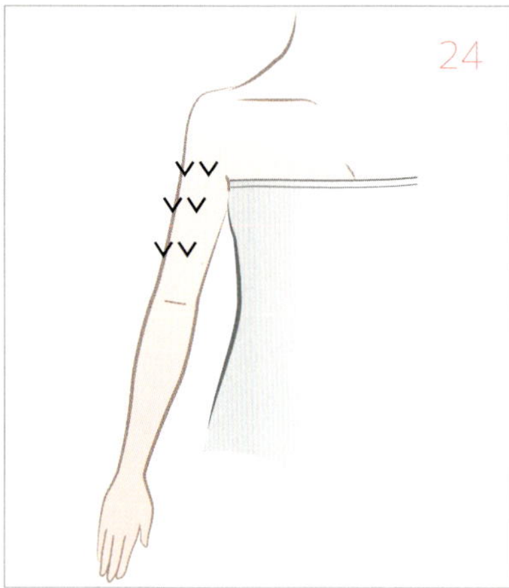

24. 윗팔 집어주기
윗팔 부위를 양손을 이용하여 가볍게 밀듯이 집어준다.

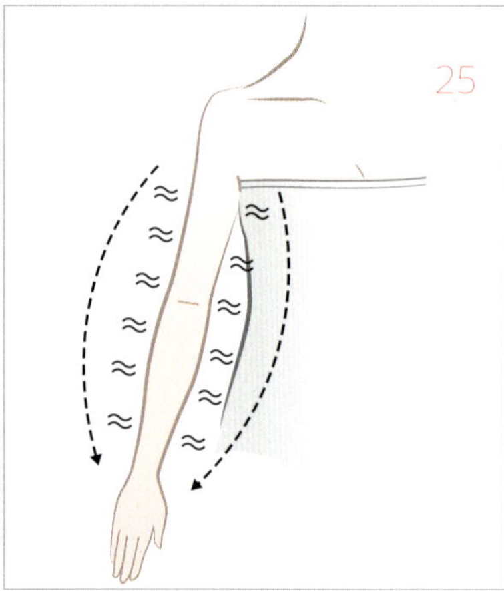

25. 팔 전체 떨어주기
팔 부위를 양손을 이용하여 떨어준 후, 가볍게 쓸어 내려준다. (3회)

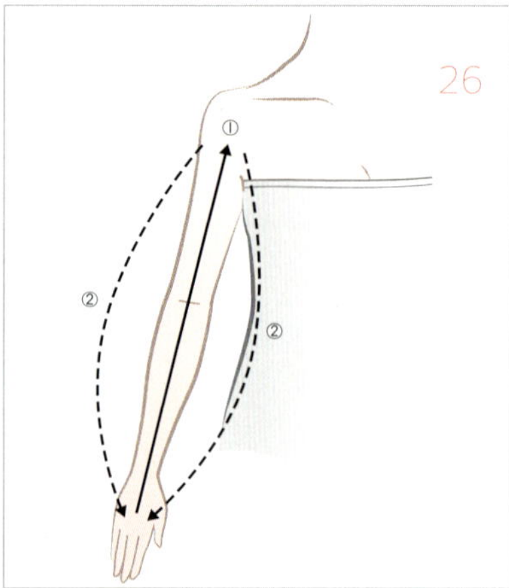

26. 팔 쓸어주기
팔 전체를 양손을 겹쳐 어깨까지 쓸어 준 후(①), 손가락까지 가볍게 쓸어 내려준다(②). (3회)

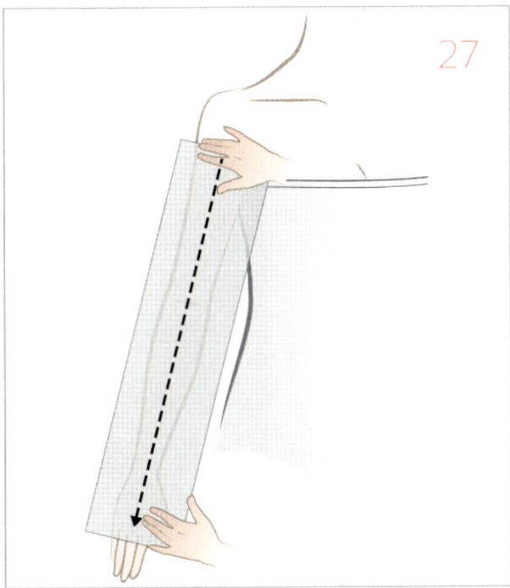

27. 온습포

팔 전체를 스트레칭한 후, 윗팔에서 양 엄지와 검지로 온습포를 잡고 손가락까지 닦아준다.
한 손을 온습포에 끼운 후, 반대 손으로 온습포를 잡고 팔 전체를 닦아준다.

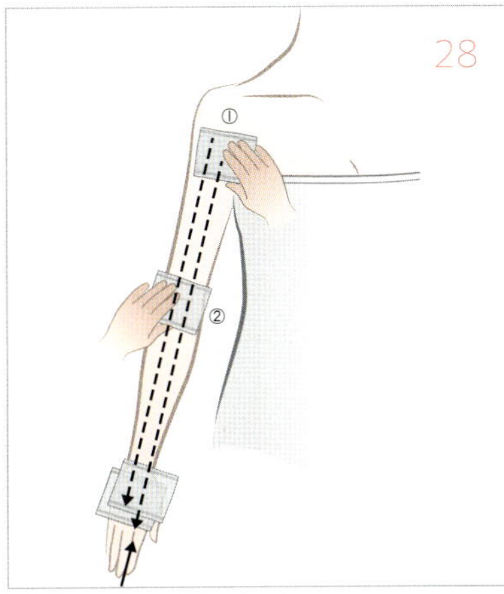

28. 마무리

토너를 화장솜에 묻혀 양손을 이용하여 팔 전체를 마무리한다.

다리 전면

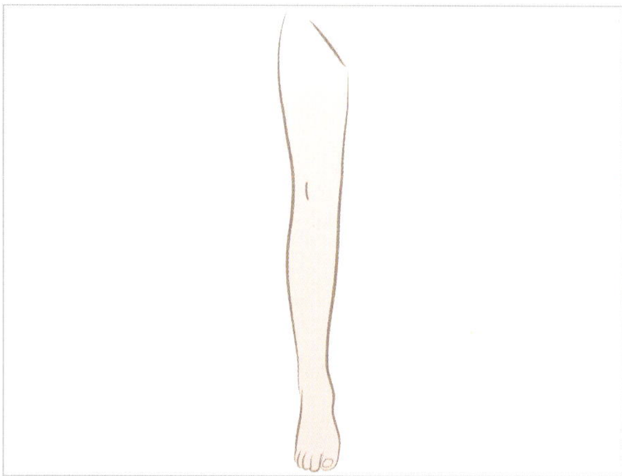

베드 정리
대타월을 베드에 깔고 모델을 눕게 한 후, 대타월을 접은 부위에 소타월로 감싸 오른쪽 다리 전체가 보이도록 정리한다. 소타월 1장을 오른쪽 다리 밑에 깔아 둔다. 중타월을 이용하여 왼쪽 다리를 감싼다.

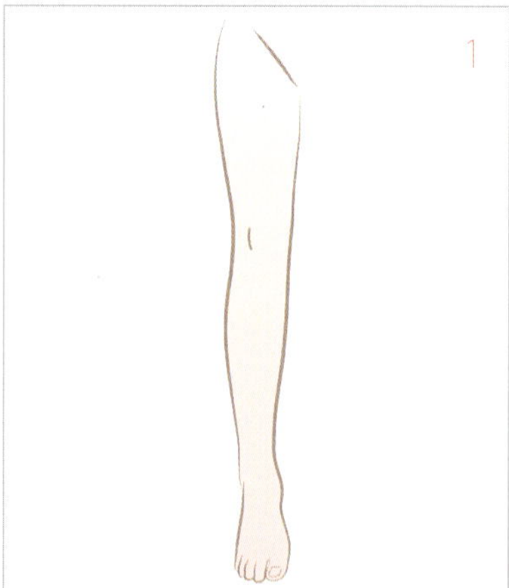

1. 손 소독
손등에서 손바닥, 손가락 사이사이까지 소독한다.

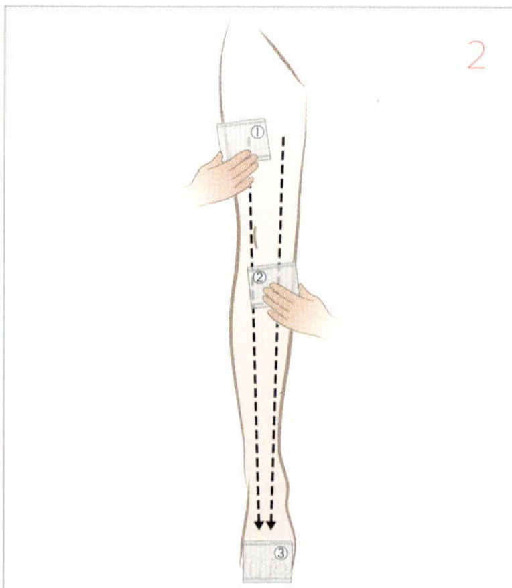

2. 토너 정리
토너를 화장솜에 묻혀 양손을 이용하여 다리 전체를 닦아준다. (① → ② → ③)

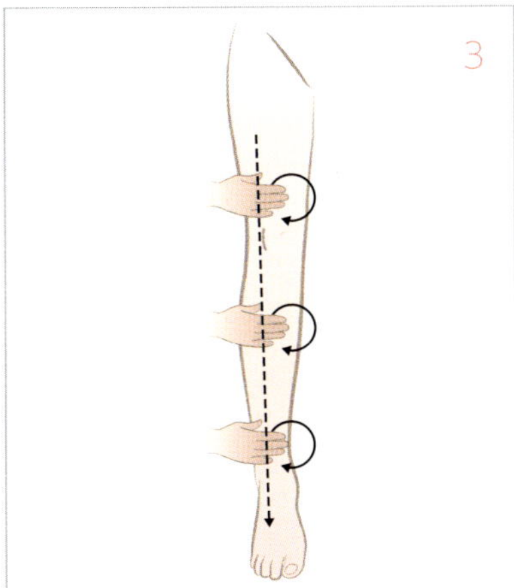

3. 오일 도포

다리 전체에 오일을 부드럽게 도포한다.

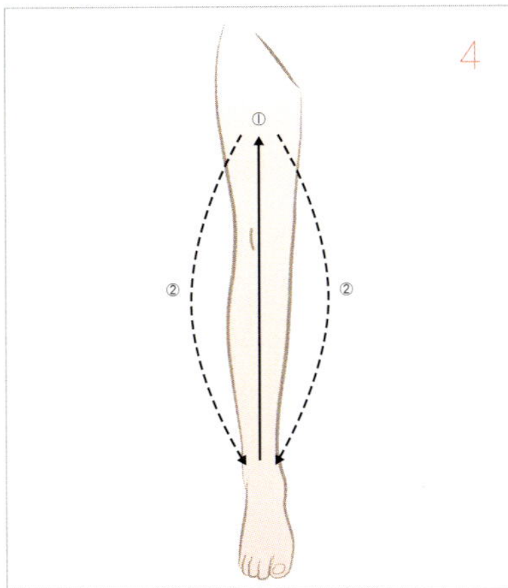

4. 전체 쓸어주기

다리 전체를 양손을 겹쳐 윗다리까지 쓸어 준 후(①), 발가락까지 가볍게 쓸어 내려준다(②). (3회)

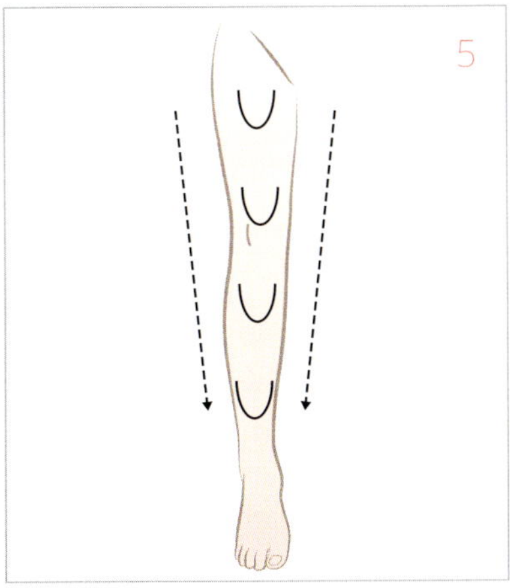

5. 전체 쓸어주기

발목 부위에서 양 손바닥을 이용하여 윗다리까지 엄지와 검지를 벌려 교대로 위로 쓸어준다. (2회)

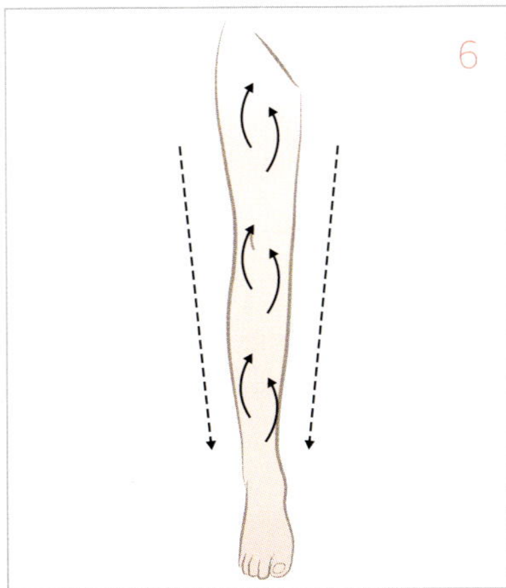

6. 전체 쓸어주기

발목 부위에서 양 손바닥을 이용하여 윗다리까지 교대로 가볍게 안쪽으로 쓸어준 후, 가볍게 내려준다. (2회)

다리 전면

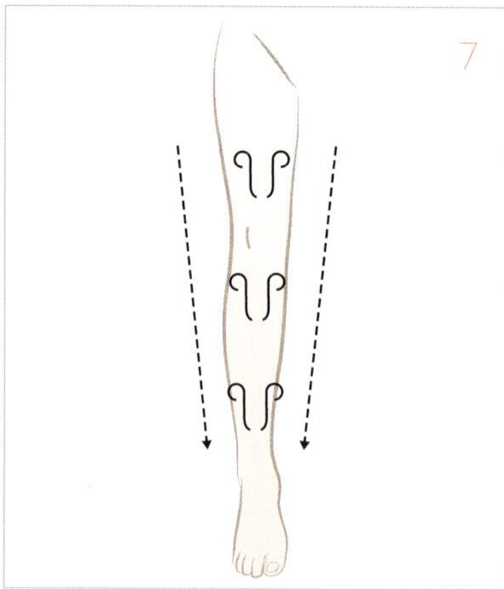

7. 전체 쓸어주기
발등 부위에서 양손목 관절을 이용하여 윗다리까지 가볍게 바깥쪽으로 쓸어내려준다. (2회)

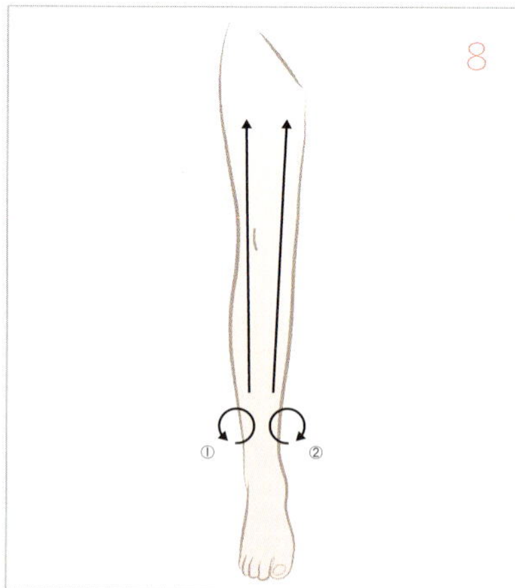

8. 전체 쓸어주기
발목 부위에서 양 엄지 부위를 이용하여 윗다리까지 교대로 ①, ②와 같이 고정원을 그리듯 쓸어준다. (1회)

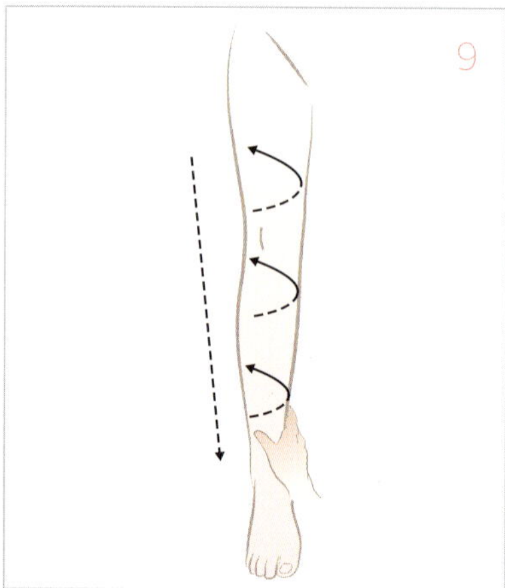

9. 전체 쓸어주기
한 손으로 발목을 고정하고, 발목 부위에서 반대 손바닥으로 윗다리까지 원을 그리듯 가볍게 쓸어준다. (2회)
손을 바꿔 동일하게 실시한다.

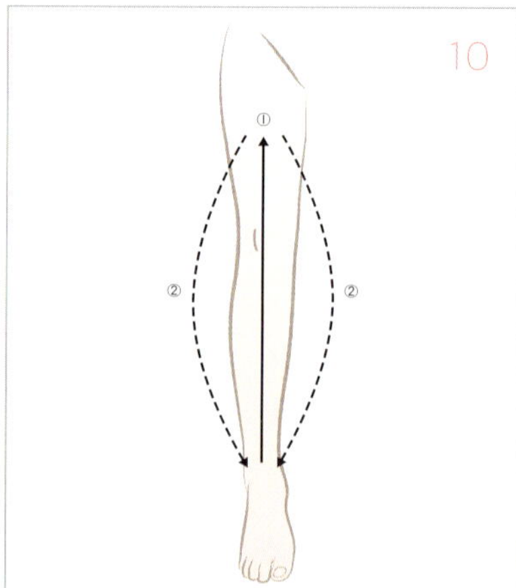

10. 전체 쓸어주기
다리 전체를 양손을 겹쳐 윗다리까지 쓸어 준 후(①), 발가락까지 가볍게 쓸어 내려준다(②). (3회)

다리 전면
10에서 14

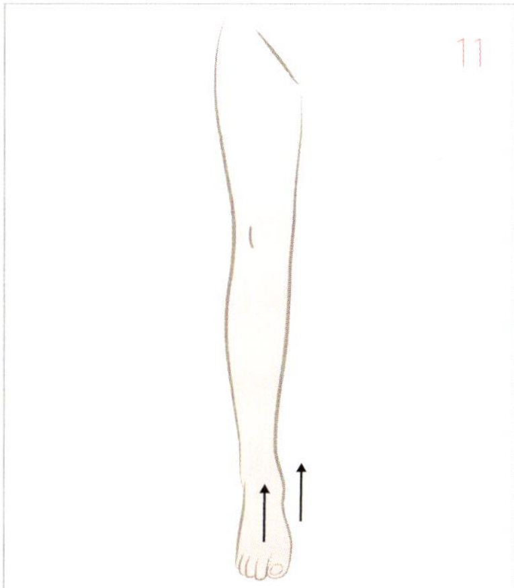

11. 발 쓸어주기
발등 전체를 양 손바닥을 이용하여 동시에 쓸어 준다. (3회)

12. 발바닥 문지르기
발바닥을 양 엄지를 이용하여 가볍게 문지른다. (2회)

13. 발바닥 쓰다듬기
한 손으로 발목을 고정하고, 다른 한 손을 가볍게 쥐고 위에서 밑으로 쓸어준 후, 손바닥을 펴 밑에서 위로 가볍게 쓸어준다. (3회)

14. 발 전체 떨어주기
발가락 부위에 양 엄지를 사용하여 가볍게 떨어(vibration) 준다.

다리 전면

15. 발가락 나선형 그리기
한 손으로 발을 고정하고, 발가락 부위를 반대 엄지를 이용하여 나선형을 그린 후, 가볍게 쓸어 내려준다. (1회)

16. 발등 쓸어주기
한 손으로 손을 고정하고, 발등 부위에서 다른 반대 엄지를 이용하여 발등 사이를 가볍게 쓸어 준 후(①), 가볍게 쓸어내려준다(②). (3회)

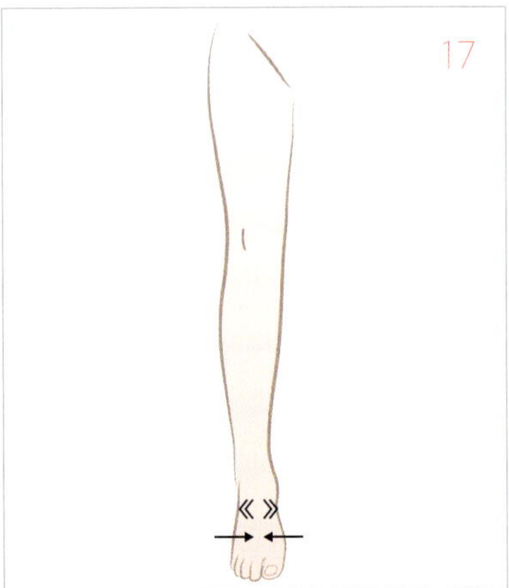

17. 발등 문지르기
발등 부위를 양 엄지를 이용하여 가볍게 좌우로 교차하여 문지른다. (3회)

18. 발등 쓸어주기
발등 부위를 양 엄지를 이용하여 ①, ② 방향으로 가볍게 쓸어준다. (3회)

다리 전면
19에서 22

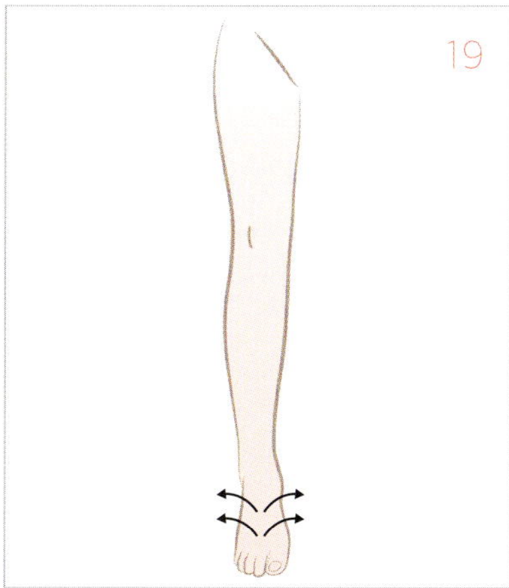

19. 발등 쓸어주기
발등 부위를 양손을 가볍게 쥐고 쓸어준다. (3회)

20. 복숭아뼈 고정원 그리기
양 복숭아뼈 부위를 양 엄지를 이용하여 가볍게 고정원을 그린다. (3회)

21. 발 스트레칭하기
한 손으로 발목을 고정하고, 발가락을 반대 손가락을 이용하여 스트레칭해준다. (2회)

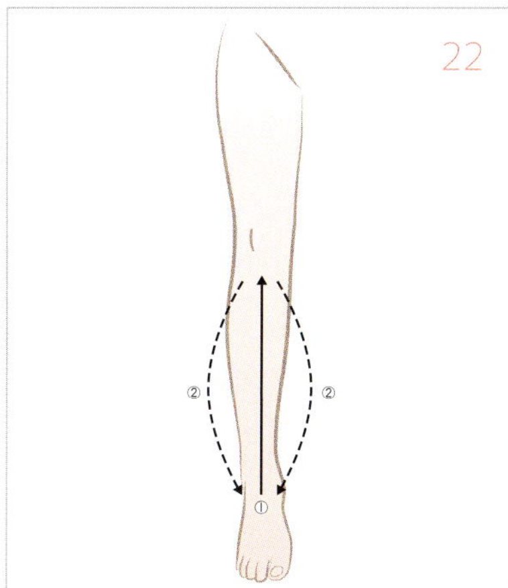

22. 아랫다리 쓸어주기
아랫다리 전체를 양손을 겹쳐 쓸어 준 후(①), 발가락까지 가볍게 쓸어 내려준다(②). (3회)

다리 전면

23. 아랫다리 나선형 그리기
한 손으로 발목을 고정하고, 발목 부위에서 반대 손가락으로 아랫다리를 나선형 그린 후, 가볍게 쓸어내려 준다. (3회)
손을 바꿔 동일하게 실시한다.

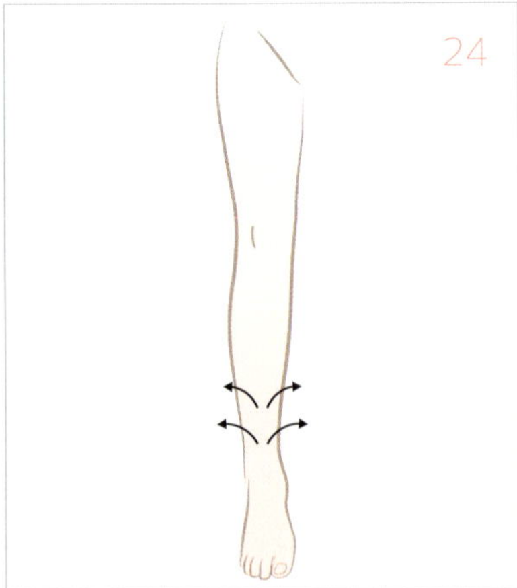

24. 아랫다리 쓸어주기
양 엄지를 겹쳐 고정한 후, 아랫다리를 양 손바닥을 이용하여 쓸어준다. (1회)

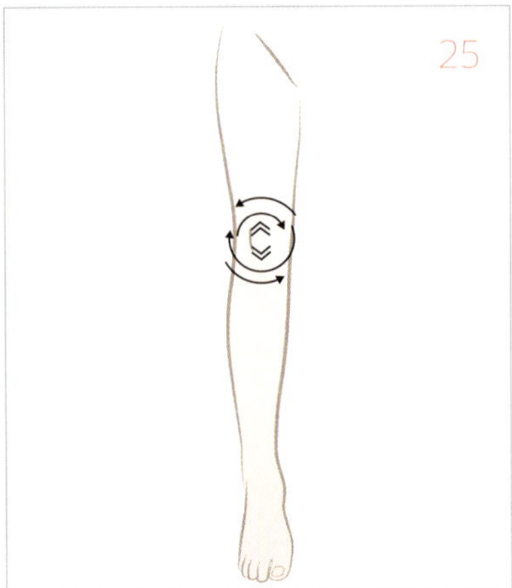

25. 무릎 문지르기
무릎 부위를 양 엄지를 이용하여 문지른다. (4회)

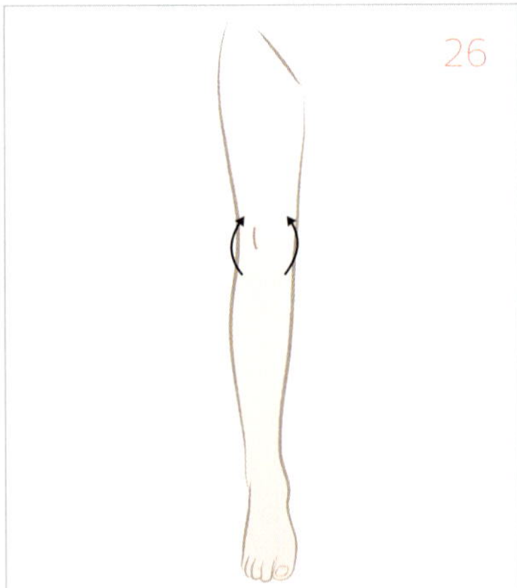

26. 무릎 쓸어주기
무릎 부위를 양 엄지를 이용하여 아래에서 위로 쓸어준다. (4회)

다리 전면
29에서 32

27. 무릎 문지르기
무릎 부위를 양 엄지를 이용하여 원 그리듯 문지른 후, 가볍게 쓸어내려준다. (2회)

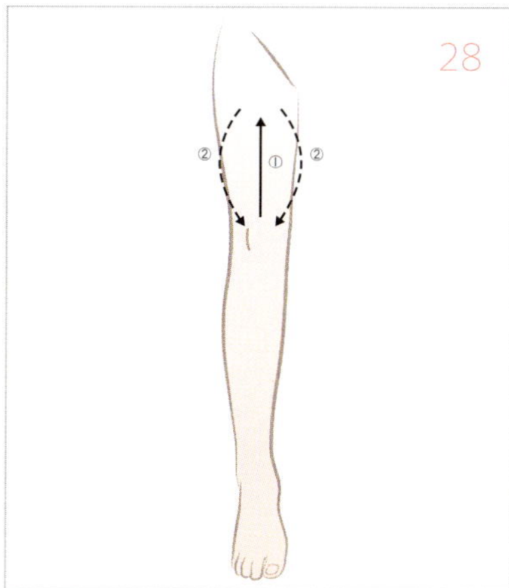

28. 윗다리 쓸어주기
윗다리 부위를 양손을 겹쳐 쓸어 준 후(①), 무릎까지 가볍게 쓸어 내려준다(②). (3회)

29. 윗다리 내측 쓸어주기
윗다리 부위를 손목 관절을 이용하여 쓸어준 후, 손바닥을 이용해 쓸어내려준다. (3회)

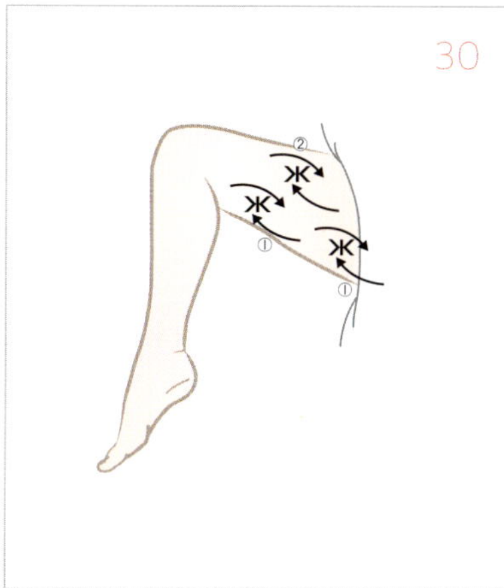

30. 윗다리 내측 주무르기
윗다리 부위를 양손을 이용하여 좌우로 주무른다(①, ②). (1회)

다리 전면

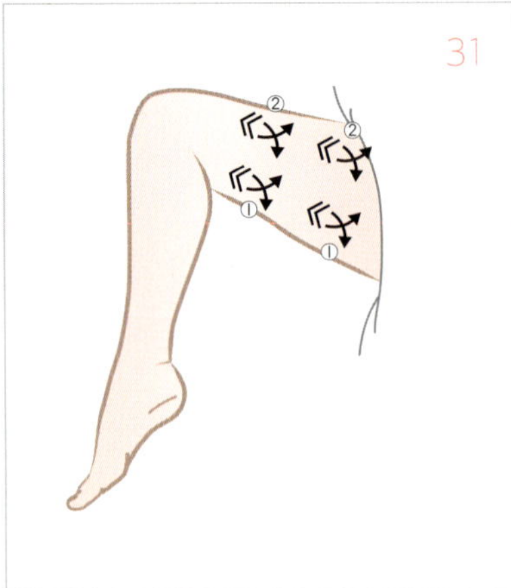

31. 윗다리 내측 문지르기
안쪽 윗다리 부위에서 양 엄지를 교차하여 ①, ② 방향으로 문지른다. (3회)

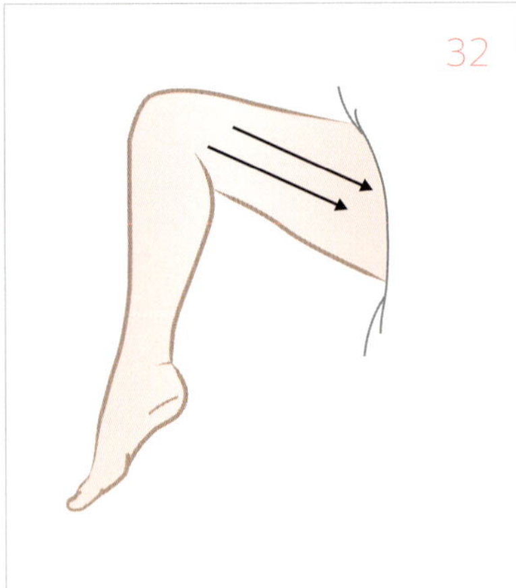

32. 윗다리 내측 쓸어주기
윗다리 부위를 양손을 이용하여 쓸어준다. (3회)

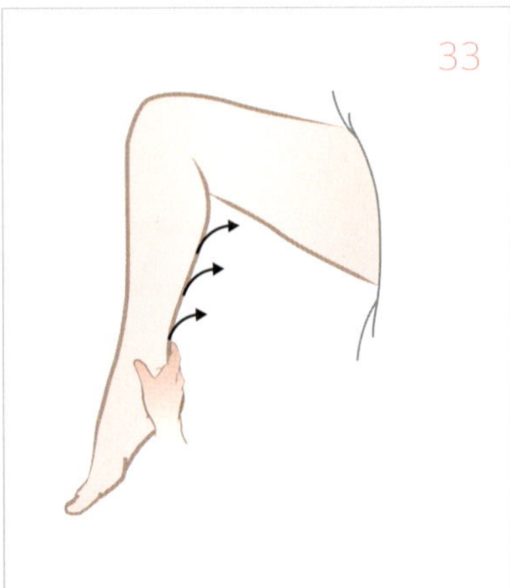

33. 아랫다리 내측 쓸어주기
한 손으로 손목을 고정하고, 손목 부위에서 반대 손목 관절을 이용하여 무릎까지 가볍게 쓸어준다. (3회) 손을 바꿔 동일하게 실시한다.

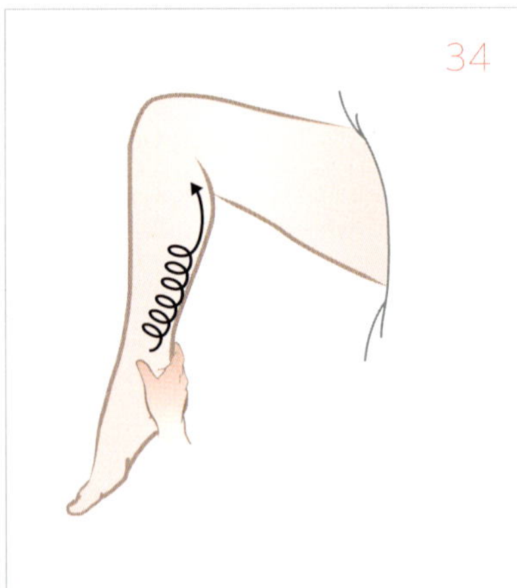

34. 아랫다리 내측 문지르기
한 손으로 손목을 고정하고, 손목 부위에서 반대손가락을 이용하여 무릎까지 문지른다. (3회) 손을 바꿔 동일하게 실시한다.

* 33~34 미용사(피부) 실기시험문제에서는 아랫다리 부분을 세워서 관리합니다.

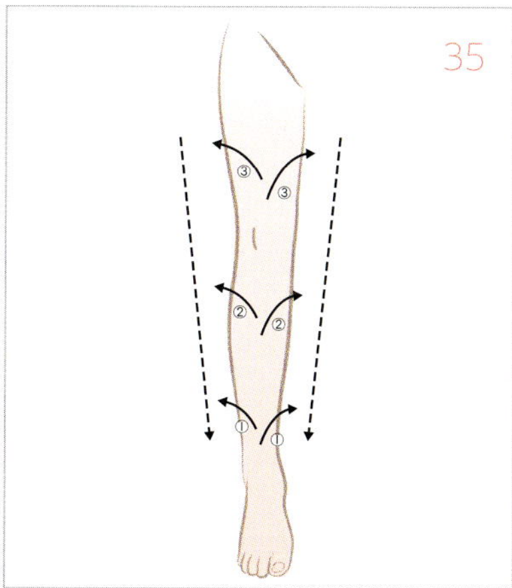

35. 전체 쓸어주기

발등에서 양 손목 관절을 이용하여 윗다리까지 교대로 가볍게 바깥쪽으로 쓸어준 후, 가볍게 쓸어내려준다. (1회)

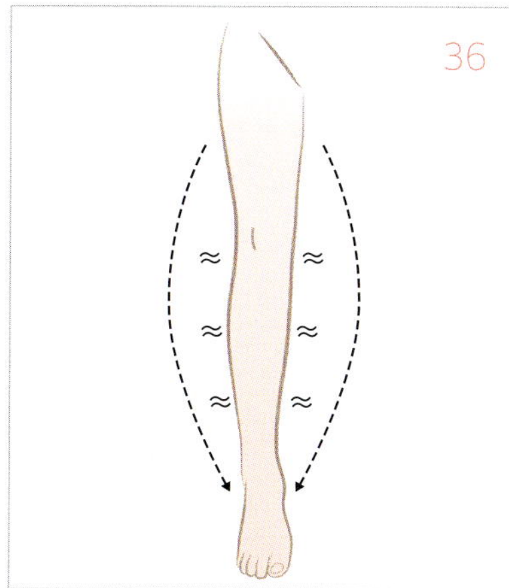

36. 전체 떨어주기

다리 부위를 양손을 이용하여 떨어준 후, 가볍게 쓸어내려 준다. (2회)

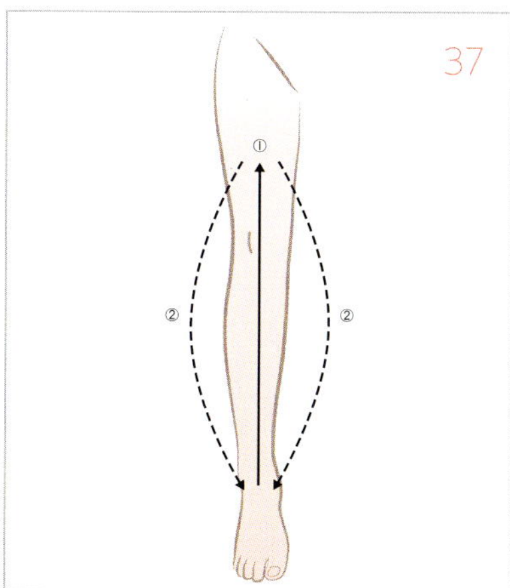

37. 전체 쓸어주기

다리 전체를 양손을 겹쳐 윗다리까지 쓸어 준 후(①), 발가락까지 가볍게 쓸어 내려준다(②). (3회)

38. 온습포

다리 전체를 스트레칭한 후, 윗다리에서 양 엄지와 검지로 온습포를 잡고 발가락까지 닦아준다. 한 손을 온습포에 끼운 후, 반대 손으로 온습포를 잡고 다리 전체를 닦아준다.

다리 전면

39. 마무리
토너를 화장솜에 묻혀 양손을 이용하여 다리 전체를 닦아준다.

다리 후면

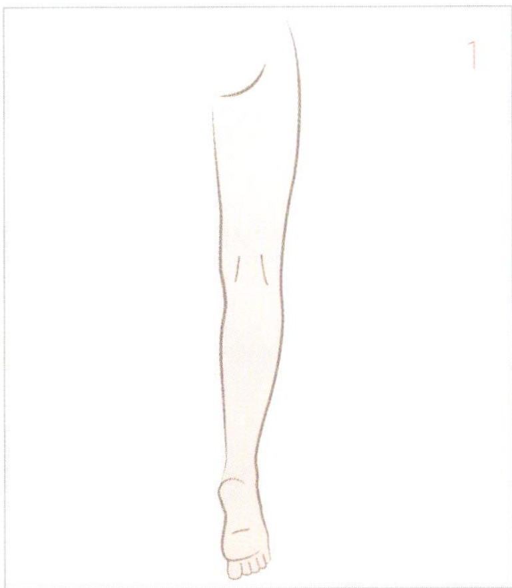

1. 손 소독

손등에서 손바닥, 손가락 사이사이까지 소독한다.

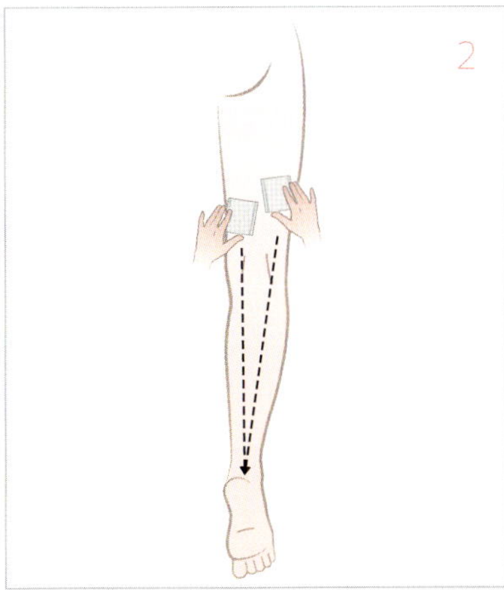

2. 토너 정리

토너를 화장솜에 묻혀 양손을 이용하여 다리 전체를 닦아준다.

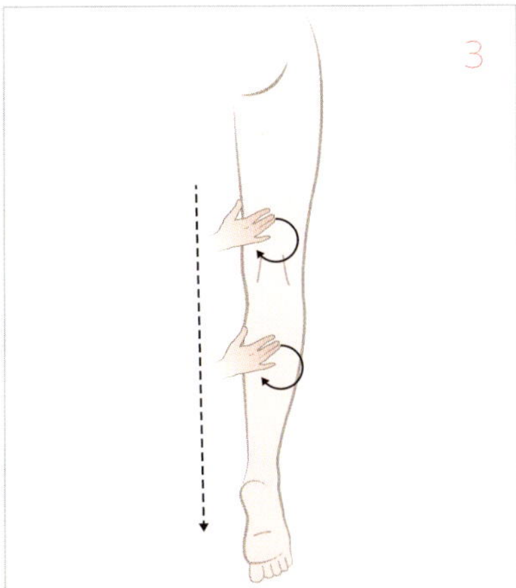

3. 오일 도포

다리 전체에 오일을 사용하여 부드럽게 도포한다.

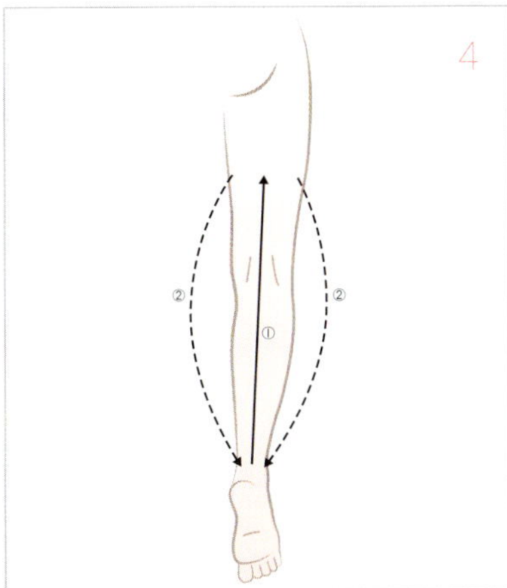

4. 전체 쓸어주기

다리 전체를 양손을 겹쳐 윗다리까지 쓸어 준 후(①), 발가락까지 가볍게 쓸어 내려준다(②).(3회)

다리 후면

5. 발바닥 쓸어주기
발바닥 부위를 양 손바닥을 이용하여 교대로 쓸어준다. (3회)

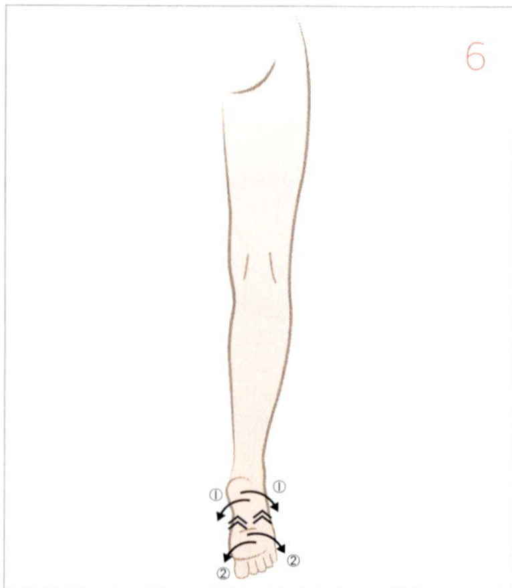

6. 발바닥 문지르기
발바닥 부위를 양 엄지를 이용하여 가볍게 문지른다. (3회)

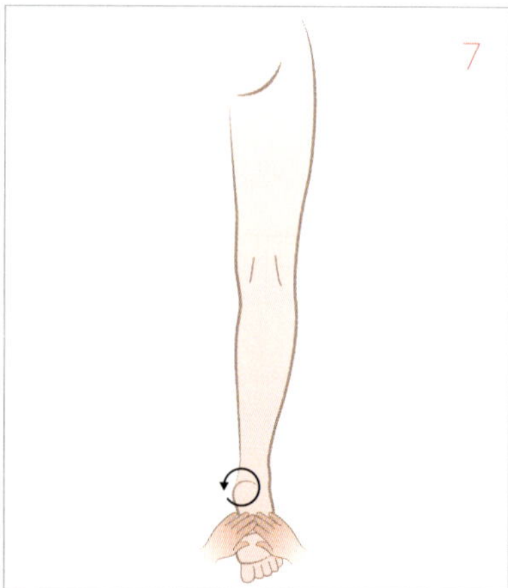

7. 발뒤꿈치 고정원 그리기
발뒤꿈치 부위를 양손을 깍지끼어 고정원을 그린다. (3회)

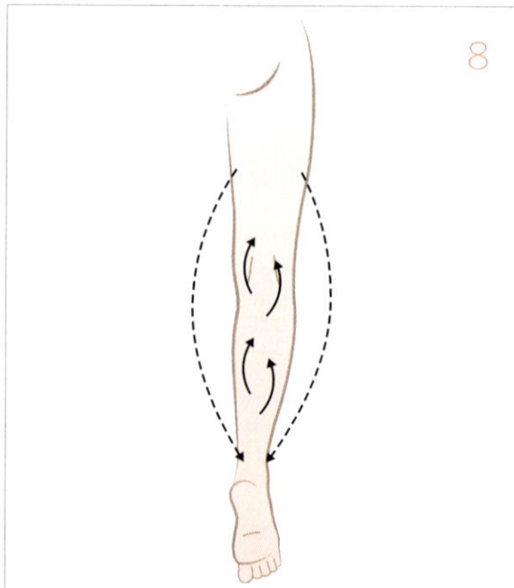

8-1. 전체 쓸어주기
발목 부위에서 양 손바닥을 이용하여 윗다리까지 교대로 가볍게 안쪽으로 쓸어준 후, 가볍게 쓸어내려준다. (2회)

다리 후면
5에서 9

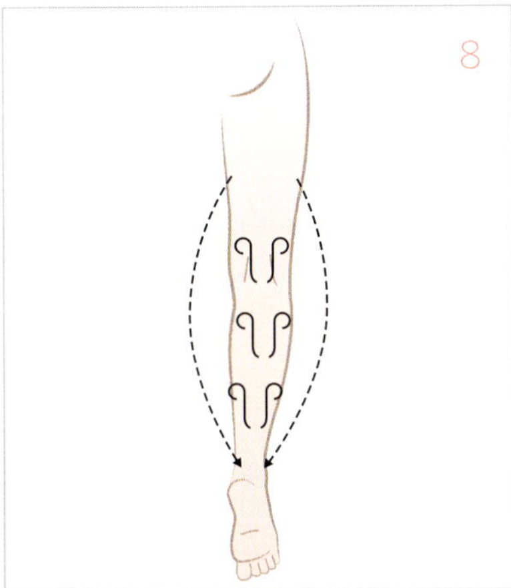

8-2. 전체 쓸어주기
발목 부위에서 손목 관절을 이용하여 윗다리까지 가볍게 바깥쪽으로 쓸어준 후, 가볍게 쓸어 내려준다. (3회)

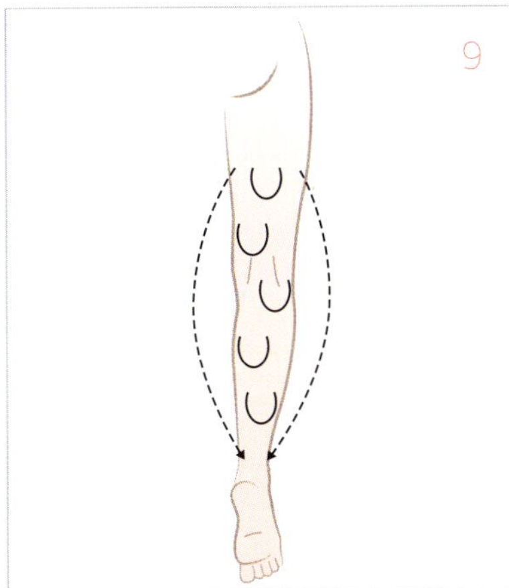

9. 전체 쓸어주기
발목에서 양 손바닥을 이용하여 윗다리까지 엄지와 검지를 벌려 교대로 위로 쓸어준 후, 가볍게 내려온다. (2회)

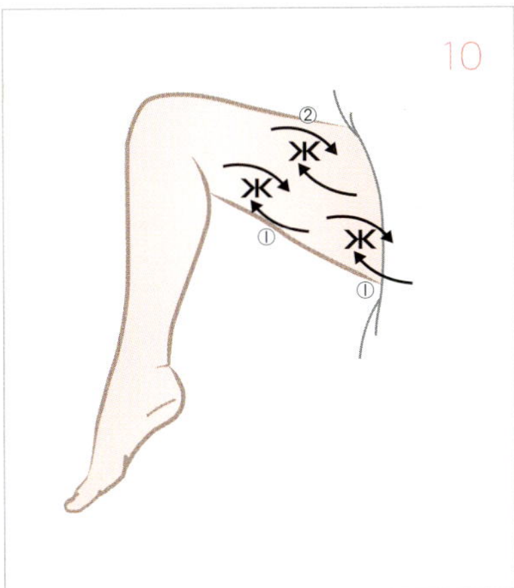

10. 윗다리 내측 주무르기
윗다리 부위를 양손을 이용하여 좌·우로 주무른다(①, ②). (1회)

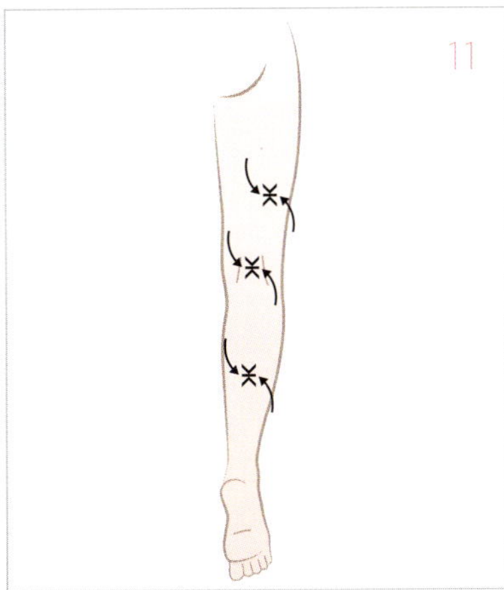

11. 전체 주무르기
윗다리 부위를 양손을 이용하여 좌우로 주무른다. (1회)

다리 후면

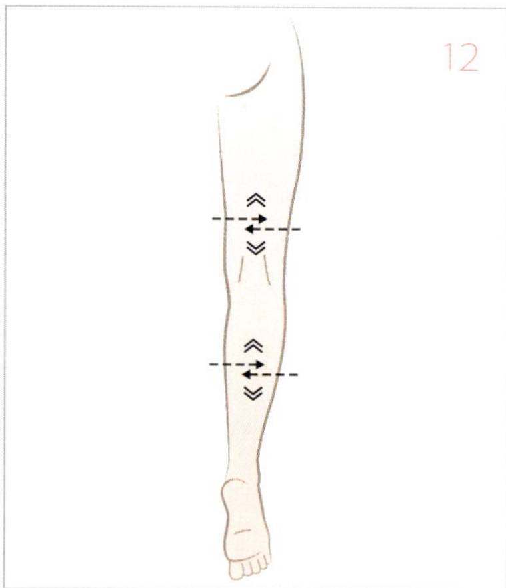

12. 전체 문지르기
다리 전체를 양 손바닥을 이용하여 안쪽·바깥쪽으로 교차하여 문지른다. (1회)

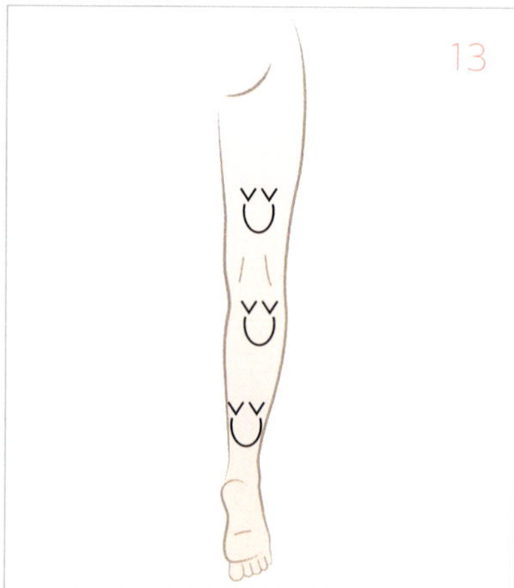

13. 전체 집어주기
다리 전체 부위를 양 엄지와 검지를 벌려 끌어올리듯 집어준다.

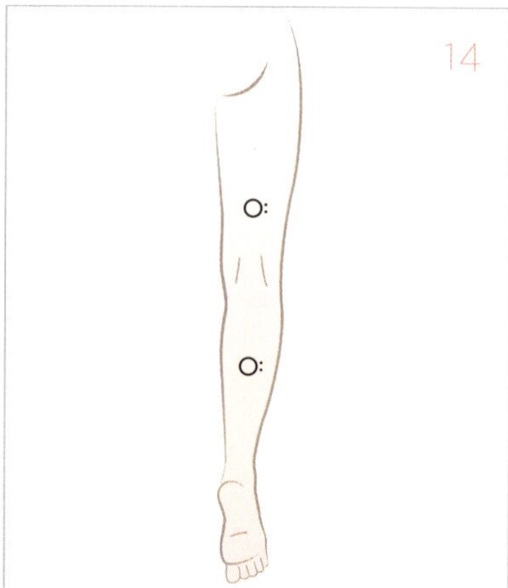

14. 전체 두드리기
다리 전체를 양 손바닥을 이용하여 가볍게 두드린다.

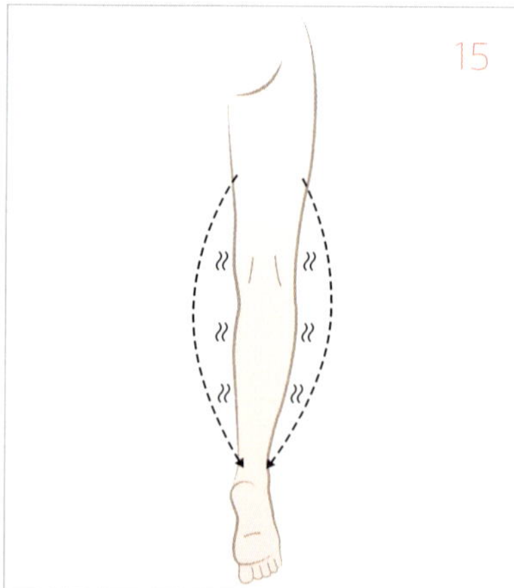

15. 전체 떨어주기
다리 부위를 양손을 이용하여 떨어준다. (2회)

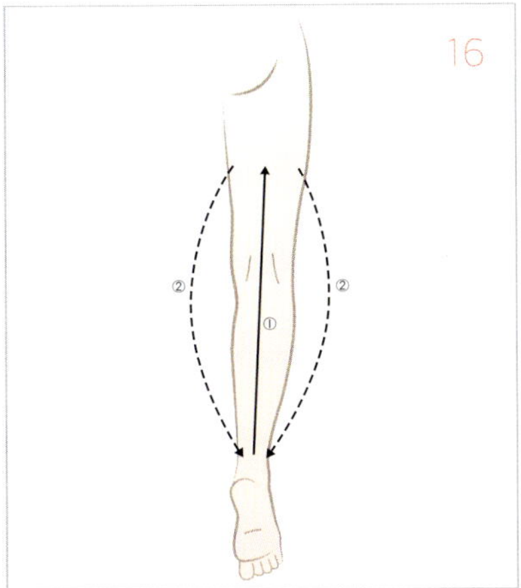

16. 전체 쓸어주기
다리 전체를 양손을 겹쳐 윗다리까지 쓸어 준 후(①), 발가락까지 가볍게 쓸어 내려준다(②). (3회)

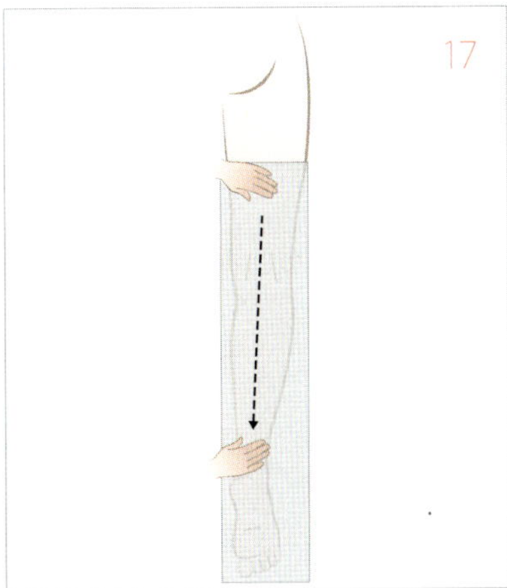

17. 온습포
다리 전체를 스트레칭한 후, 윗다리에서 양 엄지와 검지로 온습포를 잡고 발가락까지 닦아준다. 한 손을 온습포에 끼운 후, 반대 손으로 온습포를 잡고 다리 전체를 닦아준다.

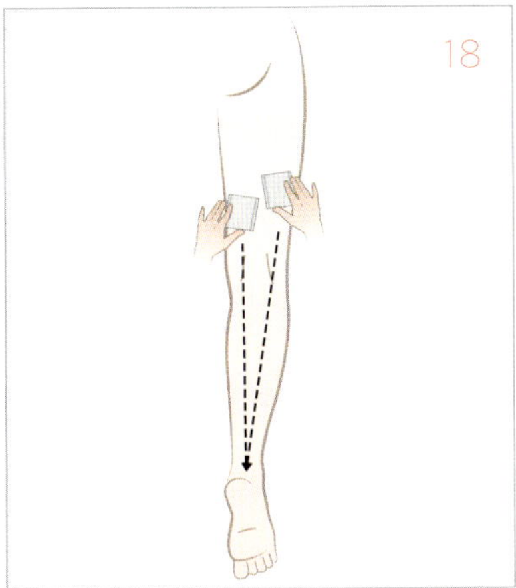

18. 마무리
토너를 화장솜에 묻혀 양손을 이용하여 다리 전체를 닦아준다.

등 관리

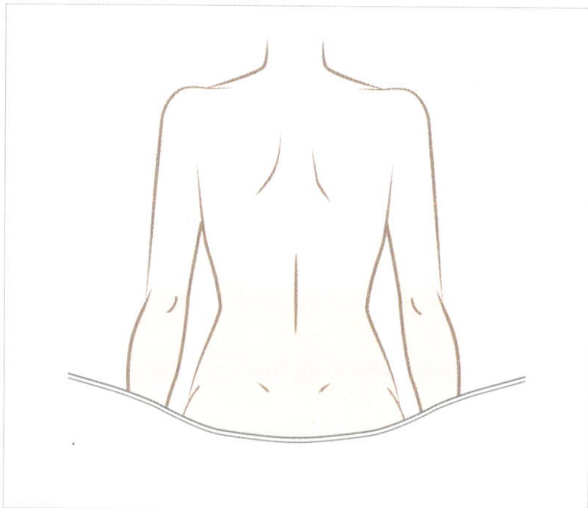

베드 정리

대타월을 베드에 깔고 모델을 눕게한 후, 대타월과 중타월 또는 소타월을 이용하여 모델의 관리하지 않는 부위를 잘 감싼다.

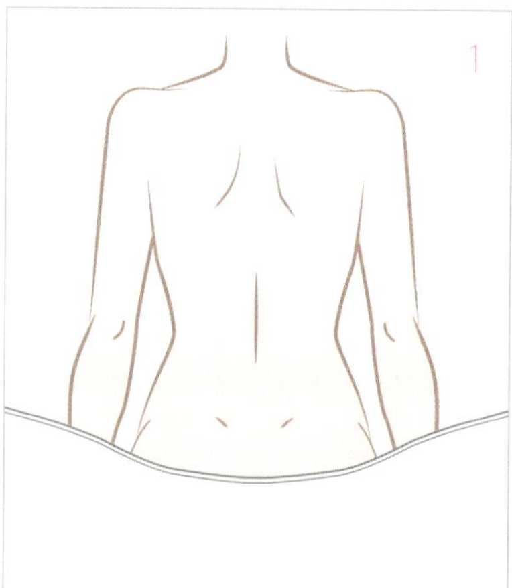

1. 손 소독

손등에서 손바닥, 손가락 사이사이까지 소독한다.

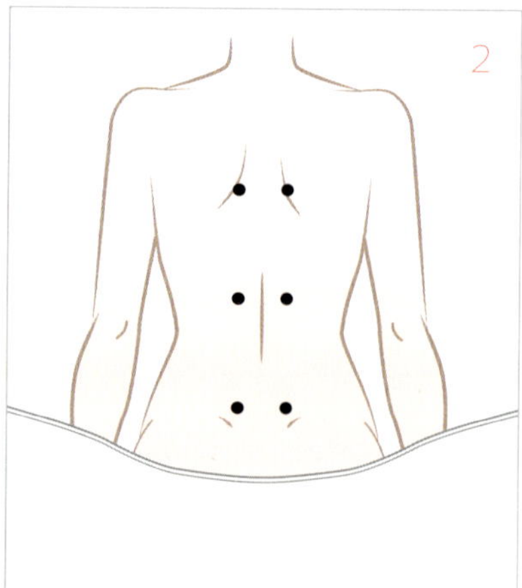

2. 오일 도포

등 전체를 양손을 이용하여 어깨 부분에서 엉덩이 중앙 부위까지 부드럽게 오일을 도포한다.(1회)

등 관리
4-1에서 7

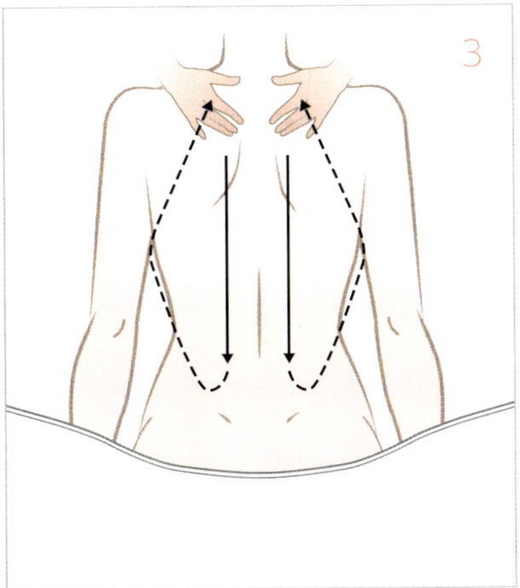

3. 전체 쓸어주기
등 전체를 양손을 이용하여 부드럽게 쓸어준다. (4회)

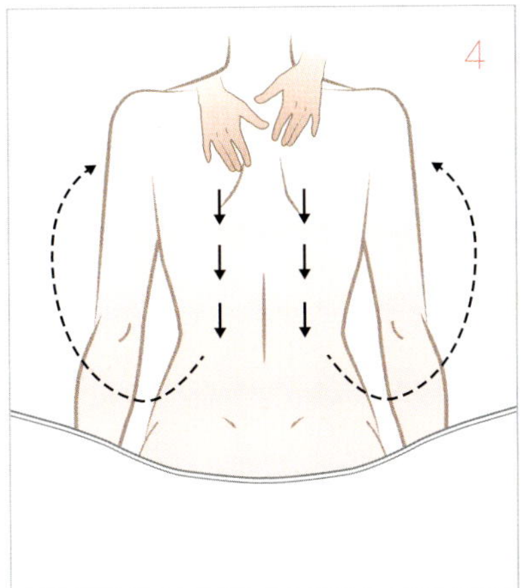

4-1. 전체 쓸어주기
등 전체를 양손을 교대로 등 중앙 부위에서 엉덩이 중간 부위까지 가볍게 쓸어 내려준 후, 측면을 타고 가볍게 쓸어 올린다. (4회)

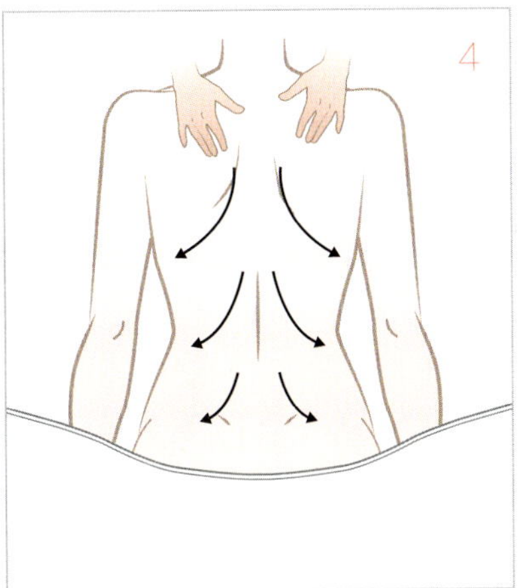

4-2. 전체 쓸어주기
등 전체를 어깨 부위에서 손목 관절을 이용하여 위에서 아래로 가볍게 쓸어준다.(4회)

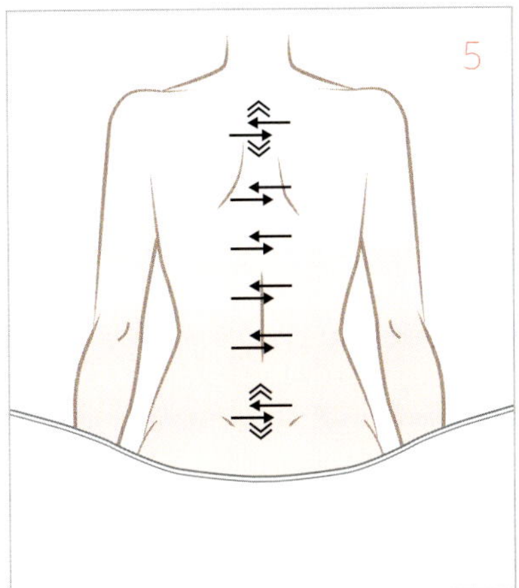

5. 중앙 전체 문지르기
척추를 양 엄지로 교차하여 좌우로 문지른다.

등 관리

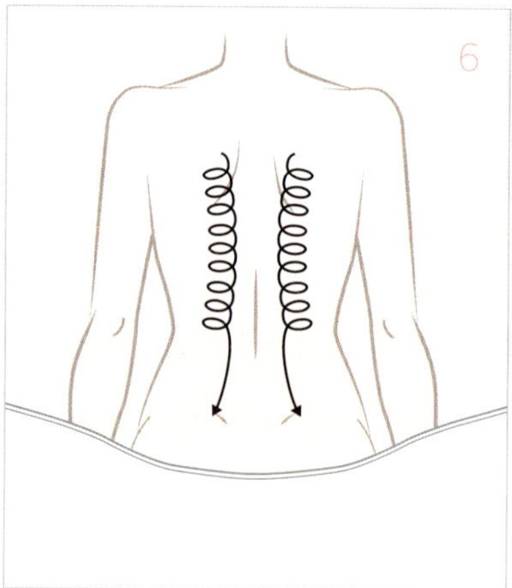

6. 중앙 전체 문지르기
등 중앙 부위를 손을 가볍게 쥐고 엉덩이 중앙 부위까지 나선형을 그린다.

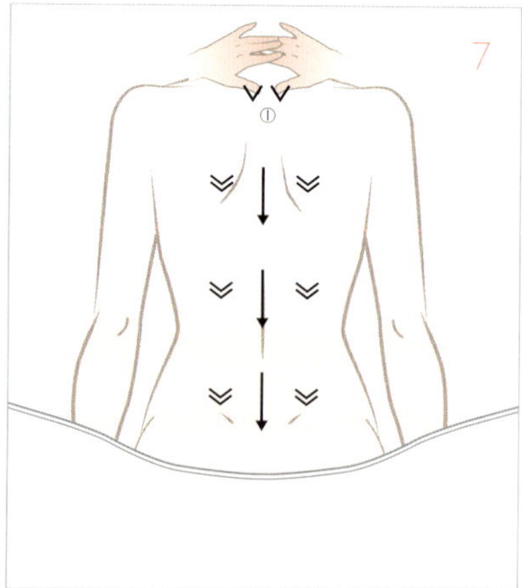

7. 중앙 전체 문지르기
등 중앙 부위를 양손을 깍지 끼고, 튀어나온 목뼈(①)를 손바닥으로 집어 튕겨준 후, 엉덩이뼈까지 손을 가볍게 쥐고 문지른다.

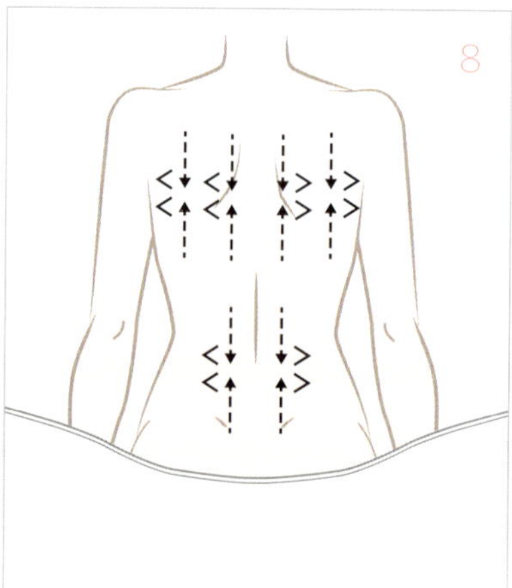

8. 전체 집어주기
등 전체 부위를 양손을 이용하여 집어준다.

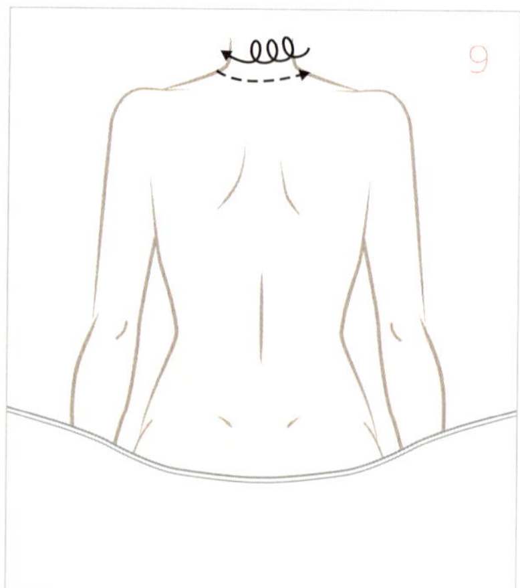

9. 목 문지르기
목 위 부위를 양 손가락을 겹쳐 좌우로 나선형을 그린다. (2회)

등 관리
13에서 19

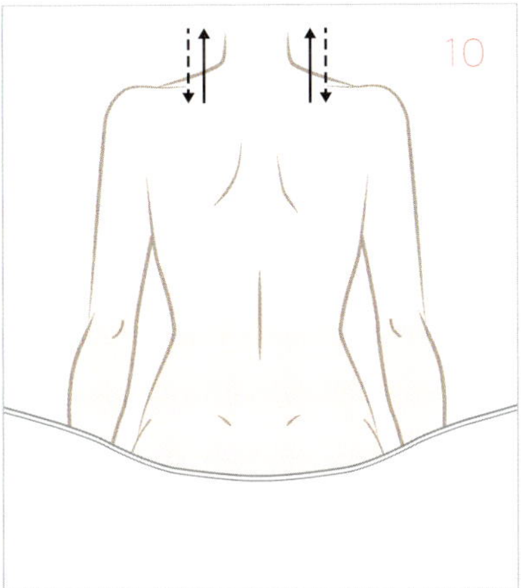

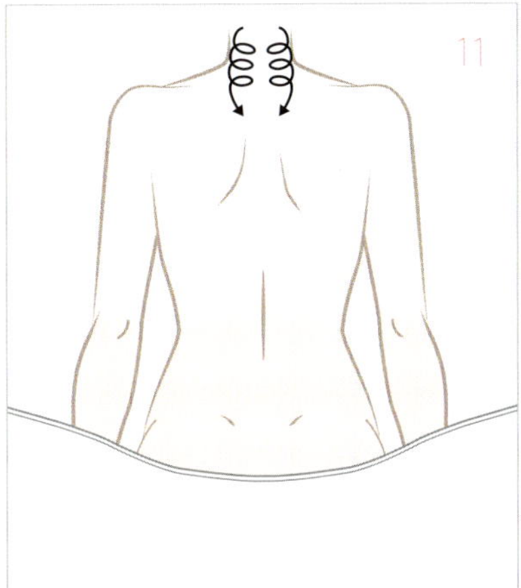

10. 목 쓸어주기
목 부위를 양손을 가볍게 쥐고 쓸어준다. (4회)

11. 목 문지르기
목 부위를 위에서 양손을 가볍게 쥐고 나선형을 그린다. (3회)

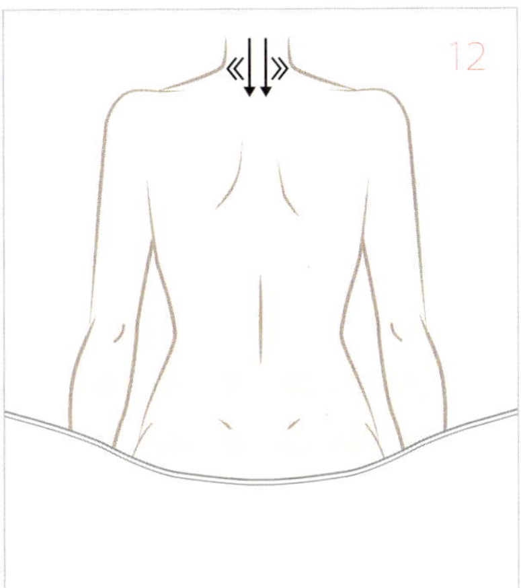

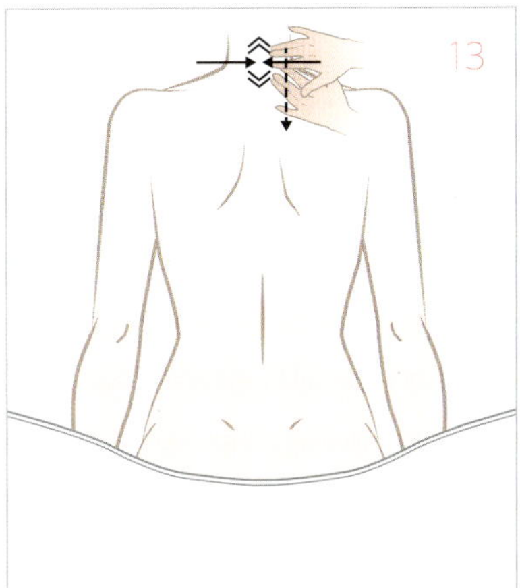

12. 목 문지르기
목 부위를 양손을 가볍게 쥐고 문지른다. (3회)

13. 목 문지르기
목 부위를 양손을 겹쳐 문지른다.

등 관리

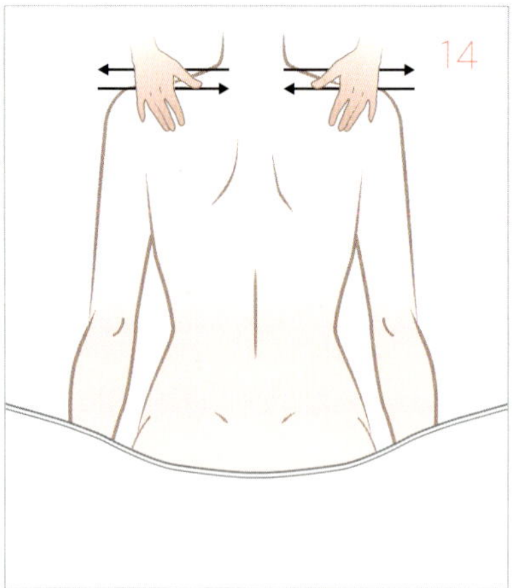

14. 어깨 문지르기
어깨를 양손을 가볍게 쥐고 좌우로 문지른다. (4회)

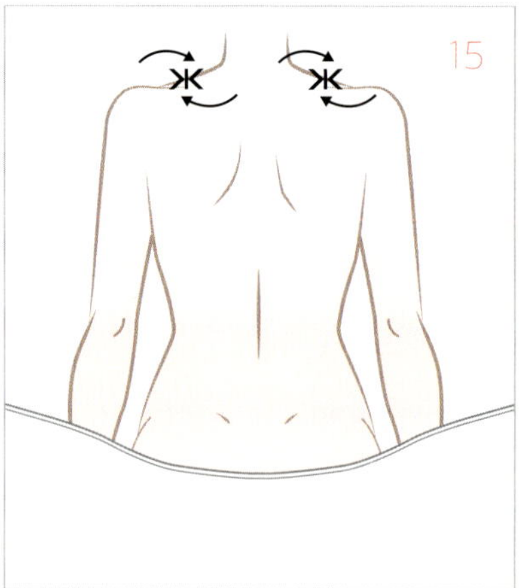

15. 어깨 반죽하기
어깨를 양손을 이용하여 가볍게 주무른다. (3회)
손을 바꿔 동일하게 실시한다.

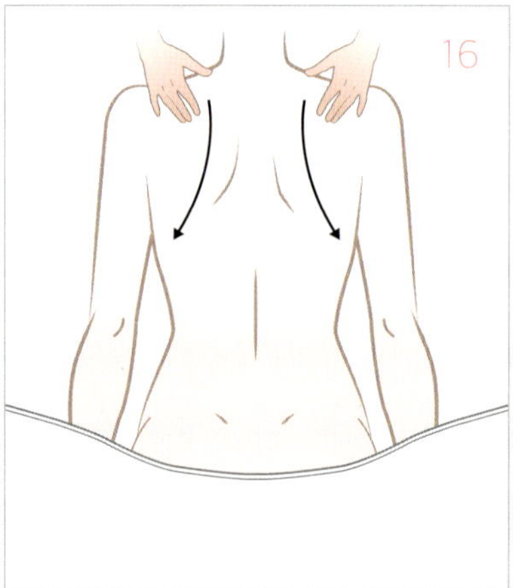

16. 날개뼈 쓸어주기
날개뼈 부위를 손목 관절을 이용하여 가볍게 쓸어준다. (4회)

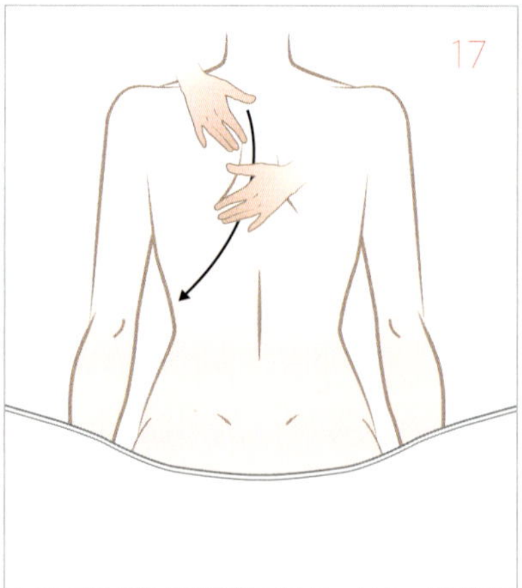

17. 날개뼈 쓸어주기
날개뼈 부위를 양손을 교대로 가볍게 쓸어준다. (3회)
손을 바꿔 동일하게 실시한다.

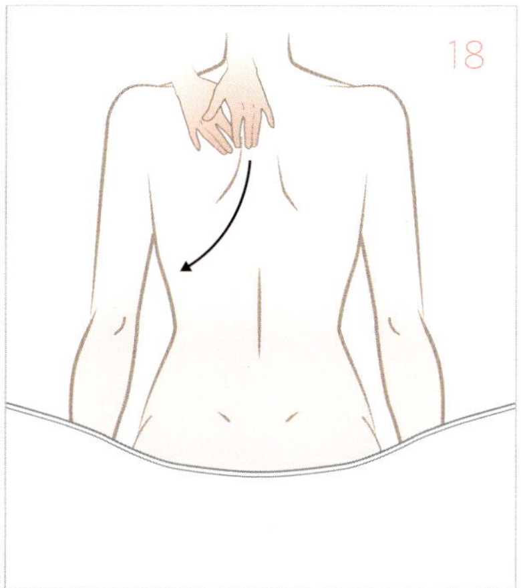

18. 날깨뼈 쓸어주기
날깨뼈 라인을 한 손을 가볍게 쥐고, 다른 손바닥을 겹쳐 쓸어준다. (4회)
손을 바꿔 동일하게 실시한다.

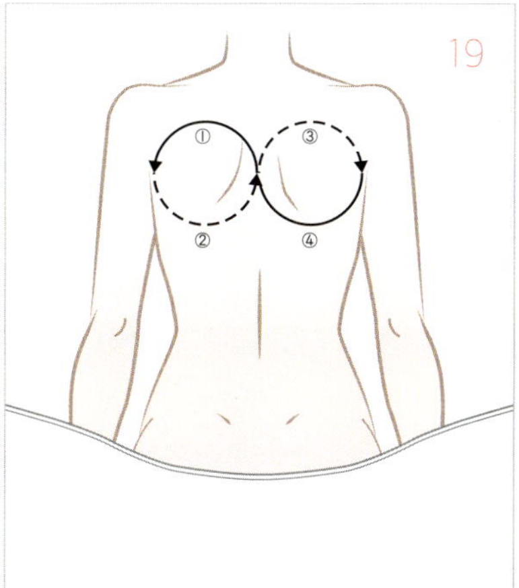

19. 날깨뼈 문지르기
날깨뼈 라인을 양손을 겹쳐 ① → ② → ③ → ④ 순으로 8자를 그려준다. (3회)

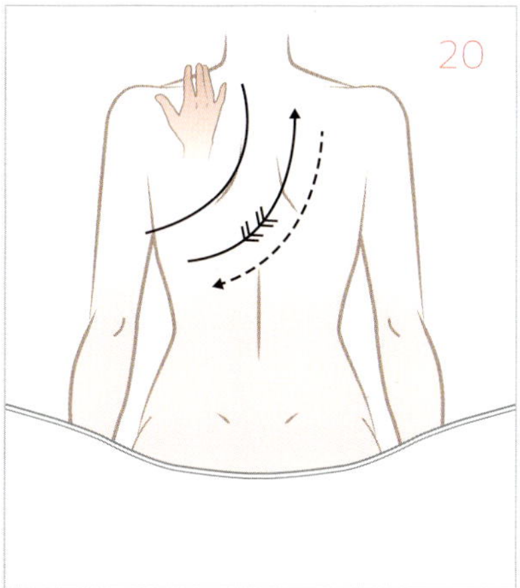

20. 날깨뼈 문지르기
날깨뼈 라인을 어깨 밑에 한 손을 고정하고, 다른 한 손을 가볍게 쥐고 어깨까지 문지른 후, 손바닥으로 가볍게 쓸어내려준다. (4회)
손을 바꿔 동일하게 실시한다.

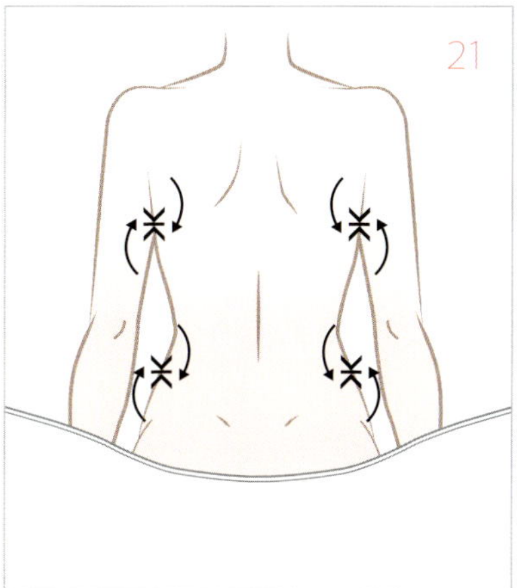

21. 측면 주무르기
등 측면 부위를 양손을 이용하여 좌우로 주무른다. (3회)

등 관리

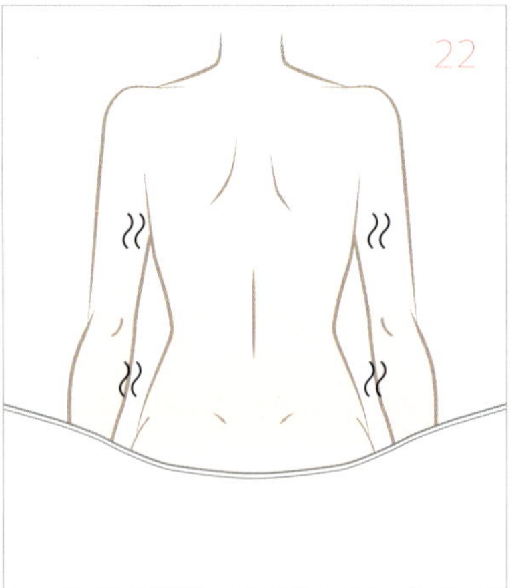

22. 전체 떨어주기
등 측면 부위를 양손을 이용하여 떨어준다.
(1회)

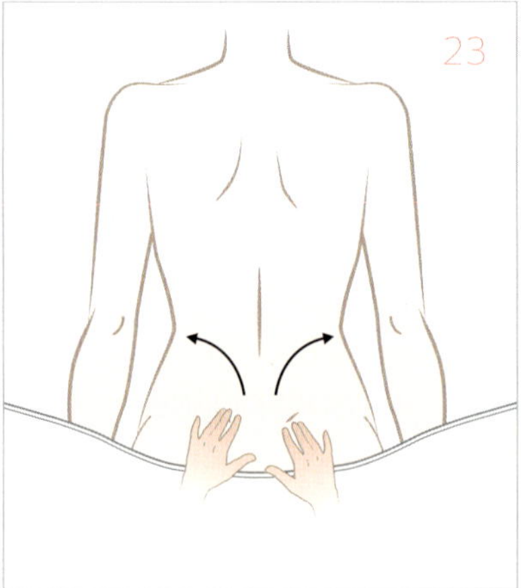

23. 엉덩이 쓸어주기
엉덩이 부위를 양손을 이용하여 허리 라인까지 쓸어준다. (3회)

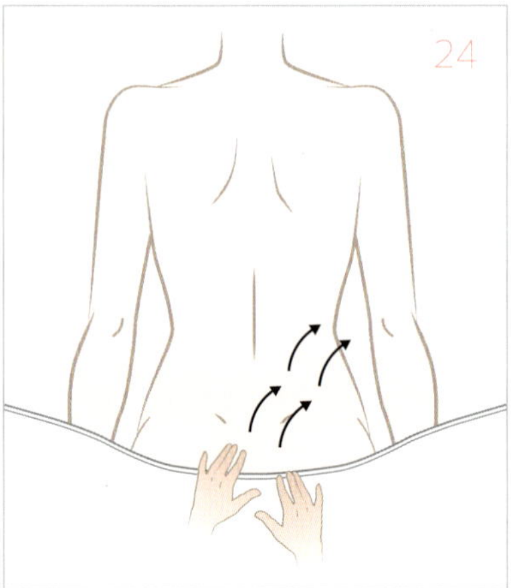

24. 엉덩이 쓸어주기
엉덩이 부위를 양손을 교대로 사용해 허리 라인까지 쓸어준다. (3회)
손을 바꿔 동일하게 실시한다.

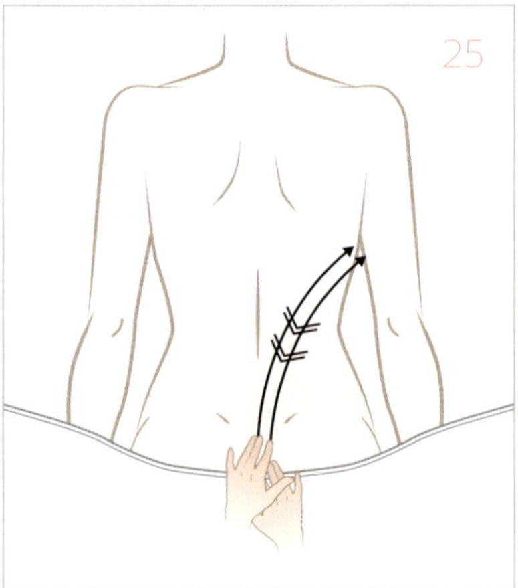

25. 엉덩이 문지르기
엉덩이 부위를 한 손으로 가볍게 쥐고 다른 손바닥을 겹쳐 문지른다. (3회)
손을 바꿔 동일하게 실시한다.

등 관리
23에서 25

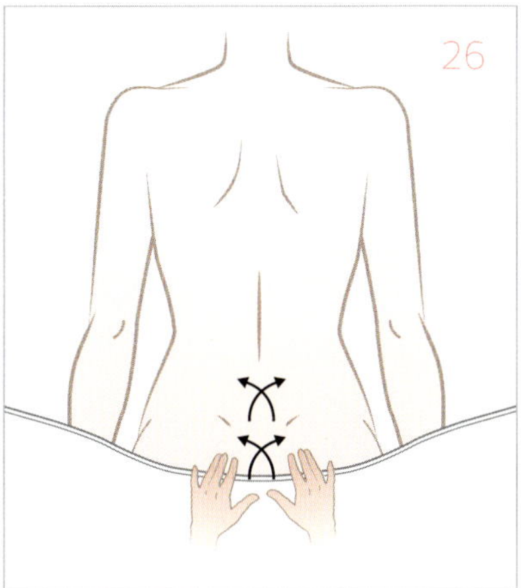

26. 엉덩이 쓸어주기
엉덩이 중앙 부위를 양 엄지를 교차하여 쓸어준다. (3회)

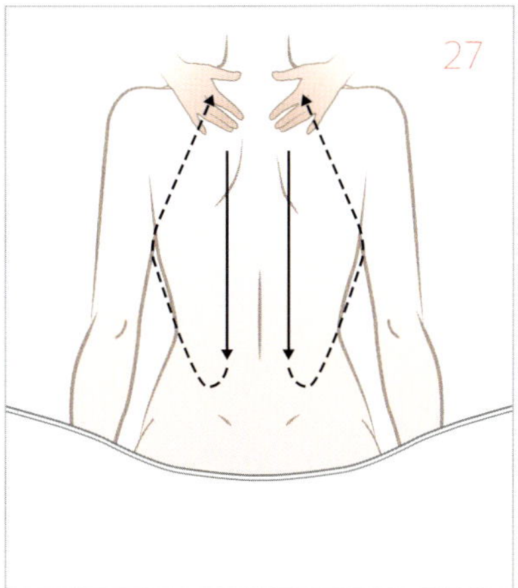

27. 전체 쓸어주기
등 전체를 엉덩이 중앙 부위에서 양손을 이용하여 어깨 라인까지 쓸어준다. (3회)

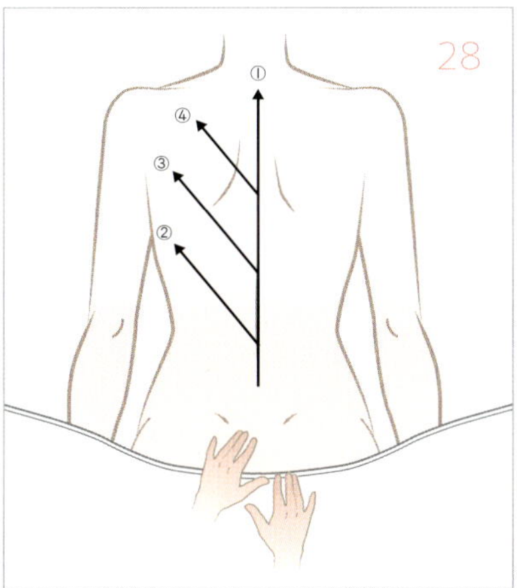

28. 전체 쓸어주기
등 전체를 양손을 교대로 어깨 부위까지 ① → ② → ③ → ④ 순으로 쓸어준다. (3회)
손을 바꿔 동일하게 실시한다.

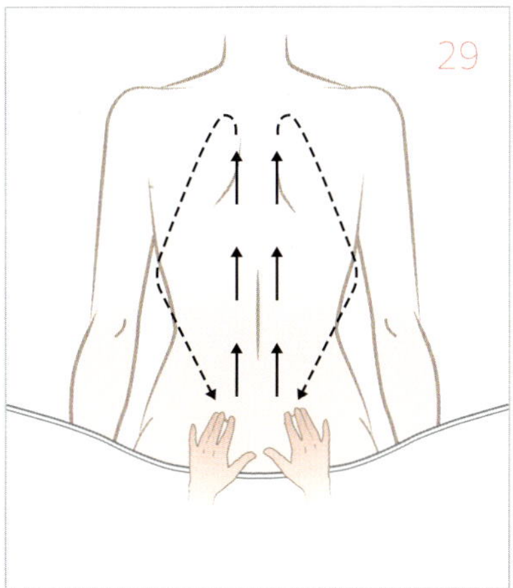

29. 중앙 부위 쓸어주기
등 중앙 부위를 양 엄지를 나란히 두고, 엉덩이 부위에서 어깨까지 쓸어준 후, 측면을 타고 가볍게 쓸어 내린다. (3회)

등 관리

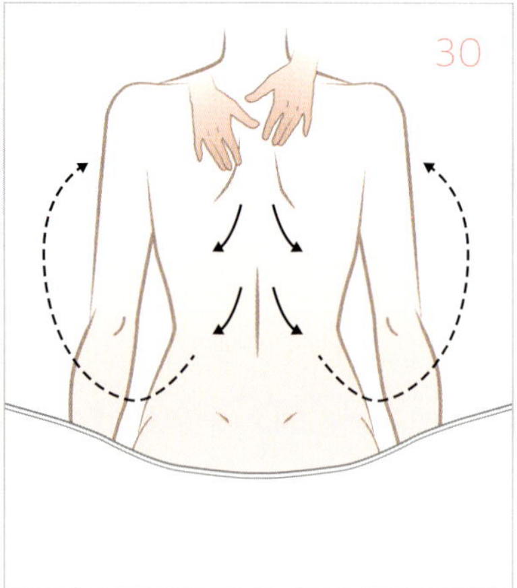

30. 전체 쓸어주기
등을 양손을 교대로 사용하여 등 중앙 부위에서 엉덩이 중간 부위까지 가볍게 쓸어 내려준 후, 측면을 타고 가볍게 쓸어 올린다. (4회)

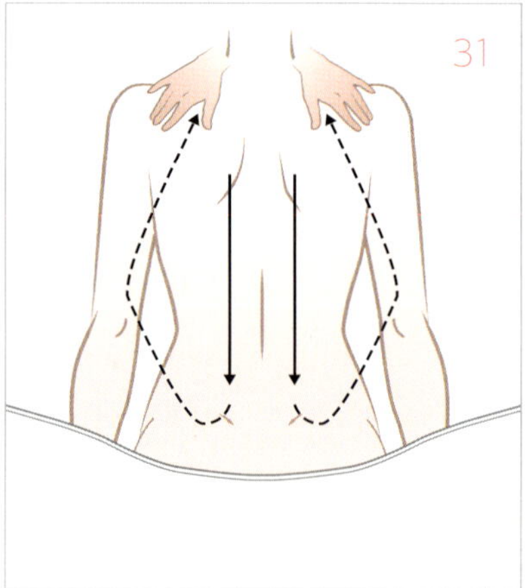

31. 전체 쓸어주기
등 전체를 양손을 이용하여 부드럽게 쓸어준다. (4회)

32. 온습포
등 전체를 어깨에서 양손을 이용하여 엉덩이 중앙 부위까지 늘려준다. (① → ②)
어깨 라인을 집어준다.
엉덩이 중앙 부위에 양 엄지와 검지로 온습포를 잡고 등 전체를 닦아준다.
한 손을 온습포에 끼운 후, 반대 손으로 온습포를 잡고 등 전체를 닦아준다.

복부 관리

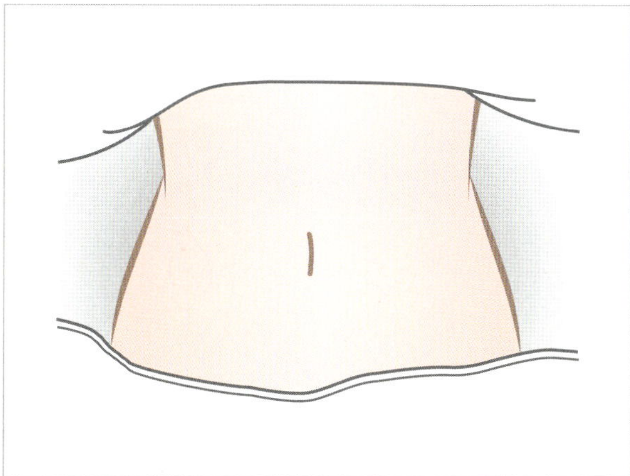

베드 정리
대타월을 베드에 깔고 모델을 눕게 한 후, 대타월과 중타월 또는 소타월을 이용하여 복부 밑을 감싼 후 소타월 1장을 가슴 부위에 덮는다.

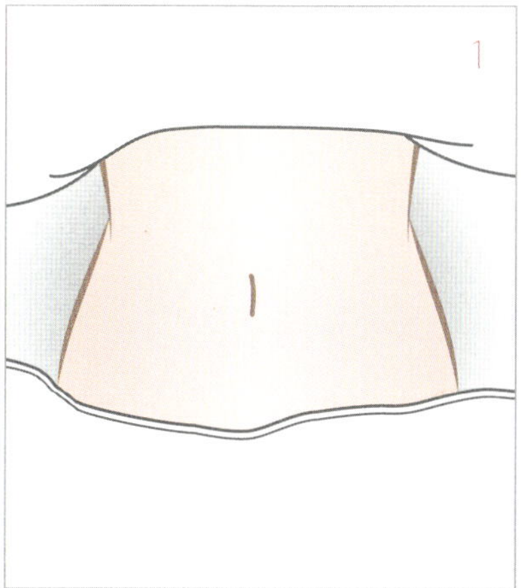

1. 손 소독
손등에서 손바닥, 손가락 사이사이까지 소독한다.

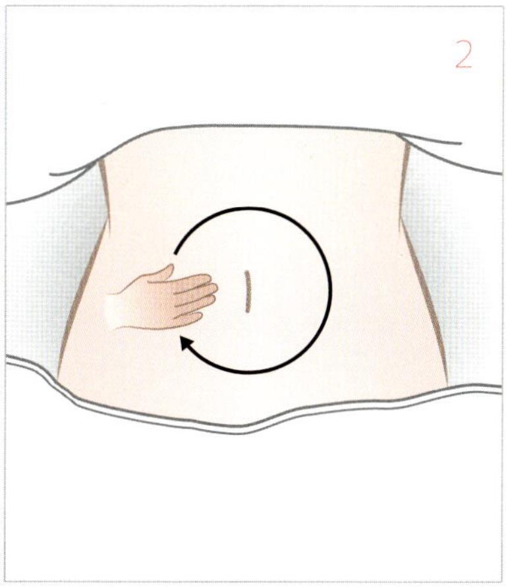

2. 오일 도포
손을 가볍게 비벼 오일을 손에 덜어 부드럽게 복부 전체를 쓸어주듯 도포한다.

복부 관리

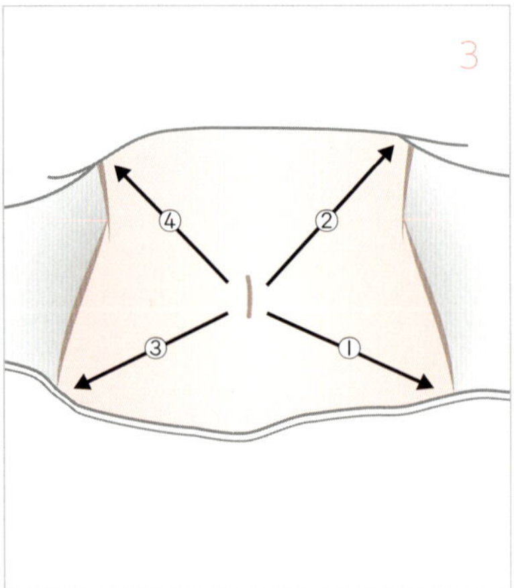

3. 전체 쓸어주기
복부 전체를 양 손바닥을 교대로 배꼽 중심에서 엉덩이뼈쪽으로 가볍게 쓸어준 후, 늑골 쪽으로 가볍게 쓸어준다. (5회)

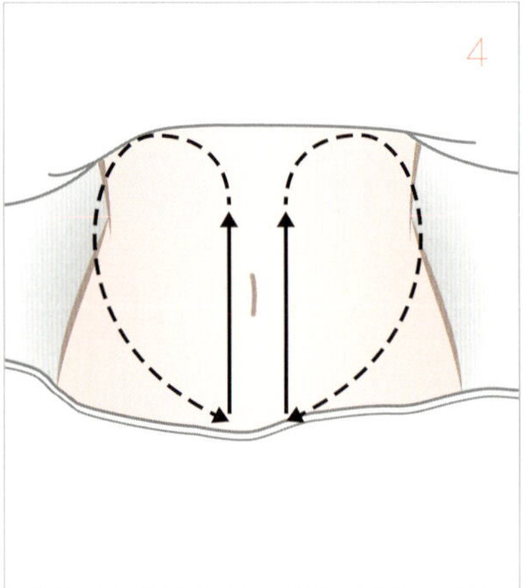

4. 전체 쓸어주기
복부 전체를 양손을 이용하여 가볍게 쓸어준다. (1회)

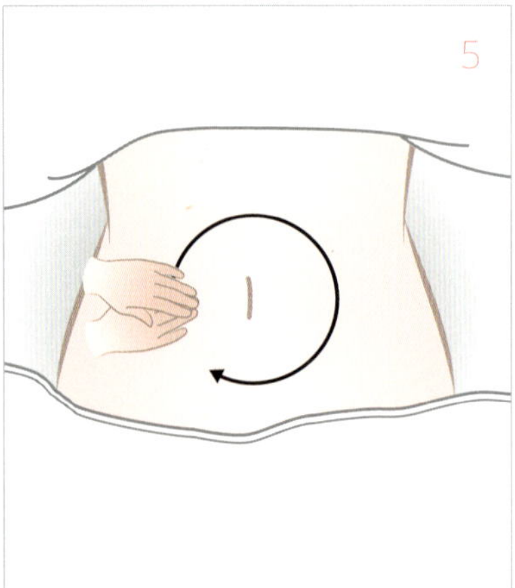

5. 전체 쓸어주기
복부 전체를 양손을 겹쳐 시계 방향으로 가볍게 쓸어준다. (4회)

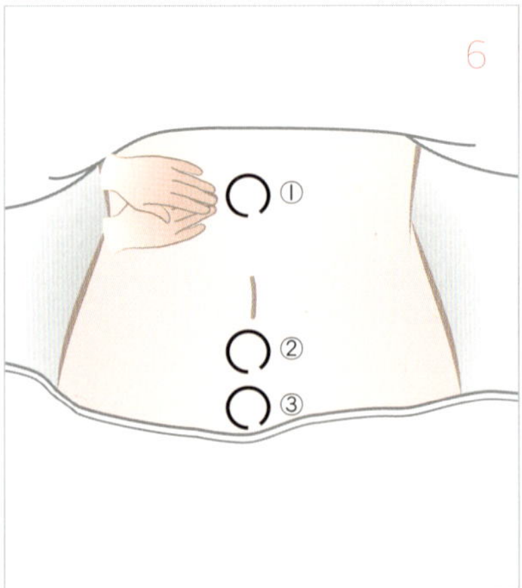

6. 중앙 부위 복식호흡
배꼽 중앙 부위를 양손을 겹쳐 복식 호흡한다. (1회)

복부 관리
5에서 10

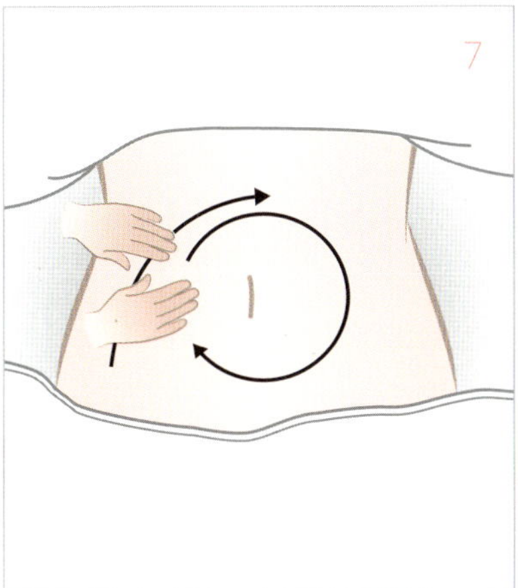

7. 전체 쓸어주기
복부 전체를 양손을 사용하여 시계 방향으로 가볍게 교차하여 쓸어준다. (4회)

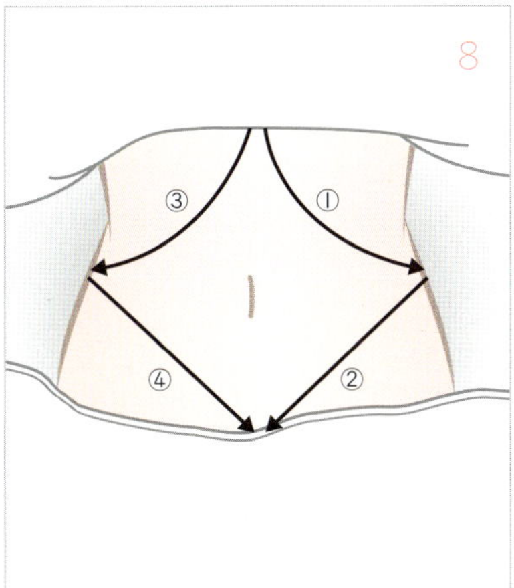

8. 전체 쓸어주기
복부 전체를 양손을 교대로 늑골라인 쪽으로 쓸어준 후(①), 허리라인을 끌어올리듯 엉덩이뼈 쪽으로 쓸어준다(②). (3회)
자리 바꿔 동일하게 실시한다. (③ → ④)

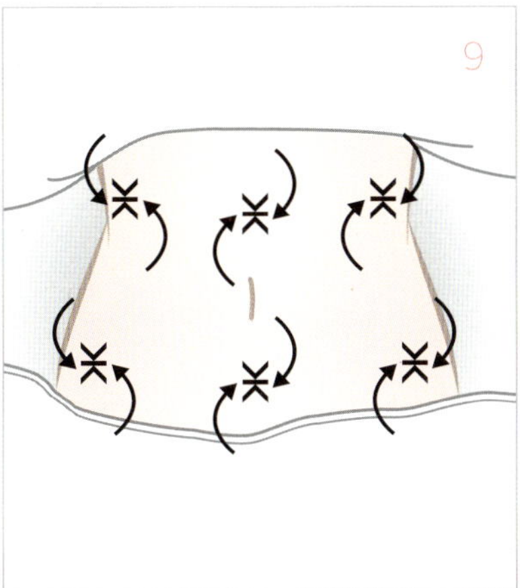

9. 전체 반죽하기
복부 전체를 양손을 사용하여 가볍게 주무른다. (3회)

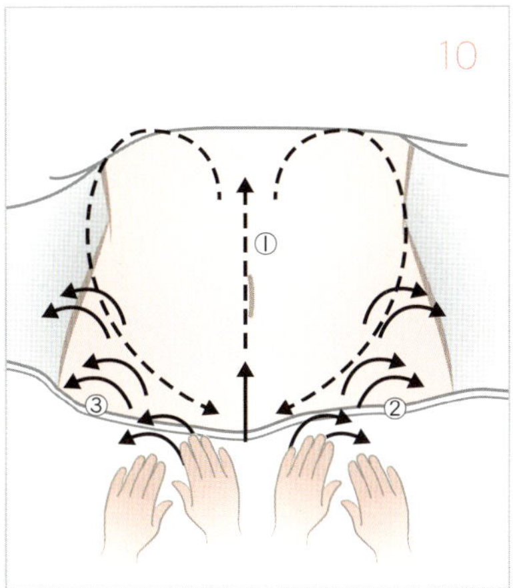

10. 아랫배꼽 쓸어주기
아랫배꼽 부위를 양 엄지를 겹쳐 아래에서 위로 가볍게 쓸어준 후(①), 양손을 교대로 허리라인까지 쓸어준다(②, ③). (3회)

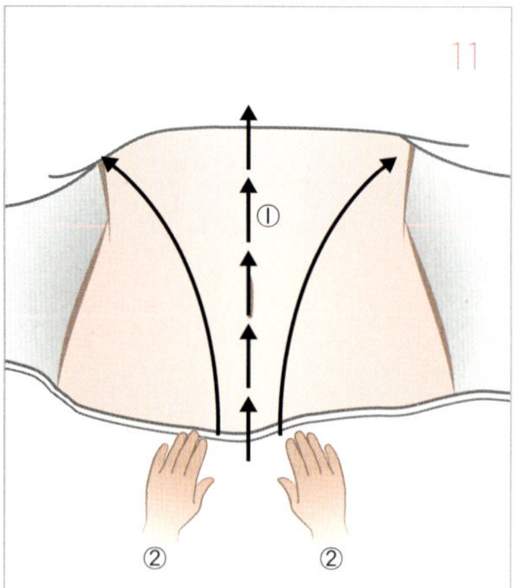

11. 전체 쓸어주기

배꼽 아래 중앙 부위를 양손을 이용하여 배꼽 위 부위까지 교대로 아래에서 위로 쓸어준 후(①), 양손을 이용하여 가볍게 쓸어준다(②). (3회)

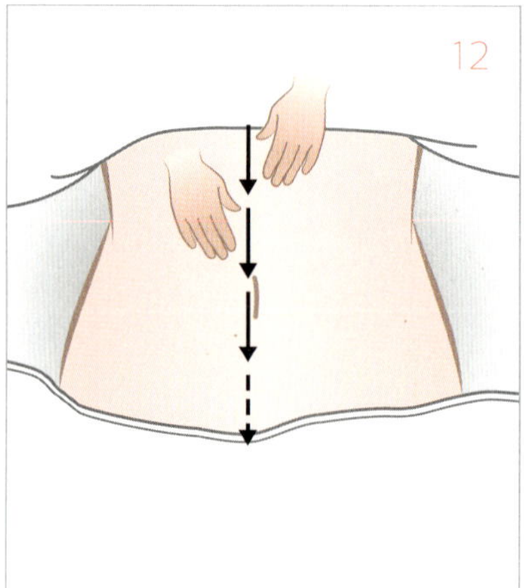

12. 윗배꼽 쓸어주기

배꼽 위 중앙 부위를 양 손바닥을 이용하여 위에서 아래로 교대로 쓸어준다. (3회)

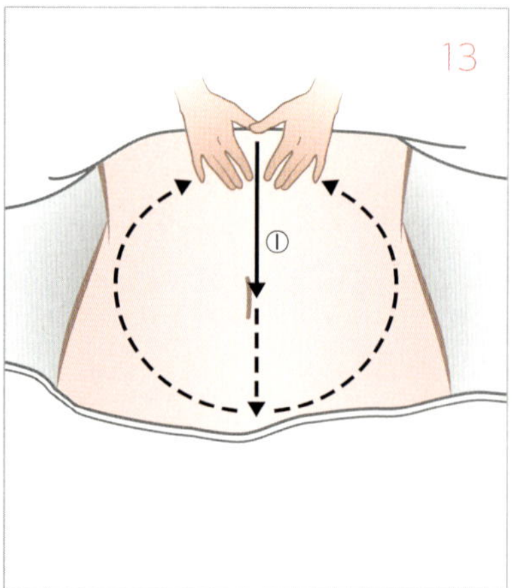

13. 윗배꼽 쓸어주기

배꼽 위 부위를 양 엄지를 겹쳐 위에서 아래로 가볍게 쓸어준다. (3회)

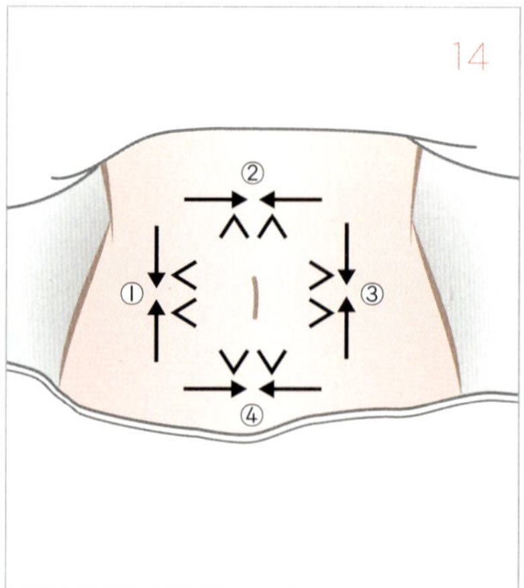

14. 배꼽 주위 집어주기

양 엄지로 배꼽을 고정하고, 배꼽 부위를 나머지 손을 이용하여 ① → ② → ③ → ④ 순으로 들어올리듯 집어준다.

복부 관리
14에서 15

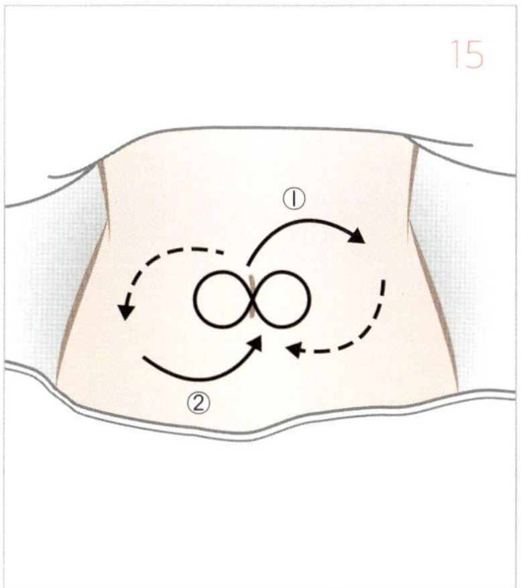

15. 배꼽 주위 문지르기
배꼽 부위를 양손을 겹쳐 문지르듯 8자를 그린다. (3회)
자리를 바꿔 동일하게 실시한다.

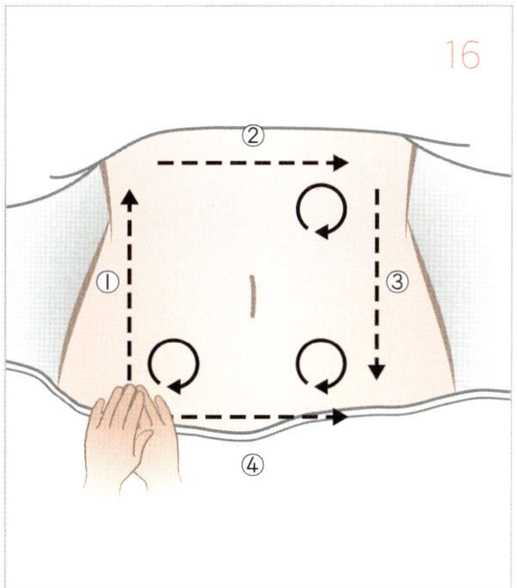

16. 전체 고정원 그리기
복부 전체를 양손을 겹쳐 위로 고정원 그린 후 ① → ② → ③ → ④ 순으로 고정원을 그린다.

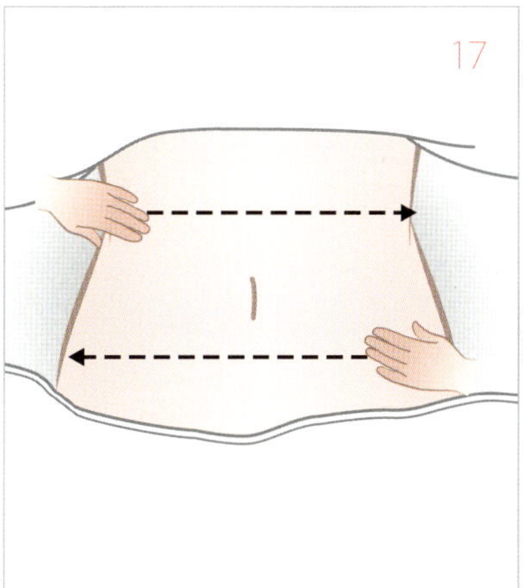

17. 허리 쓰다듬기
허리 전체를 양손을 이용하여 좌우로 교차하여 쓸어준다. (1회)

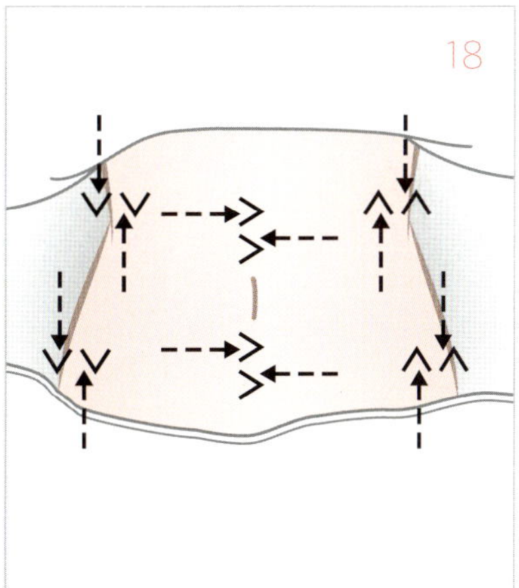

18. 전체 집어주기
복부 전체를 양손을 이용하여 좌우로 교차하여 집어준다.

복부 관리

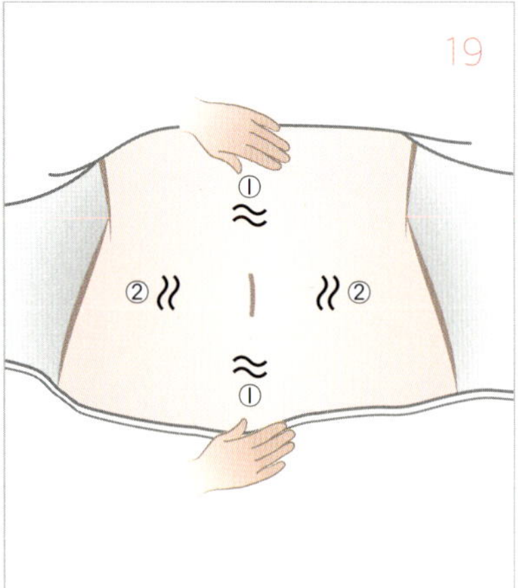

19. 전체 떨어주기
복부 전체를 양 손바닥을 이용하여 떨어(vibration) 준다(① → ②). (1회)

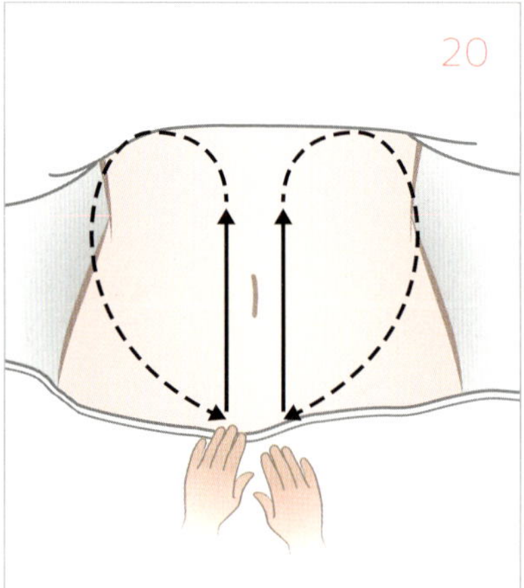

20. 전체 쓸어주기
복부 전체를 양손을 이용하여 가볍게 쓸어준다. (1회)

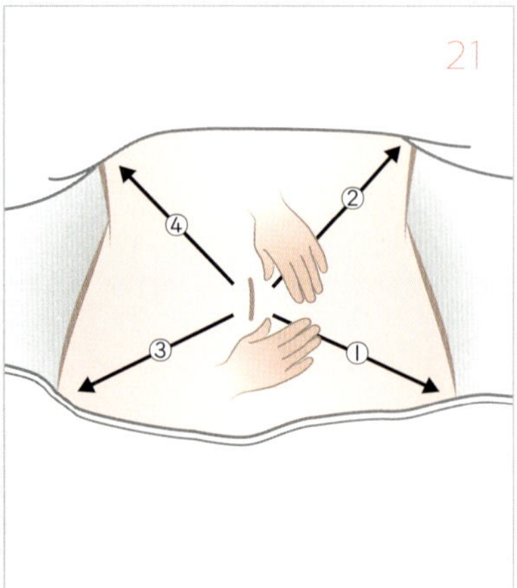

21. 전체 쓸어주기
복부 전체를 양 손바닥을 교대로 배꼽 중심에서 엉덩이뼈쪽으로 가볍게 쓸어준 후(①, ③) 늑골쪽으로 가볍게 쓸어준다(②, ④). (5회)

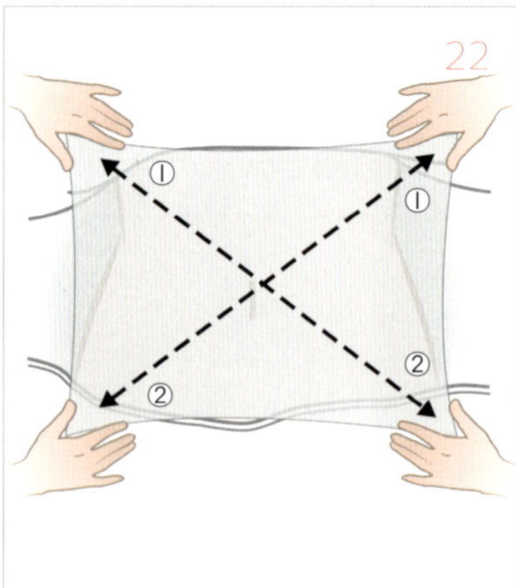

22. 온습포
복부 전체를 양손을 이용하여 늑골에서 엉덩이뼈까지 늘려준다. (① → ②)
배꼽에서 한 손을 온습포에 끼운 후, 반대 손으로 온습포를 잡고 복부 전체를 닦아준다.

4.
림프 실기

누르기
쓸어주기
고정원

림프드레나지(Lymphdrainage)의 기본기법

림프드레나지의 기본기법은 다음 4가지로 이루어져 있다.

❶ 제자리에서 원운동 하기(stationary circles)

동일한 위치에서 정지 상태의 원을 그리는 듯한 동작(Stationary circles, Stehende kreisegriffe)

❷ 퍼내는 동작(scoop technique)

손바닥을 위로 향하게 하고 손목 관절을 회전시키며 나선형으로 퍼 올리는 듯한 동작(Scoop technique, Schopfgriff)

❸ 펌프 하기(pump technique)

손바닥을 밑으로 하여 펌프질하듯이 퍼 올리는 동작(Pump technique, Pumpgriff)

❹ 회전동작 (Rotary technique)

손바닥 전체 또는 엄지손가락을 피부 위에 올려놓고 양손을 교대로 또는 동시에 나선형으로 밀어내는 동작(Rotary technique, Drehgriff)

경부테크닉

쓰다듬기를 제외한 모든 동작은 stationary circles 기법으로 하며 동일 지점에서 5회 반복하고, 각 부위마다 이러한 동작을 2회 실시한다.

얼굴 테크닉

쓰다듬기를 제외한 모든 동작은 stationary circles 기법으로 하며 동일 지점에서 5회 반복하고, 각 부위마다 이러한 동작을 2회 실시한다.

림프 관리

1. 쓰다듬기
쇄골을 따라서 양손 엄지 부위로 아래에서 위로 5회 쓸어준다. (1세트)

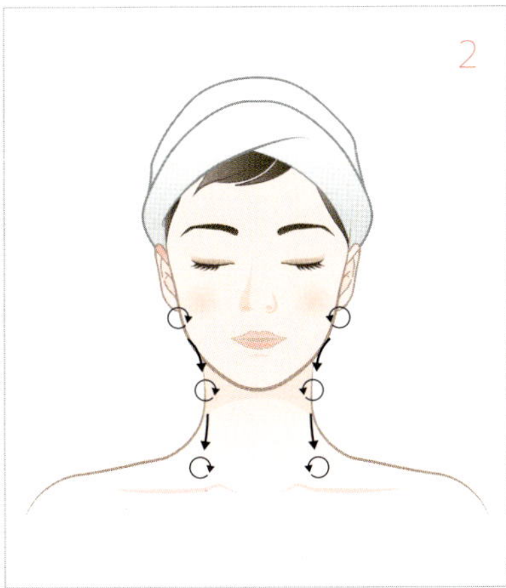

2. 목 림프절
Profundus에서 Middle을 지나 Terminus로 손가락을 이용하여 5회 고정원을 그린다. (2세트)

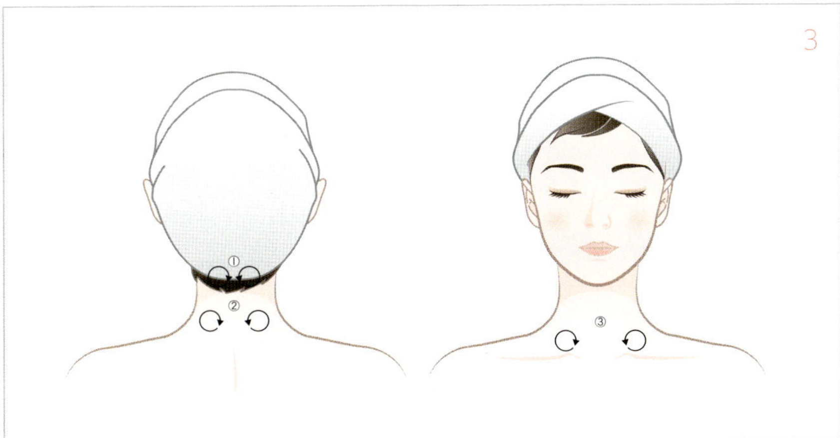

3. 후두부
뒷머리 중간 부위 아래에서 목 뒷덜미 중간을 지나 terminus까지(①~③) 양 손가락으로 5회 고정원을 그린다. (2세트)

림프 관리

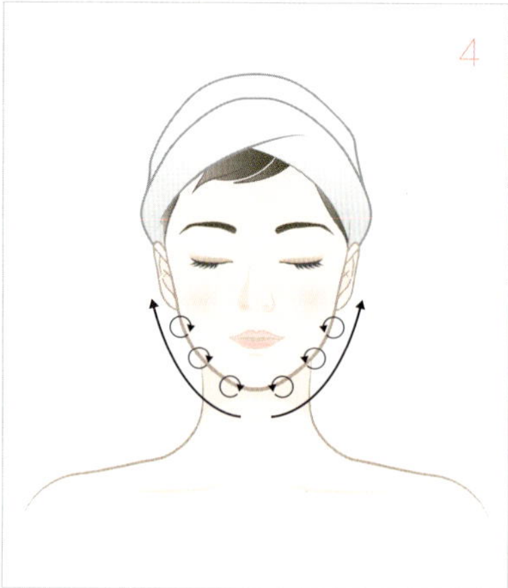

4-1. 하악
아래턱 중앙 부위에서 턱 중간을 지나 하악각까지 양 손가락을 이용해 5회 고정원을 그린다.

4-2. 하악
Profundus에서 Middle을 지나 Terminus로 양 손가락을 이용하여 5회 고정원을 그린다. (2세트)

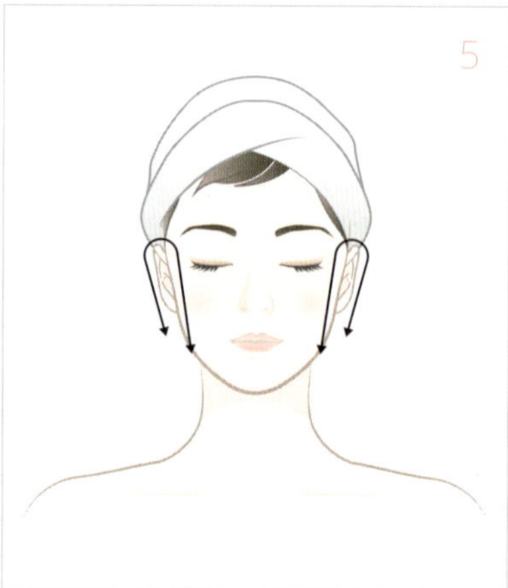

5-1. 이하 림프절
귀의 앞쪽에 양 검지손가락을 두고, 귀의 뒤쪽에 양 중지손가락을 두고 고정원을그린다.

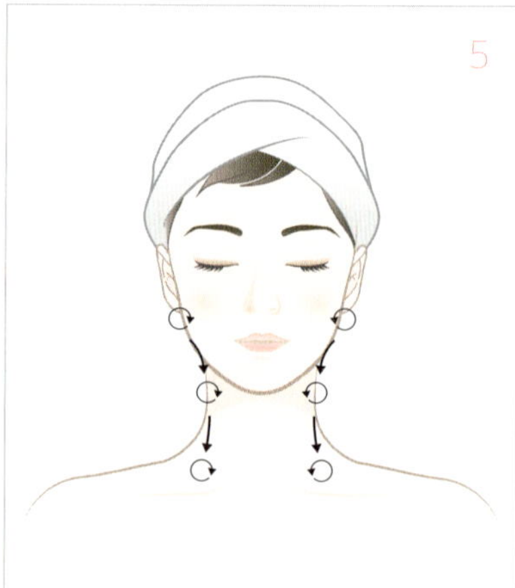

5-2. 이하 림프절
Profundus에서 Middle을 지나Terminus로 손가락을 이용하여 5회 고정원을 그린다. (2세트)

림프 관리

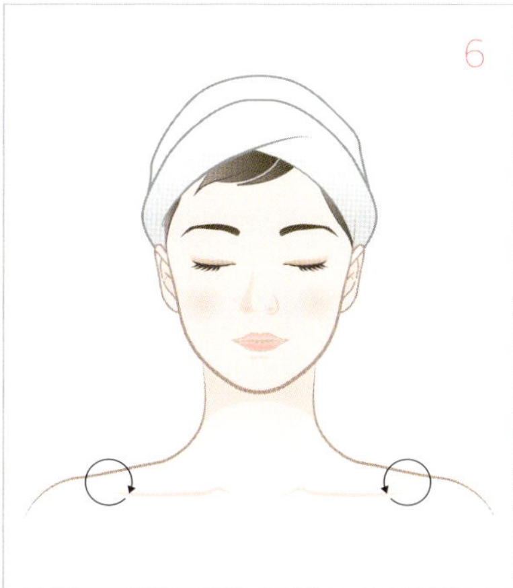

6-1. 어깨 & 승모근
어깨봉 부분을 양손으로 가볍게 감싸고 겨드랑이 방향으로 5회 고정원을 그린다. (2세트)

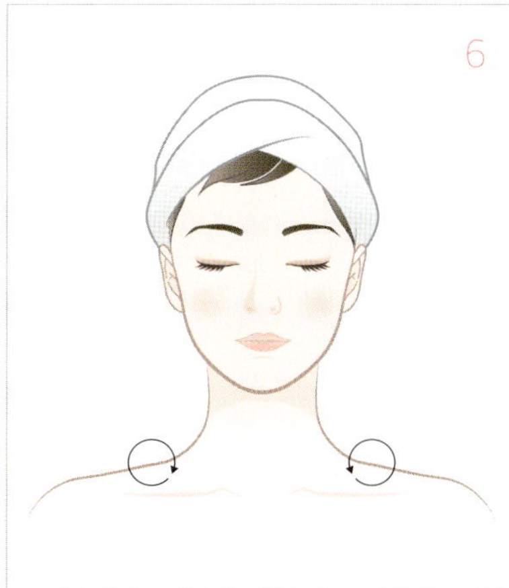

6-2. 어깨 & 승모근
승모근의 위에 양 손가락을 올려놓고 5회 고정원을 그린다. (2세트)

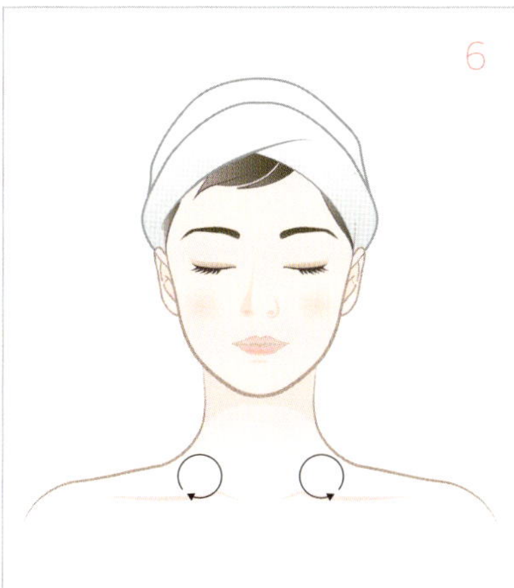

6-3. 어깨 & 승모근
Terminus에서 양 손가락을 이용해 5회 고정원을 그린다. (2세트)

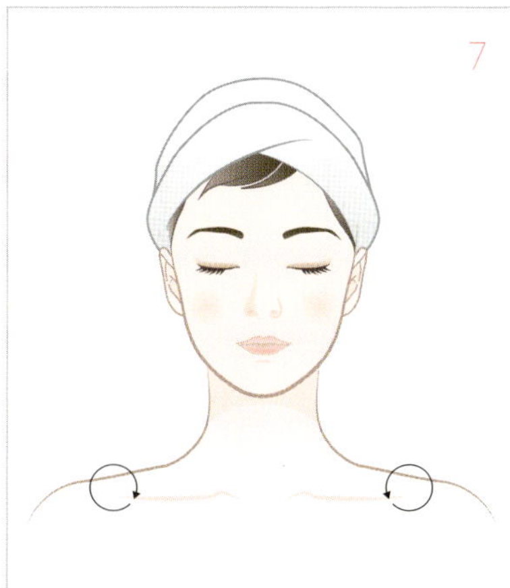

7-1. 어깨 견봉 & 쇄골
어깨앞봉 부분을 양 손바닥으로 가볍게 감싸 5회 고정원을 그린다. (2세트)

림프 관리

7-2. 어깨 견봉 & 쇄골
쇄골 위에서 양 손가락을 이용하여 5회 고정원을 그린다. (2세트)

7-3. 어깨 견봉 & 쇄골
Terminus에서 양 손가락을 이용하여 5회 고정원을 그린다. (2세트)

7-4. 어깨 견봉 & 쇄골
Profundus에서 Middle을 지나 Terminus로 손가락을 이용하여 5회 고정원을 그린다. (2세트)

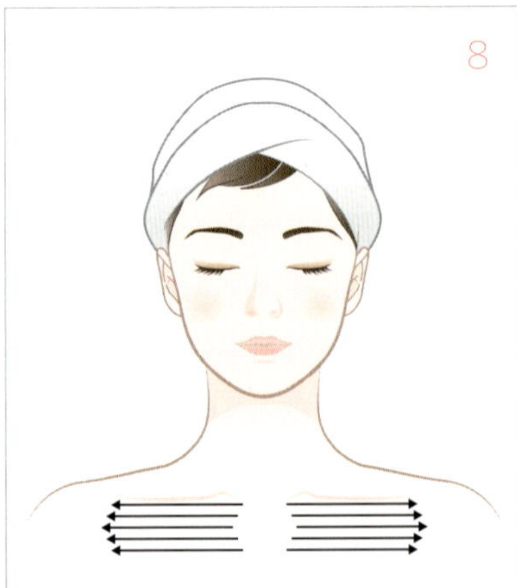

8. 쓰다듬기
쇄골을 따라서 양엄지 부위로 아래에서 위로 5회 쓸어준다. (1세트)

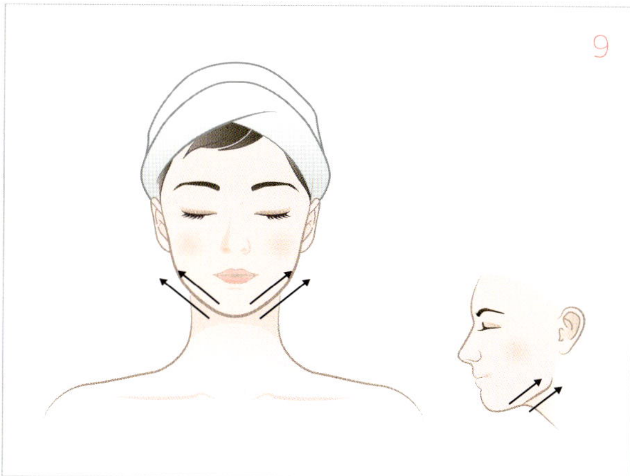

9

9. 쓰다듬기

턱 중앙 부위에서 Profundus까지 양 손가락을 이용하여 가볍게 쓸어준다. (2세트)

10

10. 쓰다듬기

윗입술 중앙 부위에서 양 손가락을 이용하여 측면까지 가볍게 쓸어준다.

림프 관리

11. 쓰다듬기
코 위에서 양 손가락을 이용하여 이용하여 Profundus까지 가볍게 쓸어 준다.

12. 쓰다듬기
미간에서 양 손가락을 이용하여 이마 부위를 거쳐 측면으로 쓸어준다.

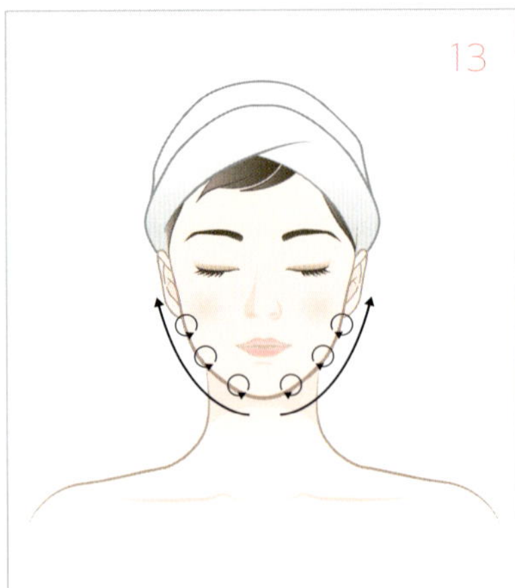

13. 입술 밑
입술 중앙 부위에서 턱 중간을 지나 하악각까지 손가락을 이용해 5회 고정원을 그린다. (2세트)

14. 입술 위

윗입술 중앙 부위에서 입가 위를 지나 하악각까지 손가락을 이용해 5회 고정원을 그린다. (2세트)

15. 목 림프절

Profundus에서 Middle을 지나Terminus로 손가락을 이용하여 5회 고정원을 그린다. (2세트)

16-1. 코

코 끝 중앙 부위에서 코 중간을 지나 콧방울까지 양 손가락을 이용하여 5회 고정원을 그린다. (2세트)

16-2. 코

콧등 중간 부위에서 코 옆 중간을 지나 코 옆까지 양 손가락을 이용하여 5회 고정원을 그린다. (2세트)

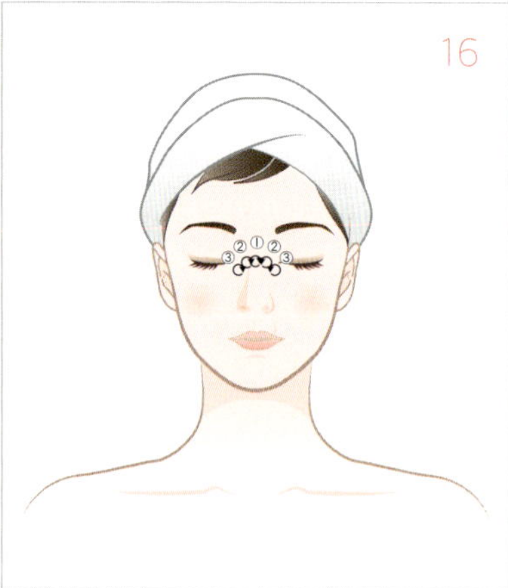

16-3. 코
코 뿌리에서 코 옆 중간을 지나 코 옆까지 양 손가락을 이용하여 5회 고정원을 그린다. (2세트)

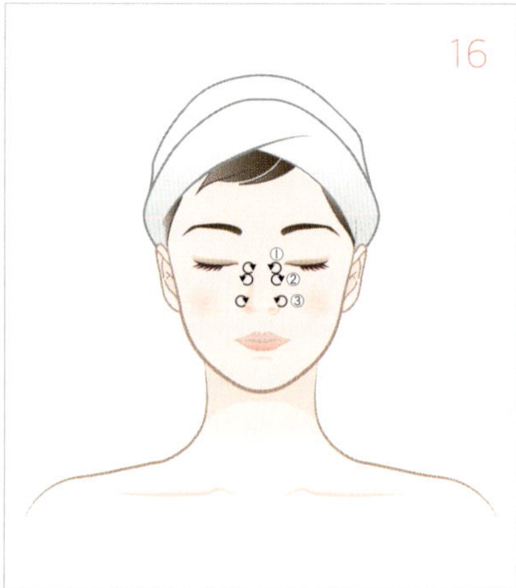

16-4. 코
코뿌리 측면에서 콧등 중간 부위를 지나 콧방울 옆 측면까지 양 손가락을 이용하여 5회 고정원을 그린다.

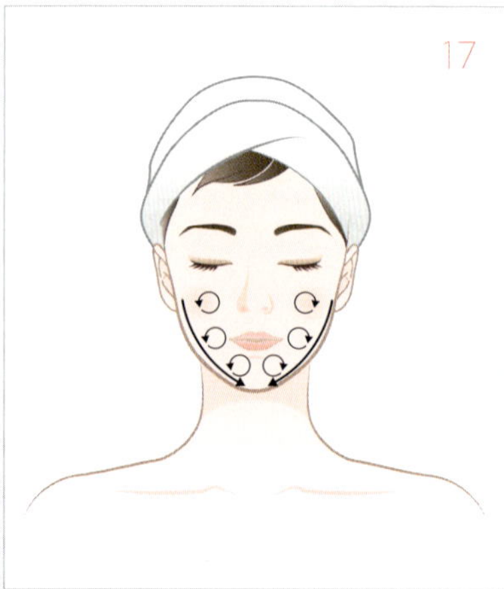

17-1. 긴 여행
양 볼에서 입꼬리를 지나 턱 중앙 부위까지 손가락을 이용하여 5회 고정원을 그린다. (2세트)

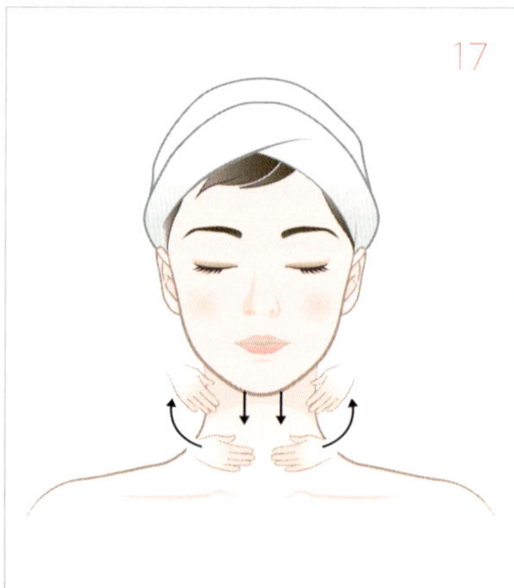

17-2. 긴 여행
턱 중앙 밑부분에서 Profundus까지 양 손가락을 이용하여 밀고 쓸어준다.

18. 목 림프절
Profundus에서 Middle을 지나 Terminus로 손가락을 이용하여 5회 고정원을 그린다.

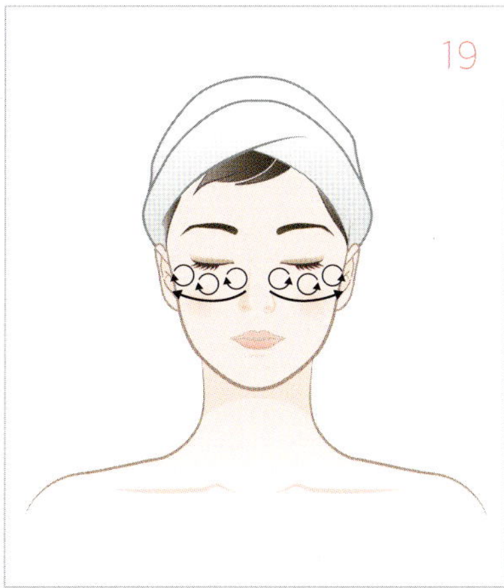

19-1. 눈
눈두덩 아래 부위를 검지손가락을 이용하여 나선형으로 3회 그린다. (2세트)

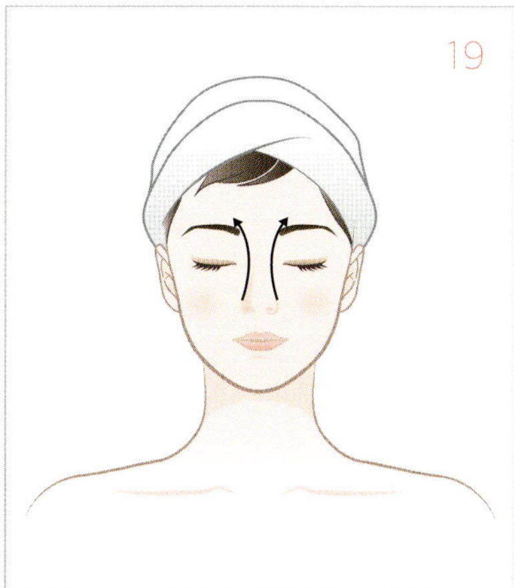

19-2. 눈
코뿌리에서 양 검지손가락을 이용하여 교대로 끌어당긴다. (2세트)

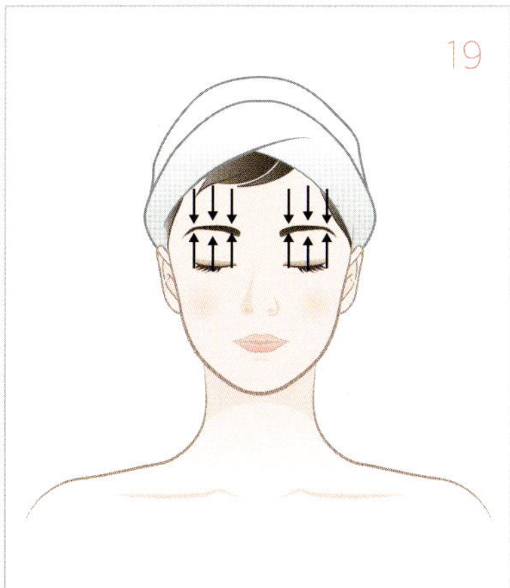

19-3. 눈
눈썹을 엄지와 검지손가락을 이용하여 가볍게 집어준다. (2세트)

림프 관리

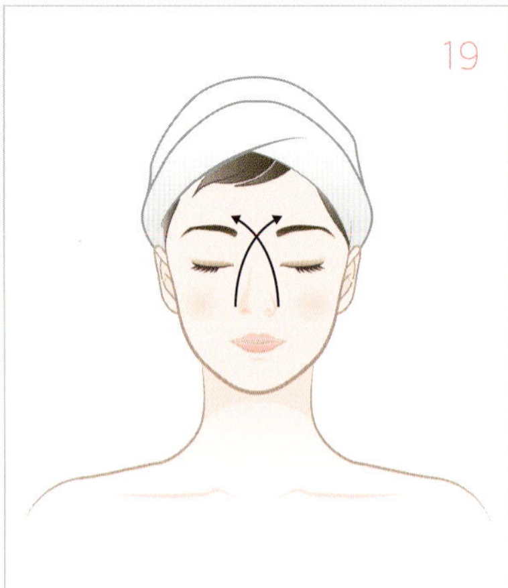

19-4. 눈
콧방울에서 엄지를 교차하여 이마 방향으로 양 엄지손가락으로 끌어당긴다. (2세트)

19-5. 눈
미간에 엄지를 가볍게 두고 손을 교차하듯이 안쪽에서 회전하면서 눈썹 위를 측면으로 가볍게 손등으로 누른다.

20. 눈썹

눈썹 앞머리 사이에서 눈썹 중간을 지나 눈썹 끝까지 검지를 이용하여 5회 고정원을 그린다. (2세트)

21. 이마

이마 중앙 부위에서 이마 중간을 지나 관자놀이까지 양손을 이용하여 5회 고정원을 그린다. (2세트)

22. 머리의 측면

Temporalis에서 Parotis를 지나 Angulus까지 양손을 이용하여 5회 고정원을 그린다.

23. 머리의 측면

Profundus에서 Middle을 지나 Terminus로 손가락을 이용하여 5회 고정원을 그린다. (2세트)

림프 관리

24. 쓰다듬기
미간에서 양 엄지를 이용하여 이마 부위를 거쳐
측면으로 쓸어준다. (2세트)

25. 쓰다듬기
눈 밑 아래에서 양 엄지 부위를 이용하여 양 볼을 감싸듯 Profundus까지
가볍게 쓸어준다. (2세트)

26. 쓰다듬기

얼굴 위에 양손을 가볍게 올려놓고 측면으로 가볍게 쓸어준다. (2세트)

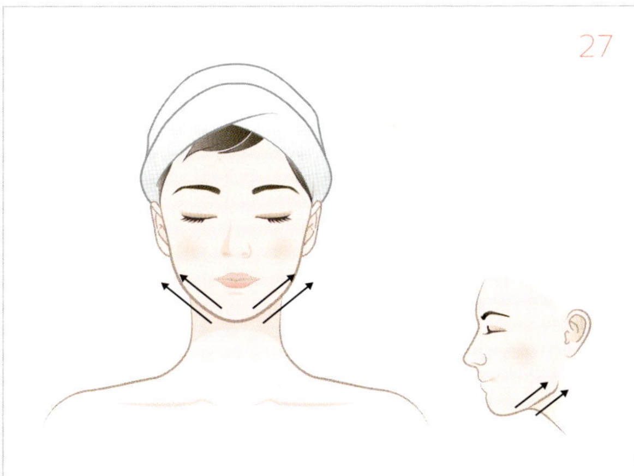

27. 쓰다듬기

턱 중앙 부위에서 Profundus까지 양 손가락을 이용하여 가볍게 쓸어준다. (2세트)

28. 마무리
귓불 뒤에서 손을 펴고 천천히 마무리를 한다.

5.
팩·마스크 실기

크림팩

크림팩

크림팩 바르는 방법

형별로 T-존 부위는 지성, U-존 부위는 건성, 목 부위는 정상피부인 복합성 피부

❶ 유리볼에 크림팩을 덜어낸다.
❷ 손을 소독한다.
❸ 눈 부위와 입술에 손가락을 이용하여 아이크림, 립 크림을 스파츌라에 덜어 바른다.
❹ 얼굴 중심 부위에서 바깥쪽 방향으로 볼, 턱을 바른 후, 코, 이마를 바른다. 마지막으로 쇄골 밑 3cm까지 바른다.
❺ 눈 부위는 진정용 화장수나 정제수를 적신 화장솜을 이용하여 아이패드를 한다.
❻ 팩 도포 후, 터번을 풀고 적정시간(10~15분) 동안 기다린다.

※ 특별히 눈 주위의 피부가 붓거나 건조한 경우에는 팩을 하는 동안 적절한 눈 전용 팩을 사용하며 입술이 건조한 경우에는 보습용 영양크림을 두텁게 바른다.

❼ 적정시간 후, 터번을 다시 매 주고 손 소독을 한다.
❽ 해면을 이용해 닦아낸 후 냉습포로 닦아낸다.
❾ 화장수로 피부 결을 정돈한 후 마무리 크림을 바른다.

석고 마스크

석고 마스크

석고 마스크 바르는 방법

❶ 모발에 마스크가 묻지 않게 티슈로 잘 감싸 터번 정리를 하고 손을 소독한다.
❷ 피부에 영양액 또는 세럼 등을 바른다.
❸ 눈 부위에 보호 크림을 두텁게 펴 바르고 입술에 립 크림을 펴 바른다.
❹ 석고 전용 베이스 크림을 유리볼에 덜어낸다.
❺ 눈과 입술을 제외한 나머지 얼굴 전체에 석고 전용 베이스 크림을 두텁게 빈틈 없이 바른다.
❻ 눈썹을 포함한 눈 부위에 진정용 화장수나 정제수를 적신 화장솜을 이용하여 패드를 한다. 입술은 오픈한다.
❼ 물에 적신 거즈를 얼굴에 밀착시킨다.
❽ 석고파우더를 고무볼에 담아 가루가 뭉치지 않도록 균일하게 만들어준 후, 약 22℃의 물이나 지정된 용액에 적절한 양을 섞은 후 한 방향으로 빠르게 저어준다.

※파우더가 너무 묽게 되면 바를 때 흐르게 되고, 되직하며 빨리 굳어져 바르기 어려우므로 적절한 농도로 섞도록 주의해야 한다.

❾ 석고 도포 시 스파츌라를 이용하여 가능한 한 빠른 동작으로 일정한 두께로 바른다.
❿ 마스크 도포 후, 터번을 풀고 적정시간(20~25분) 동안 기다린다.
⓫ 적정시간 후, 열이 완전히 식으면 양손으로 가볍게 흔들어 아래에서 위로 떼어낸다.
⓬ 해면를 이용해 피부에 남아있는 잔여물 또는 크림을 닦아낸 후 냉습포로 닦아낸다.
⓭ 화장수로 피부 결을 정돈한 후 마무리 크림을 바른다.

고무 마스크

고무 마스크

고무 마스크 바르는 방법

❶ 모발에 마스크가 묻지 않게 티슈로 잘 감싸 터번 정리를 하고 손을 소독한다.

❷ 피부에 영양액 또는 세럼 등을 바른다.

❸ 눈 부위와 입술에 손가락을 이용하여 아이크림, 립 크림을 스파출라에 덜어 펴 바른다.

❹ 반으로 접어 진정용 화장수나 정제수에 적신 화장솜을 이용하여 아이패드를 한다.

❺ 파우더를 고무볼에 덜어 놓고 정제수나 특수용액으로 너무 되거나 묽지 않게 점도를 조절하여 스파츌라로 혼합한다.

❻ 스파츌라를 이용하여 입술과 콧구멍을 제외한 얼굴 전체에 덮어 바른다.

❼ 마스크 도포 후, 터번을 풀고 적정시간(15~20분) 동안 기다린다.

❽ 적정시간 후, 터번을 다시 매 주고 손소독을 한다.

❾ 양손을 이용하여 아래에서 위로 한 장의 고무판으로 제거해 낸다.

❿ 해면을 이용해 피부에 남아있는 잔여물을 닦아낸 후 냉습포로 닦아낸다.

⓫ 화장수로 피부 결을 정돈한 후 마무리 크림을 바른다.

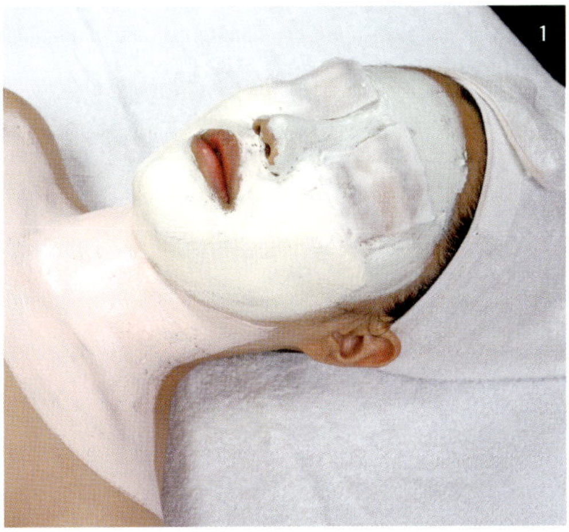

1. 크림팩(Cream pack)
2. 석고마스크(Exothermic mask)
3. 고무 마스크(Rubber mask)

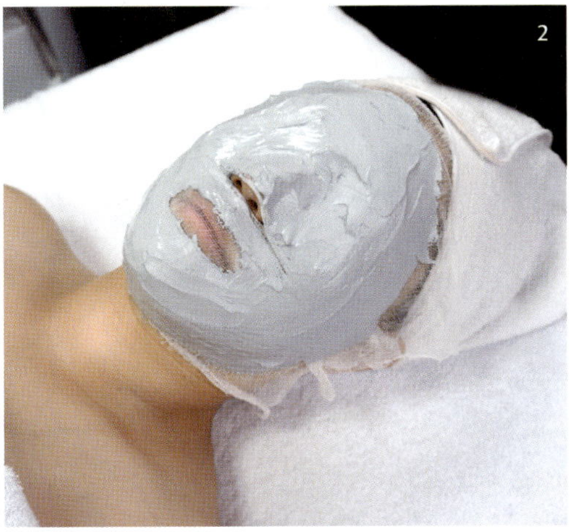

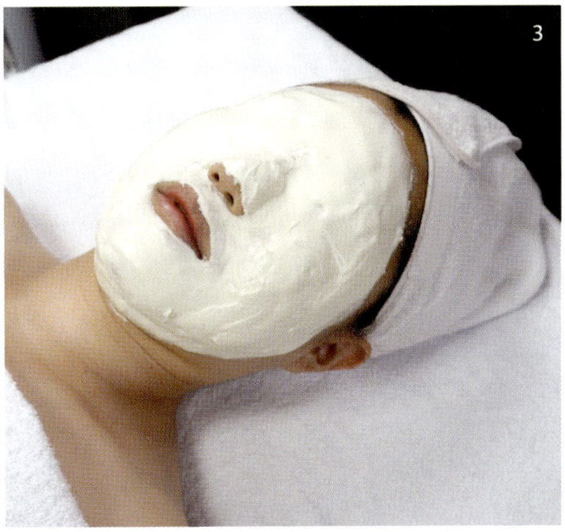

2장

매뉴얼테라피 살롱 실무

살롱 매뉴얼테라피(얼굴)
실기

- ═ 누르기
- → 쓸어주기
- ∞ 8자 그리기
- 고정원
- 손목회전
- ∨∨ 집기동작
- Ö 두드리기
- ≈ 떨어주기
- 문지르기
- 튕겨주기
- C C자 쓸어주는 동작

살롱 매뉴얼테라피(얼굴) I

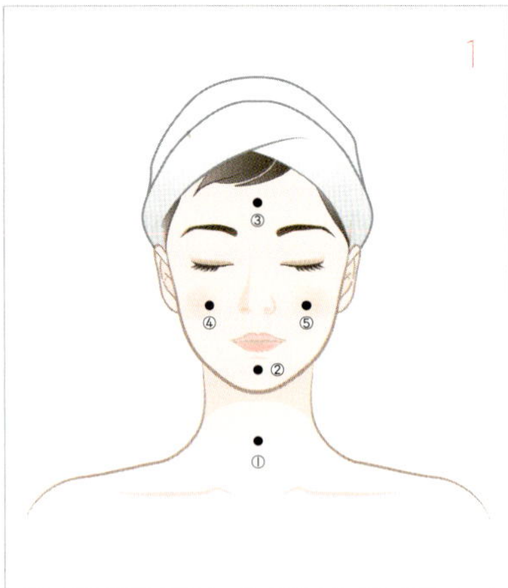

1. 도포
목 → 턱 → 볼 → 이마 순으로 크림 또는 오일을 부드럽게 도포한다.

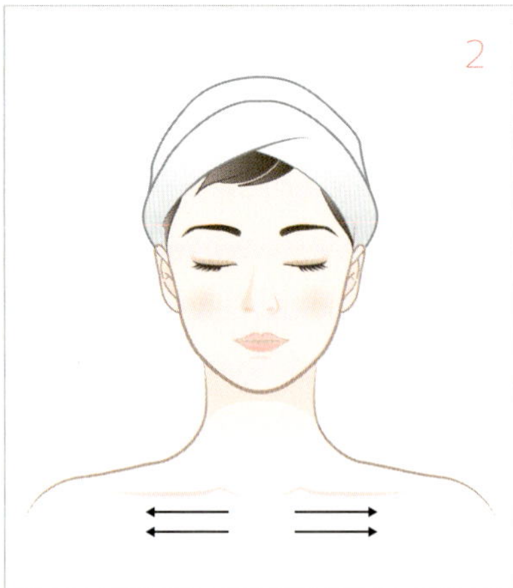

2. 윗가슴 부위를 양 손바닥으로 좌우 교대로 가볍게 쓸어준다. (4회)

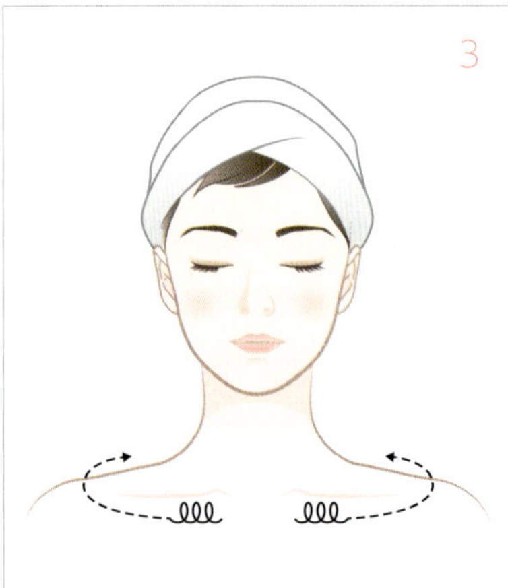

3. 윗가슴 부위를 양손을 이용하여 나선형으로 쓸어준다. (4회)

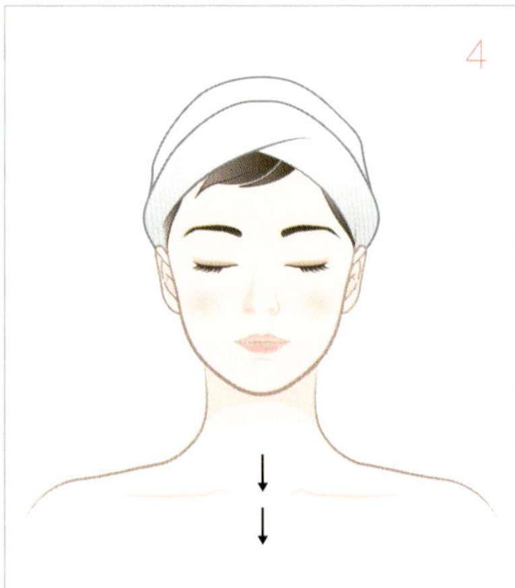

4. 가슴골을 양손으로 번갈아가며 쓸어 내린다. (4회)

살롱 매뉴얼테라피(얼굴) I
5에서 7

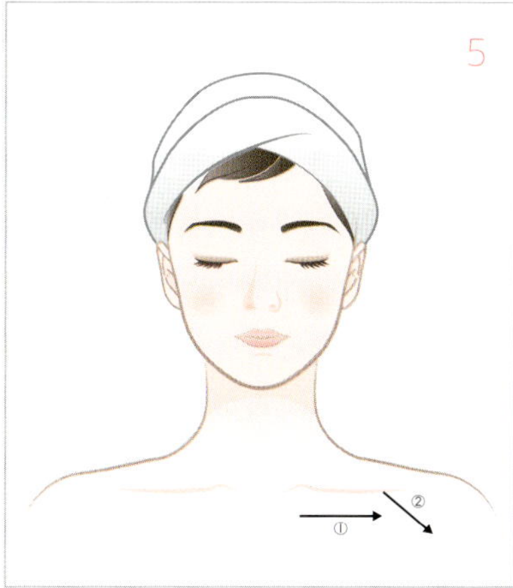

5. 윗가슴 부위를 한 손으로 쓸어주고(①) 다른 한 손으로 액과를 쓸어준다(②).(4회)
반대쪽도 동일하게 실시한다.

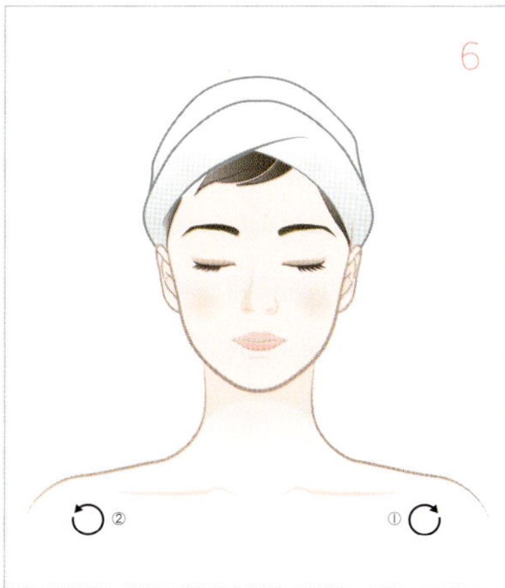

6. 윗가슴 끝 부위에서 양손을 겹쳐서 한 쪽씩 누르듯 손바닥으로 고정원을 그린다. (4회)
반대쪽도 동일하게 실시한다.

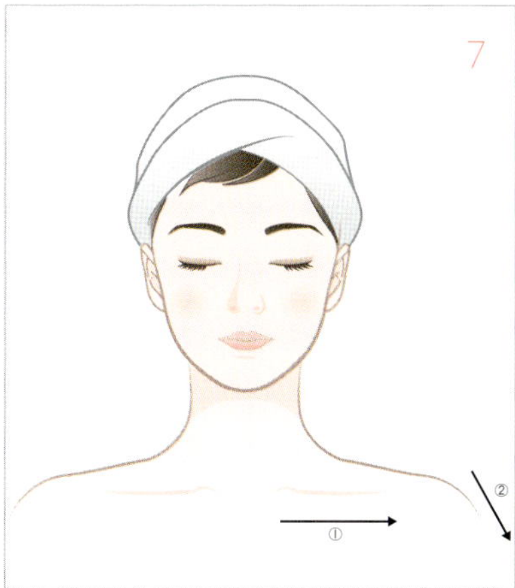

7. 윗가슴 부위를 양손을 교대로 쓸어주고(①), 팔을 쓸어준다(②). (3회)
반대쪽도 동일하게 실시한다.

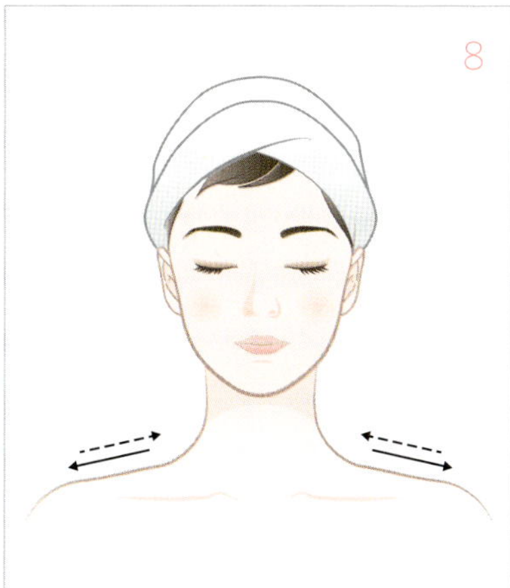

8. 어깨 부위를 양손을 가볍게 쥐고 쓸어준다. (4회)

살롱 매뉴얼테라피(얼굴) I

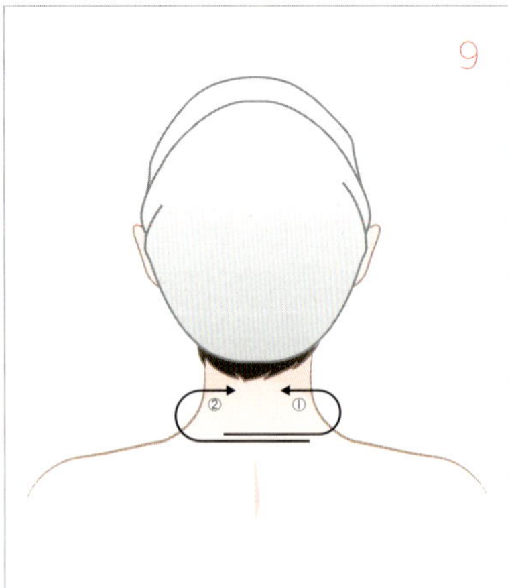

9. 뒷목을 양손을 이용하여 손가락으로 가볍게 누르듯 번갈아 쓸어준다. (4회)

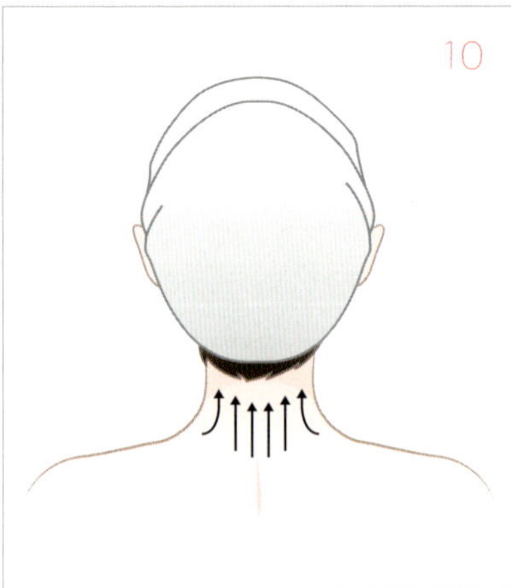

10. 뒷목을 양손으로 아래에서 위로 쓸어준다. (4회)

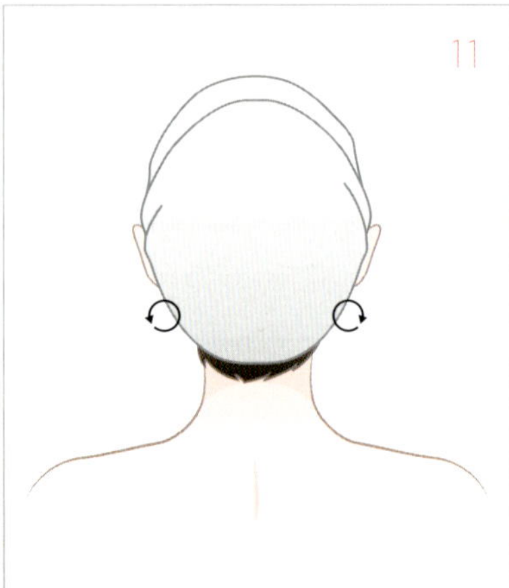

11-1. 귓불 뒤에서 양손을 가볍게 쥐고 고정원을 그린다. (6회)

11-2. 목빗근에서 양손을 가볍게 쥐고 위에서 아래로 나선형을 그린다. (1회)

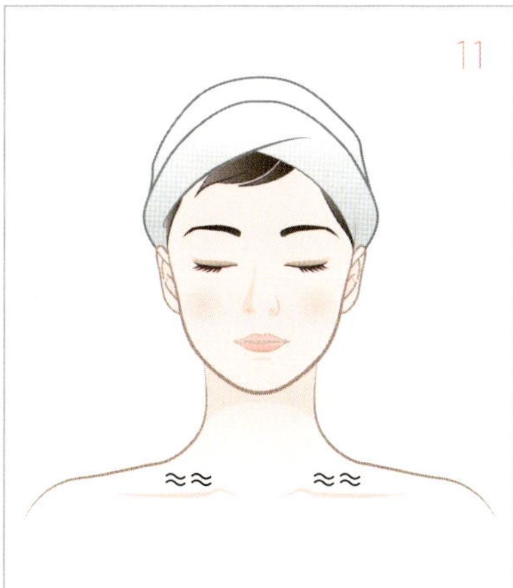

11-3. 쇄골 위 부위를 양 손가락을 이용하여 가볍게 흔들어준다.

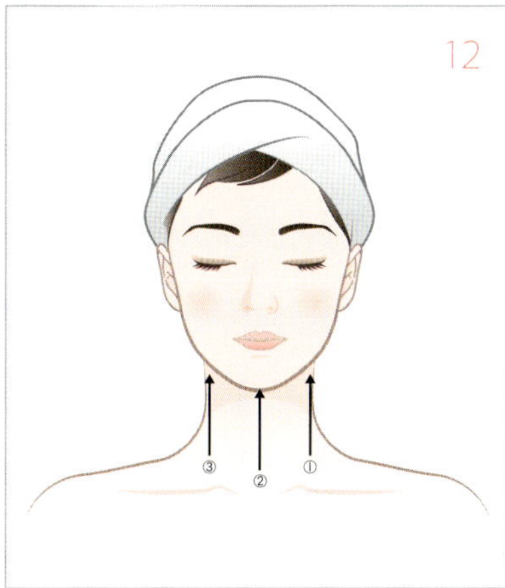

12. 목 부위를 한 손씩 아래에서 위로 ① → ② → ③ 순서로 귓불까지 쓸어준다. (왕복 1회)

13. 목 부위를 양 손가락을 이용하여 아래에서 위로 전체 떨어(vibration)준다.

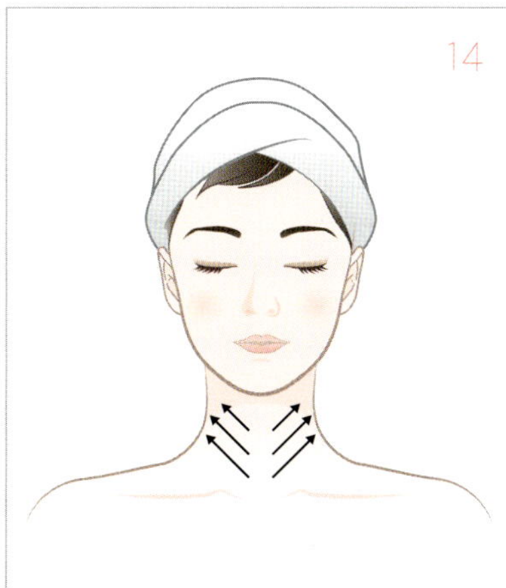

14. 목 부위를 양손을 이용하여 전체 쓸어준다. (3회)

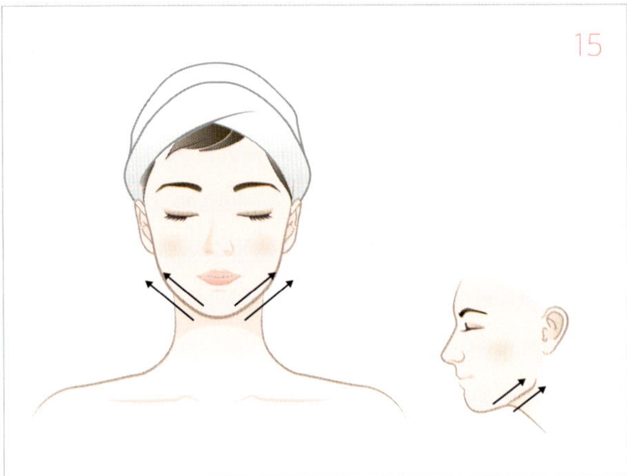

15. 턱 중앙에서 턱 끝까지 양손으로 쓸어 준다. (1회)

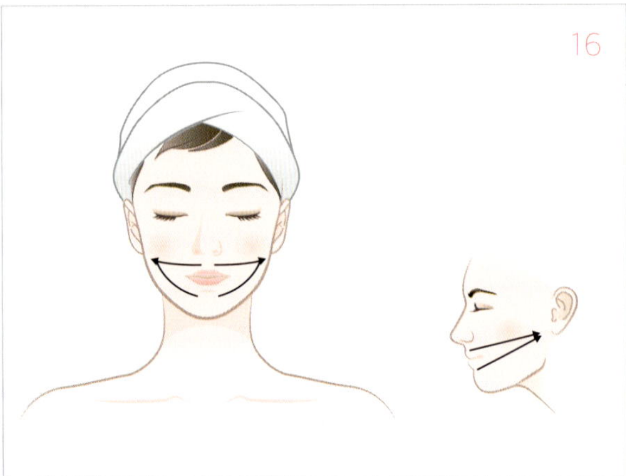

16. 입술 중앙 부위에서 귓불까지 양손으로 쓸어준다.

살롱 매뉴얼테라피(얼굴) I
19에서 20

17. 눈 밑에서 양 엄지를 이용하여 눈 옆 측면으로 쓸어준다. (1회)

18. 이마에서 귓불까지 양손으로 쓸어준다. (1회)

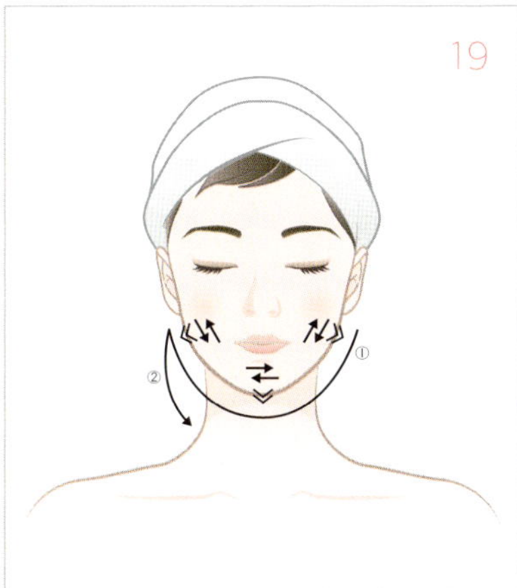

19. 턱 밑 중앙 부위에서 양 엄지를 이용하여 좌우 귓불까지 교차하며 문지른다. (왕복 1회)

20. 턱 중앙 부위에서 양손을 이용하여 턱선을 따라 좌우로 쓸어준다. (3회)

살롱 매뉴얼테라피(얼굴) I

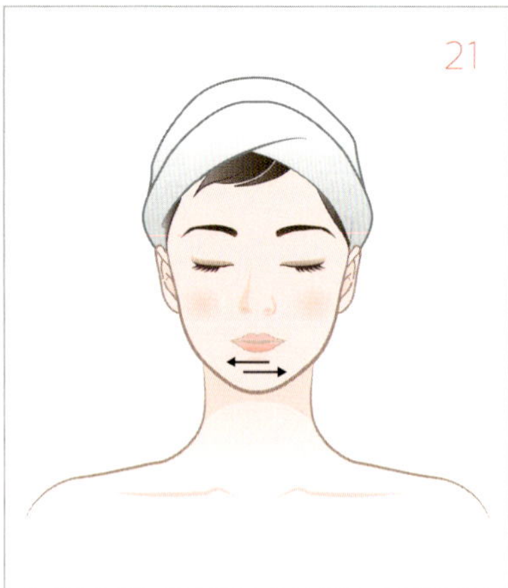

21. 입술 밑 중앙 부위를 양 엄지를 이용하여 좌우로 쓸어준다. (3회)

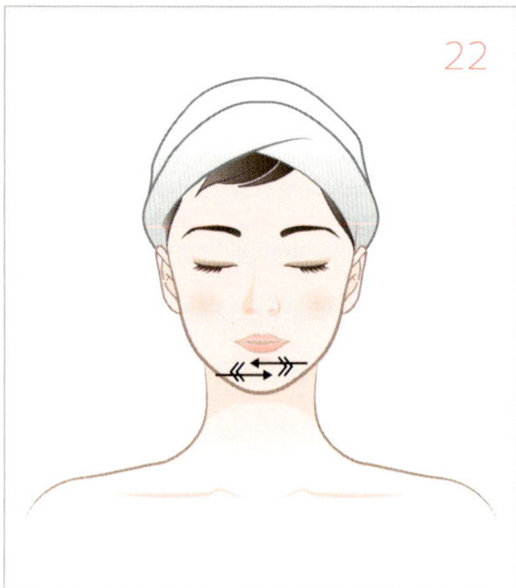

22. 입술 밑 중앙 부위를 양 엄지를 이용하여 좌우 교대로 문지른다. (3회)

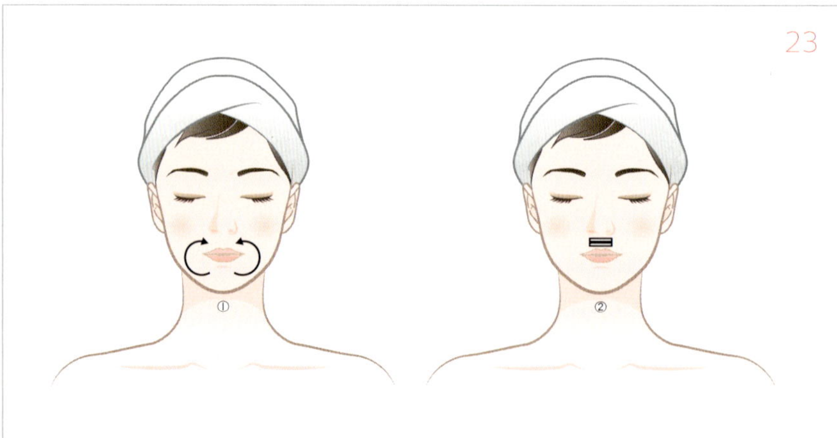

23. 입술 밑 중앙 부위를 양 엄지를 이용하여 윗 입술 중앙 부위까지 쓸어준 후(①), 윗 입술 중앙 부위를 가볍게 누른다(②). (3회)

살롱 매뉴얼테라피(얼굴) I
25-1에서 25-3

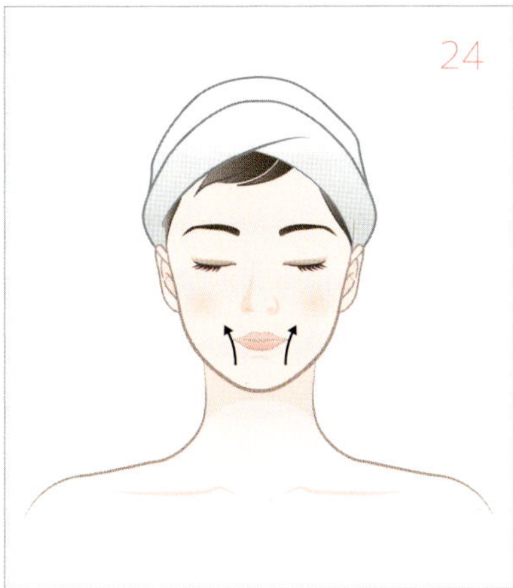

24. 입술 부위를 엄지를 이용하여 가볍게 튕기듯 쓸어준다. (3회)

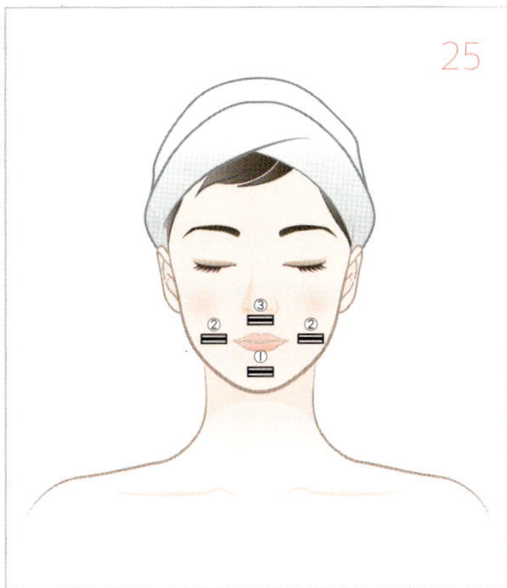

25-1. 입술 밑 중앙 부위를 양 엄지로 겹쳐서 누르고(①) 검지로 입술 양 옆을 누른 후(②), 윗 입술 중앙 부위를 양 엄지로 겹쳐 누른다(③). (1회)

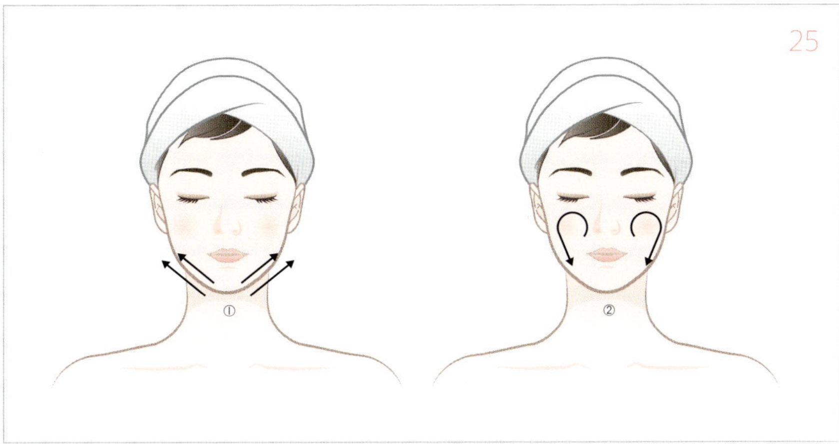

25-2. 입술 중앙에서 양손을 이용하여 턱선을 쓸어준다(①). 볼까지 양손을 가볍게 쥐고 끌어올린 후 손등이 위를 본 상태에서 손목을 회전한다(②). (3회)

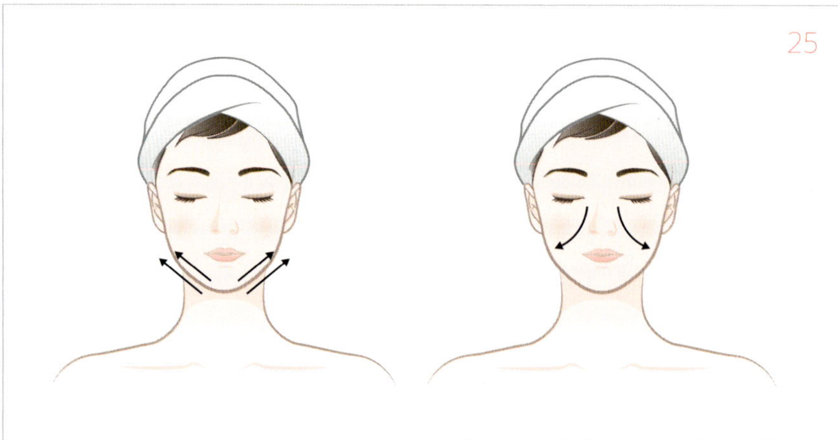

25-3. 입술 중앙에서 양손을 이용하여 턱선을 쓸어 올린 후 양 손바닥을 이용하여 볼을 감싸주듯 쓸어준다. (1회)

26-1. 턱 라인을 한 손씩 이용하여 감싸듯 좌우로 떨어(vibration)준다.

26-2. 한 쪽 볼을 한 손씩 교대로 감싸듯 떨어(vibration) 준다.
반대쪽도 동일하게 실시한다.

26-3. 양 볼을 한 손씩 이용하여 감싸듯 떨어(vibration)준다.

27. 볼을 양 손가락을 이용하여 한 손씩 교대로 가볍게 집어준다.
반대쪽도 동일하게 실시한다.

28. 볼 전면을 양손을 이용하여 고정원을 그린다. (4회)

살롱 매뉴얼테라피(얼굴) Ⅰ

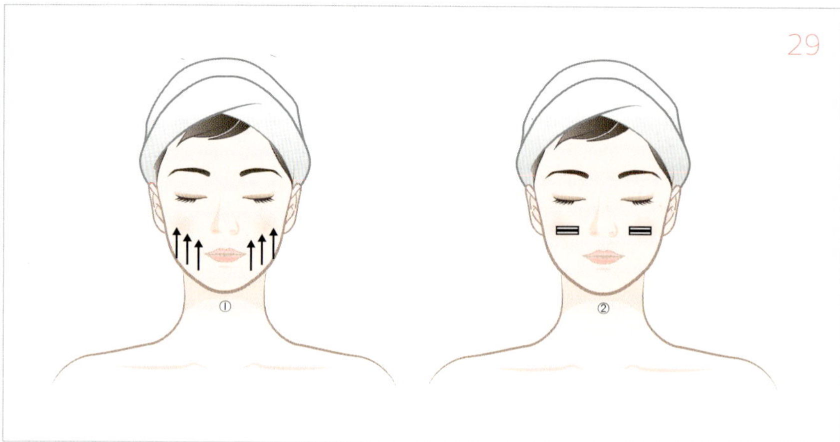

29. 광대뼈까지 양 엄지를 겹쳐 쓸어 올린 후(①), 볼 라인에 걸치듯 광대뼈를 누른다(②). (3회)

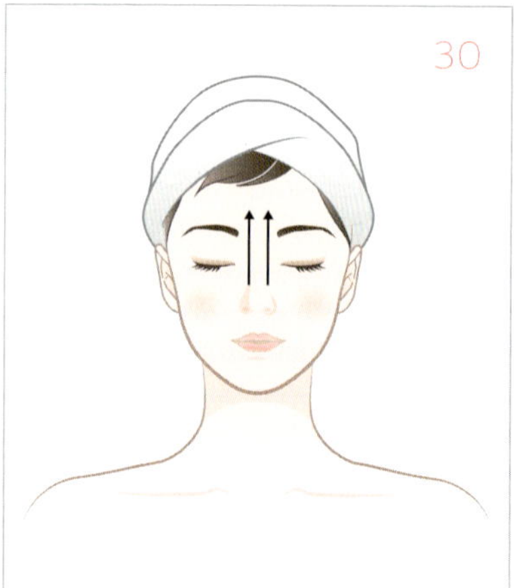

30. 코 벽을 소지 측면을 이용하여 쓸어준다. (3회)

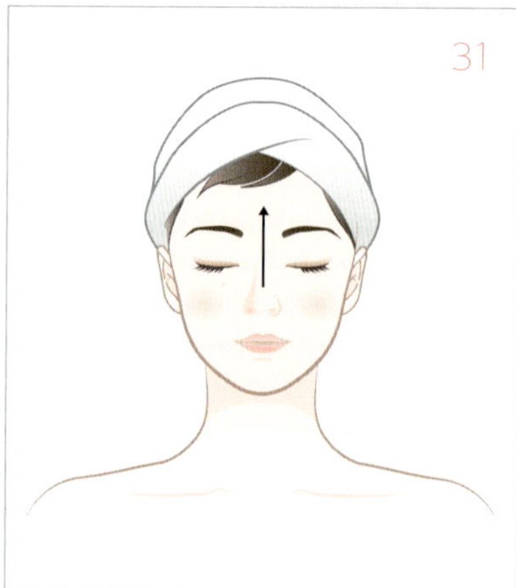

31. 손을 겹쳐 콧등에서 이마까지 쓸어준다. (3회)

32. 눈머리에서 양손을 이용하여 눈꼬리를 지나 눈썹머리 위 부위를 원 그린다. (3회)

33. 눈 주위를 양손을 이용하여 가볍게 쓸어준다. (3회)

34. 눈꼬리 위 부위에서 양 손가락을 이용해 가볍게 위아래로 밀듯 튕겨준다. (3회)
반대쪽도 동일하게 실시한다.

35. 눈꼬리 아래 부위에서 양 손가락을 이용해 가볍게 위아래로 밀듯 튕겨준다. (2회)

살롱 매뉴얼테라피(얼굴) I

36. 눈썹을 양 엄지와 중지를 이용해서 눈꼬리까지 교대로 집어준다. (1회)
반대쪽도 동일하게 실시한다.

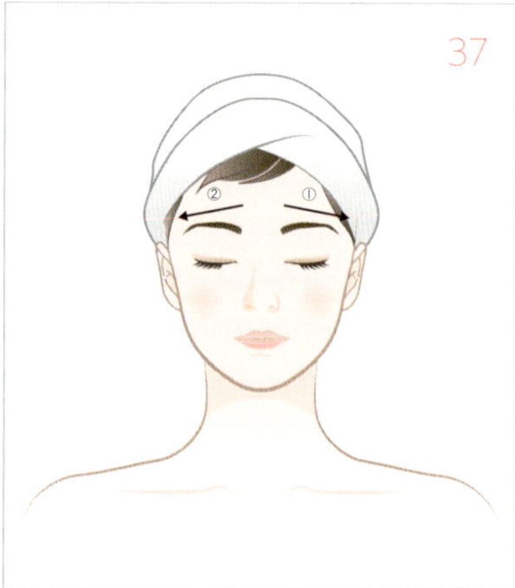

37. 눈썹을 양 손가락을 교대로 눈꼬리까지 쓸어준다.
반대쪽도 동일하게 실시한다.

38. 미간을 양 손가락을 교대로 이용하여 끌어당기듯 쓸어준다. (3회)

39. 두 눈썹 끝 부위에서 양 손바닥을 교대로 가볍게 쓸어준다. (4회)

살롱 매뉴얼테라피(얼굴) I
40에서 43

40. 이마 중앙 부위에서 양 손바닥을 교대로 아래에서 위로 이마 전체를 쓸어준 후(①), 양 손가락을 이용하여 교대로 떨어(vibration)준다(②).

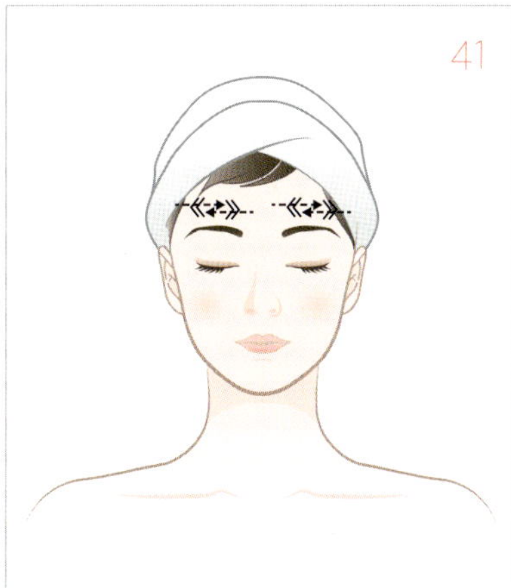

41. 이마 중앙 부위에서 양손을 이용하여 좌우로 밀듯이 이마 전체를 문지른다. (왕복 1회)

42. 이마를 양 손바닥을 교대로 사용해 좌우로 가볍게 쓸어준다.(3회)

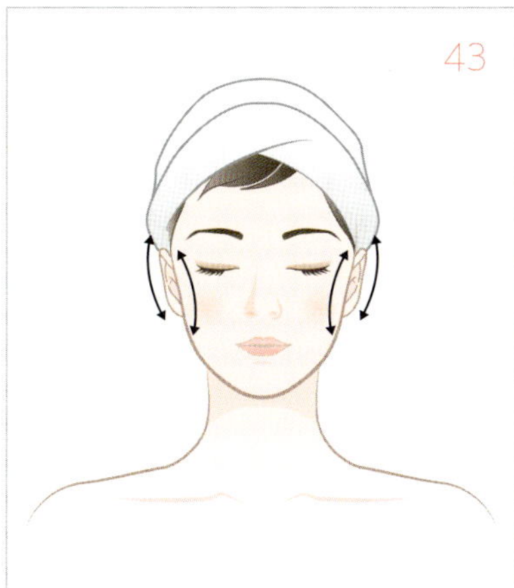

43. 귀의 앞쪽에 두 검지를 놓고, 귀의 뒤쪽에 두 중지를 둔 후 위아래로 쓸어준다.(3회)

살롱 매뉴얼테라피(얼굴) I

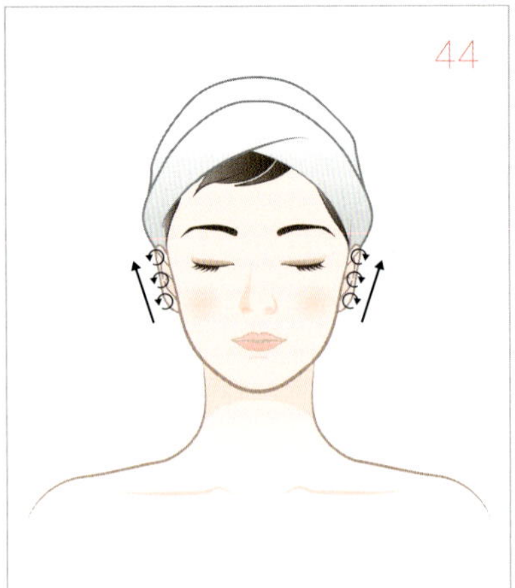

44. 귓바퀴 앞쪽에 양 엄지손가락을 놓고, 귀의 뒤쪽에 두 검지손가락을 두고 아래에서 위로 고정원을 그린다. (3회)

45. 양손을 이용하여 이마에서 귓불까지 쓸어준다. (1회)

46. 눈 밑에서 엄지를 이용하여 눈 옆 측면을 양손으로 쓸어준다. (1회)

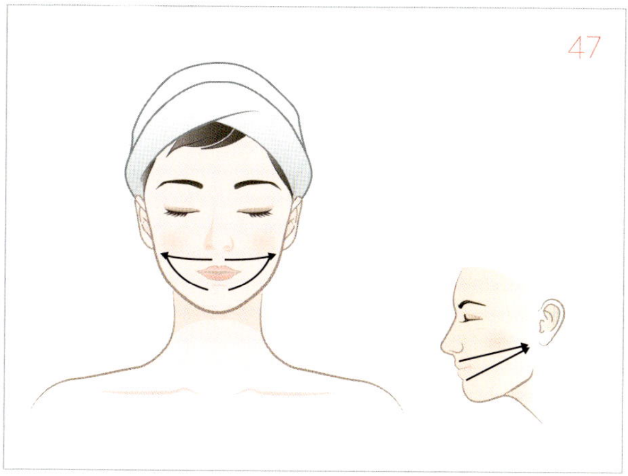

47. 입술 중앙 부위에서 귓불까지 양손으로 쓸어준다.

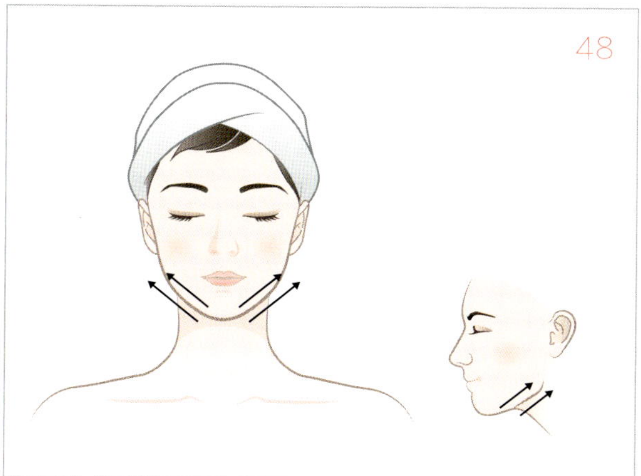

48. 턱 중앙에서 턱 끝까지 양손으로 쓸어 준다. (1회)

살롱 매뉴얼테라피(얼굴) Ⅱ

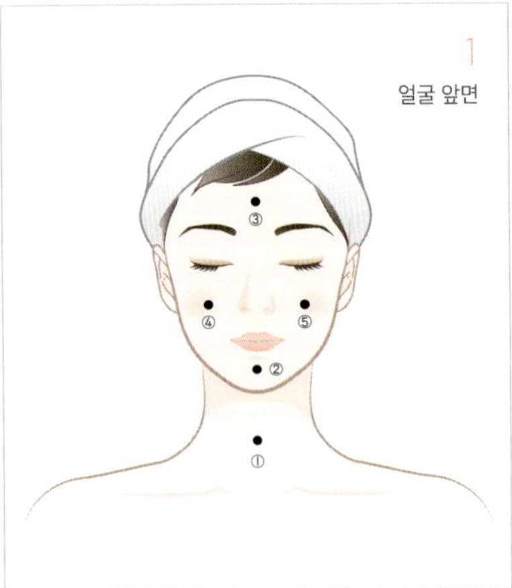

1. 도포
목 → 턱 → 볼 → 이마 순으로 크림 또는 오일을 부드럽게 도포한다.

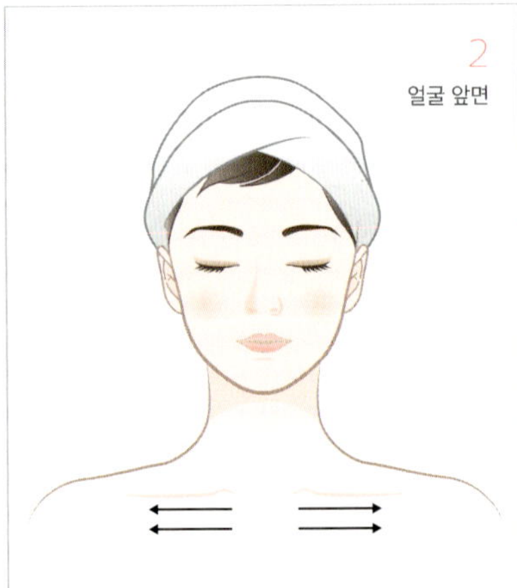

2. 윗가슴 부위를 양 손바닥으로 좌우 교대로 가볍게 쓸어준다. (4회)

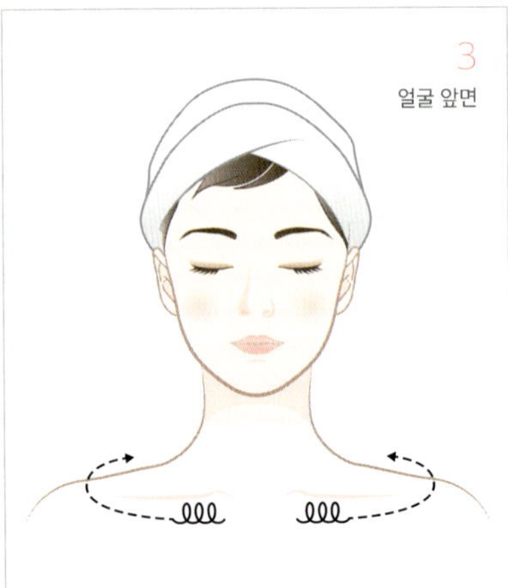

3. 윗가슴 부위를 양손을 이용하여 나선형으로 쓸어준다. (4회)

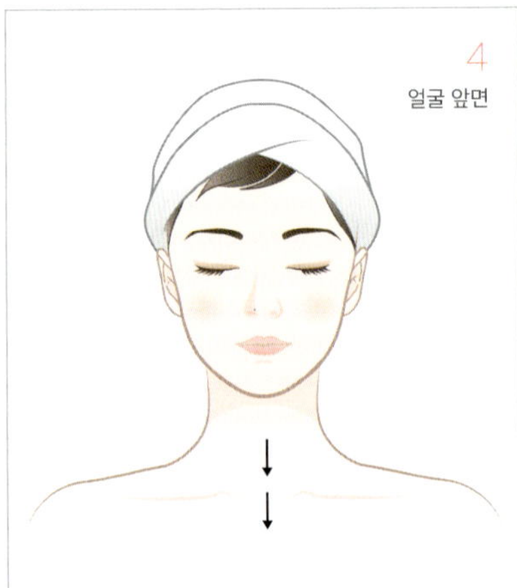

4. 가슴골을 양손으로 번갈아가며 쓸어 내린다. (4회)

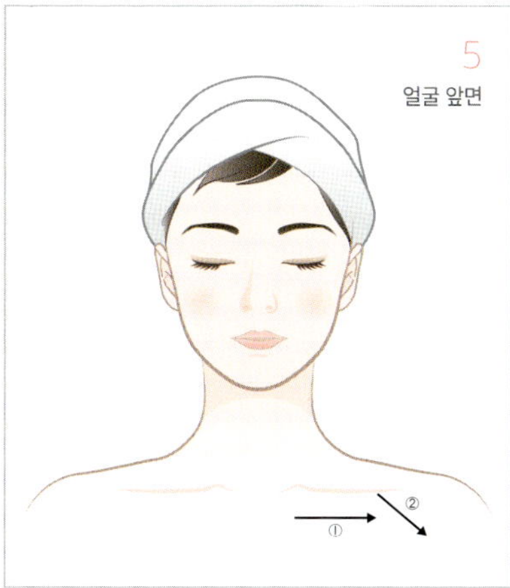

5. 윗가슴 부위를 한 손으로 쓸어주고(4회), 반대쪽도 동일하게 실시한다.

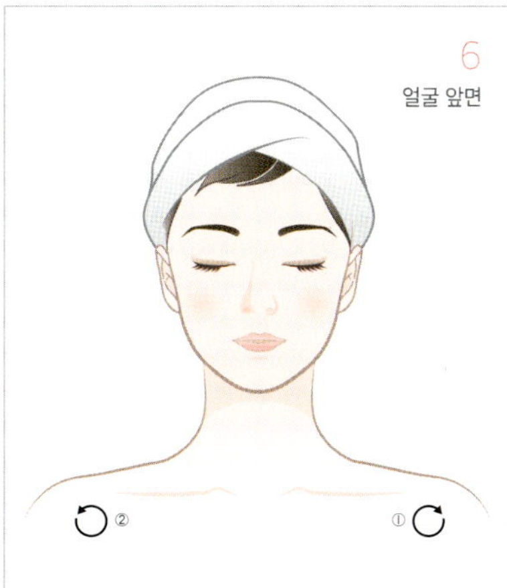

6. 윗가슴 끝 부위를 양손을 겹쳐서 한쪽씩 누르듯 손바닥으로 고정원을 그린다. (4회)

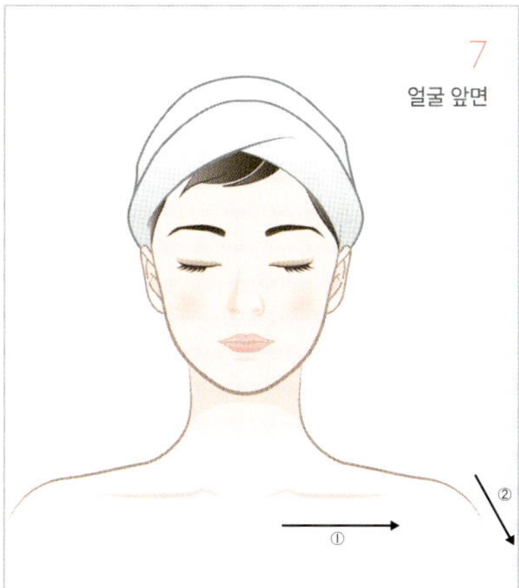

7. 윗가슴 부위를 양손을 교대로 사용해 쓸어주고(①), 팔을 쓸어준다(②). (4회)
반대쪽도 동일하게 실시한다.

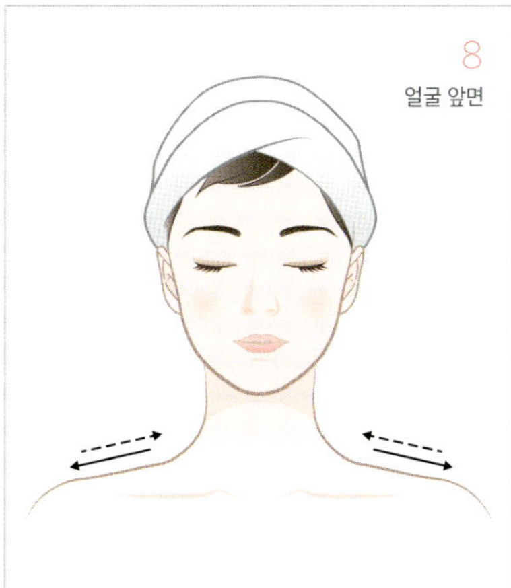

8. 어깨 부위를 양손을 가볍게 쥐고 쓸어준다. (4회)

살롱 매뉴얼테라피(얼굴) Ⅱ

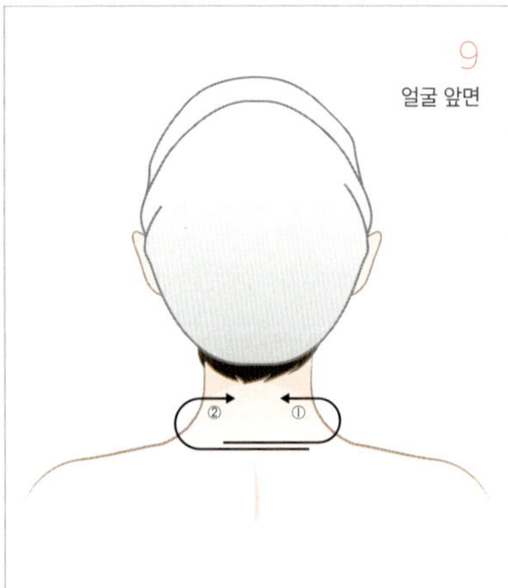

9. 뒷목을 양손을 이용하여 손가락으로 가볍게 누르듯 번갈아 쓸어준다. (4회)

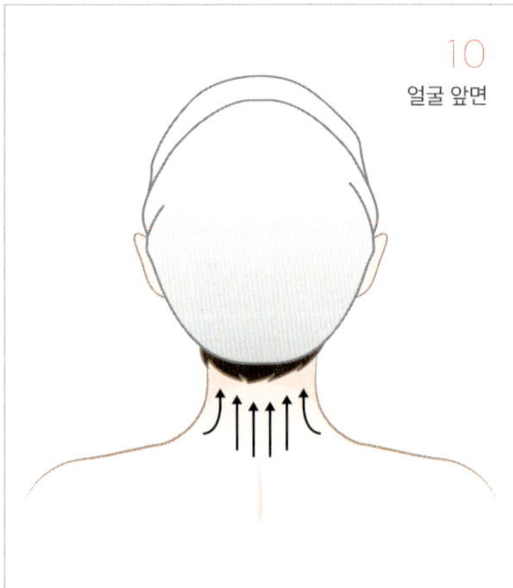

10. 뒷목을 양손으로 아래에서 위로 쓸어준다. (4회)

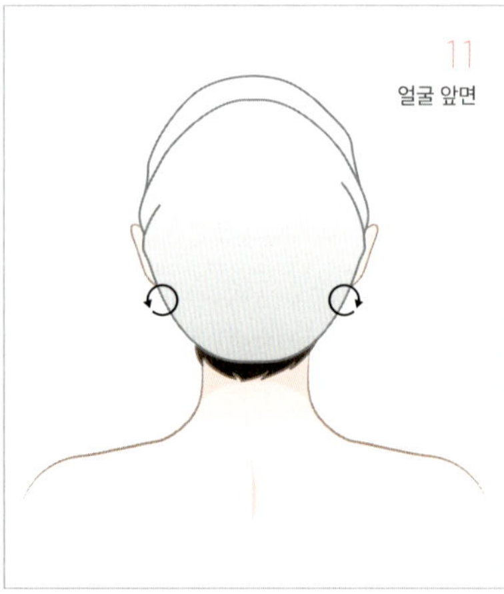

11. 귓불 뒤에서 양손을 가볍게 쥐고 고정원을 그린다. (6회)

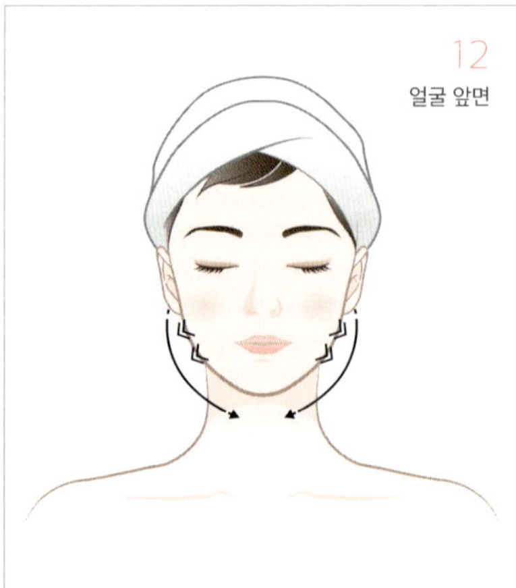

12. 귓불 밑에서 양 엄지의 옆면을 이용하여 귀 밑 중앙 부위까지 문지른다. (6회)

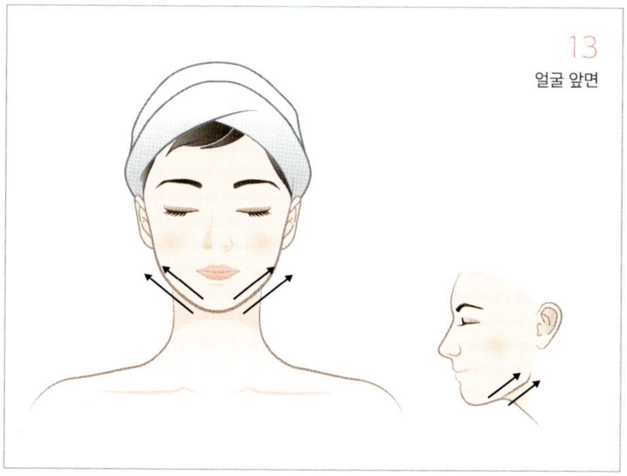

13. 턱 중앙에서 턱 끝까지 양손으로 쓸어 준다. (1회)

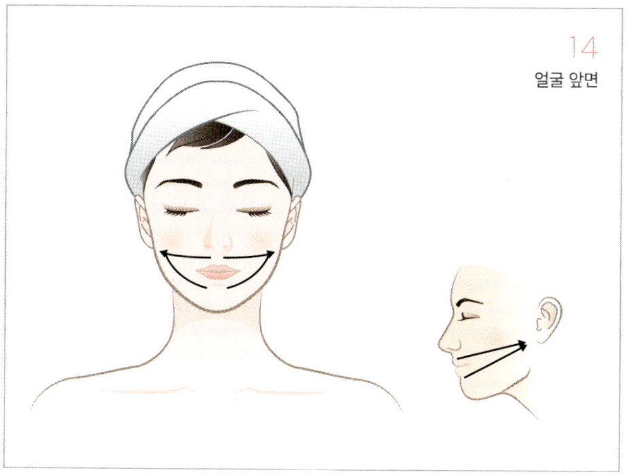

14. 입술 중앙 부위에서 귓불까지 양손으로 쓸어준다.

살롱 매뉴얼테라피(얼굴) Ⅱ

15
얼굴 앞면

15. 눈 밑에서 엄지를 이용하여 눈 옆 측면을 양손으로 쓸어준다. (1회)

16
얼굴 앞면

16. 이마에서 귓불까지 양손으로 쓸어준다. (1회)

17
얼굴 앞면

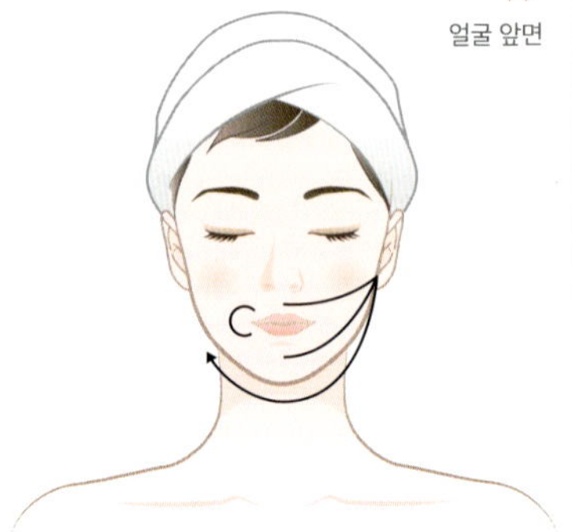

17. 턱 끝에서 턱선을 따라 C자로 좌우 방향을 쓸어준 후 입술 주위를 좌우로 한 손씩 번갈아 쓸어준다. (왕복 3회)

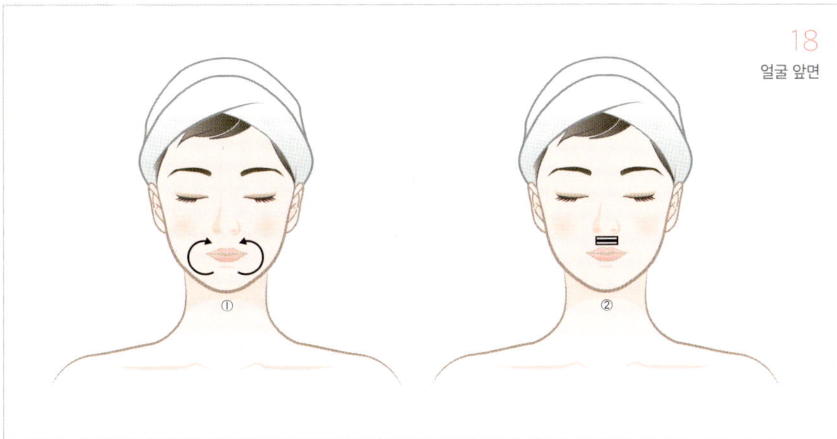

18. 양 엄지를 이용하여 입술 밑 중앙 부위에서 윗입술 중앙 부위까지 쓸어준 후(①), 윗 입술 중앙 부위를 가볍게 누른다(②). (3회)

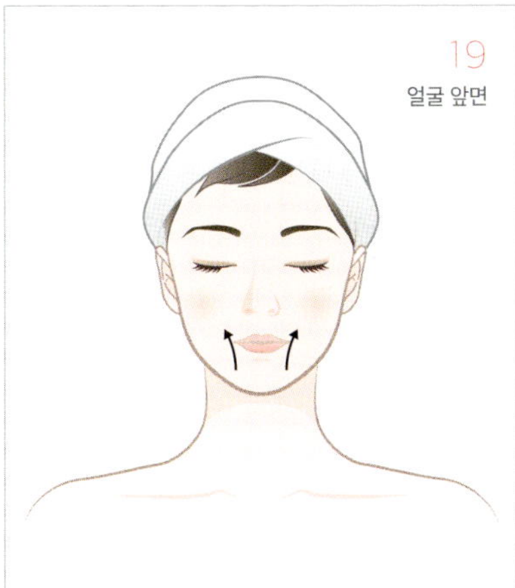

19. 입술 부위를 엄지를 이용하여 가볍게 튕기듯 쓸어준다. (3회)

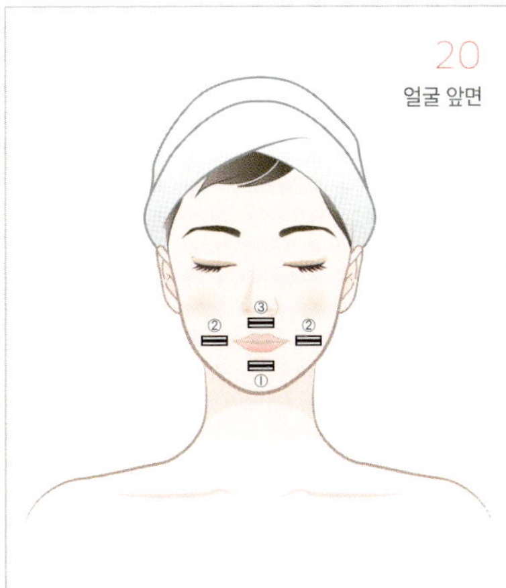

20. 입술 밑 중앙 부위를 양 엄지로 겹쳐서 누르고(①) 검지로 입술 양 옆을 누른 후(②), 윗입술 중앙 부위를 양 엄지로 겹쳐 누른다(③).

살롱 매뉴얼테라피(얼굴) Ⅱ

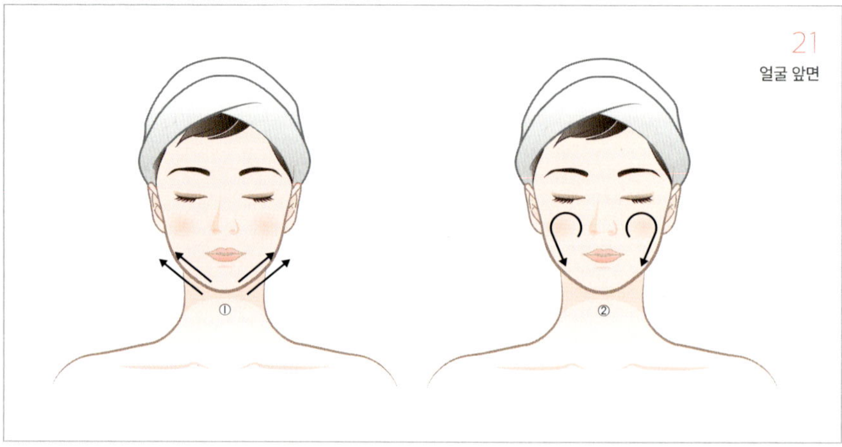

21-1. 입술 중앙에서 양손을 이용하여 턱선을 쓸어 올린 후, 볼까지 손바닥이 위를 본 상태에서 손목을 회전한다. (1회)

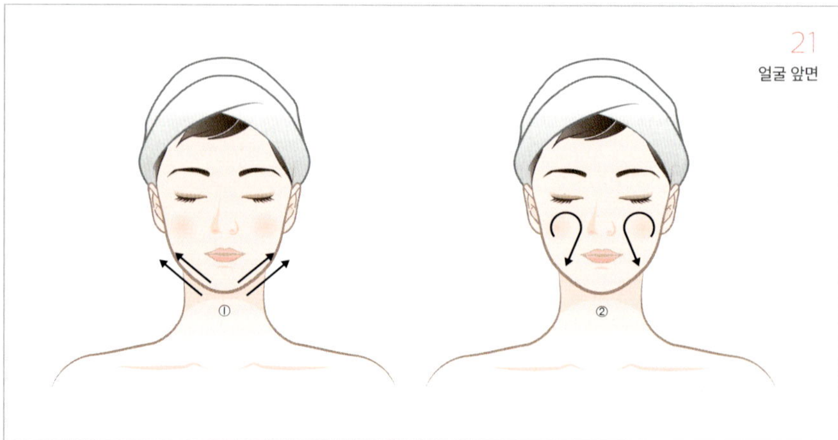

21-2. 턱선을 쓸어 올린 후, 볼을 양 손바닥을 이용하여 감싸주듯 쓸어준다. (1회)

살롱 매뉴얼테라피(얼굴) II
22-1에서 23-3

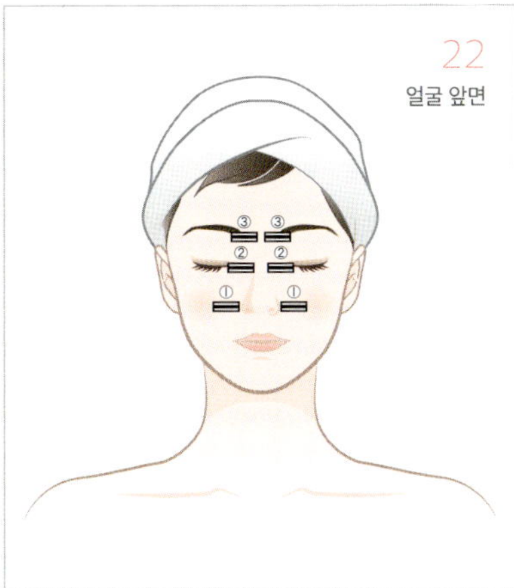

22-1. 콧방울 옆 부위(①)를 두 중지로 누르고, 눈앞머리 부위(②)를 두 검지로 누른 후, 눈썹 앞머리 부위(③)를 양 엄지로 누른다. (1회)

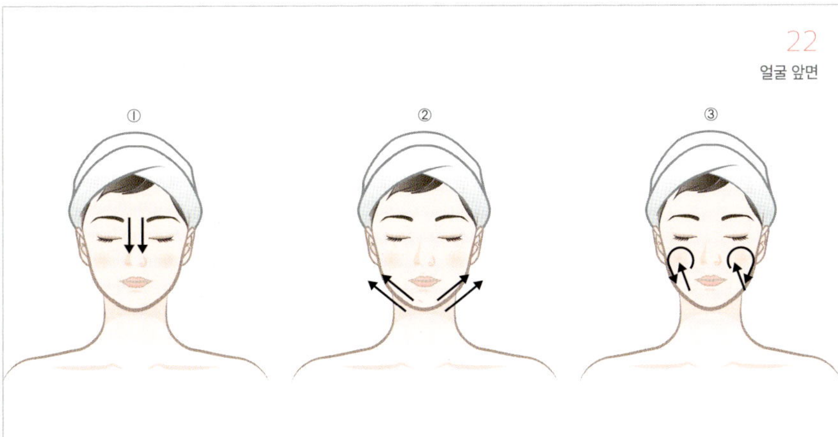

22-2. 눈썹 앞머리에서 엄지를 이용하여 콧등을 타고 가볍게 내린 후(①), 양손을 이용하여 턱선을 쓸어준다(②). 손을 가볍게 쥐고 볼까지 끌어 올린 후 손등이 위를 본 상태에서 손목을 회전하여 얼굴선을 쓸어준다(③). (1회)

살롱 매뉴얼테라피(얼굴) Ⅱ

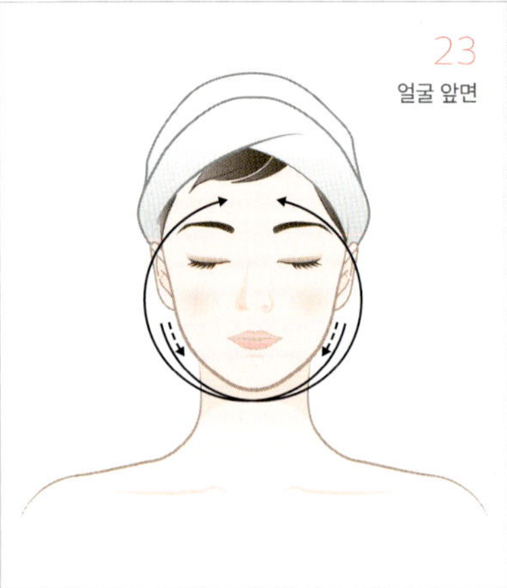

23-1. 귓불 뒤에서 양손을 이용하여 턱 밑 중앙 부위에서 교차하여 이마까지 쓸어준다. (3회)

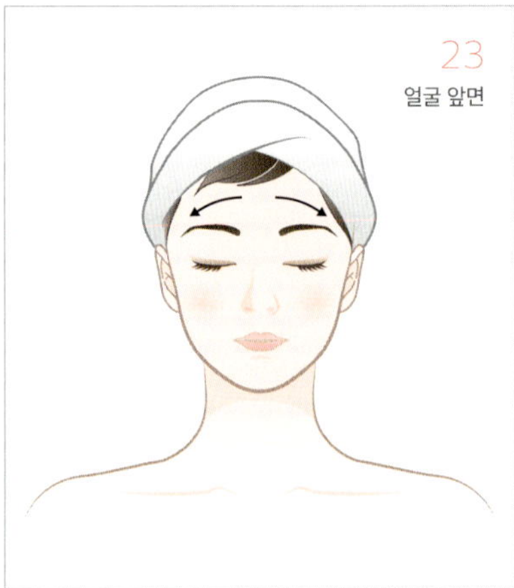

23-2. 이마를 양 손바닥을 교대로 사용해서 좌우로 가볍게 쓸어준다.(1회)

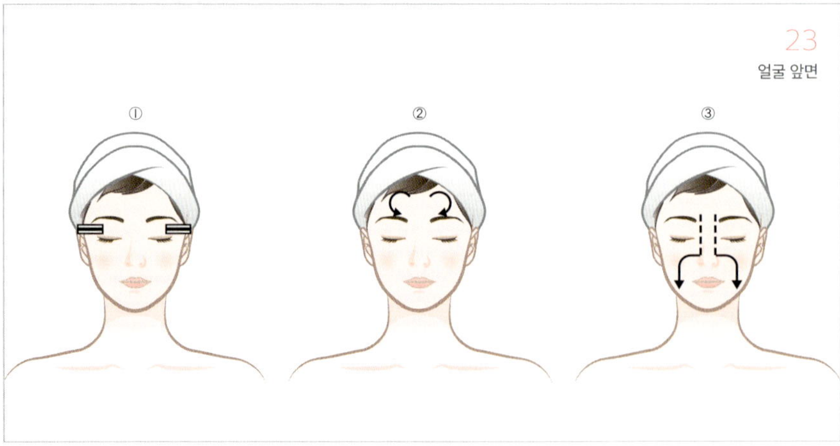

23-3. 눈썹 끝 부위에서 엄지를 이용하여 한 손씩 가볍게 누른다(①). 이마에서 손등을 겹쳐 손을 가볍게 쥐고, 이마를 쓸어 손등을 위로 본 상태에서 손목을 회전하여 양 손바닥을 붙인 후 콧등을 지나 손바닥을 펴서 볼 부위를 쓸어준다(② → ③).

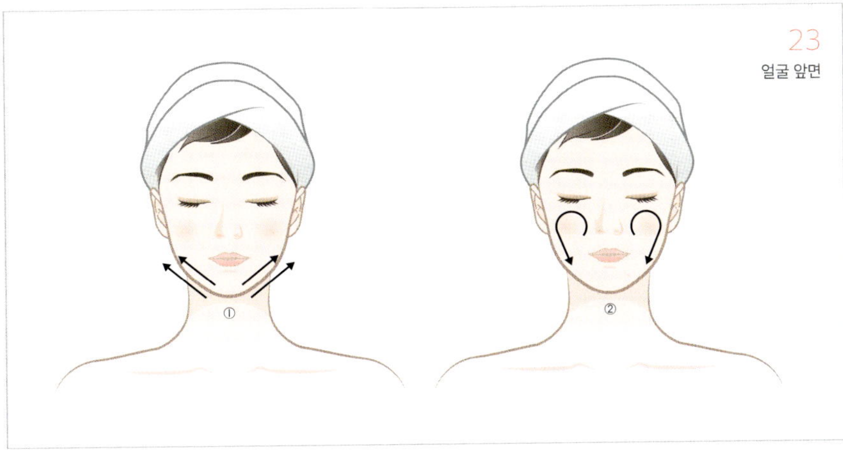

23-4. 입술 중앙에서 양손을 이용하여 턱선에서 볼까지 쓸어 올린 후, 손바닥이 위를 본 상태에서 손목을 회전한다. (3회)

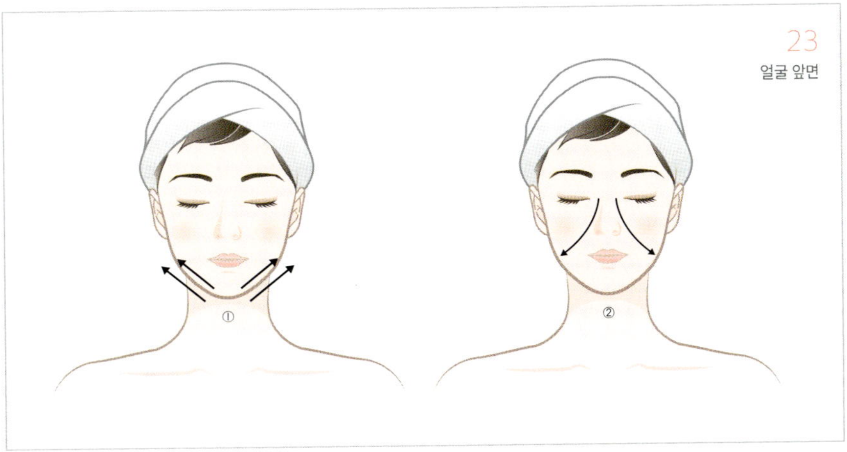

23-5. 입술 중앙에서 양손을 이용하여 턱선을 쓸어 올려 볼을 양 손바닥을 이용하여 감싸주듯 쓸어준다. (1회)

살롱 매뉴얼테라피(얼굴) Ⅱ

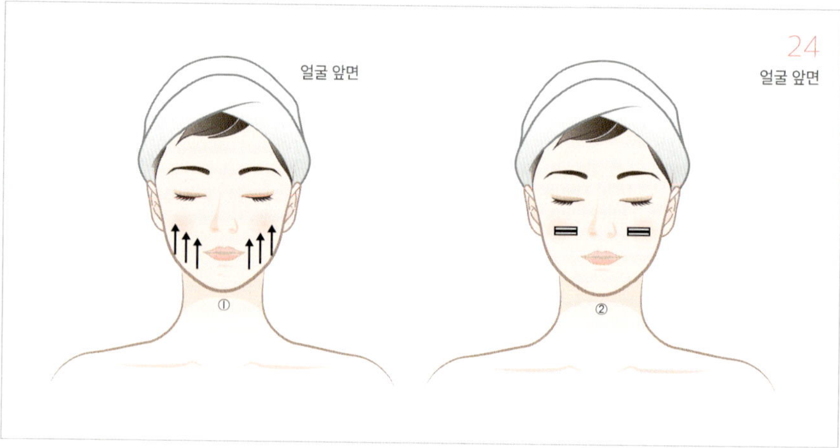

24. 광대뼈까지 양 엄지를 겹쳐 쓸어 올린 후(①), 볼 라인에 걸치듯 광대뼈를 누른다(②). (3회)

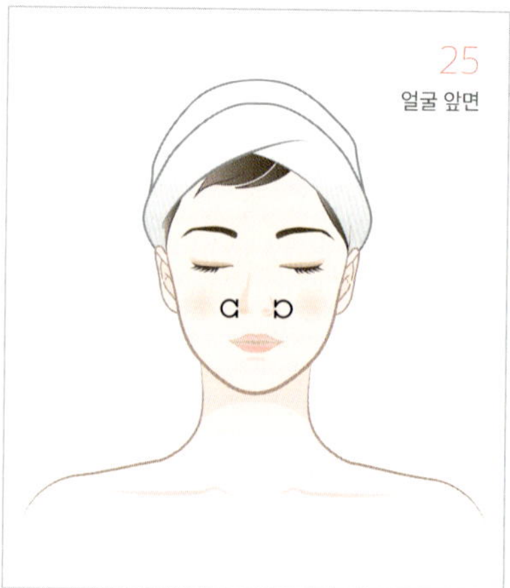

25. 콧방울을 양 손바닥을 겹쳐 새끼손가락을 이용하여 튕겨준다. (3회)

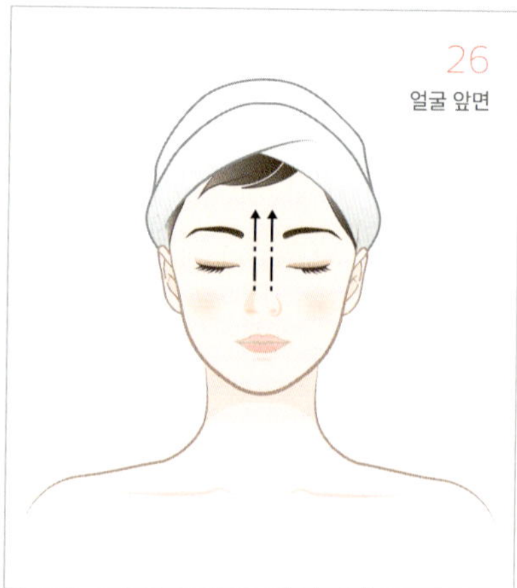

26. 코벽을 소지 측면을 이용하여 굴리듯 쓸어 준다. (3회)

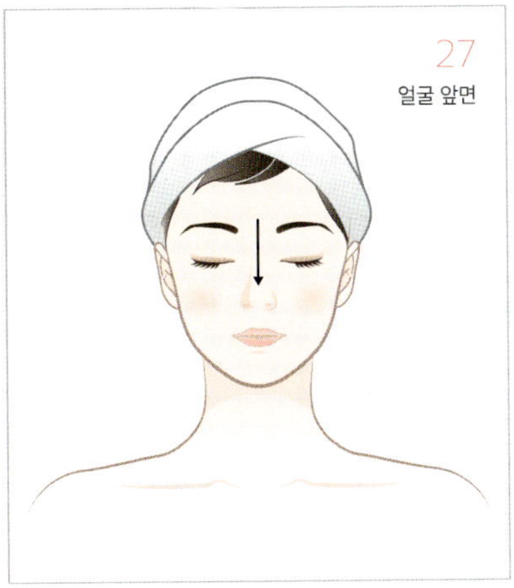

27. 콧등을 양 손가락을 이용하여 교대로 쓸어 준다. (3회)

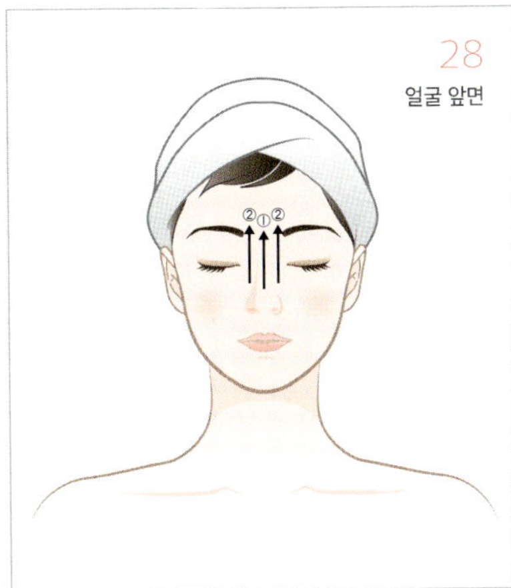

28. 콧등에서 양 손가락을 이용하여 코벽까지 교대로 쓸어준다. (3회)

29. 눈 주위를 네 손가락을 이용하여 양손으로 가볍게 쓸어준다. (3회)

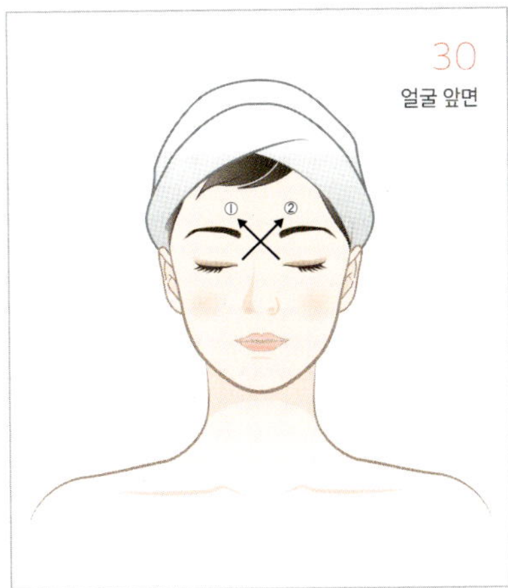

30. 미간을 양손을 교대로 이용하여 끌어당기듯 쓸어준다. (3회)

살롱 매뉴얼테라피(얼굴) II

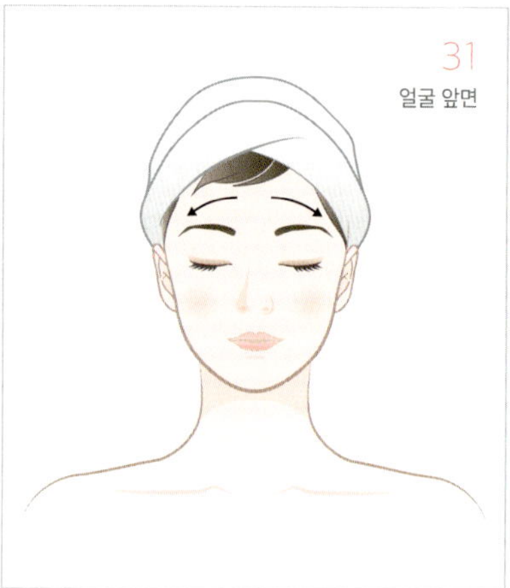

31. 이마를 양 손바닥을 교대로 좌우로 가볍게 쓸어준다. (3회)

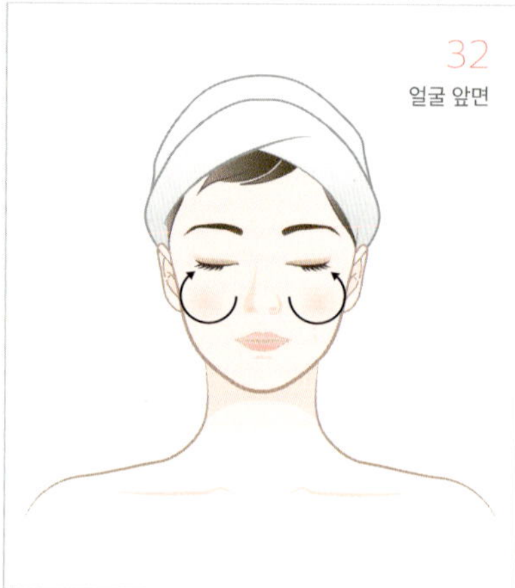

32-1. 볼 라인을 콧방울에서 소지 측면을 이용하여 눈 옆 측면까지 당기듯 쓸어준다.

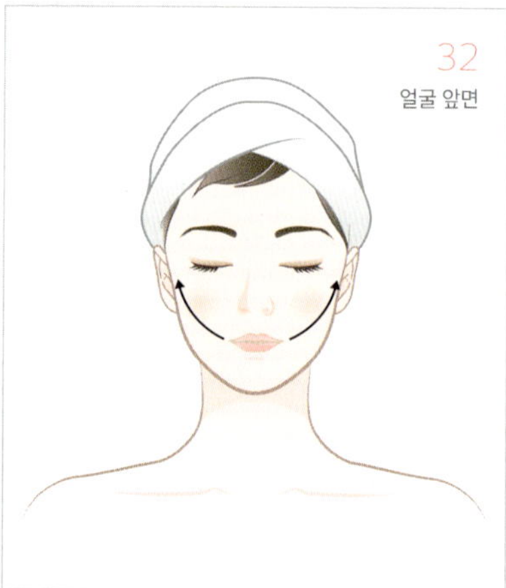

32-2. 입술꼬리에서 소지 측면을 이용하여 귀 중앙 부위까지 당기듯 쓸어준다.

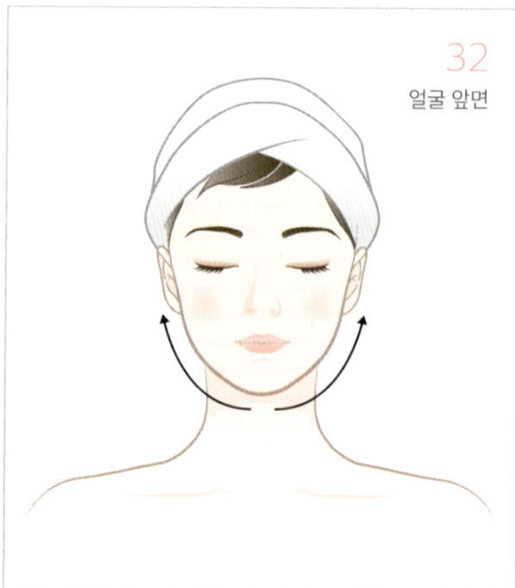

32-3. 턱 밑 중앙 부위에서 소지 측면을 이용하여 귓불 뒤 부위까지 당기듯 쓸어준다.

살롱 매뉴얼테라피(얼굴) II
32-1에서 32-2

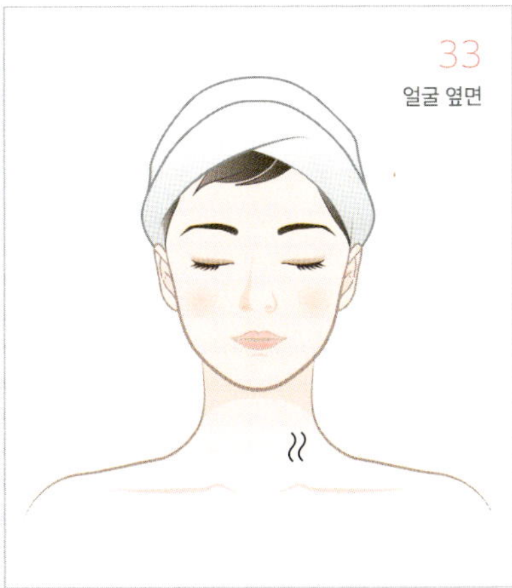

33. 목 부위를 양 손가락을 이용하여 아래에서 위로 전체 떨어(vibration)준다.

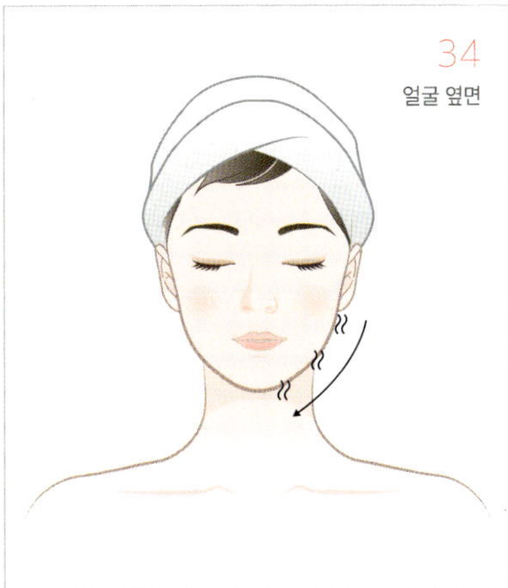

34. 귓불 밑에서 양 손가락을 교대로 이용하여 턱선 중앙 밑까지 떨어(vibration)준다.
반대쪽도 동일하게 실시한다.

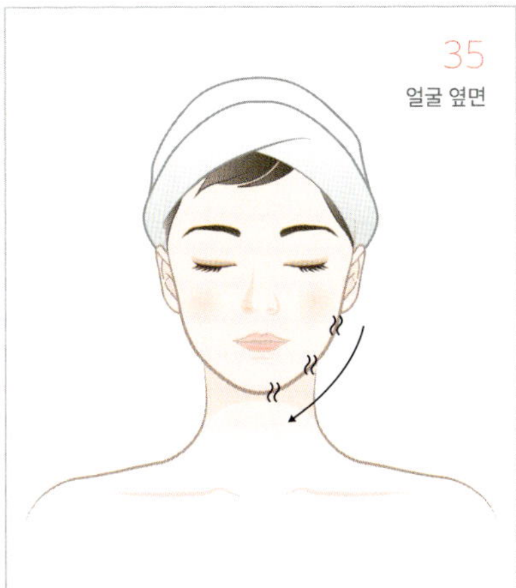

35. 턱선 위 라인을 귓불 앞 부위에서 양 손가락을 교대로 이용하여 턱선 중앙까지 떨어(vibration)준다.
반대쪽도 동일하게 실시한다.

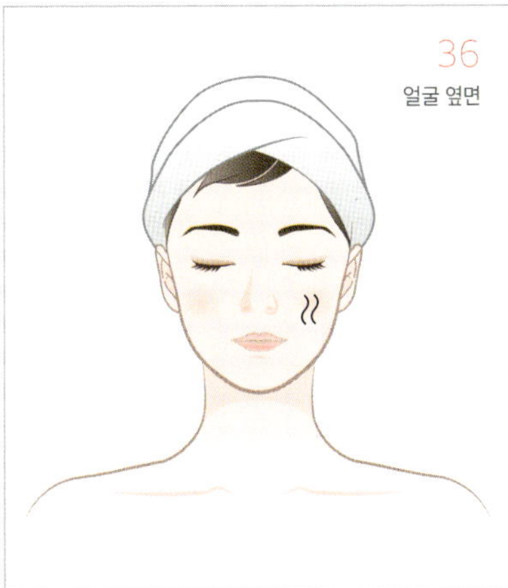

36. 볼을 양 손가락을 교대로 이용하여 떨어(vibration)준다.
반대쪽도 동일하게 실시한다.

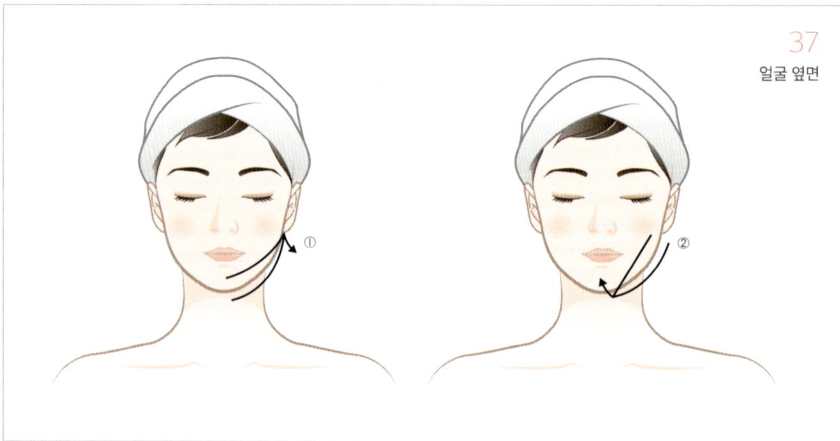

37-1. 턱선 라인을 한 손은 귓불까지 쓸어 올리고 다른 한 손은 턱선 라인 부위로 내려준다. (3회)
반대쪽도 동일하게 실시한다.

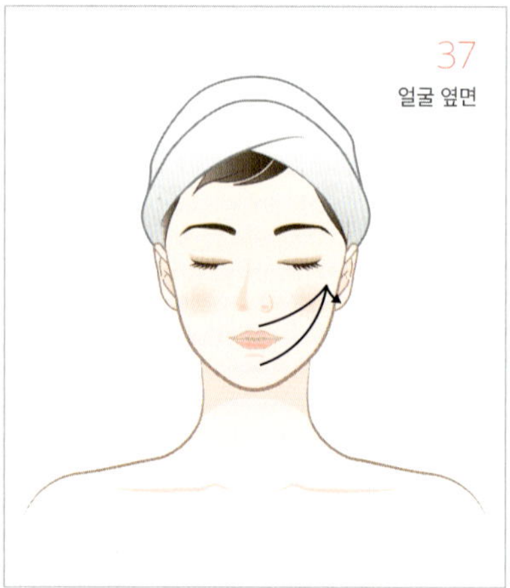

37-2. 아랫입술 밑 중앙 부위에 중지손가락을 두고, 윗입술 중앙 부위에 검지손가락을 둔 후, 한 손씩 교대로 귀 중앙 부위까지 쓸어 올린다. (3회)
반대쪽도 동일하게 실시한다.

살롱 매뉴얼테라피(얼굴) II
37-1에서 37-3

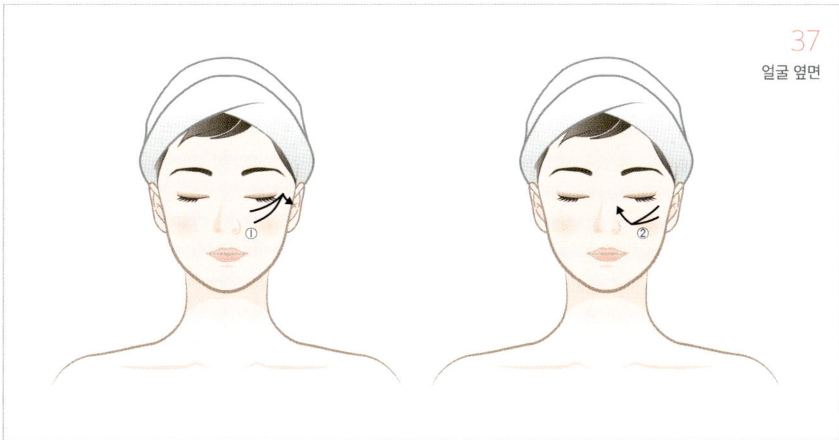

37-3. 눈 밑 부위에 검지손가락을 둔 후, 한 손은 눈꼬리 부위까지 쓸어 올린다. 다른 한 손은 콧방울 부위로 내려준다. (3회)
반대쪽도 동일하게 실시한다.

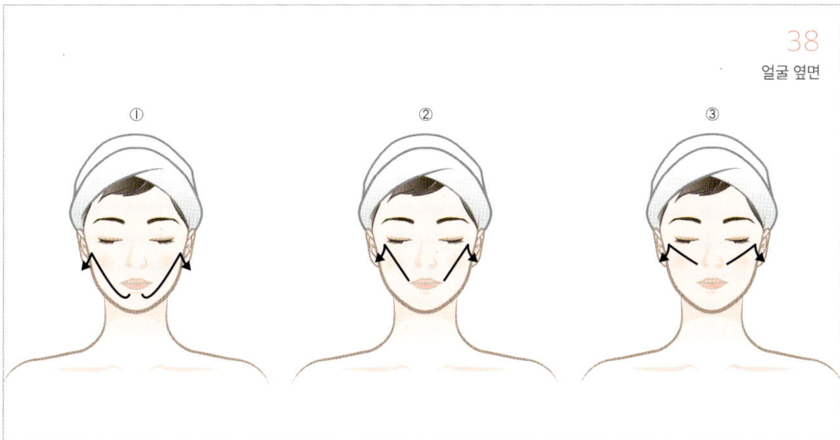

38. 볼 부위를 양 손바닥을 이용하여 ① → ② → ③ 순으로 눈꼬리 부위까지 끌어 당기듯 쓸어준다.
반대쪽도 동일하게 실시한다. (1회)

살롱 매뉴얼테라피(얼굴) Ⅱ

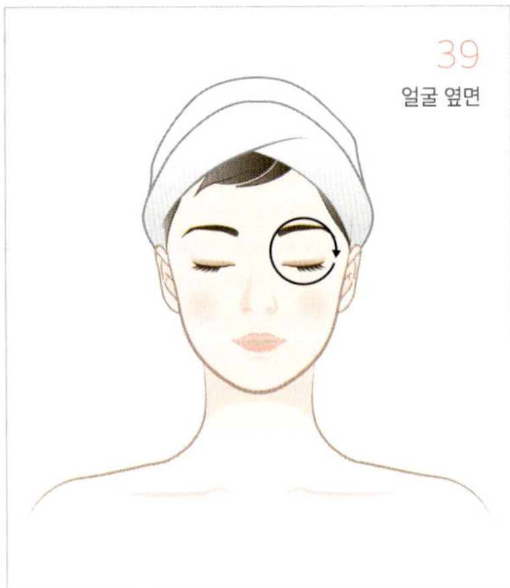

39-1. 눈 주위를 양손을 겹쳐서 눈꼬리 부위에서 눈썹꼬리까지 쓸어준다. (3회)
반대쪽도 동일하게 실시한다.

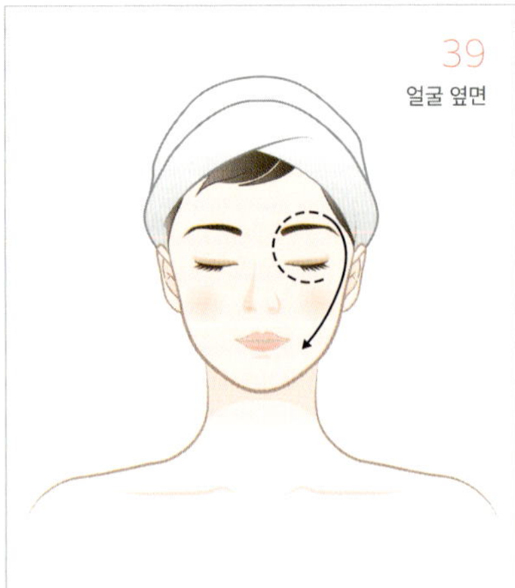

39-2. 측면 부위를 양손을 겹쳐 손바닥으로 아랫입술 중앙 부위까지 가볍게 쓸어준다. (1회)
반대쪽도 동일하게 실시한다.

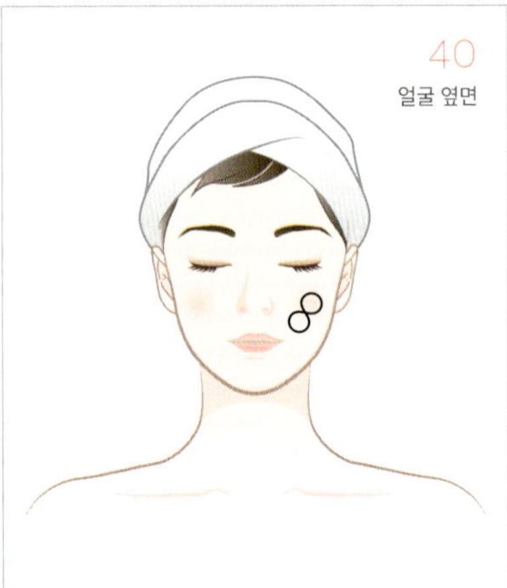

40. 볼 전체를 양손을 겹쳐 측면으로 끌어올리듯 8자를 그린다. (3회)
반대쪽도 동일하게 실시한다.

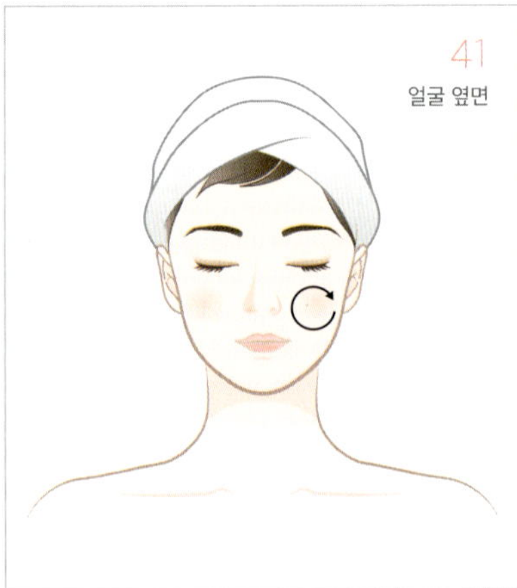

41. 볼 전체를 양손을 겹쳐 손바닥으로 원을 그린다. (3회)
반대쪽도 동일하게 실시한다.

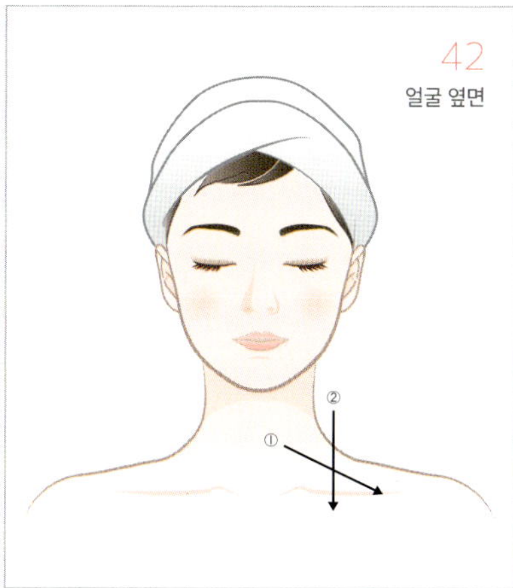

42. 목 부위를 양 손바닥을 이용하여 ① → ② 순으로 쓸어 내려준다.
반대쪽도 동일하게 실시한다.

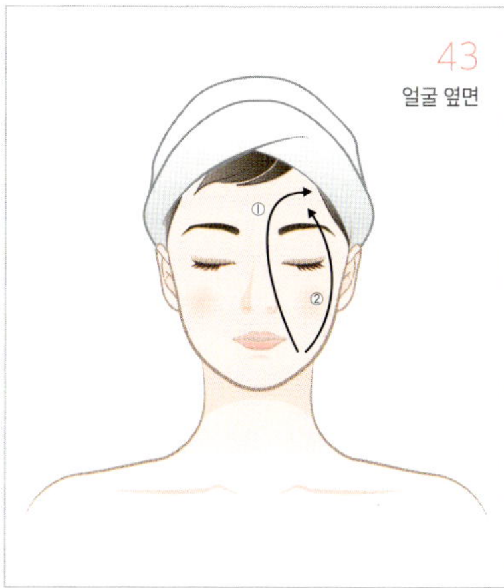

43. 한 손은 측면에서, 한 손은 턱에서 이마까지(①) 손가락을 이용하여 가볍게 쓸어 올려준다.(1회) 반대쪽도 동일하게 실시한다.

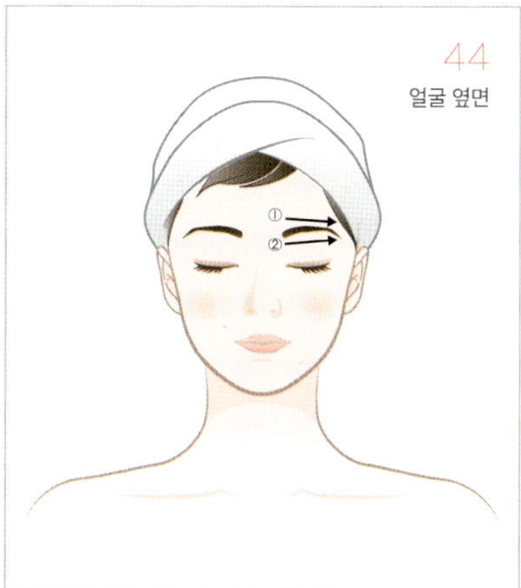

44. 눈썹머리에서 엄지를 이용하여 눈꼬리까지 쓸어준 후(①), 눈썹밑머리에서 눈썹밑꼬리까지 쓸어준다(②). (3회)
반대쪽도 동일하게 실시한다.

45. 눈꼬리 위 부위에서 손가락을 이용해 가볍게 밀듯 튕겨준다. (3회)
반대쪽도 동일하게 실시한다.

살롱 매뉴얼테라피(얼굴) Ⅱ

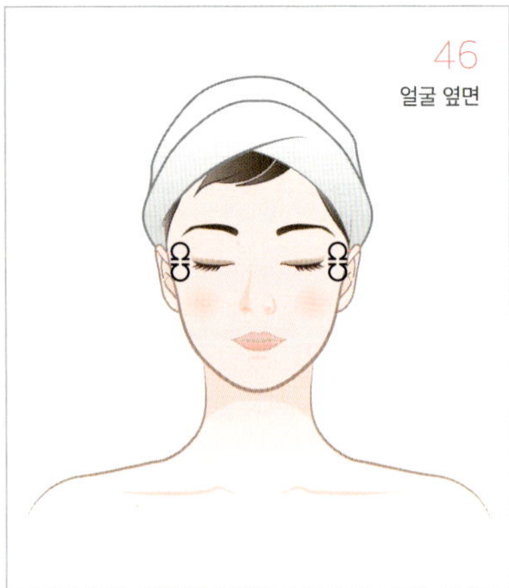

46. 눈꼬리 아래 부위에서 손가락을 이용해 가볍게 밀듯 튕겨준다. (3회)
반대쪽도 동일하게 실시한다.

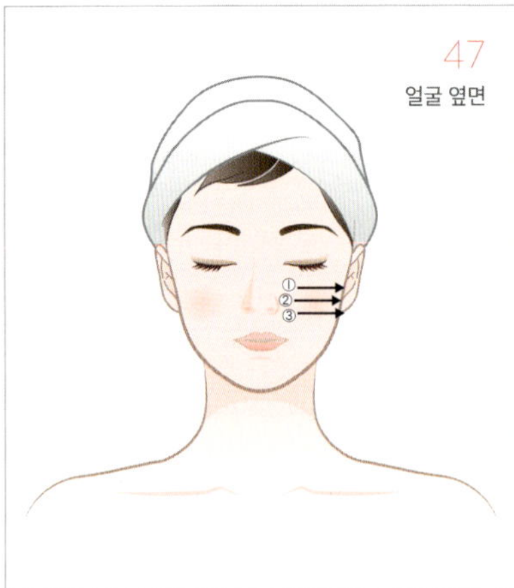

47. 코 부위에서 양 엄지를 이용하여 측면으로 쓸어준다. (3회)
반대쪽도 동일하게 실시한다.

48. 귀 주위를 한 손을 가볍게 쥐고 떨어준다.

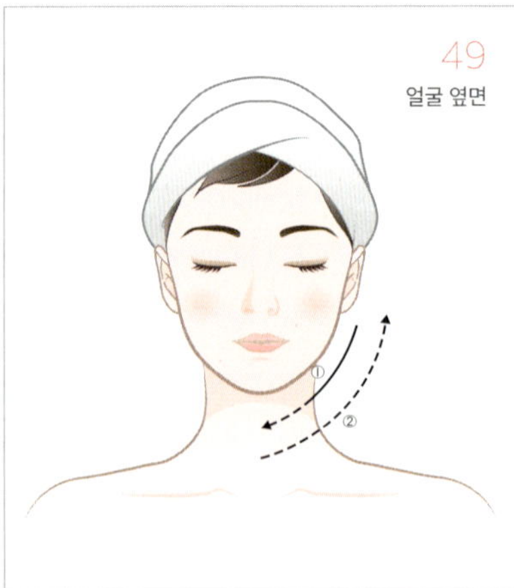

49. 귓불에서 한 손을 가볍게 쥐고 턱선 중앙 부위까지 쓸어준다. (3회)
반대쪽도 동일하게 실시한다.

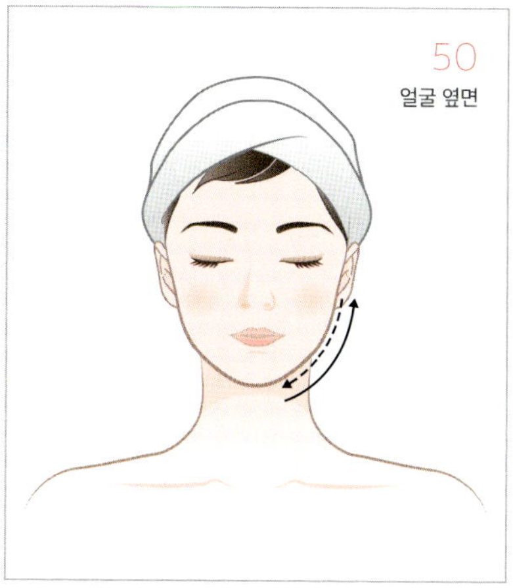

50. 턱 밑 중앙 부위에서 소지 측면을 이용하여 귓불 뒤 부위까지 당기듯 쓸어준다. (3회)
반대쪽도 동일하게 실시한다.

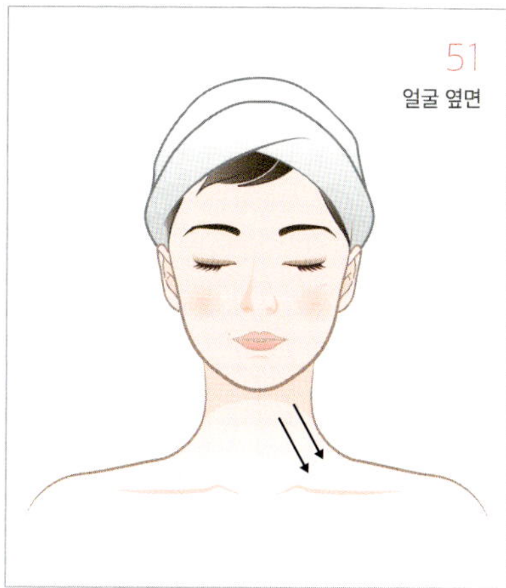

51. 목 부위를 양 손바닥을 이용하여 쓸어준다.
반대쪽도 동일하게 실시한다.

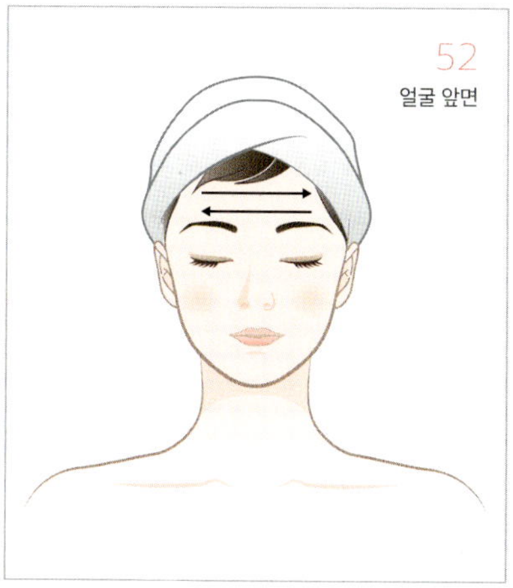

52. 이마를 양 손바닥을 교대로 이용하여 좌우로 가볍게 쓸어준다.

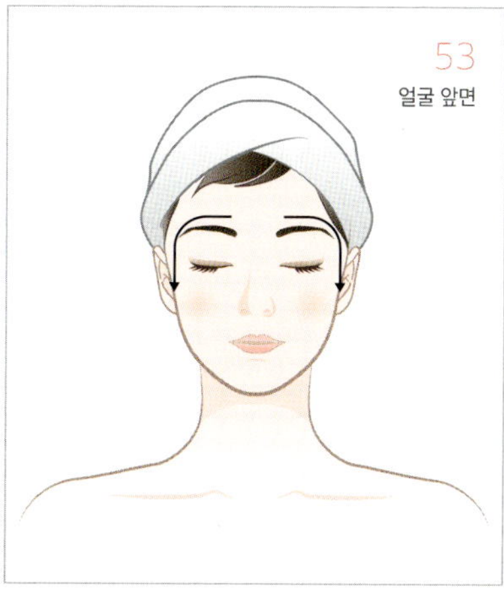

53. 이마를 양손을 이용하여 귓불까지 쓸어준다. (1회)

살롱 매뉴얼테라피(얼굴) Ⅱ

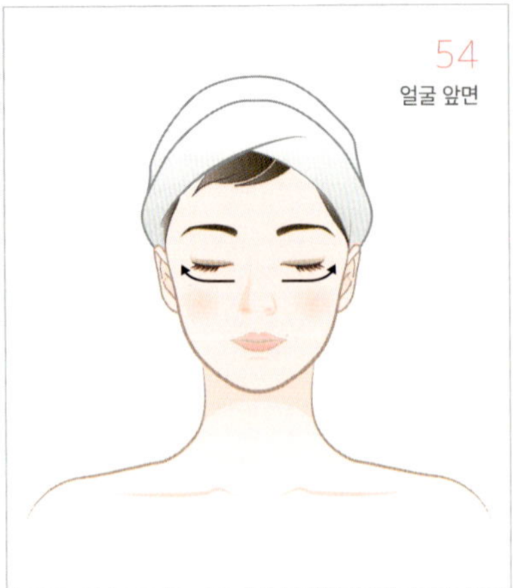

54. 눈 밑에서 양 엄지를 이용하여 눈 옆 측면을 양손으로 쓸어준다. (1회)

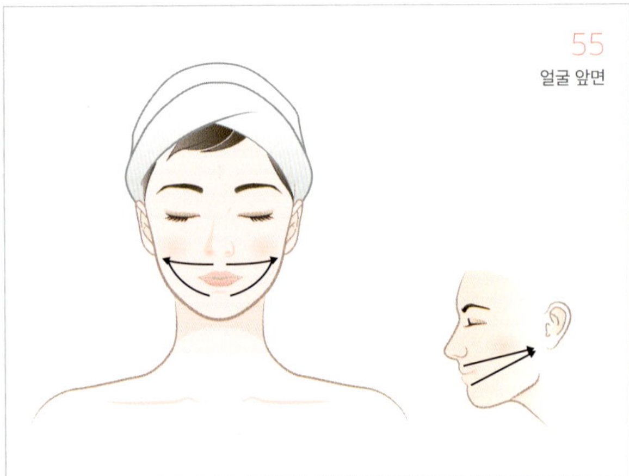

55. 입술 중앙 부위에서 귓불까지 양손으로 쓸어준다.

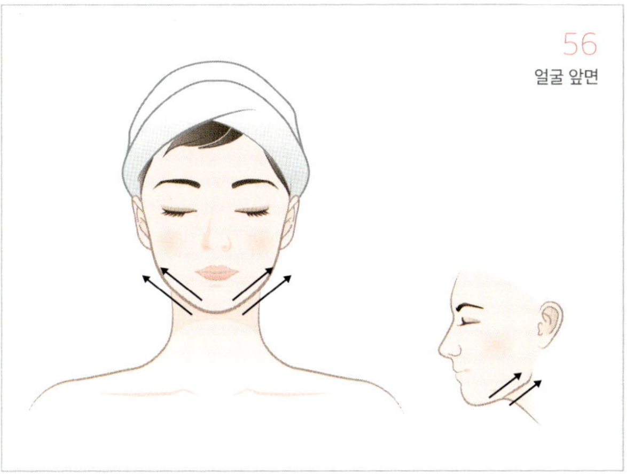

56. 턱 중앙에서 턱 끝까지 양손으로 쓸어 준다. (1회)

참고문헌

1 손소희, 신숙자 외. <한국형배농테라피>. 2018.

2 이재남, 이혜영 외. <피부과학>. 2017.

3 이화정. <마사지 병행 산소투입 및 항산화제경구투여가 피부상태와 혈액성상 및 항산화능에 미치는 영향>.

4 성신여자대학교 대학원. 2010.

6 오치화, 송현숙 외. <표정근 마사지>. 2014. 8

7 임진숙. <페이스 매뉴얼 트리트먼트>. 2009. 3.

8 김광옥 외. <AESTHETICES>. 2003. 2.

9 석지현. <미세조류 추출물의 피부 생리 활성 효능에 관한 연구>. 강원대학교대학원. 2017. 2.

10 권오향. <21세기 브랜딩 트랜드에 관한 연구>. 홍익대학교 산업미술대학원. 2004.

11 박지혜. 피부관리실 이용실태와 만족도에 관한 연구. 숙명여자대학교 원격대학원. 2013.

12 정순조. <근막이완 마사지가중년여성의 피부에 미치는 영향>. 건국대학교 산업대학원.

13 COLBERT 외. <해부생리학>. 2007.8.

14 HIDA Takehiko, YAMADA Keiki. <한눈에 보는 근육해부학>. 2016. 7.

15 HIDA Takehiko, YAMADA Keiki. <한눈에 보는 근육뼈대계의기능과 운동해부학>. 2016. 7.

16 Thomas W.Myers. <근막경선 해부학 자세분석 및 치료>. 2010. 2.

17 한영숙 외. <피부학>. 정담미디어. 2004. 2.

18 황해정 외. <피부미용사>. 크라운출판사. 2014. 1.

19 김동훈. <미용 제도 개선의 필요성>. 한성대학교 예술대학원. 2012.

20 김춘자. <국내 피부미용관리사의 교육 및 업무실태 조사>.이화여자대학교. 1998. 11.

21 이현정. <미용사(피부)국가기술자격증 취득 및 활용 실태에 관한 연구>. 숙명여자대학교. 2012. 6.

22 백혜연. <여드름 발생 및 정도가 일상생활에 미치는 영향>. 숙명여자대학교. 2009. EBS피부미용사, EBS피부미용연구회.

23 최형수. <세포노화에 따른 세포사멸 저하의 기전 Transglutaminase C 단백질의 발현 증가가 노화세포의 세포사멸에 미치는 영향>. 단국대학교. 2006. 12.

24 이세빈. <인체 지방조직 유래 줄기 세포의 국소 주사가 광오화시킨 Albino hairless mouse의 피부노화 개선에 미치는 영향>. 연세대학교 대학원. 2008. 12.

25 지윤아. <에센셜오일의 브랜딩이 여드름피부에 미치는 효능>. 경원대학교. 2011. 12.
26 김윤영. <피부미용 서비스 시 피부 관리 상담이 고객에게 미친는 영향. 한성대학교>. 2014. 12.
27 송미경. <피부전자현미경(야힛미 Microscope)으로 측정한 안면 모공크기에 의한 피부유형 분석과 주관적 피부 특성과의 비교연구>.2015. 10.
28 조소은 외. <공중보건과 위생>. 성화출판사. 2009. 2.
29 이재남 외. <기초피부관리학>. 구민사. 2017. 3.
30 오정숙 외. <살롱트리트먼트 피부미용기기>. 관리학. 2015. 2.
31 채순님 외 <피부미용기기학>. 정담미디어. 2004. 12.
32 김기연 외. <피부미용기기학>. 현문사. 2009. 1.
33 임진숙 외. <페이스매뉴얼 트리트먼트>. 정담미디어. 2009. 3.
34 조미영 외. <화장품학>. 2005. 3.
35 고혜정 외. <살롱 트리트먼트>. 다담플러스. 2005. 8.
36 이재남 외. <기초전신 관리학>. 구민사. 2013. 9.
37 임은진 외. <두피 · 모발관리학>. 메디시언. 2011. 3.
38 안홍석외. <미용건강학>. 파원북. 2007.9.
39 이혜영외. <피부과학>. 군자출판사. 2007. 1.
40 김정숙 외. <식품학>. 지구문화사. 2010. 3.
41 장혜진, 김미정 외. <메디컬 스킨케어와 메디컬 서비스 코디네이터>. 구민사. 2016.
42 조혜명, 김희정 외. <피부학>. 성화. 2005.
43 김유정, 김나영 외. <림프드레나지>. 구민사. 2014.
44 김성중. <림프부종>. 정담미디어. 2002.
45 김남연, 김현정 외. <에스테티션을 위한 살롱츠리트먼트>. 구민사. 2014.
46 이재남, 이혜영. <기초전신 관리학>. 구민사. 2013.
47 H.-U. Hecker, A.Steveling, E.Peuker, J.Kastner, K.Liebchen. <그림으로 보는 경혈과 통증유발점>. 군자출판사. 2010.
48 김기연 외. <미용인을 위한 인체해부생리학>. 현문사. 2012.
49 이병국. <경혈도>. 침코리아. 1984.
50 정한영, 김경미 외. <근육 매뉴얼테크닉>. 수문사. 2008.
51 Robert K. Clark. <해부생리학-우리 몸의 이해>. 라이프사이언스. 2007.
52 정통침뜸교육원 교재위원회. <침뜸의학개론>. 정통침뜸연구소. 2002.
53 대한민속온열학회. <장상학>.
54 대한민속온열학회. <민속의학의 이해>
55 안남훈, 한영숙 외. <홀리스틱경락관리학 이론편>. 홀리즘. 2010.
56 박희송 외. <생명과학>. 교학사. 2011.
57 김기용, 김봉인 외. <미용인을 위한 해부생리학>. 메디시언. 2012.

58 양일훈, 최윤정 외. <피부미용사 필기>. 영림미디어. 2013.

59 이혜영, 김귀정 외. <피부과학>. 군자출판사. 2007.

60 김계숙, 김선희 외. <미용학개론>. 2007. 3.

61 김춘자. <피부미용학>. 2003. 2.

62 엄성희 외. <아유르베다 삼히따>. 수문사. 2009. 8.

63 권혜영, 안경민 외. <NCS를 기반으로 한 기초 에스테틱>. 메디시언. 2015.

64 최태부. <피부생리학>.

65 손희도, 배미정. <HIGH TOP>. 2011.

66 박경준. <피부접착식 칼라 라이트 테라피 기기의 개발에 관한 연구>. 전북대학교대학원. 2012.

67 우시키 다쓰오, 후지타 쓰네오. <누구나 세포>. 작은책방. 2013.

68 Bastien D.Gomperts, Ijsbrand M.kramer, peter E.R Tatham, Signal transduction. 월드사이언스. 2009.

69 Krzysztof Kassolik, at al. Massage-induced morphological changesof dense connective tissue in rat's tendon. 2013.

70 위암 조직에서의 염기성 섬유 모세포 성장 인자 m-RNA의 발현

71 Elisa Caberlotto, at al. or Elisa Caberlotto, Laetitia Ruiz, Zane Miller, Mickael Poletti, Lauri Tadlock. Effects of a skin-massaging device on the exvivo expression of human dermis proteins and in-vivo facial wrinkles. 2017. 3.

72 Vera Morhenn, at al. or Vera Morhenn, Laura E. Beavin, Paul J. Zak. Massage Increases Oxytocin and Reduces Adrenocorticotropin Hormone in Humans. 2012. 11.

73 <좌우 목운동 및 콜라겐 식이가 중년 여성의 얼굴 주름개선에 미치는 영향 분석>. 김민송 1· 강상모 1, 2.
* 1건국대학교 대학원 생물공학과, 2건국대학교 공과대학 미생물공학과

74 신수나. <팩 또는 피부미용기기를 활용한 자가 피부관리 방법에 따른 피부만족도에 관한 연구>. 건국대학교 산업대학원. 2015. 2.

75 엄혜경. <림프마사지가 임신 중 산모들의 하체 부종에 미치는 효과>. 인제대학교 보건대학원. 2015. 6.

76 이서영. <피부미용기기와 수기관리에 대한 고객선호도 연구>. 남부대학교 대학원. 2016. 8.

77 김정화. <마사지 종류에 따른 스트레스 경감 효과에 관한 연구>. 서원대학교. 2009. 2.

78 손소희. <쌀겨 발효물을 이용한 전신욕과 마사지가 체성분에 미치는 영향>. 건국대학교 산업대학원. 2016. 6.